权威·前沿·原创

皮书系列为
"十二五""十三五""十四五"时期国家重点出版物出版专项规划项目

GREEN BOOK

智库成果出版与传播平台

国家公园绿皮书

GREEN BOOK OF NATIONAL PARKS

中国国家公园建设发展报告（2022）

ANNUAL REPORT ON THE CONSTRUCTION OF
NATIONAL PARKS IN CHINA (2022)

国家公园建设起步发展

顾　问／安黎哲　唐小平
主　编／张玉钧
副主编／李燕琴　王忠君　张海霞　张婧雅

社会科学文献出版社
SOCIAL SCIENCES ACADEMIC PRESS（CHINA）

图书在版编目（CIP）数据

中国国家公园建设发展报告 . 2022：国家公园建设
起步发展 / 张玉钧主编 . --北京：社会科学文献出版
社，2022.10
（国家公园绿皮书）
ISBN 978-7-5228-0676-1

Ⅰ.①中…　Ⅱ.①张…　Ⅲ.①国家公园-建设-研究
报告-中国-2022　Ⅳ.①S759.992

中国版本图书馆 CIP 数据核字（2022）第 166629 号

国家公园绿皮书

中国国家公园建设发展报告（2022）
——国家公园建设起步发展

顾　　问 / 安黎哲　唐小平
主　　编 / 张玉钧
副 主 编 / 李燕琴　王忠君　张海霞　张婧雅

出 版 人 / 王利民
责任编辑 / 张建中　黄金平
责任印制 / 王京美

出　　版 / 社会科学文献出版社
　　　　　　地址：北京市北三环中路甲 29 号院华龙大厦　邮编：100029
　　　　　　网址：www.ssap.com.cn
发　　行 / 社会科学文献出版社（010）59367028
印　　装 / 三河市东方印刷有限公司

规　　格 / 开　本：787mm×1092mm　1/16
　　　　　　印　张：30　字　数：450 千字
版　　次 / 2022 年 10 月第 1 版　2022 年 10 月第 1 次印刷
书　　号 / ISBN 978-7-5228-0676-1
定　　价 / 198.00 元

读者服务电话：4008918866

本书编委会

顾　问　安黎哲　唐小平

主　编　张玉钧

副主编　李燕琴　王忠君　张海霞　张婧雅

编　委　（以姓氏笔画为序）

王忠杰　王爱华　邓　毅　石　玲　石金莲

刘文平　刘增力　李　娜　李　健　李方正

李志飞　林　震　卓玛措　钟　乐　赵鑫蕊

唐雪琼　蒋亚芳　虞　虎

本书编撰人员名单

总 报 告 一 撰稿 北京林业大学国家公园研究中心

　　　　　　　 执笔 李　娜　高　云　张娇娇　张玉钧

总 报 告 二 撰稿 "中国自然保护地状况调查"课题组

　　　　　　　 执笔 田　静　蒋亚芳　刘增力　邱胜荣

专题报告撰稿人　（以专题报告出现先后为序）

　　　　　　　 王忠杰　杨芊芊　康晓旭　于　涵　王笑时

　　　　　　　 陈帅朋　张宇轩　刘文平　李方正　吴　桐

　　　　　　　 赵聪瑜　李　雄　张玉钧　孙乔昀　唐佳乐

　　　　　　　 朱慧林　钟　乐　易梦婷　张婧雅　何可心

　　　　　　　 邹文昊　林　晗　陈　莉　张殷波　韩怡璇

　　　　　　　 牛杨杨　赵建峰　苏俊霞　秦　浩　陈　哲

　　　　　　　 邓　希　陈丽丽　盛朋利　朱倩莹　王忠君

　　　　　　　 李燕琴　邓宇婷　卜诗洁　卓玛措　李志飞

　　　　　　　 敖昆砚　刘　楠　魏云洁　石金莲　虞　虎

　　　　　　　 王　琦　陈佳祺　唐雪琼　陈涵子　吴承照

　　　　　　　 王爱华　张海霞　刘　忆　陈晓良　侯光良

　　　　　　　 周加才让　于　瑶　赵文晶　杨　洁　李　健

窦　宇　薛　瑞　周　寅　赵鑫蕊　冯　钰

夏保国　邓　毅　万旭生　谢冶凤

合　作　机　构　三江源国家公园管理局

东北虎豹国家公园管理局

南山国家公园管理局

武夷山国家公园管理局

钱江源国家公园管理局

总　　　　纂　张玉钧　李　娜

编　　　　辑　李　娜　徐姝瑶　洪静萱　薛婷予　耿　云

徐严梅　刘雨涵

主要编撰者简介

张玉钧　北京林业大学园林学院教授、博士生导师。国家林业和草原局国家公园和自然保护地标准化技术委员会委员、国家林业和草原局生态旅游标准化技术委员会委员。北京林业大学国家公园研究中心主任、中国-加拿大国家公园联合实验室中方负责人。《风景园林》、《旅游学刊》和《北京林业大学学报》（社会科学版）编委，《自然保护地》副主编，《中国国家公园体制建设报告》和《中国生态旅游发展报告》的第二主编。主要研究方向为自然保护地生态旅游规划与管理。近年来主要从事国家公园和自然保护地相关研究。主持国家社科基金一般项目"国家公园管理中的公众参与机制研究"、国家重点研发计划子课题"乡村生态景观物种多样性维护技术研究"、国家社科基金重大项目子课题"自然保护地生态价值实现制度构建及治理优化"等研究项目。作为主要参与者先后获得青海省科学技术进步奖二等奖、梁希林业科学技术奖二等奖、中国工程咨询协会全国优秀工程咨询成果奖一等奖。

李燕琴　中央民族大学管理学院教授、博士生导师，中央民族大学可持续旅游与乡村振兴研究中心主任，教育部"新世纪优秀人才支持计划"入选者，美国夏威夷大学访问学者，新西兰怀卡托大学高级研究学者。担任中国生态学会旅游生态专业委员会委员、中国管理科学学会旅游管理专业委员会委员、中国建筑文化研究会文化旅游研究院研究员、全联旅游业商会绿色旅游经济研究与促进专业委员会特聘高级专家等。研究领域包括乡村旅游、生态旅游、可持续旅游与民族旅游等。主持参与国家自然科学基金项目多项。出版专著与教材多部，其中《生态旅游游客行为与游客管理研究》（2006 年）为国内第一部生态旅游游客行为研究专著。在《旅游学刊》《地理研究》《管理学报》等高影响因子期刊发表学术论文数十篇，入选"旅游论文作者学术影响力 Top 100"。

王忠君 北京林业大学园林学院旅游管理系副教授。北京林业大学生态旅游方向博士。2019 年加拿大不列颠哥伦比亚大学访问学者。北京林业大学中国-加拿大国家公园联合实验室秘书长，北京旅游学会科教旅游分会理事。参与国家科技支撑、国家重点研发计划专项课题 3 项，主持国家森林公园、国家湿地公园等旅游规划编制项目 50 余项；发表学术论文 30 余篇，出版专著 2 部、教材 2 部；参与北京世界草莓大会、中关村科教旅游节、北京国际旅游节等重大节事活动的策划、组织与评估工作；是北京市旅游发展委员会专家智库成员，国家旅游局 A 级景区、国家生态旅游示范区、国家科教旅游示范区评定与复核工作组成员。

张海霞 浙江工商大学旅游与城乡规划学院教授，西湖学者，浙江工商大学生态旅游与美丽中国研究院执行院长，浙江工商大学旅游数字化与可持续发展团队负责人，玉泉智库（中科院大学、民盟中央共建）成员，兼任民盟中央生态委委员、中国自然资源学会国家公园专委会委员、浙江省休闲学会秘书长等职务。主要研究方向为国家公园与旅游规制。以第一作者发表学术论文近 40 篇，出版专著《国家公园的旅游规制研究》《中国国家公园特许经营机制研究》，主持国家自然科学基金、国家社科基金、教育部人文社科基金、文化和旅游部宏观决策项目、国家发改委项目、自然资源部项目、生态环境部项目、浙江省哲学社会科学重点项目等省部级以上项目 16 项，主持或参与其他横向项目 30 余项，主笔成果获国家主要领导人肯定性批示 4 项，其他成果获省部级领导批示 10 余项，获省部级优秀科研成果奖 4 项。

张婧雅　华中农业大学园艺林学学院风景园林系讲师，北京林业大学风景园林学博士，北京林业大学国家公园研究中心外聘研究员，《自然保护地》期刊审稿专家。主要研究方向为风景资源保护、自然保护地规划。主持国家自然科学基金青年项目1项，参与国家重点研发计划、国家自然科学基金、国家社科基金等项目4项，主持或参与多项风景名胜区、乡村振兴等规划编制项目。发表学术论文10余篇，参编著作及教材5部。

摘　要

　　建立国家公园体制是实现中华民族永续发展的重大决策，也是生态文明和美丽中国建设具有全局性、统领性、标志性的重大制度创新，更是中国自然保护事业发展的必然趋势。建立以国家公园为主体的自然保护地体系成为在现有条件下维护我国国土生态安全、实现生物多样性就地保护的最有效形式，也是生态系统完整性与原真性保护的最有效手段之一。然而，在过去的多部门分散管理时期，各类自然保护地存在重叠设置、多头管理、边界不清、权责不明、保护与发展矛盾突出等诸多问题。因此，在建立国家公园体制的背景下，探讨具有中国特色的国家公园建设和发展具有重要的现实意义。

　　为持续推进以国家公园为主体的自然保护地体系建设，促进我国自然保护事业全面发展，本书在人类与自然耦合系统视野下，关注自然保护地体系中一系列的人地关系和矛盾问题，基于我国基本国情和现状资源条件，就国家公园的现状、布局、机制和实践等多方面展开研究，旨在整合并优化现有保护地类型，科学布局新型自然保护地网络，细化并完善国家公园体制机制，以及促进区域协调可持续发展。

　　本书采用了历史比较法、内容分析法、问卷调查法、专家访谈法、实地观察法、空间分析法等多种研究方法，重点针对如下四方面内容展开讨论：第一，发展现状上，充分解读中国国家公园的概念和内涵，分析中国国家公园的发展历程、优势与建设问题，试图为中国特色的国家公园发展路径指明研究方向和设计建设方案；第二，空间布局上，针对中国自然保护地布局现状，探讨新型自然保护地网络构建及国家公园规划的方法和路径，解读国际上国家公园规划和管理的经验及其对中国的启示；第三，体制机制上，从构建哪些机制、为何构建机制以及如何构建机制等方面展开研究，解决中国国家公园体制机制中持续面对的保护和发展问题；第四，建设模式上，结合国家公园体制试点和第一批国家公园的部分实践案例，总结各个国家公园的发展特色和创新性经验。

本书主要结论及建议如下。

其一，中国特色的国家公园发展路径应坚持以生态文明理念为引领，不断完善以国家公园为主体的自然保护地体系。一方面，应针对国家公园展开探索性的理论和方法研究，如对理论基础、文化特征、空间布局、规划设计、法律法规和生态价值等内容的研究；另一方面，应重点解决自然保护地建设在空间布局、体制机制和管理水平等方面的问题，进一步完善自然保护地网络，理顺管理体制机制，以及提升保护和管理水平。

其二，科学规划新型自然保护地网络应承接我国国土空间规划体系，确立适合中国自然保护地的景观风貌管控策略，通过借鉴世界各国的国家公园规划和布局技术，针对全球面临的气候变化、生物多样性丧失和栖息地破碎化等问题以及具体实践中将会遇到的一系列不确定难题建立相应的国家公园适应性规划或管理框架。

其三，健全和完善国家公园体制机制应着眼于全民公益性这一关键目标，致力于国家公园全民共建共享格局的实现。在当前新发展阶段，体制机制建设的重点主要包括生态保护、资源管理、自然教育、社区发展、游憩规制和特许经营等方面。在方法上，首先在加强自然资源管理的同时，应为公众提供自然教育、游憩体验等优质的公共服务；其次在开展生态保护的同时，应致力于带动社区发展，鼓励原住居民积极参与生态旅游和特许经营活动。

其四，我国国家公园体制试点及第一批国家公园在借鉴国际经验的基础上探索出了一条适合中国国情的国家公园建设道路，并至少带来两个方面的启示：一方面，各个国家公园在保护、管理、科研、监测和体验等方面积累了丰富的实践经验；另一方面，各个国家公园往往依据自身独特的自然资源条件和社会人文禀赋找到了适合自己的特色发展模式。

在国际与国内社会各界的共同关注之下，中国国家公园建设和发展取得了较大进步，让世界看到中国为全球生物多样性保护付出的艰辛努力与卓越贡献，未来中国还将继续着眼于建立统一、高效、规范的国家公园体制机制，整合优化自然保护地体系，创建或设立新一批国家公园，促进中国国家公园高质量和可持续发展。

关键词： 生态文明　国家公园　自然保护地体系　可持续发展

序

　　建立以国家公园为主体的自然保护地体系是有效保护生态系统原真性、完整性，保护生物多样性、改善人类福祉的主导方略之一。党的十八届三中全会提出建立国家公园体制任务以来，党中央、国务院陆续出台一系列政策文件，建立了生态文明的制度框架，完成了构建以国家公园为主体的自然保护地体系顶层设计。国家公园建设与发展在体制改革、功能定位、体系构建、机构设置、事权统一、管理体制、空间规划、整合优化、空间布局、边界划定、管控分区等方面取得了显著成效。2021 年 10 月 12 日，在《生物多样性公约》第十五次缔约方大会领导人峰会召开期间，中国正式宣布设立三江源、大熊猫、东北虎豹、海南热带雨林、武夷山等第一批国家公园。2022 年 4 月 11 日，习近平总书记到海南五指山考察调研时指出，海南要坚持生态立省不动摇，把生态文明建设作为重中之重，对热带雨林实行严格保护，实现生态保护、绿色发展、民生改善相统一，向世界展示中国国家公园建设和生物多样性保护的丰硕成果。

　　北京林业大学是教育部直属、教育部与国家林业和草原局共建的全国重点大学，是以生物学、生态学为基础，以林学、风景园林学、水土保持与荒漠化防治、草学、林业工程、农林经济管理和机械工程为特色，多门类协调发展的国家"双一流"建设高校。多年来，北京林业大学把生态文明建设作为立校之本、发展之基，为我国生态文明建设、林草事业和经济社会发展作出了卓越贡献，尤其在我国国家公园和自然保护地研究领域和人才培养等方面具有先天优势和特色。近年来，北京林业大学围绕国家公园开展多方

面、多角度的研究和学术交流，参与三江源、青海湖、秦岭、大熊猫等多个已建和拟建国家公园的总体规划项目；多角度聚焦国家公园现存问题，牵头国家公园管理中的公众参与机制研究、野生动物伤害补偿标准编制与核查、国家公园监测指标体系和技术规程研究、东北虎豹保护及栖息地恢复监测与评估、国家公园自然教育实施方案制定、海南热带雨林国家公园资源体系合理利用研究、非资源消费型野生动物旅游风险感知研究等科研项目，研究解决国家公园野生动物保护、生物多样性、资源和环境监测、特许经营与生态价值转化等关键问题；聚焦国家公园建设的核心制度和机制研究，助力适应中国国情、具有中国特色的国家公园体制和体系建设。

《中国国家公园建设发展报告（2022）》是北京林业大学国家公园研究中心张玉钧教授联合国内同行共同完成的。全书对近年来中国国家公园和自然保护地的建设现状和未来发展状况进行了总结和分析，对国家公园的制度建设现状展开了一定程度的评估，同时对部分国家公园体制试点区和第一批国家公园的建设经验进行了总结和提炼。此书是在全国发布的第一部国家公园绿皮书，可以说是一部具有开创性意义的国家公园著作。在此，我向参与本书编写的全体人员表示衷心感谢！

当前，在国家公园方面还有诸多课题需要我们去深度挖掘和广泛研究。虽然我国国家公园建设尚处于起步阶段，但我们深信，随着时间的推移，未来国家公园体制建设将引领中国自然保护事业发展迎来新高潮，中国国家公园建设还会有更多精彩值得期待！这需要政府、企业、公众等社会各界携手并进，共同努力，为我国国家公园可持续发展贡献力量。

北京林业大学校长

2022 年 7 月 23 日

目 录 ↘

Ⅰ 总报告

Ⅱ 国土空间与总体布局

Ⅲ 资源管理与自然教育

Ⅳ 生态保护与社区发展

Ⅴ 游憩规制与特许经营

VI 国家公园建设模式及实践

VII 附录

皮书数据库阅读**使用指南**

总 报 告

General Reports

G . 1

中国国家公园发展现状与趋势

北京林业大学国家公园研究中心*

摘 要： 中国国家公园内涵丰富，突出表现在保护理念、保护目标、保护地位和保护强度等方面，其中"生态保护第一"是国家公园最根本、最优先的保护理念，这直接决定了中国国家公园建设施行最严格的生态保护措施。中国国家公园体制在经历了建设思潮、初步探索和积极探索几个阶段后，目前正处于建设初期阶段。在生态文明思想和人与自然和谐共生理念指导下，中国国家公园体制展现了生态系统综合保护、规范统一高效管理以及全民共建共享机制等独特的发展优势，中国构建了以国家公园为主体的自然保护地体系，已初步建立起国家公园体制框架，完成国家公园总

---

* 执笔人李娜、高云、张娇娇、张玉钧。李娜，北京林业大学园林学院在读博士研究生，研究专业为风景园林学，研究重点为国家公园、生态系统服务、城乡人居生态环境；高云，北京林业大学园林学院硕士研究生，研究专业为风景园林学，研究重点为国家公园、自然保护地规划与管理；张娇娇，北京林业大学园林学院硕士研究生，研究专业为风景园林学，研究重点为自然保护地生态价值、旅游规划；张玉钧，北京林业大学园林学院教授、北京林业大学国家公园研究中心主任、博士生导师，研究重点为国家公园、自然保护地游憩规划与管理。

体布局，保护地整合与优化持续推进，保护与管理效能显著提高。为确保国家公园体制的进一步完善，中国国家公园还应在理论基础、文化特征、空间布局、规划技术、制度体系和生态价值等方面进行深入探索，为促进区域可持续发展和国家公园高质量发展提供支撑和保障。

关键词： 国家公园　自然保护地　生态文明　高质量发展

据世界保护区数据库（WDPA）统计，截至 2022 年 3 月，全球已建立保护地 268902 个，其中，属于世界自然保护联盟（IUCN）保护地分类体系中的国家公园类型（Ⅱ类）有 6004 个，国家公园理念得到全球 150 多个国家和地区的响应。与欧美相比，中国虽然提出建立国家公园体制的时间较迟，但中国国家公园不仅在概念内涵上独具特色，还拥有得天独厚的发展优势，并正在探索符合中国国情、具有中国特色的国家公园模式。在国家公园建设的初期阶段，中国正式设立三江源、大熊猫、东北虎豹、海南热带雨林、武夷山 5 处第一批国家公园，保护面积达 23 万平方千米，规模之大世界瞩目，涵盖了陆地上近 30% 的国家重点保护野生动植物种类，取得了显著的保护成效，为应对全球气候变暖和生物多样性丧失做出了重要贡献。

一　中国国家公园的概念内涵

（一）中国国家公园的概念

2013 年党的十八届三中全会提出建立国家公园体制以来，中国的国家公园建设从试点探索到正式设立，适合国情的具有中国特色的国家公园概念逐步形成，并在政策文件以及相关国家标准文件中得以体现。中国的国家公园概念是如此界定的："以保护具有国家代表性的自然生态系统为主要目的，实现自然资源科学保护和合理利用的特定陆域或海域，是我国自然生态系统中最重要、自然景观最独特、自然遗产最精华、生物多样性最富集的部分，保护范围大，生态过程完整，具有全球价值、国家象征，国民认同度高。"①

（二）中国国家公园的内涵

19 世纪 30 年代，在美国西部大开发的时代背景下，国家公园概念由艺术家乔治·卡特林首次提出，之后国家公园理念被全世界许多国家和地区所使用。之后，西方环境保护领域开始积极倡导"保育"（conservation）理念，即国家公园兼具"保护"（protection）与"合理利用"（rational use）的功能②，这在国家公园实践中得到充分体现，保护与合理利用的理念得到世界各国的一致认可。世界自然保护联盟（IUCN）提出了国家公园的基本特征，并努力在国际上实现定义一体化。但国家公园不是简单的复制，许多国家和地区的国家公园并不符合 IUCN 提出的标准，而是体现出适应其自然、政治或社会环境的多样性内涵。与 IUCN 相比，中国国家公园的内涵体现出鲜明的中国特色（见表 1）。

表 1　中国国家公园与 IUCN 国家公园内涵对比

	IUCN	中国
保护理念	保护第一、公益优先	生态保护第一、国家代表性、全民公益性
保护目标	保护大尺度的生态过程，以及相关物种和生态系统特性，同时提供精神享受、科研、教育、娱乐和参观游憩的机会	保护重要自然生态系统的原真性、完整性，同时具有科研、教育、游憩等综合功能

---

① 中共中央办公厅、国务院办公厅：《关于建立以国家公园为主体的自然保护地体系的指导意见》，中央政府门户网站，2019 年 6 月 26 日，http：// www. gov. cn/zhengce/2019－06－26/ content_5403497. htm。

② 张玉钧：《国家公园理念中国化的探索》，《人民论坛·学术前沿》2022 年第 4 期。

续表

	IUCN	中国
保护地位	不同类别的自然保护地具有同等的重要性	国家公园在自然保护地体系中居于主体地位,在维护国家生态安全关键区域中占首要地位,在保护最珍贵、最重要生物多样性集中分布区中占主导地位
保护强度	以环境教育与游憩为首要目标,游憩活动可纳入75%首要目标的用地范畴	属于全国主体功能区规划中的禁止开发区域,纳入全国生态保护红线区域管控范围,实行最严格的保护

资料来源:根据公开资料整理。

1. 保护理念

IUCN 倡导"保护第一、公益优先"的国家公园建设理念,各国国家公园因国情不同有多种体制模式,但国家代表性、科学性和公益性这三大特性是国际上公认的国家公园必须长期维护的根本特性。《建立国家公园体制总体方案》将中国全新的国家公园建设理念凝练为三点,即"生态保护第一、国家代表性、全民公益性",其中"生态保护第一"是中国国家公园最重要、最基本也是最优先的保护理念,这直接决定了中国国家公园建设施行最严格的生态保护措施。

2. 保护目标

IUCN 国家公园将保护大尺度的生态过程、相关物种和生态系统特性作为核心目标,同时向人们提供精神享受、科研、教育、娱乐和参观游憩的机会。中国国家公园则将保护重要自然生态系统的原真性、完整性作为首要目标,同时发挥科研、教育、游憩等方面的综合功能。国家公园既涵盖了极其重要的自然生态系统,又塑造着独特的自然景观并拥有极丰富的科学内涵,中国建立国家公园的根本目的是保护自然生态系统的原真性与完整性①。

---

① 中共中央办公厅、国务院办公厅:《建立国家公园体制总体方案》,中央政府门户网站,2017 年 9 月 26 日,http://www.gov.cn/zhengce/2017-09/26/content_5227713.htm。

3.保护地位

IUCN 分类体系认为不同类别的自然保护地具有同等的重要性。中国从国情出发,独创性地提出了以国家公园为主体、自然保护区为基础、各类自然公园为补充的自然保护地分类系统[①]。中国国家公园在全国自然保护地体系中的主体地位主要体现在以下几个方面:①保护价值和生态功能居于主体地位;②在维护国家生态安全关键区域中占首要地位;③在保护最珍贵、最重要生物多样性集中分布区中占主导地位[①]。

4.保护强度

在 IUCN 的自然保护地分类体系中,除严格自然保护区(Ia 类)受到严格保护,人类活动和资源利用受到严格控制外,其余类型均具有不同程度的游憩利用功能,其中,国家公园作为Ⅱ类自然保护地,环境教育与游憩是其首要目标之一,游憩活动可纳入 75%首要目标的用地范畴[②]。而中国的国家公园被列为全国主体功能区规划中的禁止开发区域,在保护程度上相当于 IUCN 分类体系的严格自然保护区(Ia 类),为中国自然保护地体系的第一级,受到最严格保护。

二 中国国家公园的发展历程

(一)建设思潮

20 世纪 30~40 年代,受国际上国家公园成功经验的影响,中国建设国家公园的思潮开始兴起。民国政府在庐山、太湖等当时发展相对成熟的风景区的基础上开展了有益尝试,并编制了相应的国家公园的规划文件[③]。1930年,风景园林巨匠陈植主编了《国立太湖公园计划书》,该计划书将英语中

---

① 中共中央办公厅、国务院办公厅:《关于建立以国家公园为主体的自然保护地体系的指导意见》,中央政府门户网站,2019 年 6 月 26 日,http://www.gov.cn/zhengce/2019-06/26/content_5403497.htm。

② 庄优波:《IUCN 保护地管理分类研究与借鉴》,《中国园林》2018 年第 7 期。

③ 贾建中、邓武功、束晨阳:《中国国家公园制度建设途径研究》,《中国园林》2015 年第 2 期。

的"National Park"译为"国立公园",强调太湖的发展并非作为普通意义上的湖滨公园或森林公园,国立公园的本义应当是永久保存一定区域内的风景,以便于公众享用。发展国立公园事业的目的有两个:一是风景之保存;二是风景之启发。二者缺一不可①。

（二）初步探索

20 世纪 70 年代,传统风景区的振兴与保护管理工作使得中国开始国家公园理论与实践的初步探索。1982 年,中国风景名胜区制度的建立标志着国家公园制度建设在中国正式启动,对外,风景名胜区即称为国家公园(National Park of China)。建设部 1994 年发布的《中国风景名胜区形势与展望》绿皮书将中国的风景名胜区与国际上的国家公园（National Park）概念相对应,并指出两者并不完全等同,中国的风景名胜区具有自己的特点②。但当时国家主要从性质和作用的角度将风景名胜区列入国家公园的范畴③,并没有建立实质意义上的国家公园体制。

（三）积极探索

21 世纪初,相关部门和地方政府开始在国家公园建设方面进行积极探索。2006 年成立了云南香格里拉普达措国家公园,将三江并流国家级重点风景名胜区的关联区域拟定划为第一个国家公园,但鉴于当时当地立法机关没有批设国家级公园的权限,2008 年云南省被正式列为国家公园建设试点省,由此普达措国家公园成为国内第一个由国家林业局审批、省林业厅主管的拟定国家公园。随后,黑龙江伊春汤旺河国家公园经环境保护部和国家旅游局联合批准于 2008 年 10 月挂牌拟定成立④。这一时期的特征是各部门和地方政府在国家公园建设中出现乱象。

---

① 陈植:《国立太湖公园计划书》,农矿部林政司出版,1930。
② 中华人民共和国建设部:《中国风景名胜区形势与展望》绿皮书,1994。
③ 卢琦、赖政华、李向东:《世界国家公园的回顾与展望》,《世界林业研究》1995 年第 1 期。
④ 张广海、曲正:《我国国家公园研究与实践进展》,《世界林业研究》2019 年第 4 期。

（四）建设初期

2013 年，党的十八届三中全会首次提出建立国家公园体制。国家公园作为生态文明战略中的一项重大举措，需要真正落到实处，中央以及相关部门从政策、法规等方面全面积极推进国家公园发展（见图 1）。2015 年《建立国家公园体制试点方案》发布后，国家陆续开展了三江源、祁连山、武夷山等 10 个国家公园试点建设。2017 年《建立国家公园体制总体方案》出台，国家公园体制的顶层设计初步完成。2018 年，国家成立了统一的国家公园管理机构，国家公园体制建设迈入新阶段。2019 年，《关于建立以国家公园为主体的自然保护地体系的指导意见》发布，这标志着中国国家公园体制进入全面深化改革的新阶段。从 2020 年开展自然保护地整合优化到 2021 年中国正式宣布设立三江源、大熊猫、东北虎豹、海南热带雨林、武夷山 5 处第一批国家公园，中国已初步建立国家公园体制，国家公园总体布局初步形成，保护地整合优化持续推进，保护管理效能显著提高。

三　中国国家公园的发展优势

（一）生态文明体制建设

2012 年党的十八大首次提出"美丽中国"理念以来，中国的生态文明建设不断取得成效。自 2015 年起，《生态文明体制改革总体方案》等一系列指导性文件出台，为加快推进生态文明建设构建了产权明晰、多方参与、激励与约束并重、系统完整的生态文明体制建设的制度体系[1]（见图 2）。中国国家公园虽然起步较晚，但产生于生态文明建设快速发展时期，因此具有较高的起点、扎实的基础以及明显的后发优势。以国家公园为主体的自然

---

①　中共中央、国务院印发《生态文明体制改革总体方案》，中央政府门户网站，2015 年 9 月 21 日，http://www.gov.cn/guowuyuan/2015-09/21/content_2936327.htm。

2013年11月	党的十八届三中全会通过《中共中央关于全面深化改革若干重大问题的决定》
2015年1月	国家发展改革委等13部委联合通过《建立国家公园体制试点方案》
2015年5月	《国务院批转发展改革委关于2015年深化经济体制改革重点工作意见的通知》
2015年9月	中共中央 国务院印发《生态文明体制改革总体方案》
2016年3月	中共中央办公厅、国务院办公厅印发《三江源国家公园体制试点方案》
2016年12月	中央全面深化改革委员会通过《大熊猫国家公园体制试点方案》《东北虎豹国家公园体制试点方案》
2016年12月	国土资源部、中央编办、财政部、环境保护部、水利部、农业部、国家林业局关于印发《自然资源统一确权登记办法（试行）》的通知
2017年2月	中共中央办公厅、国务院办公厅印发《关于划定并严守生态保护红线的若干意见》
2017年9月	中共中央办公厅、国务院办公厅印发《建立国家公园体制总体方案》
2017年10月	党的十九大报告《决胜全面建成小康社会 夺取新时代中国特色社会主义伟大胜利》
2018年1月	《国家发展改革委关于印发三江源国家公园总体规划的通知》
2018年3月	中共中央印发《深化党和国家机构改革方案》
2018年10月	全国人民代表大会常务委员会关于修改《中华人民共和国野生动物保护法》等十五部法律的决定
2019年2月	《国家公园空间布局方案》通过专家论证
2019年4月	中共中央办公厅、国务院办公厅印发 《关于统筹推进自然资源资产产权制度改革的指导意见》
2019年6月	中共中央办公厅、国务院办公厅印发 《关于建立以国家公园为主体的自然保护地体系的指导意见》
2019年7月	自然资源部、财政部、生态环境部、水利部、国家林业和草原局关于印发《自然资源统一确权登记暂行办法》的通知
2019年10月	《中共中央关于坚持和完善中国特色社会主义制度 推进国家治理体系和治理能力现代化若干重大问题的决定》
2019年11月	中共中央办公厅、国务院办公厅印发《关于在国土空间规划中统筹划定落实三条控制线的指导意见》
2019年12月	中华人民共和国主席令（第三十九号）
2019年12月	国家发展改革委、自然资源部关于印发《全国重要生态系统保护和修复重大工程总体规划（2021—2035年）》的通知
2021年1月	自然资源部、国家林业和草原局《关于做好自然保护区范围及功能分区优化调整前期有关工作的函》
2021年10月	习近平在《生物多样性公约》第十五次缔约方大会领导人峰会上的主旨讲话
2021年10月	中共中央办公厅、国务院办公厅印发《关于进一步加强生物多样性保护的意见》
2021年12月	自然资源部办公厅关于印发《生态产品价值实现典型案例》（第三批）的通知
2022年3月	中共中央办公厅、国务院办公厅印发《全民所有自然资源资产所有权委托代理机制试点方案》
2022年3月	国家林业和草原局、国家发展改革委、财政部、自然资源部、农业农村部关于印发《国家公园等自然保护地建设及野生动植物保护重大工程建设规划（2021—2035年）》的通知

图1 国家公园相关重要政策和决定

资料来源：根据公开资料整理。

保护地分类体系是践行习近平生态文明思想的关键举措，在生态文明思想和人与自然和谐共生理念指导下，中国国家公园最为核心的功能即落实生态重要性，将生态保护放在首位，对基本保持自然状态的区域实行更加严格的保护，其他任何功能都必须在生态保护的基础上展开①。坚持生态保护优先，统筹兼顾保护与利用，对国家公园实行整体性的保护、系统性的修复以及综合性的治理。

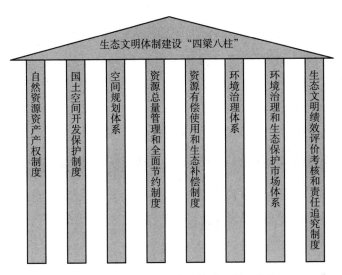

图 2 生态文明体制建设的"四梁八柱"

资料来源：中共中央、国务院印发《生态文明体制改革总体方案》，中央政府门户网站，2015 年 9 月 21 日，http://www.gov.cn/guowuyuan/2015-09/21/content_2936327.htm。

（二）生态系统综合保护

中国国土辽阔、气候多样、自然地理条件复杂，孕育了类型多样的自然生态系统，成就了丰富的物种多样性，拥有丰富的野生动植物资源。有脊椎动物 7300 余种，其中 400 余种为我国特有种；高等植物 36000 余种，其中

① 唐小平、蒋亚芳、赵智聪等：《我国国家公园设立标准研究》，《林业资源管理》2020 年第 2 期。

近50%为我国特有种①。中国成为世界上生物多样性最丰富的12个国家之一。构建新型自然保护地体系是我国对重要自然生态系统和野生生物及其栖息地就地保护的最有效措施之一，在维护国家生态安全中居于首要地位。从建设规模来看，中国设立的第一批国家公园保护面积约23万平方千米，覆盖了国土总面积的约2.4%，保护对象涵盖了中国陆域近30%的国家重点保护野生动植物种类②。截至2020年底，中国已建立自然保护地9700余个，面积2.1亿公顷，剔除重叠后实际面积1.85亿公顷，覆盖了陆域面积的18.3%和管辖海域的3.2%③，全国95%的陆地生态系统类型、85%的重点保护野生动物种类、65%的重点保护野生植物种类、20%的珍贵天然林和50.3%的自然湿地都纳入其中④，大面积自然生态系统得到完整、系统的保护，部分珍稀濒危物种野外种群正逐步恢复⑤。预期到2035年，在进一步整合优化自然保护地体系布局和构成的基础上，中国的自然保护地总面积占比将稳定在陆域国土面积的18%以上⑥，中国将进一步为生物多样性保护和共建地球生命共同体做出重要贡献。

（三）统一、规范、高效管理

中国国家公园建设立足于生态保护现实需求和所处发展阶段，将山水林

---

① 国家林业和草原局、国家发展改革委、财政部等：《国家公园等自然保护地建设及野生动植物保护重大工程建设规划（2021—2035年）》，中央政府门户网站，2021年3月11日，http：//www.forestry.gov.cn/html/main/main_5461/20220317105954150795620/file/20220317110037174111763.pdf。

② 习近平：《共同构建地球生命共同体——在〈生物多样性公约〉第十五次缔约方大会领导人峰会上的主旨讲话》，中央政府门户网站，2021年10月12日，http：//www.gov.cn/xinwen/2021-10/12/content_5642048.htm。

③ 唐小平：《国家公园体制引领生物多样性主流化》，《林业资源管理》2021年第4期。

④ 唐小平：《国家公园体制引领生物多样性主流化》，《林业资源管理》2021年第4期。

⑤ 李琴：《全球生物多样性治理的意义与中国贡献》，《金融博览》2022年第3期。

⑥ 国家林业和草原局、国家发展改革委、财政部等：《国家公园等自然保护地建设及野生动植物保护重大工程建设规划（2021—2035年）》，中央政府门户网站，2021年3月11日，http：//www.forestry.gov.cn/html/main/main_5461/20220317105954150795620/file/20220317110037174111763.pdf。

田湖草作为一个生命共同体，按照自然生态系统整体性、系统性及其内在规律，分类有序地解决自然保护地历史遗留问题，合理确定国家公园空间布局。同时，优先进行体制创新和机制完善，衔接好国家公园体制机制改革中的各项工作，坚持成熟一个设立一个，有步骤、分阶段稳步推进国家公园建设①。《关于加快推进生态文明建设的意见》提出"建立国家公园体制，实行分级、统一管理"的要求，中国以理顺并整合现有各类自然保护地管理职能为基础，合理划分中央和地方事权，构建主体明确、权责清晰、相互配合的国家公园中央和地方协同管理机制；由国家公园管理局对国家公园进行统一管理，履行国家公园范围内的生态保护、自然资源资产管理、特许经营管理、社会参与管理、宣传推介等职责②。清晰高效、权责明确的全过程统一管理，有利于解决保护地长期存在的"九龙治水"、多部门破碎化管理的顽疾，为构建统一、规范、科学、高效的自然保护地管理体制奠定了基础。

（四）全民共建共享机制

中国国家公园建设存在复杂的社区背景、土地权属和利益问题。首先，中国社区人口基数大，国家公园的核心保护区、一般控制区及周边往往分布有城市建成区、建制乡镇或行政村③，而且国家公园通常处在生态好但经济发展相对落后的偏远区域，因此对当地的自然资源依赖程度较高，原住居民具有维持生计的生产生活需求。其次，中国国家公园内土地权属复杂，在第一批国家公园中，除三江源和武夷山的土地权属皆为国有外，大熊猫（32%）、东北虎豹（9%）、海南热带雨林（51%）都包含一定比例的集体土地④，国有与集体土地往往以叠加或并存的形式存在，土地权属复杂，涉及国家、集体、企业甚至个人等多方利益。面对日益增多的管理问题，

---

① 中共中央办公厅、国务院办公厅：《建立国家公园体制总体方案》，中央政府门户网站，2017年9月26日，http://www.gov.cn/zhengce/2017-09/26/content_5227713.htm。
② 中共中央办公厅、国务院办公厅：《建立国家公园体制总体方案》，中央政府门户网站，2017年9月26日，http://www.gov.cn/zhengce/2017-09/26/content_5227713.htm。
③ 葛芳芳：《我国国家公园保护地役权探究》，《创造》2020年第12期。
④ 方言、吴静：《中国国家公园的土地权属与人地关系研究》，《旅游科学》2017年第3期。

国家公园治理不再局限于政府，社会各界主体已逐渐参与到国家公园的治理中，全民共建共享机制形成。在共建方面，积极实现政府、企业、社会组织和公众共同参与国家公园生态保护和管理利用的良好局面，探索和建立多方力量协同合作、共同促进国家公园建设与发展的长效机制①；在共享方面，以公益性理念为引领，着力提升国家公园的生态系统服务功能，在国家公园内开展生态旅游、自然教育等活动，为访客提供亲近自然、体验自然、了解自然的机会，使公众能够享受到国家最美、最优质的生态产品和服务②。

四　中国国家公园的发展趋势

（一）国家公园理论基础发展

中国国家公园保护思想从最初的单一物种保护逐渐发展到现在的复合生态系统的整体性保护，在理论上也从保护生物学逐渐过渡到人与自然耦合生态系统理论③。从人地关系视角出发，人与自然耦合系统理论已逐渐成为支撑中国国家公园建设和发展较为关键和重要的理论基础，这一理论将人与自然看作一个有机的复合系统，强调保护管理工作应注重人与自然两个系统的综合管理。在人与自然和谐相处的目标下，中国国家公园的重点保护对象不应仅从物种、种群及其栖息地扩展到大尺度的生态系统功能和格局，还应关注区域内的"经济—社会—生态"复合生态系统。尤其是在国家公园体制建设初期，中国面临着复杂的人地关系，缓解国家公园范围内及其周边的人地关系矛盾已成为各方在推进国家公园建设和发展中的基本共识。中国自古

---

① 中共中央办公厅、国务院办公厅：《建立国家公园体制总体方案》，中央政府门户网站，2017年9月26日，http://www.gov.cn/zhengce/2017-09/26/content_5227713.htm。
② 唐小平：《国家公园：守护地球家园的最美国土》，《森林与人类》2021年第11期。
③ 魏钰、雷光春：《从生物群落到生态系统综合保护：国家公园生态系统完整性保护的理论演变》，《自然资源学报》2019年第9期。

以来就提出了"天人合一"的自然保护思想,解决好"人类需要发展、自然需要保护"的根本矛盾更是国家公园建设与管理的内在要求。充分利用人与自然耦合系统理论,一方面可以多层次剖析保护地的人地关系,另一方面可以从组织耦合、空间耦合、时间耦合以及决策管理等方面①找到区域人地关系的整体优化路径,从而为自然资源的保护与合理利用提供理论依据。在科研教学和人才培养方面,应整合现有资源,建构国家公园学交叉学科体系。

(二)国家公园文化特征探索

《建立国家公园体制总体方案》指出,国家公园应具备"坚持国家代表性""具有国家象征""代表国家形象""彰显中华文明"等特征。《关于建立以国家公园为主体的自然保护地体系的指导意见》也指出,中国的国家公园不应只是保护重要的自然生态系统、自然遗迹、自然景观,还应关注其所承载的文化价值。尽管早期对外宣称为"National Park of China"的风景名胜区充分展现了中华文化的特色与内涵,但风景名胜区与IUCN体系要求的Ⅱ类国家公园存在很大区别,因此未能真正成为中国的国家公园,但这并不意味着中国国家公园仅作为自然综合体存在。相反,中国的国家公园是一个自然与文化相结合的综合性景观,具有丰富的文化属性。以第一批国家公园来说,其中武夷山国家公园不仅具有丹霞胜景和亚热带森林资源,还是早期古闽族文化的起源地,其优美奇特的自然环境还为新儒学提供了沃土。国家公园文化特征是一个重要议题,中国国家公园建设需考虑自然环境中的文化特征保护与传承问题,应将一些蕴含特色地方文化、历史文化、民族文化和传统文化的保护地发展成为在自然和人文方面兼具国家代表性和中国特色的国家公园②。

---

① Liu, J. G. , Dietz, T. , Carpenter, S. R. , et al. , "Coupled Human and Natural Systems", *Ambio* 36(2007): 639-649.

② 谢冶凤、吴必虎、张玉钧:《东西方自然保护地文化特征比较研究》,《风景园林》2020年第3期。

（三）国家公园空间布局方法

国家公园空间布局涵盖调整规划尺度、明确保护对象、评估生境质量及制定保护管理策略等多个层面的内容[1]，是一个系统复杂的过程。目前关于国家公园空间布局的研究仍处于探索阶段，诸多学者根据中国的自然保护地分布情况，侧重生态要素分析，从整体生态系统、重点保护对象、国土景观风貌等角度考虑，对国家公园候选区域进行了遴选[2]。官方的《国家公园空间布局方案》也正在由国家公园管理局编制，国家公园空间布局须依据全国主体功能区战略，按照国家公园体制改革要求，坚持国家利益、自然优先、系统均衡、统筹整合和稳步推进等原则，在全面、系统评估中国自然地理格局、生态功能格局的基础上，开展全国自然生态地理单元的区划研究，按照生态地理单元的特性遴选出能够代表国家形象、体现全球价值、国民认同度高，又有独特自然景观和丰富科学内涵的国家公园候选区。未来，应立足我国生态保护现实需求和发展阶段，与国家公园体制改革、自然保护地整合优化、国土空间规划进行紧密衔接，统筹做好国家公园空间布局的顶层设计；以国家代表性、生态重要性和管理可行性为准入条件，在保障科学性和必要性的前提下，整合布局和优先设立国家公园，按照轻重缓急分期分批有序推进，清晰明确地制定国家公园的发展目标和建设规模，以期形成一套兼具科学性和实践性的国家公园空间布局方案，为维护国家生态安全、建设美丽中国提供生态支撑。

（四）国家公园规划设计技术

国家公园的规划设计着眼于规定未来活动空间分布，界定区域边界，协调土地、自然资源利用与功能需求的关系。国家公园规划设计技术包括国家

---

① 孙乔昀、李娜、张玉钧：《面向国土景观风貌管控的中国国家公园空间布局研究》，《中国园林》2022年第4期。

② 欧阳志云、徐卫华、杜傲等：《中国国家公园总体空间布局研究》，中国环境科学出版社，2018。

公园全过程规划技术、保护地优先区域识别技术、边界分区划定优化技术，具有较强的示范性和实操价值。国家公园全过程规划技术是基于国家公园适应性系统规划理论，以《国家公园总体规划技术规范（GB/T 39736—2020）》为指导提出的一整套适用于国家公园规划全过程的工具包，其主要内容和技术方法涵盖保护体系、服务体系、管理体系等，重点程序包括对国家公园开展现状调查与评价、界定规划范围和管控分区、制定支撑规划、开展环境影响评价和效益分析[①]。保护地优先区域识别技术则是依托系统保护规划理念，以主要濒危物种和多重生态系统服务为保护对象，综合遥感技术数据处理，采用 C-Plan、Marxan 等模型软件，围绕保护热点地区和保护空缺区域展开研究[②]。该技术协同生态系统服务和生物多样性，从国家、区域、流域及其他尺度上探索一系列优先保护区域评估框架。边界分区划定优化技术以系统保护规划理念、生态格局理念为基础，运用生态系统原真性评价体系[③]、景观特征识别及价值评估[④]等方法，重点进行国家公园边界优化和功能分区。该技术对重叠、相邻的自然保护地进行整合优化，并合理划定国家公园边界范围、明确不同功能区的管控要求与策略，从而协调平衡各管理目标所需的国土空间与自然资源，满足国家公园基本功能的实现。

（五）国家公园法制法规体系

国家公园法制法规体系建设应从法律法规、制度机制、标准规范三方面着手。在法律法规建设方面，正在制定的《国家公园法（草案）》是新型自然保护地体系建设的重要的法律依托。立法是规范公民行为、协调相关利益

---

① 国家市场监督管理总局、国家标准化管理委员会：《国家公园总体规划技术规范（GB/T 39736—2020）》，2020。

② 侯盟、唐小平、黄桂林等：《国家公园优先保护区域识别——以浙江丽水为例》，《应用生态学报》2020 年第 7 期。

③ 薛冰洁、张玉钧、安童童等：《生态格局理念下的国家公园边界划定方法探讨——以秦岭国家公园为例》，《规划师》2020 年第 1 期。

④ 孙乔昀、张玉钧：《自然区域景观特征识别及其价值评估——以青海湖流域为例》，《中国园林》2020 年第 9 期。

主体的利益分配的重要途径，因此，推进自然保护地及国家公园立法工作是我国当前及未来建设和完善自然保护地法治体系的重点任务。在制度机制建设方面，综合国家公园统筹设立与规范管理流程，可从以下五方面展开：国家公园的评估设立与规划设计制度、资源产权与统一管理制度、用途管制与特许经营制度、社区协调与公众参与机制、监测评估与政策保障制度等。国家公园建设须坚持共建共享，发挥其生态系统服务价值与长远效益，如通过社区协调与公众参与机制实现国家公园全民公益性目标，实现利益共享，提高发展的可持续性。在标准规范制定方面，我国现已围绕国家公园设立、考核评价、监测、总体规划技术等方面制定了四项国家标准，并形成了国家公园标识、资源调查评价、勘界立标、功能分区等行业规范，这对于指导自然保护地体系整合以及国家公园的设立、管理、保障等具有重要意义。未来国家需要通过对国家公园建设与运营各环节进一步完善，推进国家公园的发展。

（六）国家公园生态价值实现

国家公园的生态价值实现机制构建应着力于建立价值评估标准体系、促进生态资源资本化、探索实现路径等。国家公园生态系统服务及自然资本价值评估是促进生态价值实现的基础性工作。为摸清资源本底，了解各类资源在特定时期内的变化情况，应加快构建国家公园的生态环境与经济综合核算体系，提高价值评估结果的可比较性，实现对生态价值的动态监测。国家公园生态价值实现的内在逻辑是将蕴藏在自然资源和生态系统中的存在价值通过"生态资源—生态资产—生态资本—生态产品"路径转化为可交易、可使用、可运营的生态产品，这也是生态资源资本化的过程。生态产品可根据公益性程度和供给消费方式划分为公共性生态产品、经营性生态产品和准公共性生态产品三类①。国家公园可建立生态产品清单，并据此进行分类备案。自然环境和生态安全产品等公共性生态产品具有产权难以界定、生产和

---

① 自然资源部办公厅：《生态产品价值实现典型案例》，2021 年 12 月 16 日，http：//gi.mnr.gov.cn/202112/t20211222_ 2715397.html。

消费关系难以明确的特征，可采取财政转移支付、财政补贴等政府主导的价值实现方式。农林物质产品和游憩、文化、康养服务产品具有产权明晰的条件，可以通过市场机制进行生态产业化和产业生态化的投资经营和交易，也可通过生态标签等方式提高品牌附加值，促进生态价值实现。准公共性生态产品是指具有公共特征，但通过规制或管控能够创造市场需求的产品，如保护地役权、碳排放权等，针对此类生态产品可采取生态指标和产权交易、资源产权流转等政府与市场相结合的价值实现路径。

五　结语

国家公园体制是生态文明和美丽中国建设具有全局性、统领性、标志性的重大制度创新，构建以国家公园为主体的新型自然保护地体系对于生态文明建设和中华民族永续发展具有重要的里程碑意义，是中国探索建设中国特色的自然保护地体系的关键节点。本报告对中国国家公园的概念内涵、发展历程、发展优势和发展趋势进行了总结；中国国家公园体制建设刚刚起步，为确保中国国家公园体制建设顺利进行，未来还应突出顶层设计优势，有序突破保护管理的历史困境，进一步整合和优化自然保护地空间格局，细化并完善自然保护地的分类和分级制度，持续推进国家公园的高质量发展。

G.2
中国自然保护地体系建设现状及展望

"中国自然保护地状况调查"课题组*

摘　要： 经过60多年的发展，我国建立自然保护地1.18万余处，包含自然保护区、森林公园、湿地公园、地质公园等13个类别，初步形成了完整的自然保护地网络。但由于交叉重叠、多头管理、权责不明等问题，管理和保护水平仍然不高。报告对中国自然保护地数量、面积和格局进行阐述，从保护地空间布局、管理体制机制、建设管理水平三个角度出发，深入剖析了中国自然保护地现存问题，提出构建以国家公园为主体的自然保护地体系是解决目前自然保护地问题的关键所在。

关键词： 自然保护地体系　国家公园　自然保护区　自然公园　生物多样性

一　自然保护地发展

自然保护地（Protected Area）的建立有助于世界范围内生物多样性的就地保护，是保护生物多样性最为有效的措施之一。世界自然保护联盟

---

* 执笔人田静、蒋亚芳、刘增力、邱胜荣。田静，博士，国家林业和草原局林草调查规划院工程师，研究方向为自然保护地规划与管理；蒋亚芳，硕士，国家林业和草原局林草调查规划院/国家公园研究院副总工程师，研究方向为自然保护地规划与管理；刘增力，国家林业和草原局林草调查规划院教授级高工，研究方向为自然保护地规划与管理；邱胜荣，国家林业和草原局林草调查规划院教授级高工，研究方向为自然保护地、野生动植物等调查规划及保护生物学理论和应用。

（International Union for Conservation of Nature，IUCN）将自然保护地定义为：通过法律或其他有效措施认证和管理的，专门用以保护自然生态系统服务功能和文化价值的边界清晰的地理空间。全球现有自然保护地约占陆地总面积的15%、海域面积的12%，有效保护了世界上约16%的森林和45%的生物多样性重要区域。

在我国，自然保护地是由各级政府依法划定或确认，对重要的自然生态系统、自然遗迹、自然景观及其所承载的自然资源、生态功能和文化价值实施长期保护的陆域或海域。1956年，鼎湖山国家级自然保护区在广东肇庆正式设立，这是我国第一个自然保护地，它的成立标志着我国自然保护地建设事业的开端。1985年，经国务院批准，林业部颁布了自然保护领域的第一部法规——《森林和野生动物类型自然保护区管理办法》。1994年，为加强自然保护地的建设和管理，国务院发布了《中华人民共和国自然保护区条例》，我国的自然保护地建设事业步入正轨。2001年，国家计委正式批准《全国野生动植物保护及自然保护区建设工程总体规划》，自然保护区的建设进入了加速发展阶段。2019年我国保护地数量①增至2000年的约4倍，面积也增加了约1倍（见图1）。

经过60多年的努力，我国已建立了数量众多、功能齐全的自然保护地体系。截至2019年，我国已建立各级各类自然保护地1.18万余处②，总面积超过170万平方千米，约占陆域国土面积的18%、领海面积的4.6%，覆盖了我国约95%的陆地生态系统类型、85%的野生动物和65%的高等植物。自然保护地已成为中华民族的宝贵财富、美丽中国的重要象征，是我国生态文明建设的核心载体，在维护国家生态安全中居于主体地位③。

然而，由于自然保护地发展缺乏整体性的布局、统领性的文件、完善的法律法规体系，保护地内存在范围交叉重叠、多头管理、权责不清、保护管

①② 自然保护区数据来源于2019年中国自然保护区年报；其他类型保护地数据来源于环保部等保护地主管部门公开的数据信息（截至2017年）。
③　中共中央办公厅、国务院办公厅：《关于建立以国家公园为主体的自然保护地体系的指导意见》，2019。

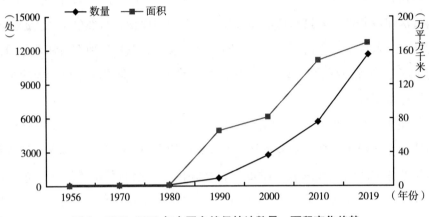

图1　1956~2019年中国自然保护地数量、面积变化趋势

资料来源：各保护地主管部门网站数据或公开报告信息。

理成效不高等问题。党的十九大提出了建立以国家公园为主体的自然保护地体系重大改革任务，2019年6月26日，中共中央办公厅、国务院办公厅正式印发《关于建立以国家公园为主体的自然保护地体系的指导意见》，对我国自然保护地体系的改革提出了新目标和新要求，其中包括各地各部门在2025年前完成自然保护地整合优化，构建统一的自然保护地分类分级管理体制，初步建成以国家公园为主体的自然保护地体系。2019年10月，国家林业和草原局正式启动了自然保护地整合优化的前期工作，对自然保护地进行全面调查摸底，以便清晰地了解和掌握全国各地自然保护地的各项情况，为建立以国家公园为主体的自然保护地体系提供支撑。由于目前全国保护地摸底调查工作尚未完成，本报告关于自然保护地的现状数据主要来源于2018年以前各保护地主管部门网站及公开报告信息，其中自然保护区数据来源于国家林业和草原局发布的2019年中国自然保护区年报。本报告以全国自然保护地数量、面积、分布数据为基础，阐述我国保护地的体系建设及保护管理现状，分析现有问题并提出相应对策和建议，最后对我国自然保护体系建设的发展前景进行展望。

二 自然保护地现状

（一）自然保护地数量规模

1956 年我国建立第一个自然保护区——鼎湖山国家级自然保护区，我国现有自然保护区 2830 处，面积共 14721 万公顷，包括国家级 474 处，面积 9811 万公顷；地方级① 2356 处，面积 4910 万公顷。1982 年我国建立第一个森林公园——张家界国家森林公园，目前共建立森林公园 3234 处，面积 1802 万公顷。同年，国务院首次公布福建武夷山、四川峨眉山等 44 个首批风景名胜区，目前共建成风景名胜区 1025 处，面积 1950 万公顷。2001 年，我国设立首批国家地质公园（包括云南石林、安徽黄山等 11 个），目前共设立地质公园 428 处。我国第一个湿地公园——杭州西溪国家湿地公园于 2005 年正式设立，目前我国共设立湿地公园 1263 处，面积共 358 万公顷。2006 年，乐清西门岛和嵊泗马鞍列岛海洋特别保护区正式建立，目前共建立海洋特别保护区（包括海洋公园）56 处共 690 万公顷。2007～2014 年，我国又先后建立了水产种质资源保护区、矿山公园、沙漠（石漠）公园等共 574 处自然保护地，面积约 1340 万公顷（见表 1）。

表 1　全国主要自然保护地类型规模统计

自然保护地类型	数量	面积（万公顷）	首次（批）设立	首次设立时间
自然保护区	2830	14721	鼎湖山国家级自然保护区	1956 年
森林公园	3234	1802	张家界国家森林公园	1982 年
风景名胜区	1025	1950	福建武夷山、四川峨眉山等 44 个	1982 年
地质公园	428	—	云南石林、安徽黄山等首批 11 个	2001 年
湿地公园	1263	358	杭州西溪国家湿地公园	2005 年

---

① 自然保护地按保护价值和保护强度分为国家级、省级、市级和县级 4 个等级（除国家公园体制试点外），本报告将省级、市级和县级保护地统称为地方级自然保护地。

续表

自然保护地类型	数量	面积(万公顷)	首次(批)设立	首次设立时间
海洋特别保护区（海洋公园）	56	690	乐清西门岛、嵊泗马鞍列岛	2006 年
水产种质资源保护区	464	1280	黄河鄂尔多斯段黄河鲶、额尔古纳河根河段哲罗鱼等 40 处	2007 年
矿山公园	55	30	湖北黄石国家矿山公园	2007 年
沙漠(石漠)公园	55	30	新疆伊吾胡杨林、新疆奇台硅化木等 9 个	2013 年
自然保护小区	约50000	150	—	—

注："—"表示此处无数据。

资料来源：自然保护区数据来源于 2019 年中国自然保护区年报；其余数据来源于环保部等保护地主管部门公开数据信息（截至 2017 年）。

2015 年，我国正式启动国家公园体制建设，已先后建成三江源、大熊猫、东北虎豹、湖北神农架、钱江源、南山、武夷山、长城、普达措和祁连山 10 处国家公园体制试点区，总面积约 22.00 万平方千米。体制试点区共整合归并自然保护地 140 处，涉及面积 19.25 万平方千米，其中自然保护区 82 处、面积 18.05 万平方千米，自然公园[①] 58 处、面积 1.20 万平方千米，新增非保护地面积 4.02 万平方千米（见表 2）。

表 2　国家公园试点区与原自然保护地的关系

保护地类型	级别	数量	涉及面积[②](万平方千米)
自然保护区	国家级	43	16.25
	地方级	39	1.80
	小计	82	18.05
自然公园	国家级	37	1.00
	地方级	21	0.20
	小计	58	1.20
新增非保护地	—	—	4.02

资料来源：各国家公园试点区总体规划。

① 自然公园包含森林公园、地质公园、海洋公园、湿地公园等。
② 涉及面积包含全部纳入及部分纳入国家公园的原自然保护地总面积。

我国已建立国家公园（试点区）、自然保护区、森林公园、湿地公园、地质公园、沙漠（石漠）公园、风景名胜区、海洋特别保护区（海洋公园）、水产种质资源保护区、矿山公园等各类自然保护地 1.18 万余处，总面积 170 多万平方千米，约占陆域国土面积的 18%，提前实现了《生物多样性公约》设定的 2020 年前保护地面积达国土面积 17%的目标。除此之外，还建立了约 50000 处自然保护小区①，面积共 150 万公顷，用以保护区域珍稀濒危动植物、自然和人文景观、生态功能等。

（二）自然保护地分布格局

由于资源分布、人口密度和地方经济发展等多种因素的影响，以"胡焕庸线"为界限，我国自然保护地分布呈现"东多西少"的格局，即东部建立了数量众多、面积较小的自然保护地，西部人口较少、经济欠发达地区则以大面积的自然保护地为主，但总数较少②。

以自然保护区为例，广东省拥有我国数量最多的自然保护区（404 处），全国约 70%的自然保护区集中在广东、内蒙古、黑龙江、湖南、江西、四川、云南、福建、贵州、安徽、辽宁等 11 个省（区）；从面积上来看，全国自然保护区面积最大的省（区）为西藏，自然保护区共 4066 万公顷，占西藏国土面积的 31.4%；且西藏、新疆、青海、内蒙古、甘肃、四川等西部省（区）有保护区 550 处，数量仅占全国的 19.4%，但总面积达 11518.5 万公顷，占全国自然保护区总面积的 78%以上。全国 14 个 100 万公顷以上的自然保护区有 13 处分布在西藏、青海、新疆等西部省（区），东部省份则以中小型的自然保护区为主③。总体来说，在西部人口密度较低、经济欠发达地区，自然保护地主要以大型的国家级自然保护区为主，这类高级别的自然保护地一般能充分发挥其保护自然生态系统和自然资源的功能；在东部

---

① 单个面积一般小于 1000 公顷。
② 欧阳志云、杜傲、徐卫华：《中国自然保护地体系分类研究》，《生态学报》2020 年第 20 期。
③ 国家林业和草原局自然保护地管理司：《2019 中国自然保护区年报》，2020。

人口密度高、经济较发达的地区，尤其是东南沿海地区，自然保护地多为中小型的地方级自然保护地，以森林公园、湿地公园等自然公园为主，旨在满足民众对于优质生态产品和服务的需求。

三　自然保护地状况评价

（一）自然保护地建设成就

经过半个多世纪的长足发展，我国已建立数量众多、类型丰富、功能多样的各级各类自然保护地，在保护自然资源、守护自然遗产、维护国家生态安全和提供国民教育机会等方面发挥了重要作用。

1. 保护自然资源

我国已初步建立了类别、功能齐全的自然保护地体系，成为生物多样性保护的重要基地。据统计，自然保护地保护了超过 90% 的陆域、水域及湿地自然生态系统和近 30% 的天然林；85% 的野生动物种群、65% 的高等植物群落也得到了有效保护①，国家重点保护野生动植物约有 89% 纳入了自然保护地进行保护，诸多濒危物种的受威胁状况得到改善。例如野生大熊猫种群与 20 世纪 80 年代相比增加了 67%②，曾经野外灭绝的麋鹿恢复了野生种群，数量达到 330 多头；银杉、水杉、苏铁等珍稀植物的原生境及全国 64%的极小种群野生植物纳入了自然保护地进行就地保护。同时，一批以种质资源、经济动植物为主要保护对象的自然保护地的建立，进一步增强了生物物种及遗传资源的保护力度，构建起天然物种基因宝库。

2. 守护自然遗产

随着自然保护地体系建设的推进，我国陆续有 56 个项目被列入联合国教科文组织《世界遗产名录》，数量居世界首位，其中世界自然遗产 14 处，

---

① 唐小平：《中国自然保护区　从历史走向未来》，《森林与人类》2016 年第 11 期。
② 魏辅文、平晓鸽、胡义波等：《中国生物多样性保护取得的主要成绩、面临的挑战与对策建议》，《中国学术期刊文摘》2021 年第 13 期。

世界文化和自然双遗产 4 处。现有昆仑山、张家界、敦煌等 41 处世界地质公园，占全球世界地质公园总数的 1/4，数量同样居世界首位。此外，34 处自然保护区被联合国纳入"世界生物圈保护区网络"。

3. 维护国家生态安全

自然保护区多位于生态脆弱和生态区位重要的区域，自然保护区体系已成为我国生态安全屏障的重要节点和关键区域。国家重点生态功能区已有超过 30% 被自然保护地网络覆盖，长江、黄河、雅鲁藏布江等大江大河的源头均建有自然保护区；青藏高原地区建立各级各类自然保护地近 500 处，覆盖率超 30%；长江流域已建成保护地 2400 余处，面积超过 1000 万公顷；黄河流域建有自然保护地近 800 处，面积占流域的 13%；自然保护地内天然林保护、退耕还林、野生动植物保护等重大生态工程的实施，在各区域自然生态系统、野生动植物栖息地/原生境和生物多样性的保护中发挥了至关重要的作用。自然保护地网络建设中储备的森林、湿地、草原、矿产等诸多自然资源也成为国家可持续发展的重要战略资源。

4. 提供教育体验机会

自然保护地已成为进行自然保护科普教育、宣传生态文明理念的重要场所。国家级自然保护区均建立了设施完善的科普宣教馆，陕西牛背梁、山东黄河三角洲等 47 处保护地获得"国家生态文明教育基地"的称号；安徽扬子鳄、江苏大丰麋鹿、宁夏贺兰山等 47 处保护地被中国野生动物保护协会评为"全国野生动物保护科普教育基地"，占总数的 54%；北京松山、浙江仙居等保护地还建立了以生物多样性为主题的博物馆，通过动物标本、植物种子科普展示等方式向公众宣传生物多样性理念，引导公众自觉参与自然保护事业。

（二）自然保护地建设问题

由于缺乏总体的发展规划、科学完整的分类体系和管理机制，我国自然保护地仍存在空间布局不合理、管理体制机制不健全、建设与管理水平不高等问题。

1. 空间布局不合理

我国自然保护地一直以来均为地方政府申报设立，缺乏国家层面的顶层设计，由于各地地方政府对于自然保护的认识和理解角度、深度不同，区域内的自然保护地布局尚未达到科学的标准，一些较重要的自然生态系统、自然景观等未纳入自然保护地范围，保护空缺较大。例如，黄河流域国家级自然保护区仅保护了该区域受威胁鸟种数的 76%，对于重要湿地生态系统及鸟类迁徙通道的覆盖率较低①。2020 年前，省级层面的区域自然保护地发展缺乏系统规划，也造成了一些保护地定级不科学、不合理的问题。例如长江中游现有"野生生物"类型的国家级自然保护区 21 处，其中主要保护对象为大鲵等水生生物的国家级保护区仅有 7 处，且未建立以长江江豚、中华鲟为主要保护对象的国家级自然保护区，现有的 4 处江豚和 1 处中华鲟保护区均为省级，现有保护管理强度尚不能满足其保护需求。

2. 管理体制机制不健全

（1）多头管理

由于我国缺乏自然保护地总体发展战略与规划，自然保护地还未建立科学合理的体系，各部门根据自身的职能，按照自然资源或生态系统设立自然保护地，造成"一地多牌"现象普遍，导致多头管理、管理目标模糊。研究表明，全国有 294 个保护地由林业部门和住建部门共同管理，且国家级自然保护地的多头管理问题较地方级更为突出。例如四川九寨沟即为国家级自然保护区，也是国家重点风景名胜区，同时还是国家地质公园、世界自然遗产等，保护地管理机构——九寨沟国家级自然保护区管理局同时挂九寨沟风景名胜区管理局的牌子，由林业部门和住建部门共同管理，但由于两个部门对保护地的功能定位及管理目标不同，管理措施千差万别，造成了保护地的管理较为混乱。

---

① 段菲、李晟：《黄河流域鸟类多样性现状、分布格局及保护空缺》，《生物多样性》2020 年第 12 期。

（2）空间交叉重叠

各部门分别设立自然保护地、多头管理导致的自然保护地空间交叉重叠的问题同样突出。全国约50%的自然保护地存在交叉重叠问题，重叠次数最多达到9次，尤其是黑龙江、山东、湖北、湖南等省。例如神农架区域的神农架国家级自然保护区与神农架国家森林公园、神农架国家地质公园和大九湖国家湿地公园范围均存在交叉重叠问题，涉及面积多达20万公顷[1]；鄱阳湖区域的南矶湿地国家级自然保护区与都昌候鸟省级自然保护区重叠面积6200公顷；大别山国家级自然保护区与区域内森林公园、地质公园、水利风景区和湿地公园也存在交叉重叠，涉及面积约4万公顷。

3. 建设与管理基础薄弱

我国众多自然保护地晋升至国家级时间不足10年，由于建设年限较短，保护与管理能力不足。尤其是我国许多现有水生生物保护区的功能区划方法不够科学，不符合水生生物分布规律，不能满足其栖息地的保护需要；长江流域一些地区人口密集，一些保护区的建设未充分考虑部分工程项目对水生生物栖息地的间接影响，自然保护地的建设和管理水平亟待提高。此外，多数保护地还未建成完整的生态环境监测信息化平台，仍存在监管能力不足、信息化水平不高等问题。

（三）自然保护地建设对策

1. 优化自然保护地布局，完善自然保护地网络

为提高我国生态系统和生物多样性保护成效，应完善顶层设计，对现有自然保护地体系进行改革，从根本上解决自然保护地功能定位不明确、分类不合理、多头管理等问题，全面提升我国自然保护地的建设和管理水平。应对我国现有的重要的生态系统、动植物资源和自然景观等进行梳理，根据自然生态地理区划理论，研究分析生态关键区域，并结合自然保

---

[1]　靳川平、刘晓曼、王雪峰等：《长江经济带自然保护地边界重叠关系及整合对策分析》，《生态学报》2020年第20期。

护地现状，识别现有的保护空缺。根据保护空缺和保护对象的分布状况，可以对现有的自然保护地进行科学的功能区划、范围调整或者新建，以加大重点保护对象的覆盖范围，形成功能全面、定级合理的自然保护地建设网络。

2. 理顺管理体制机制，实现大尺度整体保护

在保护面积不减少、保护强度不降低的前提下，应进一步提升保护地管理能力，实施精细化管理，提高自然保护地的管理质量和成效。自然保护地具有强大的碳汇功能，是重要的碳库，同时自然保护地集中区域与气候变化敏感区呈现高度的空间耦合，因此自然保护地在应对气候变化中发挥着极为重要的作用。在全球气候变化的大背景下，应积极开展自然保护地适应性管理的策略研究，不仅可以通过自然资源的科学管理提升生态系统碳汇功能，还可以通过低碳保护地、低碳社区的建设减少碳排放，并加强以气候变化和"双碳"目标为主题的自然教育①，以全面构建自然保护地减缓及适应气候变化的管理体系。此外，应科学构建自然保护地的生态廊道，以增加生态系统的连通性和完整性，解决栖息地破碎化、孤岛化问题，进一步提升栖息地质量和生态系统服务功能，筑牢生态安全屏障，同时为长江经济带、黄河流域生态保护和高质量发展等国家重要战略提供生态支撑。

3. 加强基础设施建设，全面提升管护水平

自然保护地基础设施的建设，一方面应统筹完善自然保护地管护巡护、科研监测、防灾减灾等传统基础设施，积极开展勘界立标并形成矢量数据库；另一方面应加快构建"天空地"一体化生态环境监测平台等新型保护地管护设施，重点加强陆生生物、水生生物种群动态监测体系建设，全面打造可感知、可互联、可管理、可分析的智慧化自然保护区，为实现信息化的现代保护地体系奠定坚实基础。此外，应完善自然保护地的法律法规和标准体系，构建以《自然保护地法》《国家公园法》为核心的自然保护地法律法

---

① 钟乐、赵智聪、王小珊等：《基于气候变化与生物多样性协同的中国自然保护地建设路径》，《风景园林》2022年第6期。

规体系，并通过各类标准的制定，进一步细化自然保护地从设立到监测再到评估等重要环节的管理规则。

四 建立以国家公园为主体的自然保护地体系

（一）中国自然保护地体系重构进展

由于自然保护地交叉重叠、多头管理、边界不清、权责不明等问题较为严重，我国决定进行自然保护地体系的重构工作，以优化自然保护地格局，加强自然保护地建设，提高保护与管理成效。2013 年，《中共中央关于全面深化改革若干重大问题的决定》中提出建立国家公园体制。2015 年 12 月，首个国家公园试点——三江源国家公园正式设立，体制试点在管理体制机制、生态保护修复、自然教育、社区发展融合等方面进行了创新，并取得了积极成效，率先迈出探索中国国家公园模式的第一步。

2017 年 9 月，为加快构建国家公园体制，在总结试点经验的基础上，中共中央办公厅、国务院办公厅印发了《建立国家公园体制总体方案》。2018 年 3 月，中共中央印发《深化党和国家机构改革方案》，组建国家林业和草原局，加挂国家公园管理局的牌子，整合各类自然保护地管理职责。2019 年 6 月，中共中央办公厅、国务院办公厅印发《关于建立以国家公园为主体的自然保护地体系的指导意见》，提出到 2025 年完成自然保护地整合、归并和优化，这意味着我国新型自然保护地体系建设的顶层设计已经初步完成。2020 年，国家公园体制试点工作已全部完成。2021 年 10 月 12 日，习近平主席在联合国《生物多样性公约》第十五次缔约方大会领导人峰会上，宣布中国正式设立三江源、大熊猫、东北虎豹、海南热带雨林、武夷山等第一批国家公园，标志着中国特色自然保护地体系的建设正式迈入新阶段。

目前，我国在自然保护地的建设及以国家公园为主体的自然保护地体系的构建方面取得了显著成就。除已经正式设立的 5 个国家公园，新一批国家公园的创建和设立工作也在稳步推进；为科学规划、布局国家公园，我国已完成《国家公园空间布局方案》的编制。同时，相关部门正在加紧构建自然保护地的法律法规和标准体系。2022年6月，国家林业和草原局出台了《国家公园管理暂行办法》，为国家公园的规划与建设、保护与管理、公众服务和监督执法等工作提供了基本遵循，《自然保护地法》《国家公园法》等法律的制定也在稳步推进。2020年12月，国家市场监督管理总局、国家标准化管理委员会发布了《国家公园设立规范》《国家公园总体规划技术规范》《国家公园监测规范》《国家公园考核评价规范》《自然保护地勘界立标规范》5项国家标准。该系列标准贯穿了国家公园设立、规划、勘界立标、监测和考核评价的全过程管理环节。2021年10月，国家林业和草原局发布了《自然保护地分类分级》行业标准，用于指导全国自然保护地的设立、规划、建设和管理等。

（二）中国自然保护地体系建设愿景

2022年3月，国家林业和草原局、国家发展改革委、财政部、自然资源部和农业农村部联合印发了《国家公园等自然保护地建设及野生动植物保护重大工程建设规划（2021—2035年）》，提出了自然保护地发展的远景目标。到2025年，我国将完成自然保护地整合优化及勘界立标工作，根据主要保护对象的特征及保护强度，初步构建起以国家公园为主体、自然保护区为基础、自然公园为补充的新型自然保护地体系，对不同类型的自然保护地实行差别化管控。其中将生态系统最重要、自然遗产最精华、自然景观最独特、生物多样性最富集的区域纳入国家公园，实行最严格的保护；将典型的自然生态系统、珍稀濒危野生动植物种的天然集中分布区、有特殊意义的自然遗迹的区域纳入自然保护区，对重点区域进行严格保护，确保主要保护对象的安全；将重要的自然生态系统、自然遗迹和自然景观，以及具有生态、观赏、文化和科学价值，可持续利用的区域纳入自然公园，给予保护的同时兼顾资源科学持续利用[1]。

---

① 中共中央办公厅、国务院办公厅：《关于建立以国家公园为主体的自然保护地体系的指导意见》，2019。

到 2035 年，我国自然保护地总面积占陆域国土面积的比例将超过 18%，其中国家公园面积将占保护地总面积的 50% 以上，国家重点野生动植物保护比例达到 85%，生态产品供给能力明显提升，自然保护地的信息化、现代化管理得以实现，统一、规范、高效的中国特色自然保护地体系得以全面构建。我们将建成世界上最大的国家公园体系，为建设美丽中国、实现中华民族永续发展提供重要的生态支撑。

国土空间与总体布局

Land Space and Overall Layout

G.3

省级国土空间规划中自然保护地体系专项规划的实践与思考

——以江西、西藏和河北为例

王忠杰　杨芊芊　康晓旭　于　涵　王笑时*

摘　要： 自然保护地是维护我国国土生态安全和生物多样性的重要生态空间，自然保护地的空间结构优化是国土空间规划的关键内容之一。随着国土空间规划体系逐步建立完善，各级国土空间规划中自然保护地专项规划的重点任务和编制内容值得深入研究。本报告结合多个省份国土空间规划的实践，提出省级国土空间中的自然保护地专项规划应注重协调自然保护地专业规划、协

* 王忠杰，中国城市规划设计研究院副总规划师、风景园林和景观研究分院院长，教授级高级工程师，研究方向为国土空间规划、公园城市、国家公园、城乡绿色生态基础设施、城乡景观规划设计；杨芊芊，中国城市规划设计研究院高级工程师，研究重点是风景园林规划设计、风景旅游城市规划、自然保护地规划；康晓旭，中国城市规划设计研究院高级工程师，研究重点是自然保护地规划设计；于涵，中国城市规划设计研究院高级工程师，研究重点是风景名胜区与自然保护地规划、世界自然遗产规划、城市绿地景观规划设计；王笑时，中国城市规划设计研究院工程师，研究重点是自然保护地规划设计。

调保护与开发功能、协调其他专项规划等"三个协调",明确并落实自然保护地范围和边界,研究自然保护地发展布局,确定自然保护地名录与面积等,为今后自然保护地专项规划提供技术借鉴。

关键词: 国土空间规划　自然保护地　专项规划

一　引言

2019 年 5 月,《中共中央　国务院关于建立国土空间规划体系并监督实施的若干意见》(以下简称《意见》)正式印发,标志着国土空间规划体系顶层设计和"四梁八柱"基本形成[①]。《意见》明确建立"五级三类"的国土空间规划体系,省级国土空间规划是"五级"体系规划中的中间层级,是落实国家空间开发保护战略、指导市县规划落地实施、发挥承上启下作用的关键一环[②]。专项规划作为国土空间规划体系中的"三类"之一,相对于总体规划和详细规划更加强调专门性,是为了体现特定功能对空间开发保护利用作出的专门性安排[③],对加强国土空间规划横向协调,推进各行业规划措施精准落地至关重要。

以国家公园为主体的自然保护地是生态文明建设的核心载体、中华民族的宝贵财富、美丽中国的重要象征,在维护国家生态安全中居于首要地位。自然保护地规划与国土空间规划关系紧密。一方面,作为国土生态空间的核

---

① 新华网:《我国国土空间规划体系顶层设计和"四梁八柱"基本形成》,2019 年,http://www.xinhuanet.com/politics/2019-05/27/c_1210144951.htm。

② 新华社:《中共中央、国务院关于建立国土空间规划体系并监督实施的若干意见》,2019年,https://baijiahao.baidu.com/s? id=1634319309760855426&wfr=spider&for=pc。

③ 国务院新闻办公室网站:《国土空间规划按层级和内容分为"五级三类"》,2019 年,http://www.scio.gov.cn/xwfbh/xwbfbh/wqfbh/39595/40528/zy40532/Document/1655483/1655483.htm。

心和精华所在，自然保护地的发展目标、规模和空间区域应是国土空间规划管控和协调的重点内容；《省级国土空间规划编制指南（试行）》（以下简称《规划指南》）也有针对性地提出"优先保护以自然保护地体系为主的生态空间，明确省域国家公园、自然保护区、自然公园等各类自然保护地布局、规模和名录""完善生态产品价值实现机制"等要求。另一方面，包括自然保护地在内的国土空间的开发与保护活动均要以国土空间规划为基础和依据。作为自然保护地相关规划的上位规划，《规划指南》提出自然保护地相关成果需要聚焦名录管理，这难以充分发挥上位规划的指导作用，因为自然保护地布局、规模和名录需要通过专业、科学的论证确定。国土空间规划体系下的自然保护地专项规划以自然保护地专业规划技术方法为基础，以支撑国土空间规划、推进"多规合一"平台下专项规划协调为重点，可以很好地衔接国土空间规划和自然保护地专业规划。作为一种新的规划实践类型，省级国土空间规划中自然保护地专项规划尚无成形的技术指引，本报告以《规划指南》为基础，梳理该类专项规划的主要任务、编制内容、技术路线等关键内容，并介绍江西、西藏和河北三个省级国土空间规划的自然保护地专项规划的初步探索。

二　专项规划的重点任务和编制内容

（一）重点任务

在国土空间规划五级体系中，省级国土空间规划侧重协调性。目前国土空间规划体系在建立和探索过程中普遍存在国土空间规划与行业专业规划关系不顺、各类专项规划之间缺乏空间上的统筹、保护和开发空间布局有待平衡和优化等问题，自然保护地专项规划对于解决上述问题有很大帮助。编制省级国土空间规划中的自然保护地专项规划应侧重以下"三个协调"。

1. 协调自然保护地专业规划：立足保护的专业视角，谋划长远保护的空间基础

目前，自然保护地专业规划类型多样，既包括一定行政范围内自然保护地系统性规划，例如自然保护地整合优化、自然保护地体系（发展）规划等，也包括单个自然保护地的规划。省级国土空间规划层级应与省域自然保护地系统性的专业规划相协调：一方面应将自然保护地规划既有成果落实到省级国土空间规划"一张图"中；另一方面应通过自然保护地专业规划的技术方法，从全面的资源分析入手，判断资源价值，识别出保护的重点、保护的空缺，对保护的空缺区域形成自然保护地建设储备库，将有条件设立自然保护地的区域纳入国土空间规划自然保护地名录清单进行管理，其他潜在保护空间可结合主体功能区管理、空间用途管制等规划管理方式予以保护。

2. 协调保护与开发功能：构建发挥保护地多元服务功能的空间结构

《规划指南》要求"完善生态产品价值实现机制"，很多自然保护地在维持国土生态安全的同时，还发挥自然教育、生态旅游等多元功能，其科学、适度的利用为属地经济社会发展提供了有力支撑，可以说自然保护地是推进"两山转化"和生态产品价值实现的重要空间载体。自然保护地的生态价值实现主要依靠自然游憩、原生态产品输出、旅游服务等相关产业，这些产业功能实现的载体很多处在自然保护地的外围，特别是2020年开始的自然保护地整合优化工作将一些原本位于自然保护地范围内、可以为自然保护地内多元功能实现提供支撑的名镇、名村、原生态种植区调整出自然保护地，这时自然保护地的专业规划无法覆盖这些区域。在这种情况下，国土空间规划中的自然保护地专项规划不能就保护地论保护地，而应在开发与保护相协调的更大视野中，着重优化自然保护地的内外关系，重新激活多元服务功能的发挥。

3. 协调其他专项规划：立足国土空间"一张蓝图"，建立专项规划横向衔接与纵向传导的有效方式

由于保护地的事权在林业部门，专项规划应协调落实好部门的发展目标、指标等约束性要求，并将其纳入国土空间的传导机制。此外，还应立足

保护与开发相协调的全局，就交通、旅游、农村等问题与其他相关部门协调，以满足协同发展的预期性要求（见图1）。

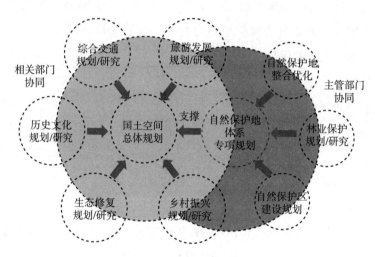

图1　各类规划协调关系

（二）规划编制内容

1. 落实自然保护地范围与边界

依据省级自然保护地体系（发展）规划、省域自然保护地整合优化预案、各类自然保护地规划等资料，梳理省域范围内各类自然保护地及核心保护区的边界，在第三次全国国土调查数据底图上尽可能予以落实，建立标准统一的自然保护地数据库。需要特别说明的是，自然保护地边界范围的确定与仍在进行中的自然保护地整合优化、勘界立桩，以及各自然保护地专项规划等工作密切相关。由于上述相关工作与国土空间规划存在时间差，一些范围和边界不具备在省级国土空间规划中精准落图的条件。针对此类情况，建议将自然保护地专项规划重点放在确定自然保护地的发展布局、保护名录以及预期性规模指标上。

2. 研究自然保护地发展布局

第一步，开展自然与人文资源价值评估工作。开展生态系统价值评估，从完整性、原真性和敏感性角度评估市县全域生态系统状态，选出保护优先地区，并且从关键物种保护角度评价生物多样性保护热点区域。采用物种分布模型评估其适宜栖息地的空间分布，同时开展生态服务功能评估，选取适于该市县的指标（如水源涵养、土壤保持、防风固沙、固碳等）评估生态服务功能，对功能强弱进行等级区分。此外还应开展自然与人文景观价值评估，全面评价市县全域内山脉、森林、河流、湖泊、草原、沙漠、海域等自然景观资源的突出特征，全面评价建筑、胜迹、风物、园林等人文景观的历史文化价值及其与自然相融的景观特征，并进行价值等级区分。

第二步，在自然人文资源价值评估的基础上，识别自然保护地潜力区，明确潜力区的主要保护对象和保护价值，框定潜力区范围。

第三步，明确自然保护地发展布局。以自然保护地和自然保护地潜力区为基础，以资源完整性保护为宗旨，对具有国家公园价值和设立条件的区域提出布局建议；对生态系统、生物多样性、生态服务功能等方面的高价值区域提出维持、调整或新设自然保护区、保护小区的规划布局；对自然与文化景观价值高的区域提出维持、调整或新设风景名胜区等自然公园的规划布局。

3.将自然保护地名录、面积及潜力区等内容纳入国土空间规划成果

提出省域自然保护地体系建设的数量与面积目标，依据《规划指南》，编撰自然保护地名录，明确自然保护地的类型、数量、等级、分布、面积（包括核心保护区面积）。同时，对于国土空间规划编制过程中无法确定纳入自然保护地体系的重要生态空间，可作为自然保护地潜力区采用列表的方式纳入自然保护地专项规划。

4.专项规划落实与协调

突出省级国土空间规划的协调性特点，明确自然保护地专项规划落实到国土空间规划的内容，明确自然保护地与城镇建设、村庄建设和其他专项规划的协调重点（见表1）。

表 1　自然保护地专项规划协调重点

落实到国土空间规划的重点内容	与自然保护地空间关系密切的城镇建设协调要求
1. 结合省域生态安全格局和自然保护地体系规划,提出跨区域生态保护与自然保护地协调措施与要求 2. 依据自然保护地发展布局,相应调整并优化上位国土空间规划确定的生态保护红线 3. 依据自然保护地内管理机构设施、保护设施、旅游服务设施等必要建设需求,测算自然保护地内建设用地的规模,并纳入国土空间规划建设用地范畴	应充分考虑城镇建设对自然保护地的影响,提出有利于城景良性互动的管控措施,如: 1. 禁止污染项目进入,严格控制工业用地,引导发展与休闲游憩、服务接待、文化旅游等相关的产业 2. 合理引导城镇建筑布局,严格管控建筑景观风貌,使其与自然景观环境相协调 3. 加强城镇内部绿地、滨水景观建设,建设具有山水特色的城镇空间
与自然保护地空间关系密切的村庄建设协调要求	与其他专项的协调重点(不限于以下类型)
应充分考虑村庄发展对自然保护地的影响,提出有利于景乡良性互动的管控措施,如: 1. 保护乡村田园景观,不宜改变传统耕作性质 2. 保护村内古民居、古树、古泉等历史文化要素 3. 引导村庄利用现有建设发展乡村旅游、接待服务业,不宜大规模增建、扩建 4. 村庄建筑新建、改建、扩建应保持传统民居的体量、尺度与布局形式,保持平缓、低矮的建筑高度,整体风貌应与周边自然景观融合;尤其应严格控制主要游览道路沿线的村庄建筑风貌 5. 提高村庄内部绿化与环境卫生标准	1. 历史文化保护:保护自然保护地内的历史文化遗存,落实历史文化和自然保护地的管控要求 2. 基础设施:应充分考虑与自然保护地相关的旅游交通供给;高等级公路、铁路、大型市政设施等重大交通设施应避免穿越自然保护地,确实无法避让的,应开展专题研究论证 3. 海域海岛海岸线:涉及自然保护地的海域海岛海岸线,应落实自然保护地的保护利用要求

三　江西、西藏和河北的规划实践

省级国土空间规划编制工作全面启动以来,笔者参与江西、河北、西藏等多个省级行政单元国土空间规划中自然保护地相关研究工作,各省份均围绕着上文提出的重点任务和编制内容形成完整研究成果。不同省份自然保护地资源特点、现实困境及发展目标不尽相同,本报告在叙述时各有侧重:江西省案例是对自然保护地专项规划要点全面系统的介绍;西藏自治区案例围绕生态系统状态原始及脆弱、保护地面积巨大、保护价值普遍较高等特点,重点介绍西藏自然保护地体系空间完善的有关内容;河北省案例突出自然保护地生态产品价值实现功能，将自然保护地与历史文化保护、旅游发展等专项规划相结合，推进全域旅游，构建服务京津冀的魅力休闲体系建设。

（一）江西省：谋基础、定格局、促协调

在江西省的规划实践中，保护地专项规划与该省省级国土空间规划同步推进，也与该省保护地整合优化工作几乎同时开展。考虑到保护地整合优化工作已经初步协调了有关保护地的名录、布局、规模等内容，专项规划重复这项工作的意义不大。同时也考虑到整合优化工作自下而上展开，缺乏一定的宏观统筹支撑，因此专项规划把整合优化方案的初步成果作为现状研究的基础，重点为在省域范围构建保护地空间格局、协调内外服务配套等提供技术支撑。

全面了解省域保护地资源状况是开展专项规划的第一步。江西省居于内陆，三面环山、一江穿省、五水入湖，山地、森林、河湖是该省的优势自然资源。全省森林覆盖率近70%，位居全国第二，江西省还拥有中国第一大淡水湖鄱阳湖。该省的保护地建设有几个特点。其一，点多量少、分布细碎。保护地数量是全国各省份平均数量的2倍之多，总面积却只有全国各省份平均面积的2/5。其二，北多南少、城景共存。北部都市发展区保护地密度较高，南部山地丘陵地区保护地密度反而低，在一定程度上反映了城市对保护地的需求。其三，山多林多、湿地欠缺。保护区和森林公园的数量和面积占比较大，湿地的保护率不到50%。

1. 谋划保护空间基础

按照技术路线，规划首先开展生态保护价值评价。就保护地而言，当前主流的价值评定主要从以下几个方面考虑：识别重点保护物种的分布、识别重要生态系统的分布、识别生物多样性集中区。主流评价方法并不复杂，但由于我国保护地建设起步晚，积累少，我们在规划中主要面临基础数据缺失和基础数据不足以支撑研究等问题。因此项目组结合现有可掌握的资料，整合相关规划研究，形成分级评价体系。

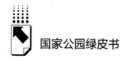

规划提取了《资源环境承载能力和国土空间开发适宜性评价指南（试行）》中有关"生物多样性维护"的分析作为评估的基础，融合了生态保护与修复专题研究中关于动物迁徙廊道的模拟预测，加强了对物种栖息地的保护，将评价结果与林业部门主导的"省生物多样性关键区"、《中国生物多样性保护战略与行动计划》中"生物多样性关键区"进行比对和校核，最终形成了分级评价。同时，规划吸取了有关景观美学评价的方法，通过地形起伏程度、林木混合程度、特殊地貌分布、风景水域分布等因素来判断产生自然美景概率较高的地方，形成了美丽国土热点地区评价体系。

2. 构建发展空间格局

结合生态保护与美丽国土的评价分析，江西省规划形成了以四条主要山脉和以浅山、河流水网为主的保护地共存的空间结构。类型上，建议江西省发展以森林、湿地类自然公园为主的自然游憩网络，发挥它们数量多、网络化的生态和服务优势。对于自然保护区，建议江西省在现有保护空间基础上进行整合、联通和扩化，以更为完整地保护重要的生态系统。

在保护结构中，规划依据对天然林、湿地等要素的保护空缺分析，形成了保护地发展储备库，落实未来建设的重点区域。除了增量之外，规划还针对主要城市周边地区筛选出一批具有提升潜力的自然公园，作为全省自然公园建设示范点，以环境品质提升和设施更新为工作抓手，探索生态价值转化的路径。

考虑到旅游业发展可能会给保护地带来的建设压力，规划提出在该省建设多层级的旅游服务城市，合理疏导客流。另外，在县城层面，规划通过对保护地与城市建成区空间关系的分析，筛选出一批山城、湖城关系优越的县城作为风景县城来培育，引导这些城市在下一步的城市设计中，着重优化城市形态和绿色空间，引山色入城，引水流润城。

此外，规划还关注了与保护地空间关系密切的村庄。规划拟在省内推动100个自然保护地融合发展示范村的创建工作，各地市可结合名镇、名村、重点扶贫村等资源，向省级部门申报。在下一步的村庄规划中，这一类村庄也将作为一种特殊的类型单独考虑。

在交通方面，规划利用旅游出行轨迹大数据，结合综合交通专题研究，依托省内的自然河流、山脉、历史古道、国家森林步道等线性绿色空间，拟定三类自然游憩线路和风景旅游提升线路，串联风景旅游资源和旅游服务城镇。

通过保护地内外空间的优化，规划建立了以环城自然公园为引领，以四山所在的自然保护地为基础，融合了100个自然保护地发展示范村、13条自然游憩线路、35座风景旅游城市的全域保护地发展空间格局，以充分调动保护地内外资源。

3.协调传导与衔接

规划建立了县域保护地发展优先级的评定体系，横向衔接国土空间相关研究。规划通过资源价值分析与保护地分布现状的比对，判断了保护地建设的总体情况。生态保护与美丽国土热点地区较少的县，即是未来需要优先建设保护地的县。各县在全省自然保护地建设总目标下，依据发展优先级，安排下一步保护地建设工作。这个优先级的评定也是主体功能区优化的条件之一。在纵向传导上，规划鼓励省内自然资源条件较为优越的市县，将"自然保护地热点地区"评价融入下一步的市县国土空间规划"双评价"体系，特别是加强对本地特有物种、动物迁徙廊道以及美丽国土等方面的细化评价，重视对保护地建设的考量。

（二）西藏自治区：建设青藏高原国家公园群，推动世界自然遗产的申报工作

1.系统分析自然生态价值的特征

西藏地处我国青藏高原的腹心位置，生态功能极其重要：水源涵养方面，西藏被誉为"亚洲水塔"，是世界上河流发育最多的区域；生物多样性方面，西藏是全球生物多样性保护的热点地区；水土保持方面，青藏高原所拥有的高寒草原、高寒草甸和森林系统是阻止当地土地沙化和土壤流失的主要屏障。

西藏的自然生态系统有两大突出特点。一是生态系统状态原始，面积巨大。西藏由于高海拔的自然地理条件，人类影响相较于其他地区弱得多，这也使其保留了较为原始的生态系统和自然景观；喜马拉雅山等高海拔山脉密集，孕育了广布的大陆性冰川群景观；北部广阔的藏北平原和丘陵地带形成一望无际的草原、湖泊景观，藏羚羊、野牦牛等青藏高原特有野生动物构成了独特的高海拔草原动物景观；中南部雅鲁藏布江峡谷沿线形成宽阔的河谷平原景观；东部峡谷地带形成了峡谷森林景观。二是自然生态系统价值较高，具有成为世界遗产的潜力。西藏有多处准世界遗产级别的自然保护地，这些自然保护地被列入世界遗产预备名录，如羌塘自然保护区、土林—古格风景名胜区、珠穆朗玛峰自然保护区、神山圣湖风景名胜区等，具有申报世界遗产的巨大潜力。

2. 响应自然保护地体系改革号召，建设国家公园群

西藏自然保护地极高的价值特征和原始荒野的生态特征具有建设国家公园的先天条件。在我国国家公园体系布局中，青藏高原是体现我国国家公园价值和特点的重要地区。未来应积极推动国家公园的建设，建立三江源唐北片区、羌塘、珠穆朗玛峰等国家公园，研究色林错、冈仁波齐—玛旁雍错、纳木错、土林—古格等建立国家公园的可行性，形成布局合理、重点突出、功能齐全的国家公园群。

此外规划提出完善自然保护地布局，在自然保护地整合与优化的基础上，明确自然保护地建设的数量、位置和名称，提升喜马拉雅山脉、冈底斯山脉、念青唐古拉山、唐古拉山、羌塘高原等生态价值重要且敏感的区域的保护力度，确保重要保护物种的主要栖息地、原始典型的生态系统、重要的自然景观和地质地貌遗迹均位于自然保护地范围内。

3. 积极申报世界遗产，促进资源保护和合理利用

西藏各类自然和文化资源数量多，规模大，类型丰富，区域特征差异显著，保护对象保存完好。在独特的地质历史背景下，西藏繁衍出类型丰富而独特的高原自然生态系统。在多民族交汇的地理区域条件下，依托独特的自然本底，西藏繁衍出具有强烈地域特征的文化和依托这一文化的建筑、艺

术、民俗等，最终形成在研究、保护、传承和利用等方面都具有巨大价值的自然和文化景观综合体。此外，西藏地处西南边陲多国交界地带，积极申报世界遗产有助于强化我国的主权认知，具有特殊的战略意义。因此规划提出积极推动世界自然遗产的申报工作，进一步研究雅砻、神山圣湖、土林—古格等潜在世界遗产的突出价值，摸清资源的保护状况，查找保护短板并积极补足，在规划期内根据研究的成熟度逐步开展世界遗产的申报工作。在未来应以世界遗产申报为契机，加强资源的保护和利用，支撑西藏自治区"世界旅游目的地"的建设。

（三）河北省：以自然保护地为主体构建服务京津冀的魅力休闲体系，促进自然保护地生态产品价值实现

河北省地处我国中北部，人口多，人口密度大，休闲需求旺盛，以自然保护地为代表的空间可以成为承载人民高品质休闲游憩需求的魅力空间，为激活生态、风景资源价值，推进"两山转化"做出贡献。河北省在专项规划实践中创新性地提出"魅力休闲体系"的概念，并将其作为自然保护地专项规划的重点内容之一。河北省魅力休闲体系构建的思路是从研究景观资源条件入手，以分析休闲需求与服务供给的矛盾为重点，并考虑与京津冀地区未来发展的协调，最终在空间上构建省域魅力休闲体系。

1.魅力景观资源空间格局

在分析省域自然地理背景的基础上，系统梳理省域范围内的自然遗产、风景名胜区、地质公园、森林公园、湿地公园等自然景观资源的空间分布情况，以及文化遗产、历史文化名城名镇名村、大遗址、文化生态保护区、传统村落等文化景观资源的空间分布情况，共梳理资源点 1261 项，以此为基础将魅力空间资源格局概括为"五区、三带"。"五区"是综合地貌特征与文化特点概括的五个大的分区，分别为：太行山—燕山山地、坝上高原、河北平原、燕山南麓、滨海地带。"三带"是在空间上串联的三条脉络，具有廊道价值，分别是：太行山魅力景观带、冀北长城魅力景观带和大运河文化景观带。

2. 通过发展趋势认知供需关系的空间格局

通过对京津冀的旅游统计数据进行分析，并将结果与供给的空间格局进行对比，识别出三种典型的供需关系模式。

模式一：以北京为首要目的地，向河北扩散的入境和跨省供需模式，体现出北京对河北旅游的屏蔽效应。河北省年入境游客约160万人次，不到北京市年入境游客的一半，且入境游客主要集中在承德、秦皇岛等文化遗产富集地区，空间分布不均衡。河北省国内旅游总规模大，超过北京、天津两市，但京津冀外游客仅占游客总量的30%。河北在顶级资源上的短板明显。

模式二：以京津为客源地，向外辐射的假日休闲市场和旅游流，是河北省供需空间关系格局形成的决定性因素。河北已经成为京津旅游服务供给的重要地区，其中又以假日休闲观光、生态运动健康、避暑、亲子等类型的旅游服务增长最为迅速。伴随自驾车旅游的爆发式增长，服务京津并沿交通廊道扩散的假日休闲市场已经形成。这一方面推动了河北全域旅游的发展，另一方面也使得建立在公共交通优势上的传统旅游中心城市地位逐步下降。与此相伴的是县域旅游、休闲旅游的不断壮大和小城镇在旅游新格局中的崛起。

模式三：伴随经济发展，市县级客源市场的消费能力不断提升，推动了郊区游憩供给的增长，在中小城镇周边形成了一批新的休闲旅游点，但分布仍不均衡。其中冀中南平原是河北省人口最为稠密、旅游服务需求最为旺盛的地区之一，但同时也是风景资源匮乏、旅游供给最薄弱的地带。未来进行格局调整时，应当对这一地区进行重点补全。

3. 省域魅力空间发展格局

综合资源格局、供需格局和未来发展趋势重点，提出河北省魅力空间"三区、五廊"的发展格局。"三区"是综合考量区域资源本底价值、自身发展条件、国家战略需求、人民群众需求、经济市场需求等因素，将河北省划分为三个不同等级的魅力休闲分区，包括国家魅力休闲区、省际魅力休闲区、市县魅力休闲区。其中国家魅力休闲区包括雄安新区、张家口、承德、燕山长城沿线区域、冀东南大运河沿线区域、环渤海湾区域及上述区域的周边辐射区域，该区域将成为面向全国人民的魅力休闲需求、吸引全球游客、承接部分首都国际交往功能的区域；省际魅力休闲区主要面向京津冀区域、冀晋鲁豫交界区域人民群众；市县魅力休闲区以服务当地人民群众为主。"五廊"指的是串联需求空间与供给空间的五条廊道，分别是：燕山长城国际魅力休闲走廊、太行山山水文化魅力休闲走廊、大运河世界文化遗产魅力走廊、环渤海湾滨海魅力休闲走廊和坝上草原魅力休闲走廊（见表2）。

表 2 "五廊"发展指引

魅力走廊	发展要点
燕山长城国际魅力休闲走廊	包括河北省燕山地区，以长城沿线燕山地区为主。发挥近邻京津的区位优势，突出生态燕山与壮美长城绵延相伴的资源特色，强化与京津的合作。发展高端文化体验、生态休闲、乡村度假系列化旅游产品，塑造燕山长城国际魅力休闲走廊
太行山山水文化魅力休闲走廊	包括太行山主脊及以东的山地部分。以山前历史文化聚集地带为依托，建设太行东麓文化旅游带。以太行山高速公路及其连接线为依托，加快建设太行山水画廊风景道，形成复合型山水生态休闲旅游目的地
大运河世界文化遗产魅力走廊	以大运河主河道流经的五市和雄安新区等为主，以国家大运河文化带建设为契机，保护和传承利用大运河历史文化生态资源。打造人文特色鲜明的大运河世界文化遗产魅力走廊
环渤海湾滨海魅力休闲走廊	包括河北沿海地区三市的环渤海湾滨海区域。发挥渤海湾山海相依、文化深厚、生态优越的资源优势，促进滨海旅游向内地延展、向海洋进取、向海岛深入。强化与天津、山东沿海区域的合作，塑造环渤海湾滨海魅力休闲走廊
坝上草原魅力休闲走廊	包括张家口、承德两市的坝上草原地区。依托张承坝上地区独具竞争优势的生态环境和优美的森林草原景观，打造引领坝上旅游全域发展的千里草原风景画廊，建成国内外著名的森林草原特色消夏避暑胜地、户外运动胜地、生态旅游创新示范区

自然保护地建设的演进经历了长达百年的过程，人们对自然保护地的认识由仅仅保护濒危物种和自然遗存转变为兼顾保护与利用，重视保护地的多元价值。自然保护地体系的建立是我国新时期发展的新课题，然而我国的保

护地体系建立并非由一张白纸起步，其空间格局、体制机制已存在较长时间。在国土空间规划背景下，省级保护地专项规划应以建立保护地体系长远发展的空间格局为目标，以资源价值评估为基础，为"应保尽保"提供合理分析依据。同时，专项规划应积极与国土空间绿色发展的战略意图相融合，加强保护地外部环境的搭建，以此发挥保护地保护珍贵自然资源、服务人民高品质生活、创造绿色经济价值等的多重功效。

流域尺度自然保护地体系构建研究

——以长江经济带为例

陈帅朋　张宇轩　刘文平*

摘　要：　构建流域尺度自然保护地体系有利于从全局考虑对流域内的碎片化生境斑块实行整体保护，并为流域国土空间绿色发展提供一个安全的生态基底保障。本研究系统梳理了流域尺度自然保护地体系构建的必要性、存在问题与关键挑战，提出了流域尺度自然保护地体系构建的原则与主要内容，并以长江经济带为研究区域，系统构建了以网络核心斑块、连接廊道、重要小斑块等为核心要素的自然保护地体系，以期为流域尺度重要生态系统的整体保护提供参考。

关键词：　自然保护地　网络　长江经济带　流域尺度

一　流域尺度自然保护地体系构建的必要性

（一）流域尺度自然保护地体系是保障国土生态安全的重要内容

2019年6月，中共中央办公厅、国务院办公厅印发《关于建立以国家

* 陈帅朋，华中农业大学园艺林学学院在读硕士研究生，研究方向为地景规划与生态修复、风景园林规划设计；张宇轩，华中农业大学园艺林学学院在读硕士研究生，研究方向为风景园林规划设计；刘文平，华中农业大学园艺林学学院副教授、硕士生导师，研究方向主要为国土空间生态保护修复规划、大数据与绿色基础设施规划、生态系统服务流/景观服务流。

公园为主体的自然保护地体系的指导意见》，明确建立以国家公园为主体的自然保护地体系是贯彻习近平生态文明思想的重大举措，并指出自然保护地是生态文明建设的核心载体、中华民族的宝贵财富、美丽中国的重要象征，在维护国家生态安全中居于首要地位。经过60多年的努力，我国自然保护地总面积已达国土面积的18%以上[1]，形成了国家公园、生态功能保护地、自然保护区、种质资源保护地、自然公园等多层次、多类型的保护地体系，在维护国土生态安全中发挥着重要作用。

流域自然保护地体系构建是保障国家生态安全的重要内容，是生态文明建设的重要举措。近年来，流域内生态空间被挤占、生态系统脆弱、城镇空间发展用地布局失衡等问题愈加明显[2]，探索生态文明建设背景下流域生态保护与修复的系统方案迫在眉睫。从流域尺度构建自然保护地体系，有利于从宏观尺度上维护景观、野生动物栖息地、物种和生态系统多样性[3]，可以充分发挥流域内森林、河流水系、湖泊、山体、农田、草地等多要素系统耦合作用[4]，实现国土空间资源的系统整合与保护。

（二）流域尺度自然保护地体系是促进流域国土空间绿色发展的基础载体

流域往往是社会—经济—自然的复合系统，在国土空间规划体系中发挥着重要的统筹和协调作用[5]。大型流域常聚集了众多经济发达的重要城市，人类活动频繁。构建流域尺度自然保护地体系有利于从全局考虑为流域内的城镇发展提供一个安全的生态基底，推动城镇经济的绿色发展与转型。从可

---

① 靳川平、刘晓曼、王雪峰等：《长江经济带自然保护地边界重叠关系及整合对策分析》，《生态学报》2020年第20期。
② 孔凡婕、刘文平：《流域国土空间生态修复规划编制的思考》，《中国土地》2020年第6期。
③ 付励强、邹红菲、马建章等：《中国自然保护地的区域性联合保护机制和发展策略分析》，《林业资源管理》2019年第5期。
④ 雷会霞、王建成：《自然保护地体系下的城市绿色空间系统构建路径》，《规划师》2020年第15期。
⑤ 刘文平、宋子亮、李岩等：《基于自然的解决方案的流域生态修复路径——以长江经济带为例》，《风景园林》2021年第12期。

持续发展的视角来看，促进流域生态格局网络化、全域生态化，也已成为推动区域健康发展的重要途径[①]。自然保护地体系网络的构建可以为流域范围内城镇发展实现社会与经济要素的绿色、安全提供生态环境保障。

二 流域尺度自然保护地体系构建面临的问题与挑战

（一）流域尺度自然保护地体系构建面临的问题

虽然我国的自然保护地发展已有 60 多年的历史，但自然保护地体系的构建仍存在一些问题。一方面，我国原有的自然保护区、自然公园等自然保护地很多是以"自愿申报"的方式建立的，存在较明显的不完善性，现实中一些应该保护的区域常因没有申报而未被纳入现有的保护体系[②]。另一方面，现有的各类保护地的功能定位交叉，不同类型的保护地空间重叠，缺乏整体、系统的保护地体系规划[③]。除此之外，快速城镇化对自然生境的侵占压力愈加明显，生境碎片化、孤岛化等现象日益严重，生境之间的联系通道短缺或断裂也进一步削弱了自然生态系统的保护成效。

流域尺度自然保护地体系构建除上述问题外，还存在自然保护地跨行政边界管理的难题。流域生态系统的上下游联动性、生物迁徙的系统安全性等均须在更大尺度上破除行政壁垒，实现自然生态要素的自由流动。

（二）流域尺度自然保护地体系构建面临的挑战

流域的自然和人文复合系统特性[④]导致自然保护地体系的构建势必面临

---

① 雷会霞、王建成：《自然保护地体系下的城市绿色空间系统构建路径》，《规划师》2020 年第 15 期。

② 金云峰、陶楠：《国家公园为主体"自然保护地体系规划"编制研究——基于国土空间规划体系传导》，《园林》2020 年第 10 期。

③ 赵炳鉴、任军、万军：《国土空间规划背景下自然保护地体系整合优化初探》，《国土资源情报》2020 年第 9 期。

④ 刘文平、宋子亮、李岩等：《基于自然的解决方案的流域生态修复路径——以长江经济带为例》，《风景园林》2021 年第 12 期。

着资源保护与资源利用、生态保护与保护地周边社区发展之间的冲突。自然保护地生态保护与区域发展的矛盾是经济社会发展的必然结果。粗放型经济发展方式会对自然生态系统形成巨大压力，一些城市建设用地的不断扩张势必侵占原有的自然生态系统，导致生境斑块的破碎化[①]。此外，自然保护地体系与城市绿色空间系统的有机衔接也需要进一步加强。如何整合并优化现有自然保护地体系并促进流域经济绿色发展，是构建自然保护地体系需要着重考虑的关键问题。

此外，自然保护地的生态保护任务与社区发展需求之间的矛盾来自保护地周边社区对自然资源的过度依赖。自然保护地大多分布于经济较为落后、产业较为原始的乡村和荒野地区，其内社区居民生活所需主要来自保护地内的自然资源。在找到不依赖保护地的生存之道前，保护地社区居民不得不通过破坏保护地攫取短期经济利益[②]。面对生态保护与社区发展之间的冲突，探究其中缓解矛盾和协调发展的方式成为我们面临的一项新的挑战。

三 流域尺度自然保护地体系构建的原则与内容

在流域尺度，只有保证自然生境之间必要的生态过程和流动，且综合考虑社会与经济效益，才能对生态系统进行有效的保护。自然保护地体系要素构建是将自然保护地体系中的国家公园、自然保护区、自然公园等关键组成通过生态过程廊道连接起来，使其形成一个整体的生态保护和绿色发展共享网络；这一网络也是生态安全格局的重要组成部分，是解决自然保护地之内、之间破碎化、孤岛化问题的重要路径。

（一）构建原则

流域自然保护地体系构建应遵循整体性、层级性、协调性等原则。

---

①② 温亚利、侯一蕾、马奔：《中国国家公园建设与社会经济协调发展研究》，中国环境出版集团，2019。

1. 整体性

充分评价流域生态系统的本底条件，将流域现有的自然基础设施视作一个整体，充分利用流域内的干支流水系有机衔接国家公园、自然保护区、自然公园等自然保护区域，提升重要保护要素和区块之间的连通性，将山水林田湖草等融为一个整体，保障流域内的物质、能量和信息的稳定传递，维护物种迁移通道的稳定运行，增强流域生态系统的整体性和系统性。

2. 层级性

为有效解决流域生态保护与生物多样性维持在不同尺度上的协同问题，流域自然保护地体系构建需要注重保护尺度的层级性。对于长江流域、黄河流域等跨省域边界的流域尺度自然保护地体系构建，既需要在区域尺度上关注重要生态功能斑块之间的联系通道的完整性，也需要关注区域内部（省域内部）生态核心斑块之间的关联性，综合考虑跨层级和跨尺度的多重影响，形成多层级协同的自然保护地体系网络。

3. 协调性

流域生态与社会经济系统是交互影响的，自然保护地体系网络构建需要统筹好水陆、城乡、江湖、河海、山上山下以及上中下游资源开发利用与保护和修复等之间的关系，因此确保自然保护网络与社会及经济发展之间的协调是应遵守的必要原则。此外，流域生态与社会经济系统也是动态演化的，自然保护地体系网络还应积极考虑未来气候变化、城镇扩张等的影响，注重与多重生态胁迫因子之间的协调性。

（二）构建内容

流域自然保护地体系是一个有机连接流域内自然山体、河流水系、湖泊湿地、物种栖息地，以及风景名胜区、自然公园等具有重要生态功能区域的生态网络，也是协调自然生态保护与城镇建设发展关系的重要基础（见图1）。应将山水林田湖草生命共同体理念贯穿到流域自然保护地体系构建过程中，以保障国土生态安全和提升生态系统服务功能为目标，通过主要交通

干道和流域水系等脉络，将国家公园和大型自然保护区等重要生态功能区联系起来，并以兼具生态和社会多重功能和价值的重要自然公园及小生境斑块为补充，建立完善的自然保护地体系网络，从而增强流域上游和下游、城市和乡村、陆地和水域、山上和山下等之间的紧密联系，促进流域生态与社会多目标共赢的可持续发展。其中，识别潜在的保护地核心斑块和生境联系通道是构建自然保护地体系的基础和前提。

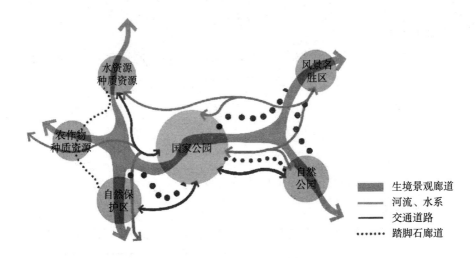

图1　流域自然保护地体系网络构建内容

1. 保护地网络斑块

识别保护对象是构建自然保护地体系网络的基础和关键。从网络结构组成上看，网络斑块常被作为自然保护地体系的核心保护对象。网络斑块的筛选应满足一定的标准，且斑块对于整个网络结构的完整性应有重要影响。一般来说，网络斑块可基于斑块在整个网络中所发挥功能的大小进行筛选。

在自然保护地体系中，国家公园以及自然保护区等均可以作为保护地网络斑块。其中，国家公园一般对应主体功能区规划中的禁止开发区域，受生态保护红线管控，是保护最严格、保护对象价值最高、等级最高和面积最大的保护地类型。国家公园既承担保护最独特自然景观、最精华自然遗产、最富集生物多样性的责任，又是作为国家象征、展现全球价值和国家文化形象的重要载体，理应作为被保护的核心斑块。

自然保护区主要包括具有一定代表性的自然生态系统或珍稀濒危野生动植物物种的天然分布区以及有特殊意义的自然保护对象等。在流域尺度上，面积较大的自然保护区应作为核心网络斑块被保护起来。同样，自然公园也多具有生态、观赏、文化和科学价值，包括海洋公园、沙漠公园、森林公园、湿地公园、地质公园和草原公园等多种类型，其所承载的景观、地质地貌和文化多样性应得到切实保护。此外，农作物种质资源保护区、水产种质资源保护区等，承担着关键物种保护的作用，也可以纳入自然保护地体系网络斑块①。

2. 生境联系通道

除保护地斑块外，流域生态系统整体保护还需关注各生境斑块之间的生态联系，即生境联系通道。生境联系通道一般可分为线性网络廊道、生境景观廊道、踏脚石廊道等。其中，线性网络廊道的构成主要是空间形态上呈现线性形状的景观要素，如交通道路、水系、生态防护林等。建立流域自然保护地体系网络，应充分利用流域内纵横交织的河流、交通道路网络等，构建线性生态廊道。

生境景观廊道一般是由林地、灌丛等自然要素构成的形态上呈带状的连续体，也被称为实体连接廊道。流域自然保护地体系网络应结合生态迁徙最小阻力模型等构建生态廊道，进而将流域内众多的湖泊、湿地、自然保护区等重要生态节点连接起来，有效破解生境破碎化的难题。

踏脚石廊道一般是指利用一些面积和间距较小的生境斑块构成的功能上连通的生态廊道。这一类廊道同样可以发挥保障地方生态安全、协调生态保护和经济与社会发展的作用。

---

① 欧阳志云、杜傲、徐卫华：《中国自然保护地体系分类研究》，《生态学报》2020 年第 20 期。

四　长江经济带自然保护体系网络构建

（一）研究区概况

长江经济带是以长江流域为主，横跨中国东部、中部和西部的国家重要发展战略区域，涉及四川、云南、贵州、重庆、湖北、湖南、安徽、江西、浙江、江苏、上海 11 个省市，总面积约 205 万平方千米。长江经济带地貌类型复杂，河湖众多，拥有森林、湿地、草原、农田等多种独特的生态系统，是中国重要的生态安全屏障。

在最近的 20 年，随着社会与经济的快速发展，长江经济带城市建设用地不断扩张，给自然生态系统的保护带来了巨大压力①。同时，长江上游生态屏障区多属于经济贫困区域，生态保护及恢复与经济发展的矛盾和冲突较大，如高黎贡山国家级自然保护区与四川长沙贡玛国家级自然保护区等部分区域在国家贫困县范围之内，二者重叠面积均超过了 1000 平方千米。如何协调生态保护与经济发展之间的关系，如何从全域尺度系统构建生态系统保护体系，已成为当前长江经济带发展需要解决的迫切问题。

近年来，长江经济带始终坚持"共抓大保护，不搞大开发"的指导思想，严格遵守"生态优先，绿色发展"的基本原则，把区域生态环境的维护、建设放在发展战略的首要地位，设立了很多不同级别和类型的自然保护区，如国家自然保护区、国家森林公园、风景名胜区、世界自然和文化遗产、国家地质公园、重要水源地及涵养区等②。但各保护区条块分割严重，保护地之间空间交叉重叠和碎片化管理现象仍存在，从全流域尺度确定的自然保护地体系网络则尚未成形，构建全流域尺度的自然保护地体系网络极为迫切。

① 贾艳艳、唐晓岚、张卓然：《长江中下游流域自然保护地空间分布及其与人类活动强度关系研究》，《世界地理研究》2020 年第 4 期。
② 陈进：《长江流域生态红线及保护对象辨识》，《长江技术经济》2018 第 1 期。

（二）自然保护地体系网络构建

建立完善的流域型自然保护地体系网络，对增强长江经济带山水林田湖草生命共同体的系统性和完整性、推动"三生"空间的协调性、保障区域发展的安全性和可持续性具有重要作用。长江经济带自然保护地体系网络主要由网络核心斑块、连接廊道、重要小斑块等构成。

1. 网络核心斑块

网络核心斑块是指大面积、连续、生态价值高、较少受外界干扰的自然区域，为野生动植物提供了良好的栖息地。本研究中网络核心斑块主要包括：①大型的自然保护区（面积不小于 100 平方千米），如四姑娘山自然保护区等；②国家级公园（面积不小于 100 平方千米），包括兼具资源开采价值和自然游憩价值的国家森林公园和国家地质公园等，如四川二滩国家森林公园、龙虎山世界地质公园等；③重要湖库（面积不小于 100 平方千米），如鄱阳湖、丹江口水库等；④重要山林生境（面积不小于 100 平方千米），一般指生态系统服务价值高、具有敏感动植物种群的连续山体和林地斑块等，如四川海子山等。

经过分析，我们共识别出面积不小于 100 平方千米的大型自然保护区 135 片、面积不小于 100 平方千米的国家级公园 49 个、面积不小于 100 平方千米的重要湖泊 36 个，以及面积不小于 100 平方千米的高生态价值的山林地斑块约 171632 平方千米。

2. 连接廊道

连接廊道通常是指用来连接网络中心和重要节点斑块资源、能够为生物迁徙提供安全通道的线性生态廊道，是保持自然保护地体系网络系统性、连续性的关键，对促进生态过程的流动、保障生态系统的健康和维持生物多样性等具有关键作用。

本研究中自然保护地体系网络连接廊道主要包括两种类型：①功能性自然系统的连接廊道；②支持性生产和生活功能连接廊道。其中，功能性自然系统的连接廊道是长江流域生态系统中物质、能量和信息渗透、扩散

的主要通道，具有生物多样性保护、涵养水源和保持水土、过滤污染物、增加物种栖息场所、为孤立的物种提供移动路径等多种功能。上文提到的生境联系通道便是功能性自然系统的连接廊道。在本研究中，长江流域自然保护地体系网络的连接廊道中一级连接廊道指长江干流与主要支流（如汉江、赣江、湘江等）水系廊道（包括外围宽度5千米以上的大型河流防护林带）、重要生物迁徙移动廊道以及绿色景观线性连接体，如林地、草地及其他自然土地等。长江流域三级河流水系（如白龙江、涪江等）及其两侧防护林带（两侧2千米宽）则作为二级连接廊道。支持性生产和生活功能连接廊道主要指连接各大城镇生活斑块的交通走廊和文化景观风貌走廊等。长江经济带支持性生产和生活功能连接廊道主要指依托高速公路（如G318、G108等）、铁路等建设而成的两侧1千米以上宽度的防护林带；文化景观风貌走廊是以长江流域诸多风景名胜区、地质景观区、文化风貌区等串点成线而构成的具有历史文化资源保存、休闲游憩与教育、文化传承价值的绿色开放空间走廊。这些纵横交错的连接廊道将长江流域中重要的功能区块有机联系起来而形成网络，加强了长江流域生态和社会系统的内部要素关联性和系统整体性，为长江流域营造了更好的生态和人居环境。

3. 支持性生产和生活功能

自然保护地体系网络重要小斑块是指在网络核心斑块或连接廊道无法连通的情况下，为动物迁徙或生态系统功能联系而设立的生态节点，是对网络中心核心区和连接廊道的补充，是独立于大型自然区域的小型生境斑块。这些小型斑块同样可以为野生生物提供栖息地，兼具生态和社会价值。本研究中自然保护地体系网络中的重要小斑块主要包括面积较小的自然保护区、国家级公园、湖泊湿地（1~100平方千米）、生态系统服务价值高的林地斑块（1~100平方千米）以及其他可修复再生的生境土地。

基于多源遥感数据，采用GIS软件对生境斑块进行分析，本报告共识别出小面积的自然保护区90片、小面积的国家级公园和风景名胜区134个、小面积的重要湖泊和湿地284个。

4. 自然保护地体系网络

为保障自然保护地体系网络结构中核心区和重要斑块的生态系统功能的有效发挥，长江经济带自然保护地体系网络在构建时分别在核心区斑块外围设置 10 千米宽度的缓冲区、在重要小斑块外围设置 2 千米宽度的缓冲区。

长江经济带自然保护地体系网络共包括 290206 平方千米（占全区 13.77%）的网络核心区和 31338 平方千米（占全区 1.48%）的重要小斑块。

自然保护地体系是促进流域国土空间可持续发展的生态安全基底和重要保障。本研究系统梳理了流域尺度自然保护地体系构建的必要性、存在问题与挑战，并提出了一个由"网络核心斑块—连接廊道—重要小斑块"构成的自然保护地体系，以寻求一种确保自然生态安全的高效的自然保护模式，从而引导流域国土空间绿色发展。自然保护地体系网络是流域的自然生命支持系统，有机保护并串联了自然保护区、国家级公园、风景名胜区、自然公园等重要生境斑块，为整体保护流域尺度生态系统并提升保护成效提供了一个参考方案。

G.5
基于景观特征评估的自然保护地景观风貌评价及管控策略

李方正 吴桐 赵聪瑜 李雄 张玉钧 孙乔昀*

摘　要：　自然保护地的景观风貌是其景观特征的反映。针对中国自然保护地景观风貌异质性和多样性减弱等问题的相关研究欠缺，为了形成自然保护地景观风貌综合评价体系，指导分级管控，本报告引入景观特征评估的理论方法，基于自然保护地景观风貌的内涵、构成要素及相关理论，构建景观风貌的分类指标体系，将自然保护地的景观风貌划分为自然基础风貌、文化提升风貌和游憩管控风貌三类，提出了以景观风貌分类、评级为主要步骤的景观风貌综合评价方法，并结合风貌质量评级结果提出了与三类景观风貌三级管控区域相应的管控策略，通过各类景观风貌区域的差异化管控，实现对自然保护地的针对性规划及管理，为完善自然保护地的保护管理体系提供建议。

关键词：　自然保护地　景观风貌评价　景观特征评估

　　风貌即"风采容貌，亦（是）指事物的面貌格调，如西湖风貌、民间艺术风貌"[①]。在城市规划领域，相关学者大多针对城市风貌、城乡风貌、

---

* 李方正，北京林业大学园林学院博士、副教授、博导，研究方向为风景园林规划设计与理论；吴桐，北京林业大学园林学院硕士；赵聪瑜，北京林业大学园林学院在读研究生；李雄，北京林业大学副校长，园林学院教授、博导，研究方向为风景园林规划与设计；张玉钧，北京林业大学园林学院教授、博导，研究方向为自然保护地生态旅游；孙乔昀，深圳大学建筑与城市规划学院讲师，研究方向为自然保护地规划设计与理论。

① 余柏椿：《解读概念：景观·风貌·特色》，《规划师》2008年第11期。

城市景观风貌的概念及构成要素①②③④展开研究。张继刚⑤认为，城市风貌包括无形的"风格、品格、精神、格调等"，即"风"；有形的"外观、形态、面貌、景观等"，即"貌"。此外，有部分学者针对风貌规划展开应用研究，但主要集中于城市景观风貌⑥⑦及乡村风貌⑧⑨层面。

在多规合一的国土空间规划体系和以国家公园为主体的自然保护地体系建立的背景下，由中共中央办公厅、国务院办公厅印发的《关于建立以国家公园为主体的自然保护地体系的指导意见》明确了自然保护地管控的研究热点，但保护地相关研究主要集中于生物多样性和生态系统保护⑩⑪、资源保护及开发利用层面⑫⑬⑭⑮。有关自然保护地景观风貌的研究较少，既往

① 杨华文、蔡晓丰：《城市风貌的系统构成与规划内容》，《城市规划学刊》2006 年第 2 期。

② 唐源琦、赵红红：《中西方城市风貌研究的演进综述》，《规划师》2018 年第 10 期。

③ 徐慧宁：《城乡风貌空间营造中的文化景观构建》，《安徽农业科学》2017 年第 35 期。

④ 张继刚：《城市景观风貌的研究对象、体系结构与方法浅谈：兼谈城市风貌特色》，《规划师》2007 年第 8 期。

⑤ 张继刚：《城市景观风貌的研究对象、体系结构与方法浅谈：兼谈城市风貌特色》，《规划师》2007 年第 8 期。

⑥ 余伟、周建军、陈桂秋等：《可辨、可塑、可感：城市景观风貌规划的创新探索与实践》，《城市规划》2020 年第 S1 期。

⑦ 高飞、张斌、吴雯：《"双修"导向下的福州城市景观风貌优化途径》，《城乡规划》2020 年第 2 期。

⑧ 董衡苹：《生态型地区村庄景观风貌塑造规划研究：以崇明区为例》，《城市规划学刊》2019 年第 S1 期。

⑨ 胡玉洁、刘星：《实用性乡村风貌规划策略研究：以山东省烟台市为例》，《小城镇建设》2020 年第 4 期。

⑩ 欧小杨、王婧、吴佳霖等：《基于多种保护特征协同与权衡的区域自然保护地网络规划：以北京为例》，《中国园林》2020 年第 10 期。

⑪ 魏钰、雷光春：《从生物群落到生态系统综合保护：国家公园生态系统完整性保护的理论演变》，《自然资源学报》2019 年第 9 期。

⑫ 田野、李江风、汤晓吉：《中国国际保护地资源代表性与国家公园建设》，《资源科学》2019 年第 3 期。

⑬ 陈宇昕、颜剑英、钟阳：《自然保护地分区管控探讨：以风景名胜区为例》，《规划师》2019 年第 22 期。

⑭ 孙鸿雁、余莉、蔡芳等：《论国家公园的"管控—功能"二级分区》，《林业建设》2019 年第 3 期。

⑮ 何思源、苏杨、闵庆文：《中国国家公园的边界、分区和土地利用管理：来自自然保护区和风景名胜区的启示》，《生态学报》2019 年第 4 期。

研究主要涉及了自然保护地的村庄景观风貌①和国家公园的景观特征要素②，缺乏系统的理论与应用研究。景观特征评估（Landscape Character Assessment，LCA）起源于英国，作为可持续发展规划的工具之一，为识别景观特征、景观独特性及价值提供了重要方法③，是景观风貌分类与评价理论层面的支撑。应用景观特征评估方法，能够平衡多重价值资源的保护与利用④。当前，景观特征评估方法应用于不同的领域和空间尺度中⑤。国内学者主要将该方法应用于城市⑥和乡村区域⑦的研究，有关自然保护地的研究大多聚焦于场地尺度下单个风景名胜区⑧或自然区域⑨，较少涉及更大的空间尺度；也有学者以该方法为基础，针对英国国家公园景观保护机制进行了分析⑩。

　　鉴于中国自然保护地面临游憩开发干扰等问题，本报告主要进行中国自然保护地的景观风貌管控研究。首先，对自然保护地景观风貌的内涵、构成要素及相关理论进行分析；其次，在此基础上，构建了自然保护地景观风貌的分类指标体系，并形成了以景观风貌分类、评级为主要步骤的综合评价方法；最后，将景观风貌识别及评级的结果作为风貌管控策略的依据，为自然保护地建设的相关规划和决策提供重要参考。

---

① 欧阳高奇：《北京市风景名胜区村庄景观风貌研究》，博士学位论文，北京林业大学，2008。

② 朱里莹、徐姗、兰思仁：《基于灰色统计分析的中国国家公园景观特征要素选择》，《中国园林》2018 年第 10 期。

③ Swanwick C., "Landscape Character Assessment: Guidance for England and Scotland," *Countryside Agency* (2002).

④ 陶彦利、奚雪松、祝明建：《欧洲景观特征评估（LCA）方法及其对中国的启示》，《中国园林》2018 年第 8 期。

⑤ 鲍梓婷、周剑云、周游：《英国乡村区域可持续发展的景观方法与工具》，《风景园林》2020 年第 4 期。

⑥ 刘文平、宇振荣：《北京市海淀区景观特征类型识别及评价》，《生态学杂志》2016 年第 5 期。

⑦ 袁文梓：《景观特征评估在传统村落保护规划与管控中的应用：以筠连县马家村为例》，《中国风景园林学会 2020 年会论文集（下册）》，2020。

⑧ 张天骋、高翅：《武当山风景名胜区五龙宫景区风景特质识别研究》，《中国园林》2019 年第 2 期。

⑨ 孙乔昀、张玉钧：《自然区域景观特征识别及其价值评估：以青海湖流域为例》，《中国园林》2020 年第 9 期。

⑩ 张振威、杨锐：《自然保护与景观保护：英国国家公园保护的"二元方法"及机制》，《风景园林》2019 年第 4 期。

一 自然保护地景观风貌的内涵和构成

（一）自然保护地景观风貌的内涵

中国自然保护地是指对重要的自然生态系统、自然遗迹、自然景观及其所承载的自然资源、生态功能和文化价值实施长期保护的陆域或海域[①]。自然保护地的景观风貌是自然保护地景观所呈现的风采和面貌，是其自然景观、文化景观及其所承载的历史文化、精神面貌和行为活动的总和，由物质环境风貌和非物质环境风貌构成，是自然保护地带给人们的总体形象，突出体现了自然保护地的个性化本质特征[②]。因此，自然保护地的景观风貌是展示自然景观、文化景观、行为活动的载体，彰显了自然保护地的本质特征。

（二）自然保护地景观风貌的构成

依据有关文献对景观特征评估（LCA）要素[③④⑤]、英国国家公园评价因子[⑥]等内容的描述，结合中国自然保护地的实际情况，将自然保护地景观风貌的构成要素划分为自然要素、文化/社会要素、审美和感知要素三类。其中，自然要素包括地貌、土壤、生物等要素；文化/社会要素包括土地权属、人类建筑等要素；审美和感知要素包括形式、气味、记忆等要素。自然保护地景观风貌的构成要素为景观风貌的特征提取提供理论依据。

---

① 中共中央办公厅、国务院办公厅：《关于建立以国家公园为主体的自然保护地体系的指导意见》，2019。
② 余柏椿：《解读概念：景观·风貌·特色》，《规划师》2008 年第 11 期。
③ 陶彦利、奚雪松、祝明建：《欧洲景观特征评估（LCA）方法及其对中国的启示》，《中国园林》2018 年第 8 期。
④ 汪伦、张斌：《景观特征评估：LCA 体系与 HLC 体系比较研究与启示》，《风景园林》2018 年第 5 期。
⑤ 宋峰、宋蕾蕾：《英美景观评估方法评述及借鉴》，《开发研究》2016 年第 5 期。
⑥ 赵烨、高翅：《英国国家公园风景特质评价体系及其启示》，《中国园林》2018 年第 7 期。

二　自然保护地景观风貌的特征

基于自然保护地景观风貌划分的自然、文化/社会、审美和感知三类构成要素，结合中国自然保护地所承载的自然资源、生态功能和文化价值，提取自然保护地景观风貌的自然特征、文化特征、游憩特征，进行相关理论分析。

（一）作为自然保护地景观风貌基底的自然特征

自然保护地具有完整的自然生态系统与丰富的自然景观要素，决定着人的生产、生活方式，孕育了地方特色文化。各种自然要素相互联系、共同叠加形成了多样的自然环境和天然景观。Sauer[1] 指出，自然景观是被人类直接活动影响程度较小，甚至完全未被影响的自然综合体；自然区域被认为是文化景观形成的媒介。因此，自然保护地的自然特征是景观风貌的基底，尤其在自然保护区、森林公园、湿地公园、海洋公园等类型中展现得更为充分。

（二）作为自然保护地景观风貌核心的文化特征

中国的自然保护地受到"天人合一"环境观的影响，建立于国家人地关系不断演进而形成的景观之上[2]，是人与自然互动的产物，同时也是自然与文化有机共生的典型代表[3]，反映了文化与自然长期而深刻的双向建构关系[4]。例如保护地中的风景名胜区和考古遗址公园属于文化景观的范畴，包含众多遗址、遗迹。结合文化景观的相关理论，文化景观是基于时间演变，受人类的文化活动影响，在人口数量、生产力、社会交往、房屋建造等的综

① Sauer, C. O., "Morphology of Landscape", ed. John Leighly, *Land and Life* (1974).
② 宋峰、代莹、史艳慧等：《国家保护地体系建设：西方标准反思与中国路径探讨》，《自然资源学报》2019 年第 9 期。
③ 张婧雅、张玉钧：《自然保护地的文化景观价值演变与识别：以泰山为例》，《自然资源学报》2019 年第 9 期。
④ 韩锋：《世界遗产"文化自然之旅"与中国文化景观之贡献》，《中国园林》2019 年第 4 期。

合影响下，以自然景观为载体形成[1][2]，包括行为、建筑、空间、结构和环境五项物质系统构成要素以及人居文化、产业文化、历史文化和精神文化四类价值系统构成要素[3]。建筑及其选址、排列和组织体现文化景观的重要特征[4]。因此，自然保护地的文化特征是景观风貌的核心，自然保护地以自然景观为媒介，展现人与自然互动产生的文化现象。

（三）作为自然保护地景观风貌功能拓展的游憩特征

经过人类改造的自然保护地景观成为面向公众的游憩资源，其丰富多元的自然景观和文化景观作为风貌展示的载体，能够发挥一定的环境教育功能，从而形成了作为自然保护地景观风貌功能拓展的游憩特征。根据环境容量理论及相关研究，游憩活动会对自然产生一定程度的破坏[5]；在空间层面分析游憩者行为的流动机制，发现游憩设施引力与可达性、出游距离、出游能力等是游憩设施使用在时间及空间分布上变化的影响因素[6]。综上，自然保护地的游憩特征是以自然景观和文化景观为载体，体现为对景观风貌在功能层面的拓展。

三　自然保护地景观风貌的分类体系与评价方法

对自然保护地的景观风貌进行科学合理的分类是景观风貌识别的基础和核心，也是景观特征评估中特征描述阶段的重要内容。本报告根据自然保护地的主导景观风貌进行景观风貌的分类，基于科学性、系统性、可操作性、前瞻性原则，依据《英格兰—苏格兰景观特征评估导则》、英国国家公园评价因子、国内外保护地相关行业标准和规范、专家咨询和理论分析等选取自

① Sauer C. O., "Morphology of Landscape", ed. John Leighly, *Land and Life* (1974).
② 邓可、宋峰：《文化景观引发的世界遗产分类问题》，《中国园林》2018年第5期。
③ 李和平、肖竞：《我国文化景观的类型及其构成要素分析》，《中国园林》2009年第2期。
④ 阿诺·艾伦、谢聪、陈飞虎：《为何保护文化景观？》，《中国园林》2014年第2期。
⑤ 罗林斯、张黎明：《自然保护与郊野游憩》，《世界林业研究》1992年第3期。
⑥ 吴必虎：《上海城市游憩者流动行为研究》，《地理学报》1994年第2期。

然基础风貌、文化提升风貌和游憩管控风貌三方面的分类指标，并构建分类指标体系；在此基础上建立以景观风貌分类、评级为主要步骤的综合评价方法；依据相关行业标准，综合中国国情，确定自然保护地三类景观风貌的评价指标及自然保护地景观风貌的综合评价指标体系，并依据评价结果进行分级，提出分级管控策略。

（一）分类指标选取依据

在分类体系类型的构建上，结合《英格兰—苏格兰景观特征评估导则》指导下英国国家公园评价因子中关于自然要素、文化/社会要素以及审美和感知要素的分类及指标①，依据前文对自然保护地景观风貌的内涵、构成要素及相关理论的分析，通过对内涵相同、相似因子归类的方式②，最终确立了从自然基础风貌、文化提升风貌和游憩管控风貌三方面对自然保护地的景观风貌进行分类。

在具体分类指标的选取上，本报告以科学性、系统性、可操作性、前瞻性为原则，收集、整理了国内外保护地相关行业标准规范中能够影响自然保护地景观风貌，且具有代表性的指标，结合专家咨询和理论分析，确定能够直观反映景观风貌类型的具体分类指标，最终针对自然基础风貌、文化提升风貌和游憩管控风貌三类区域遴选确定了体系下的 8 个具体分类指标（见表 1）。

表 1　自然保护地景观风貌分类指标体系

类型	分类指标	指标来源
自然基础风貌区域	地貌类型	LCA 景观特征评估体系、云南省地方标准《国家公园资源调查与评价技术规程》《面向国土景观风貌管控的中国国家公园空间布局研究》③
	水文类型	
	气候类型	

---

① 赵烨、高翅：《英国国家公园风景特质评价体系及其启示》，《中国园林》2018 年第 7 期。

② 朱里莹、徐姗、兰思仁：《基于灰色统计分析的中国国家公园景观特征要素选择》，《中国园林》2018 年第 10 期。

③ 孙乔昀、李娜、张玉钧：《面向国土景观风貌管控的中国国家公园空间布局研究》，《中国园林》2022 年第 4 期。

类型	分类指标	指标来源
文化提升风貌区域	城市化率	英国国家公园评价因子、《实施〈世界遗产公约〉操作指南》等
	文化聚集度	
	建筑覆盖度	
游憩管控风貌区域	自然度	《风景名胜区总体规划标准》《水利风景区评价标准》《国家湿地公园评估标准》《中国森林公园风景资源质量等级评定》
	可达性	

资料来源：孙乔昀、李娜、张玉钧：《面向国土景观风貌管控的中国国家公园空间布局研究》，《中国园林》2022 年第 4 期。

（二）自然保护地景观风貌的分类指标体系

本报告提取各类自然保护地中景观风貌的自然特征、文化特征、游憩特征的核心特征，将自然基础风貌、文化提升风貌和游憩管控风貌三类风貌特征占主导地位的区域分别划分为自然基础风貌区域、文化提升风貌区域和游憩管控风貌区域。

1. 自然基础风貌

在自然基础风貌的识别层面，本报告考虑了自然景观的特点，参考了 LCA 景观特征评估体系中基于地理学制定的国家景观类型学对国土和区域尺度景观风貌分类的方式[①]，结合中国国情，依据国家级、省级的相关行业规范，最终选取了国家公园资源调查分类中的自然环境条件类型，确定将其中的地貌类型、水文类型、气候类型三项指标用于综合识别自然保护地中的自然基础风貌类型。其中，地貌类型和水文类型是自然保护地自然基础风貌的表现形式，气候类型是自然基础风貌形成的外部条件。

2. 文化提升风貌

在文化提升风貌的识别层面，本报告参考了英国国家公园评价因子中文

---

① 林轶南：《英国景观特征评估体系与我国风景名胜区评价体系的比较研究》，《风景园林》2012 年第 1 期。

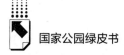

化/社会要素下的聚落、围合度指标和基于土地利用覆盖数据的景观评估框架[1]，结合世界遗产委员会《实施〈世界遗产公约〉操作指南》中对于文化景观的分类、李和平等[2]对于中国文化景观的类型划分以及中国自然保护地现状、民族文化的地域特性[3]，最终确定了城市化率、文化聚集度、建筑覆盖度三项指标，用于综合识别文化提升风貌区域。其中，城市化率、建筑覆盖度反映生活聚集情况，度量城市化程度；文化聚集度体现文化的地域特性。

3. 游憩管控风貌

在游憩管控风貌的识别层面，本报告考虑了游憩活动对于保护地景观的影响，参考了中国自然保护地相关标准和规范对于风景资源开发利用的要求、对于基础设施景观通达性指标的设定以及风景资源评价因子，设置了自然度、可达性两项指标，用以综合识别游憩管控风貌区域。其中，自然度反映了保护地被开发利用的程度和受游憩活动干扰的程度，可达性反映了游人到达保护地的交通便捷程度。

（三）自然保护地景观风貌的综合评价方法

基于景观特征评估理论建立自然保护地景观风貌的综合评价方法能够为规划决策提供依据，从风貌层面指导自然保护地的规划和管理，实现景观风貌的保护和延续。本报告提出以景观风貌分类、评级为主要步骤的综合评价方法，基于国内外相关行业标准，综合中国国情，建立自然保护地景观风貌的综合评价指标体系，并以此进行分级，为管控策略提供方法支撑。

1. 研究框架

参考 LCA 景观特征评估体系[4]，在对景观风貌的内涵、构成要素及相

① Gulinck, H., et al., "A Framework for Comparative Landscape Analysis and Evaluation Based on Land Cover Data, with an Application in the Madrid Region (Spain)", *Landscape and Urban Planning* 4 (2001).

② 李和平、肖竞：《我国文化景观的类型及其构成要素分析》，《中国园林》2009 年第 2 期。

③ 汪伦、张斌：《景观特征评估：LCA 体系与 HLC 体系比较研究与启示》，《风景园林》2018 年第 5 期。

④ 凯瑞斯·司万维克、高枫：《英国景观特征评估》，《世界建筑》2006 年第 7 期。

关理论进行分析的基础上，构建了自然保护地景观风貌的分类指标体系，提出了以景观风貌分类、评级为主要步骤的综合评价方法。首先对自然保护地现有景观风貌进行分类；其次根据评价指标得分对各类风貌类型区域评级（见图1），以便提出具有保护和利用强度差异的分级风貌管控策略。

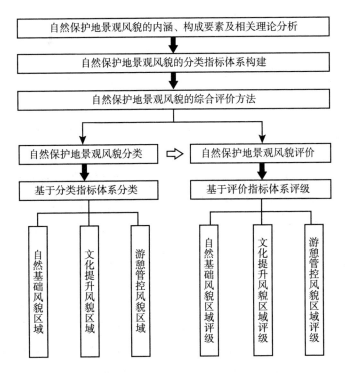

图1 自然保护地景观风貌综合评价方法的研究框架

资料来源：凯瑞斯·司万维克、高枫：《英国景观特征评估》，《世界建筑》2006年第7期。

2. 评价指标体系构建

自然保护地的景观风貌评价是对现有景观风貌的质量进行评价并分级，依据国内外与之相关的标准和规范、风貌信息获得的难易程度及评价指标与景观风貌特征联系的紧密程度，共遴选确定3类景观风貌下的29项评价指

标。得分较高的风貌评价指标反映了占主导地位的风貌信息①，得分较低的风貌评价指标则可以为保护地未来的风貌引导提供建议。

自然基础风貌评价指标的确定主要以《国家级自然保护区评审标准》《水利风景区评价标准》等相关标准和规范中有关自然属性、风景资源评价和环境保护质量评价的指标以及《国家湿地公园评估标准》中的湿地环境质量类指标为参考，最终确定了反映自然生态基底状况、自然生态功能状况、自然生态环境质量三方面内容的指标体系，具体包括种群结构、自然生态完整性、生境质量、自然生态体量、生物多样性、水环境质量、水土保持质量、土壤环境质量、林草覆盖率9项指标，并据此将自然基础风貌区域划分为一、二、三级。

文化提升风貌评价指标的确定主要参考了自然保护地有关标准和规范中关于文化价值和人文景观的评价标准，最终依据《风景名胜区总体规划标准》中景源价值下对文化价值的评定，以及《水利风景区评价标准》中风景资源评价下人文景观的评价标准，选取与文化重要性等级相关的知名度、年代值、纪念物价值、民俗风情和建筑风貌、文化科普5项指标，据此将文化提升风貌区域划分为一、二、三级。

游憩管控风貌评价指标的确定主要是依据《风景名胜区总体规划标准》《国家湿地公园评估标准》《水利风景区评价标准》等相关标准和规范，选取与游憩利用度相关的景感度、舒适度、承受力/环境容量、规模范围、适游期、观赏性、区位条件、交通条件、空气环境质量、噪声环境质量、水环境质量、基础设施、服务设施、游乐设施、灾变率等指标，据此将游憩管控风貌区域划分为一、二、三级。

四　自然保护地景观风貌的分级管控策略

在对自然保护地的景观风貌进行分类、评级的基础上，借鉴LCA景观

---

① 夏雷、程文、赵天宇：《数据库辅助下的严寒地区村庄聚落景观风貌评价研究》，《中国园林》2017年第11期。

特征评估体系中提出景观策略的方式，结合各个景观类型或区域的现状，预测其未来变化趋势；通过景观类型现状、人群需求及活动类型，确定每个景观类型或区域的发展目标，提出相应发展策略，指导规划政策[①]。本报告依据自然保护地景观风貌的评级结果，明确各保护地区域的自然基础风貌、文化提升风貌、游憩管控风貌的现状，并进行一、二、三级区域的划分，进而针对3类风貌的3级区域提出分级管控策略，形成管理启示，对新时代自然保护地的保护、规划和管理提供指导建议。

（一）自然基础风貌区域管控策略

依据风貌评级结果，针对自然基础风貌的一、二、三级区域分别实施严格保护、重点优化、适度利用3类策略。其中，严格保护的策略体现在针对生态敏感区域开展保育和恢复，保证区域的自然特色、景观规模，禁止开展相关生产活动，但可进行必要的人工干预[②]。重点优化的策略体现在关注影响自然风貌质量的关键区域，修复和优化生态环境，在确保维持物种多样性和提供环境服务的基础上，适当开展科研及游憩活动并进行访客管理。适度利用的策略可分为两种情况：对于原始自然条件和自然生态完整性一般而风貌质量较差的区域，可提升其自然风貌，在不对自然基底产生过度干扰的前提下，建立示范基地及示范区，如生态教育基地、生态旅游示范区等，以此实现公众对于自然基础风貌的认识、观赏、保护；对于原始自然风貌较好但因受到人为破坏而评分较低的区域，应减少旅游设施，控制游憩强度，恢复区域原有风貌。

（二）文化提升风貌区域管控策略

针对文化提升风貌的一、二、三级区域分别实施特别保护、严格控

---

① 鲍梓婷、周剑云：《英国景观特征评估概述：管理景观变化的新工具》，《中国园林》2015年第3期。

② 周睿、钟林生、刘家明等：《中国国家公园体系构建方法研究：以自然保护区为例》，《资源科学》2016年第4期。

制、科学调控 3 类策略。文化提升风貌区域管控的关键在于文化遗址遗迹的保护、非物质环境风貌的留存以及对人类活动的控制。一级文化提升风貌区域的游客数量往往较多，因此这类区域需对知名度高、年代久远、体现重要文化价值的遗址遗迹确立保护边界，保护其完整性和真实性；同时设立缓冲区，对重要景观轴线和建筑布局、富有直接文化价值的区域、辐射周边的关键区域进行保护，并保留其形成的历史文化氛围，严格控制人类活动对于文化遗产的影响。二级文化提升风貌区域应在确定保护边界的基础上，设立缓冲区，避免人类活动对于历史文化的保护产生过度干扰，同时加强地域文化关联，通过多种媒介进行宣传以提升文化影响力。三级文化提升风貌区域可在确定有效保护边界、确保人类活动及使用不会破坏整体文化风貌的前提下，适当进行可持续开发，开展文化科普活动，突出其文化特色。

（三）游憩管控风貌区域管控策略

针对游憩管控风貌的一、二、三级区域分别实施限制游客访问、允许适度游憩和控制设施规模三种不同强度的游憩管控策略。针对一级游憩管控风貌区域，需要控制人类影响强度，通过合理的游线规划控制访客容量、游憩时间及路线，适当开展生态旅游，统筹设施布局[1]。二级游憩管控风貌区域允许较大规模的游客进入，可增设对于环境影响较小的必要游览、科研设施，但需要通过游线和设施规划调控游客活动范围，规划适合的活动体验形式，控制旅游开发规模[2]。三级游憩管控风貌区域需提升景观质量，适当增设服务设施，并应对保护地居民的生产与生活活动、周边设施的规模加以控制，建议设施形态以点状和线状出现，并与自然景观格局相协调。

---

① 赵智聪、彭琳、杨锐：《国家公园体制建设背景下中国自然保护地体系的重构》，《中国园林》2016 年第 7 期。

② 马之野、杨锐、赵智聪：《国家公园总体规划空间管控作用研究》，《风景园林》2019 年第 4 期。

五 结论与展望

（一）结论

本报告基于景观特征评估的理论和方法，从自然保护地景观风貌的概念及构成要素入手，对相关理论进行分析，确定自然保护地景观风貌分类指标、评价指标，形成了包含自然保护地景观风貌分类及评价两部分的综合评价方法，以综合评价结果进行分级，并提出了针对各类风貌区域的分级管控策略，在指导新时代自然保护地的保护、规划和管理方面具有重要意义。

1. 丰富了自然保护地景观风貌领域的研究内容

在理论研究方面，梳理了与风貌相关的概念和文献，明确自然保护地的风貌内涵，分析了自然保护地的自然、文化/社会、审美和感知三类构成要素，理清了自然保护地的核心特征（自然特征、文化特征和游憩特征），进一步确定了自然特征、文化特征、游憩特征与景观风貌之间的关系，总结了自然保护地景观风貌研究内容的不足，形成了自然保护地景观风貌研究的理论基础体系，丰富了该领域的研究内容。

2. 构建了自然保护地景观风貌的综合评价方法

在评价方法方面，提供了适于自然保护地景观风貌评价体系构建的LCA景观特征评估方法。首先，从自然基础风貌、文化提升风貌和游憩管控风貌三方面对自然保护地的景观风貌进行分类，并结合相关标准和规范及文献，选取三方面的10个具体分类指标，构建了自然保护地景观风貌的分类指标体系，实现对各类风貌的识别。在此基础上，提出了以景观风貌分类、评级为主要步骤的评价方法研究框架，依据国内外相关标准和规范及中国自然保护地现状，构建了三类风貌下包括29项评价指标的评价指标体系，该评价指标体系与分类指标体系共同构成自然保护地景观风貌的评价方法，可用于对各类风貌区域的评价和分级。

3. 提出了针对不同风貌分级的差异化管控措施

在管理启示方面，对于自然基础风貌的一级、二级和三级区域，基于自然生态基底的保护和提升，分别提出了严格保护、重点优化、适度利用的策略；对于文化提升风貌的一级、二级和三级区域，为了实现对文化遗址遗迹的保护、非物质环境风貌的留存以及对人类活动的控制，分别提出了特别保护、严格控制、科学调控的策略；对于游憩管控风貌的一级、二级和三级区域，针对游憩活动对环境的影响，分别提出了限制游客访问、允许适度游憩和控制设施规模的管控策略。我们建议通过实施不同的保护手段和利用方式，实现对各类风貌区域的差异化管控。

（二）展望

1. 丰富自然保护地景观风貌评价及管控的研究

当前国内在自然保护地景观风貌方面的研究尚处于起步阶段，本报告提出的研究框架、综合评价方法与分级管控策略是基于国土空间尺度，以宏观的视角提供自然保护地的管控策略思路，重点在于提出对自然保护地景观风貌的分类指标及评价方法。未来应逐步拓展此类研究的范围，丰富自然保护地景观风貌管控在区域尺度、地方行政尺度以及场地尺度方面的理论与应用研究。

2. 增强自然保护地景观风貌评价及管控的实践性

在对国外相关实践和经验进行深入研究及总结的基础上，将本报告提出的自然保护地综合评价方法及分级管控策略应用到中国实际，对中国国土范围内的自然保护地进行识别，并开展分类评价、分级管控，针对中国各区域、各类型保护地具体的风貌特征、建设现状和现存问题展开进一步分析，进而确立适合中国各区域和各类型自然保护地的、更为具体的景观风貌管控策略。

G.6

国家公园气候智能规划和管理

唐佳乐 朱慧林 钟乐*

摘　要： 气候变化应对已成为全球共识，国家公园是最容易受气候变化影响的区域之一，制定相关的气候变化适应管理规划以减轻气候变化带来的不利影响，显得尤为重要。中国国家公园对气候变化的应对尚处在起步阶段，急需开展相关研究。本报告系统概述了美国国家公园的气候变化应对战略以及相关法律和政策，着重分析了国家公园的气候智能规划和管理，在此基础上提出了中国国家公园气候变化应对的三条路径：加强多方合作，促进公众参与；加强科学储备，科学指导规划；建立适应框架，提高气候韧性。

关键词： 气候变化　国家公园　智能规划　适应性规划

气候变化被认为是 21 世纪人类面临的重大挑战之一，全球气候变暖和极端气候事件的频发导致了一系列灾害，如海平面上升、干旱、洪水、海岸线侵蚀、野火、冰川融化等。国家公园是自然保护地系统的重要组成部分，也是应对气候变化风险的重要屏障之一，对气候变化的影响具有敏感性。1992 年通过的《联合国气候变化框架公约》指出，适应和减缓是应对气候

---

* 唐佳乐，华中农业大学园艺林学学院在读硕士研究生，研究方向为国家公园与自然保护地；朱慧林，华中农业大学风景园林专业硕士、洪山区园林局助理工程师，研究重点为公园绿化养护和管理、国家公园与自然保护地；钟乐，华中农业大学园艺林学学院副教授、硕士生导师，研究重点为国家公园与自然保护地、城市生物多样性与绿色基础设施、风景园林与公共健康。

变化的重要途径①。因此，在全球气候变化应对的背景下，探讨国家公园的气候智能规划和管理（气候适应性规划和管理）恰逢其时。

一 研究背景

气候变化被认为是 21 世纪人类面临的重大挑战之一。随着气候变化带来的问题日益严峻，世界各国在应对气候变化方面意识逐渐增强，并采取了一系列应对措施。从 20 世纪 70 年代开始，国际社会便开始探索通过全球协作的形式来共同应对气候变化，并于 1992 年发布了《联合国气候变化框架公约》。截至 2022 年，联合国气候变化大会共召开 26 届，陆续通过了《京都议定书》《哥本哈根协定》《巴黎协定》《格拉斯哥气候公约》等国际公约和文件。中国也积极响应和支持全球气候治理行动，明确绘制了气候治理的时间表，宣布了"2030 年前碳达峰，2060 年前碳中和"的目标，并把"双碳"目标纳入我国生态文明建设整体布局②。2021 年 10 月，中国先后发布了《中共中央、国务院关于完整准确全面贯彻新发展理念做好碳达峰碳中和工作的意见》③ 和《2030 年前碳达峰行动方案》④。

国家公园保护着最为珍贵的自然，同时也保护着生物多样性，是生态安全屏障⑤，气候变化给国家公园的保护工作带来了严峻的挑战。不同于传统的挑战，气候变化带来的影响是综合的，对公园的景观、生态、自然文化遗产、基础设施、游客体验等方面均具有持续的影响，长期的适应性管理规划

---

① IPCC, *Climate Change 2014*: *Synthesis Report*（Geneva: IPCC, 2015）.

② 苏利阳：《将碳达峰碳中和纳入经济社会发展和生态文明建设整体布局》，中国科学院科技战略咨询研究院，2021 年 10 月 29 日，https://www.ndrc.gov.cn/xxgk/jd/jd/202110/t20211029_ 1302188.html? code=&state=123。

③ 《中共中央 国务院关于完整准确全面贯彻新发展理念做好碳达峰碳中和工作的意见》，新华社，2021 年 10 月 24 日，http://www.gov.cn/xinwen/2021-10/24/content_ 5644613.htm。

④ 国务院：《2030 年前碳达峰行动方案》，新华社，2021 年 10 月 26 日，http://www.gov.cn/xinwen/2021-10/26/content_ 5645001.htm。

⑤ 《习近平总书记关心国家公园体制建设综述》，《中国绿色时报》2021 年 10 月 13 日，http://www.forestry.gov.cn/main/586/20211013/091035663336483.html。

能够减缓气候变化所造成的影响。美国国家公园在气候变化的应对方面取得了一定的进展，开展了"气候友好型公园项目"（Climate Friendly Parks Program）①，从阿卡迪亚国家公园到锡安国家公园，美国国家公园系统的各个单元都在积极努力应对气候变化的挑战，同时美国国家公园管理局（National Park Service，NPS）制定了气候智能规划和管理的详细步骤，对于中国国家公园的气候变化应对具有一定的借鉴意义。

通过分析美国国家公园管理局气候变化网站（https：//www. nps. gov/subjects/climatechange/index. htm）上的信息，本报告梳理了美国国家公园应对气候变化的战略、法律和政策基础，着重分析了美国国家公园的气候智能规划和管理，详细阐述了这一过程的六个步骤，在此基础上，总结美国经验，提出国家公园气候智能规划和管理的中国路径。

二　美国国家公园气候变化应对

（一）气候变化应对战略

NPS 正在通过一项强调科学、促进适应、鼓励可持续运营和支持广泛交流的综合战略来应对气候变化所带来的挑战。该气候变化应对战略发布于2010 年，以指导 NPS 应对气候变化的工作。其包含四个基本组成部分②：科学，强调联合不同学科、部门和组织，运用现有的、先进的科学知识和技术，识别和监测公园内的气候变化影响，为规划管理和决策提供信息；适应，强调将对气候变化的响应纳入国家公园的各级规划和管理中，通过情景规划等手段来制定适应策略，以更好地应对未来气候的不确定性风险；缓解，强调通过绿色、可持续的缓解措施，控制温室气体排放，减少 NPS 在

---

① NPS，*Climate Friendly Parks Program*（2012），https：//www. nps. gov/subjects/climatechange/cfpprogram. htm.

② NPS，*Climate Change Response Strategy*（2021），https：//www. nps. gov/subjects/climatechange/response-strategy. htm.

国家公园运营和管理活动中所产生的碳足迹；交流，强调通过沟通、科普宣传等方式提高 NPS 工作人员和公众对气候变化的认识，呼吁大家积极采取行动以应对气候变化。

（二）相关法律和政策

美国国家公园气候变化应对具有较为完善的法律基础和相关政策支撑（见表1）。法律层面，《国家公园管理局组织法》中规定国家公园管理局应保护公园资源，《国家公园综合管理法》则要求决策者利用科学信息来进行公园管理，这些法律和规定为 NPS 在国家公园内开展气候变化的科学应对行动提供了依据。政策层面，NPS 制定了一系列气候变化应对政策，包括《在气候变化背景下应用国家公园服务管理政策》《气候变化和文化资源管理》《应对设施的气候变化和自然灾害》《气候行动计划》等，以提高国家公园对气候变化的适应力和恢复力，从而有效减缓和适应未来气候对国家公园的不利影响，保护公园资源和价值。

表1　美国国家公园气候变化应对相关法律基础和政策[*]

类型	名称	时间	相关内容
法律	《国家公园管理局组织法》	1916	规定国家公园管理局应保护公园资源，并以一种"不受损害"的方式为公民及其后代提供享用机会
	《国家公园综合管理法》	1998	要求决策者利用"最高水平的科学技术"为公园管理提供信息
政策	《在气候变化背景下应用国家公园服务管理政策》	2012	规定国家公园管理局在制定自然资源管理指导原则时要考虑气候变化因素，讨论了气候变化对公园自然资源管理指导原则的影响
	《气候变化和文化资源管理》	2014	为与气候变化相关的文化资源管理提供了指导
	《应对设施的气候变化和自然灾害》	2015	为提高国家公园设施在气候变化和自然灾害下的适应力和恢复力提供依据
	《气候行动计划》	2021	阐明内政部将致力于以科学作为决策的基础，采取一系列气候变化适应行动，以解决气候危机，推进环境正义，建立一个清洁能源的未来，并创造高薪的就业机会

[*] NPS, *Law and Policy* (2021), https://www.nps.gov/subjects/climatechange/law-policy.htm.

三　美国国家公园气候智能规划和管理

　　面对未来气候的不确定性、动态性，美国国家公园在规划和管理实践中将"气候适应"作为重要考量因素。"适应"的核心目的是降低气候变化带来的公园价值脆弱性，并将气候变化带来的风险降至最低。气候变化适应规划将情景规划概念融入了气候智能框架。相比于传统规划，情景规划制定的目标更具有前瞻性，考虑了多种可能的未来气候情景，将行动与气候影响联系起来，并确定了多种适应方案，同时评估和优选实施方案，最后通过对方案实施监测和评估来不断调整行动和计划。气候适应性规划和管理也被称为气候智能规划和管理，主要包括以下六个步骤（见图1）①。

（一）步骤一：明确规划流程

　　在这一步骤中，公园规划者和管理者应首先查阅公园的基础文件；确定哪些公园"资源、资产和价值"是规划工作的重点；阐明相关的现有管理目标；明确规划的空间和时间范围；寻找主要的参与者和合作伙伴；汇编相关的规划背景信息。

　　1.明确规划范围和当前的管理目标

　　（1）查阅公园的基础文件

　　国家公园单位的基础文件是规划和管理的基础，其阐述了公园建设的意义和目的、法律和政策要求，以及基本的资源和价值等②；气候变化的适应性规划和管理应以公园的基础文件为基本指导。

---

① NPS，*Planning for a Changing Climate*：*Climate-smart Planning and Management in the National Park Service*（2021），https：//irma. nps. gov/DataStore/Reference/Profile/2279647.

② NPS，*Foundation Documents for National Park Units*，https：//parkplanning. nps. gov/foundation Documents. cfm.

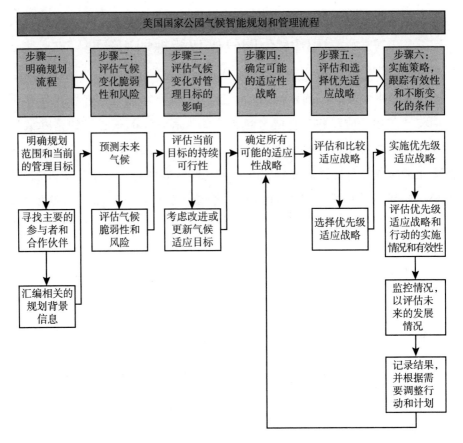

图 1　美国国家公园气候智能规划和管理流程

（2）确定规划工作的重点

明确需要重点关注和保护的"资源、资产和价值"是适应性规划和管理工作的关键。不同国家公园的规划重点可能差别很大，包括但不限于公园基础设施；特定物种及其栖息地、标志性的自然或荒野特征；游客使用和体验；考古特征、民族资源和文化景观等。

（3）阐明当前的管理目标

阐明当前的管理目标是制定适应战略的核心。根据现有的政策和法律授权、基础文件和公园规划文件明确列出现有的管理目标，并判断它们在气候变化下的可行性。

（4）明确规划的地理范围和时间维度

由于气候变化影响的广泛性、动态性、持续性和不确定性，公园管理者应从更广泛的空间和时间尺度来开展适应性规划和管理。在空间尺度上，应跳出国家公园的范围，从区域的尺度来考虑。在时间尺度上，确定适当的规划时间框架取决于多种因素，包括气候预测的有效性、计划或决策的时间段、设施或资产的寿命等。

2. 寻找主要的参与者和合作伙伴

除了通常会参与特定 NPS 规划过程的参与者和合作伙伴，气候变化的适应性规划和管理还需要相关方面的专家支持，例如气候学家的支持。此外，在更大的地理区域范围进行规划时可能需要邻近地区以外的利益相关者和合作伙伴的参与。

3. 汇编相关的规划背景信息

在开展正式规划前汇编相关的规划背景信息，能够更好地指导和支持规划工作。主要包含两方面内容：①基础数据信息，例如，自然和文化资源清单和状况评估、受威胁或濒危物种数据、游客使用数据等；②规划上位信息，例如，相关授权立法、公园分区规划、特殊使用许可、通行权等。除了这些传统的背景信息，气候变化适应性规划和管理还需要收集更多其他信息，包括历史气候数据、对未来气候条件和潜在资源变化情况的预测数据等。

（二）步骤二：评估气候变化脆弱性和风险

在这一步骤中，公园规划者和管理者确定预测未来气候变化的其他条件，并评估这些变化对公园可能的影响，以及公园资源和资产在这些条件下的脆弱性。

1. 预测未来气候

（1）确定主要的气候威胁和驱动因素

气候驱动因素，也被称为气候指标或气候变量，包含温度（如平均温度、最高温度、最低温度等）、降水（如平均降水量、缺水天数等）、风

（如风暴频率、平均风速、最大阵风速度、风向等）、海平面（如海平面上升等）等多种类型，其直接或间接地影响着公园的资源和资产，其中直接影响指的是温度、降水等气候因子变化所造成的影响；间接影响指的是极端气候事件等造成的影响。

确定重要气候威胁及其驱动因素主要有两种方法：其一，根据国家公园内已经发生或正在面临的重大的、造成巨大损失和危害的气候灾害来确定；其二，根据国家公园内资源和资产对不断变化的条件的敏感性及其暴露于这些变化的可能性来确定。

气候变化所带来的威胁具有叠加性，因此，应同时考虑各影响因素的复合影响，如在阿萨提格国家海岸，海平面上升和风暴潮事件共同加剧了海岸线的侵蚀；在哈来亚卡拉和萨瓜罗国家公园，气候变化加剧了易燃草类的入侵，全球气温的上升又使得这些入侵植物更加容易发生火灾，并增加了旱地森林、灌木丛等系统对野火的敏感性。此外，政治、经济、社会等非气候因素也应被纳入考虑范围。

（2）设定多个未来气候情景

在确定主要的气候威胁和驱动因素后，公园规划者和管理者应根据主要的气候因素设定多个未来气候情景；这些情景被认为是可能的、合理的，考虑到了复杂系统固有的不可预测性。

2. 评估气候脆弱性和风险

在设定未来气候情景后，下一步是确定这些气候条件对规划的重点资源和资产造成的影响。应开展以下工作：①评估每一种未来气候情景下的脆弱性，脆弱性评估主要包含暴露度、敏感性和适应能力三个方面；②总结未来气候情景的影响和脆弱性；③根据已经识别的脆弱性，确定美国国情下对实现公园管理有最大影响的风险，确定主要风险是制定适应性策略的关键。

（三）步骤三：评估气候变化对管理目标的影响

在这一步骤中，国家公园规划者和管理者应评估当前的管理目标是否具有持续可行性，如果在未来预测气候情景下这些目标仍然无法实现，则应考虑改进、更新或替换目标，以适应气候变化。

1. 评估当前目标的持续可行性

评估当前目标在每一种未来气候情景下的可行性。当前目标可以分为三种类型：①在所有场景下都可以实现；②在部分场景下可以实现，在其他场景下无法实现；③在任何场景下都无法实现。

2. 考虑改进或更新气候适应目标

对于应改进或更新的目标，应考虑以下几个问题：①管理目标的重点对象（资源、资产和价值）是什么？②为什么要采取这个行动，管理决策的预期结果是什么？③管理目标在哪些地方是可行的，在哪些地方是不可行的？④管理目标的有效时间跨度是什么？

（四）步骤四：确定可能的适应性战略

针对不同的未来气候情景，可以从抵抗、接受和引导三个方面制定适应战略（见表2），并采取相应的具体管理行动和措施（见表3）。适应性规划的主要内容是调整目标或策略，以实现气候适应的结果。存在三种情况：①正常运营：保留当前目标、保留现有策略；②气候改造：保留当前目标，修订现有策略；③气候重建：调整当前目标、修订现有策略。

表2 "抵抗—接受—引导"适应战略框架

适应战略	描述	实施前提
抵抗	抵制变化，维持原有状态	维护资源、资产和价值原有状态是可行的
接受	接受变化，不做过多干预	1. 变化很难改变 2. 变化产生的影响较小，可以容忍 3. 变化结果是符合预期的
引导	引导变化，导向更好的新状态	导向新状态是可行的，且效益更大

表3　气候适应战略和行动案例

自然资源	气候影响	预测的未来条件	战略	行动
山地、河岸、湿地植被	由于积雪、径流减少而导致水文变化,进而导致干燥环境和河岸植被的变化	现有原生湿地、草甸保持不变	抵抗:保持夏季水流,积极管理植被	1. 取代限制流量的过小的涵洞 2. 恢复海狸生存流域生态,增加水储存 3. 重建步道改变水流 4. 去除侵蚀性的木本物种 5. 向游客和工作人员解说该环境变化
		从湿地转换到林地或灌木丛	接受:允许最终从草地转变为林地或灌木丛	1. 必要时清除被损坏的湿地植被 2. 向游客和工作人员解说该环境变化
		从湿地向草地转变	引导:积极管理湿地向草地过渡	1. 用预计将在新条件下茁壮成长的草地物种进行补充 2. 实施计划放火以控制木本入侵 3. 向游客和工作人员解说该环境变化

资料来源:NPS, *Planning for a Changing Climate*:*Climate-smart Planning and Management in the National Park Service*(2021),https://irma.nps.gov/DataStore/Reference/Profile/2279647。

(五)步骤五:评估和选择优先适应战略

在这一步骤中,公园规划者和管理者首先应将所有可能的适应战略进行归纳分类,从公园管理目标、其他目标/价值、不同场景下的有效性和可行性这四个方面来评估适应战略,确定适应战略应用的优先级。

1. 评估和比较适应战略

(1)将相似的战略和行动归纳分类

将步骤四中确定的适应战略进行归纳分类,以方便评估。

(2)制定评估标准

可以从以下几方面制定适应战略评估标准。其一,公园管理目标,评估适应战略是否有助于实现气候变化的管理目标。其二,其他目标/价值,评估适应战略是否实现了其他有意义的目标或价值。其三,不同场景下的有效性，如果未来场景是确定的，应优先采取能产生最佳结果的战略和行动；如果未来场景是不确定的，则应评估哪些战略行动能获得一些可接受的结果，评估时还应考虑短期行动是否与长期适应战略相一致，以确保它们不会限制未来的机会。其四，可行性，评估适应战略和行动的可行性应基于成本、技术可行性、机构能力、伙伴关系、社区接受程度以及现有法律和政策的一致性。

2. 选择优先级适应战略

通过上述评估标准来比较适应战略，在不同的目标和标准间进行权衡；要围绕对潜在的行动和结果的风险容忍度开展讨论，确定适应战略的优先级。

（六）步骤六：实施策略，跟踪有效性和不断变化的条件

公园规划者和管理者需要执行该计划并监测结果，以确保战略和行动达到预期的效果。监测结果可以帮助公园管理人员识别出任何可能发生的战术变化。监测和评估的设计必须适应公园的迫切需要，同时也要考虑不断变化的环境条件、对未来的预测，以及气候变化可能产生的意外情况。主要包含以下内容。

1. 实施优先级适应战略

气候适应战略可以建立在现有公园管理实践的基础上，需要协调不同合作伙伴参与行动，充分探讨跨部门之间的合作，积极与利益相关者接触、交流，促进公众对气候适应的理解，并邀请公众参与。

2. 评估优先级适应战略和行动的实施情况

评估实施情况旨在衡量管理行动是否真的按照特定的目标有序开展。通常可以通过容易测量和记录的项目指标来评估绩效，例如利益相关者的参与情况、是否按时完成报告、是否完成现场工作、是否举办了教育研讨会，等等。相比于其他气候适应监测评估，执行监测的过程不需要复杂的设计和专业的经验，实施起来更加快速和容易。

3. 评估实施有效性

旨在评估适应策略和行动是否达到了预期的结果。与传统行动不同，气候适应行动的预期结果不能基于历史环境，而应基于所预测的未来气候背景，以及所预测的气候效应和系统响应结果。气候适应工作的效果可能需要几年甚至几十年才能呈现，并且气候变化是持续的，在此期间，评估的基线条件也会不断发生变化。

4. 监控情况，以评估未来的发展情况

旨在监控环境条件和资源是否会像预期的那样改变，以便判断哪些战略是最有效的，以及何时需要改变管理行动。对驱动因素和资源响应的监测有利于获得更加广泛的数据，有助于更加精确地评估未来的发展情况。

5. 记录结果，并根据需要调整行动和计划

气候变化具有不确定性，随着新情况的出现，国家公园管理局应主动调整行动和计划，并记录实施结果，进而总结经验，以更好地管理公园。

四　中国国家公园建设的思考

（一）加强多方合作，促进公众参与

中国国家公园在应对气候变化时应加强多方合作，联合政府机构、社会组织和个人，共同组建气候变化应对小组，并加强科普宣传和教育，提高公众认识，凝聚社会共识，以实现"多方合作、公众参与"的气候变化应对目标。

（二）加强科学储备，科学指导规划

在气候智能规划和管理中，对未来气候的预测，以及对气候变化脆弱性和风险的评估都需要依托科学的数据信息，应对战略和措施的提出也应以科学为依据。因此，在气候变化适应规划中，应建立完善的气候数据库，加强科学储备，搭建科学信息分享平台，并在规划中联合相关方面专家、高校及

科研机构等科学指导规划。应根据实际情况，制定合适的、科学的应对战略，从过去保持不变的单一气候应对策略，向"抵抗—接受—引导"多样气候变化管理模式转变，以更好地指导气候适应规划。

（三）建立适应框架，提高气候韧性

中国国家公园在应对气候变化时也应建立适应框架，明确管理目标和管理对象，预测未来气候；制定多种情景方案，评估气候变化脆弱性和风险；制定可能的适应战略，评估并选择优先适应战略。在战略实施后，评估其实施情况和有效性，同时根据监测结果，及时调整目标、策略、行动和计划，建立完整的气候适应框架，以实现对气候变化的适应，提高国家公园管理的气候韧性。

五 结语

中国正在加快构建以国家公园为主体的自然保护地体系，这对于促进自然生态保护、美丽中国建设、人与自然和谐共生具有重要意义。在2021年《生物多样性公约》第十五次缔约方大会上，中国向世界公布了第一批国家公园名单，这些国家公园均位于中国生态安全战略格局的关键区域，在全国范围内的生物多样性保护和气候变化应对上均具有非常重要的地位。适应和减缓被认为是应对气候变化最有效的两种途径，但是中国自然保护地相关法律法规和政策文件对气候适应的描述甚少，且比较零散，尚不成体系。总体而言，中国在国家公园的保护规划和管理中还较少考虑气候变化的影响，相关方面的研究和实践还远远不足。希望本报告能对中国国家公园的气候变化适应战略的制定提供参考和借鉴。

G.7

中国国家公园情景规划路径构建

——以神农架国家公园体制试点区为例

易梦婷　张婧雅　何可心　邹文昊*

摘　要： 我国国家公园建设尚处于起步阶段，随着气候、经济、政策等外部条件的变化，未来或将面临更多不确定因素带来的挑战，而传统规划往往难以解决这类难题。情景规划（Scenario Planning）是通过一系列关键变量的排列组合来描述未来系统的状态及其发展路径的过程方法，关注的是发展中的动态性、复杂性、不确定性问题。依据我国国家公园的现实基础及未来发展的未知性，本报告尝试从情景主题聚焦、关键因素识别、情景方案描述、动态时序评估四方面构建国家公园情景规划路径，并以神农架国家公园体制试点区为例，以旅游开发与生态保护的矛盾为切入点，构建不同发展模式下的生态旅游情景，以期为国家公园的规划决策、管理实践和公众参与等提供一种新的辅助工具。

关键词： 情景规划　国家公园　神农架国家公园体制试点区　生态旅游

在全球气候变化风险加剧的背景下，未实现的"爱知目标"（Aichi

---

* 易梦婷，华中农业大学在读研究生，研究方向为自然保护地规划、国家公园规划；张婧雅，北京林业大学风景园林学博士、华中农业大学讲师，研究方向为风景园林规划设计与理论、风景名胜区规划、国家公园规划；何可心，华中农业大学在读研究生，研究方向为自然保护地规划、国家公园规划；邹文昊，华中农业大学在读研究生，研究方向为自然保护地规划、国家公园规划。

Targets）再一次对人类敲响了警钟，"昆明宣言"作为 2020 年之后全球生物多样性恢复之路的接力棒，对自然保护地综合治理提出了更高的要求。如何实现生态系统服务功能的可持续利用，如何科学划定生态、生产及管理边界以克服人地约束，如何利用公众参与解决土地利用和社区管理等一系列抗解问题（Wicked Problems），需要人们给予更精细和科学的分析预判①。传统的静态规划模式往往难以对复杂性问题和不确定形势做出有效的风险规避、方向选择和管理调控，未来需要更动态、敏锐、灵活的规划和治理模式引领国家公园和自然保护地的建设发展，从而有效提升保护地自身的韧性②。

情景规划在国家公园气候变化应对、公众参与、风险调控等方面具有一定的理论指导与实践意义③。2007 年美国国家公园管理局召开气候变化响应计划研讨会，探讨情景规划对国家公园资源管理的适用性，并评估了情景规划在约书亚树国家公园（Joshua Tree National Park）规划和管理中的效用。此后，风洞国家公园（Wind Cave National Park）、刀河印第安村庄国家历史遗址（Knife River Indian Villages National Historic Site）、恶地国家公园（Badlands National Park）、魔鬼塔国家纪念碑（Devils Tower National Monument）、阿萨蒂格岛国家海岸（Assateague Island National Seashore）等相继构建了不同目标的情景规划，并在资源管理计划和决策过程中应用实施。

中国国家公园建设刚步入起始阶段，其规划治理内容主要聚焦于基本的资源条件评估、保护体系构建和管理体制创新等方面④。为了应对日益复杂多变的外部环境和挑战，我国国家公园应在传统规划模式基础上，尝试利用情景规划方法解决复杂性问题，进而有效对接未来保护地适应性管理的趋势。因此，本报告基于对情景规划模式的梳理和美国国家公园案例的分析，

---

① 康世磊、岳邦瑞：《后常规科学思想对景观规划的启示》，《国际城市规划》2022 年第 1 期。
② 赵智聪、彭琳、杨锐：《国家公园体制建设背景下中国自然保护地体系的重构》，《中国园林》2016 年第 7 期。
③ Amer, M., Daim, T. U., Jetter, A., "A Review of Scenario Planning", *Futures* 46（2013）：23-40.
④ 唐小平：《中国国家公园体制及发展思路探析》，《生物多样性》2014 年第 4 期。

尝试提出中国国家公园情景规划的基本框架，并以神农架国家公园体制试点区为例，利用情景规划方法描述其游憩利用与资源保护的未来可能性，以期为中国国家公园规划治理提供新的思路。

一　情景规划的特点及国际经验

（一）情景规划的概念、特点及应用发展

情景规划（Scenario Planning）也叫预景规划、预案研究，是基于事物发展规律和趋势，通过一系列关键变量的排列组合来描述未来系统的状态及其发展路径的方法，属于典型的过程性方法[①]。较之传统规划，情景规划的优势主要体现在两个方面。一方面，情景规划更关注发展中的动态性、复杂性和不确定性问题，以多种可能为基础预判未来[②]，提供不同情景下的应急预案并辅助决策实施，提高规划对象的适应能力，降低主观决策判断带来的损失，使方案制订与后续评估更具科学性。另一方面，情景规划有明确且具体的公众参与环节，规划人员将利益相关方的不同价值观和预期观点等反映至不同的情景中，并根据实际情况和专业经验对各类分歧点进行推演、判别和反馈[③]，最终实现适应性的布局规划（见图1）。

"情景"一词源于军事用语，用于模拟军事战场变化的敌情与应对战术，其系统性应用最早是20世纪50年代美国兰德公司的军事规划。此后，情景开始被广泛用于社会预测、公共政策分析决策等方面[④]。20世纪80年代，欧美生态学家与景观规划专家将情景规划方法用于区域环境管理，以协

---

① 赫磊、宋彦、戴慎志：《城市规划应对不确定性问题的范式研究》，《城市规划》2012年第7期。
② 〔英〕凯斯·万·德·黑伊登：《情景规划》（原书第2版），邱昭良译，中国人民大学出版社，2007。
③ 岳珍、赖茂生：《国外"情景分析"方法的进展》，《情报杂志》2006年第7期。
④ Grunwald A., "Energy Futures：Diversity and the Need for Assessment", *Futures* 43（2011）.

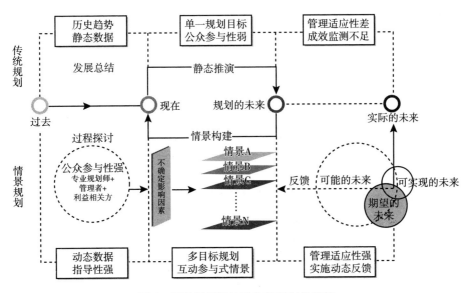

图 1　情景规划相较于传统规划的优势

调保护与开发的矛盾①；随后情景规划又逐渐应用于城市规划领域，包括预判发展趋势的"欧洲 2010 远景"区域战略规划、预测城市空间形态的芝加哥大都市规划等。近年来，情景规划作为一套结构化的方法和灵活的工具，因其在国家公园资源和景观管理方面不断解决着潜在的气候变化影响和其他不确定性问题而受到关注②。

（二）美国风洞国家公园的情景规划实践

美国国家公园管理局于 2003～2016 年完善了一套气候变化情景规划方法，并将其纳入资源管理战略（Resource Stewardship Strategy）的全过程，于 2019 年在风洞国家公园应用实施③。风洞国家公园位于美国南达科他州

---

① Georgantzas, N. C., Acar, W., *Scenario-driven Planning* (California: Greenwood Publishing Group, 1995).

② Julia, L. M., Joshua, J. L., John, E. G., et al., "Climate-change Vulnerability Assessments of Natural Resources in U. S. National Parks", *Conservation Science and Practice* 4 (2022): 1-13.

③ Runyon, A. N., Schuurman, G. W., Miller, B. W., et al., *Climate Change Scenario Planning for Resource Stewardship at Wind Cave* (Washington: National Park Service, 2021).

西南，其重点关注的问题包括洞穴娱乐活动管理以及火灾、干旱和极端降水事件。基于上述气候变化及资源管理问题，国家公园管理局从六个方面制定其应对气候变化的情景规划框架（见表1），其关键步骤对于我国制定国家公园情景规划路径框架具有一定启示与指导意义。

表1　风洞国家公园气候变化情景规划框架

序号	关键步骤	内容
1	确定优先资源及气候敏感性	列出具有潜在气候敏感性的自然和文化资源 描述每种资源具体组成部分的气候敏感因子 确定可量化的气候敏感指标及敏感程度
2	问题聚焦及关键气候指标识别	选择敏感程度高的5个关键气候指标作为一级指标 描述一级气候指标的相关变化
3	确定未来气候变化的合理阈值	使用风洞国家公园尺度的气候预测数据 得到未来大气温室气体分别在中、高代表性浓度下的18个全球气候模型
4	气候资源情景的构建	构建4个资源情景 检查每个情景下资源管理目标的可行性和当前行动的有效性
5	时序评估下构建适应性框架	构建"气候智能"框架 调整策略组合形式
6	情景应用	将科学的气候资源情景及策略纳入资源管理战略的综合过程

确定优先资源及气候敏感性。以资源管理战略过程中需要优先解决的问题为指导，由国家公园管理人员与相关专家讨论并列出具有潜在气候敏感性的自然和文化资源，描述每种资源具体组成部分的气候敏感因子，在此基础上确定可量化的气候敏感指标及敏感程度。

问题聚焦及关键气候指标识别。为了将问题聚焦到实现资源保护目标所对应的最大风险上，国家公园管理人员与相关专家最终确定了五项关键气候指标：生长季的土壤水分可用性、极端降水事件发生频率、夏秋季的累积潜在蒸散量、干旱及干旱持续时间、冬季平均温度。指标选取的关键在于确定其是否直接影响敏感资源的发展或作为风险替代指标间接影响重点资源。

如：冬季平均温度影响洞穴温度和植物物种组成；夏秋季的累积潜在蒸散量被用作草原火灾风险的替代指标，会间接影响野生动物的食源，进而导致其种群数量的变化。将所选指标作为一级气候指标可进一步描述与气候相关的变化，以此规划未来气候情景。

确定未来气候变化的合理阈值。气候学家往往通过使用复杂的全球气候模型（Global Climate Model）来预测未来的气候情况。为了使关键气候指标阈值在未来情景中更具有指向性和科学性，一方面，将全球尺度的气候预测数据降低至风洞国家公园尺度；另一方面，考虑到模型的预测受到未来大气温室气体代表性浓度（Representative Concentration Pathways，RCP）的影响，使每个气候模型都在未来大气温室气体高（RCP 4.5）、中（RCP 8.5）两种代表性浓度条件下运行，最终分别产生了针对风洞国家公园的 18 个全球气候模型。模型数据将向情景规划参与者提供未来气候的直观文本、图、表，描绘未来气候变化的合理范围。

气候资源情景的构建。参与者在未来气候背景下构建了四个资源情景，分别检查每个情景下资源管理目标的可行性和当前行动的有效性，为调整目标和行动战略的人员对话提供有效平台。管理者在一组新情景条件下产生了行动想法，就能够事先明确需要监控的对象、检测发生变化所需的条件并且预先设定好调整行动的预警指标。

时序评估下构建适应性框架。时序评估的前提是建立"适应性框架"——涉及长期评估及目标和行动的调整，参与者需要充分考虑所有可能性[①]。因此参与者构建了一项"气候智能"框架，包括"照常经营""气候重建""气候改造"三种路径。在"照常经营"中，目标与条件未发生变化，当前行动依旧具有可行性；在"气候改造"中，当前目标仍然可行，但由于条件变化，需要采取不同的行动；在"气候重建"中，当前的目标和行动都是不适宜的，需要进行修改。随资源管理目标和行动的评估与更

---

① Crespi, G., Fernández-Arias, E., Stein, E., *Rethinking Productive Development* (New York: Palgrave Macmillan, 2014), pp. 33-58.

新，上述三种路径分别对应了接受变化、抵制变化、直接变革三种策略模式。因资源、空间和时间的不同，三种策略会在不同时期以合理的组合形式发挥作用①。

情景应用。科学的气候资源情景将被纳入资源管理战略的综合过程中。风洞国家公园气候情景规划获得的数据为当前和未来的资源管理提供了依据。

二 中国国家公园情景规划路径构建

（一）情景规划构建原则

信息全面性。全面的信息是了解国家公园发展现状最紧迫、最不确定问题的前提，也是开展后续规划的基础。因此，未来情景构建的首要前提是对国家公园自然文化资源条件、生产生活空间规模、保护利用项目实施状况、管理运营现状，以及外部的区域经济发展、政策环境、边缘社区生计来源等一系列相关信息要素进行全面收集和梳理。

问题抗解性。情景规划是应对和解决未来不确定、复杂、抗解问题的工具，因此在构建情景规划框架之前，需明确国家公园是否具有不确定的外部环境或内部条件，以及这些不确定因素是否会对国家公园的管理产生重要影响，从而明确情景系统构建的必要性和可行性。

情景多维性。情景规划需从时空维度考量，既需要定量化、可视化不确定变量因素的强度，以获得相对应的国家公园空间发展的未来情景，又需要定性化描述不同时间段不确定因素的更新是否会引起国家公园发展的阶段性变化。最新动态会实时反映到情景中，便于我们修正与优化情景方案。

---

① Monahan, W. B., Rosemartin, A., Gerst, K. L., et al., "Climate Change Is Advancing Spring Onset across the US National Park System", *Ecosphere* 7（2016）：1-17.

（二）情景规划技术框架

图 2 为情景规划技术框架。

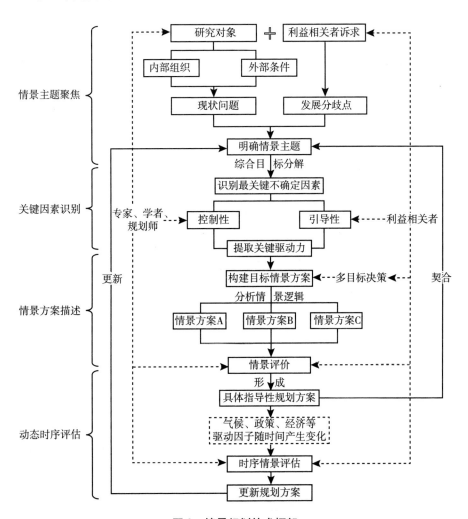

图 2　情景规划技术框架

1. 情景主题聚焦

情景主题聚焦是整个规划过程的关键，明确了亟待解决的问题和重点规划目标。主要通过两类渠道：一类从专家学者和规划专业的视角剖析国

家公园内部组织与外部影响因素，全面总结现状；另一类与利益相关者讨论其诉求与意志，初步预测未来可能的发展规律，协调各方。这两类渠道将在后续技术流程中共同作用，以明确情景主题；特别是对于利益相关群体中的公共机构而言，通过描述情景主题开展相应的宣传是实施未来变革的重要先导。

2. 关键因素识别

关键因素识别环节至关重要，是整个情景规划的核心，决定着情景规划的整体价值、实用性以及对未来动态变化响应的准确性。在前面情景主题的基础上，进一步将复杂性目标拆解为多个子目标，并梳理每个子目标的影响因素。基于多方代表性、可操作性、系统性及定量与定性相结合的原则，识别影响目标实现的最关键不确定性因素，筛选出一个或多个最关键的不确定因素，依据专家学者与规划团队的控制性指导及利益相关方的诉求引导，提取实现目标的关键驱动力，认知未来情景趋势（见图3）。

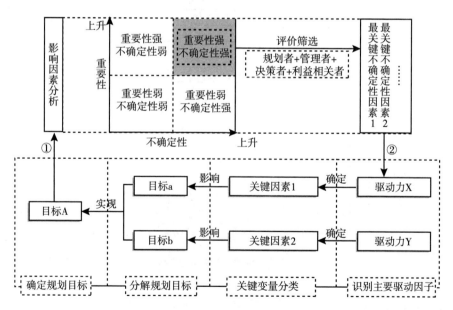

图3　关键因子及其驱动力识别步骤

3. 情景方案描述

对前面提取的关键驱动因子进行深入分析，判断其可能导致的几种未来情景，以驱动力为轴量化每个情景的内容阈值，形成情景矩阵。为确保情景的合理性，每个情景方案通常借助模型进行科学预测，也可借助 GIS 等平台的空间模型进行可视化分析，形成详细的空间布局情景方案[①]。

4. 动态时序评估

关键因素和关键驱动力的不确定性会随着规划时序的延长而显著增加。为保证情景规划方案的有效性，规划师与管理方需要依据与关键因素相关的各类动态监测数据，对国家公园现状进行时序情景评估，明确当下所处阶段、预判未来趋势并与情景规划内容进行对照，对目标的实效性进行讨论并予以修订，更新规划方案，实施适应性动态管理。

三　生态旅游视角下的神农架国家公园情景规划

（一）情景主题聚焦：保护与利用权衡下的生态旅游规划

神农架国家公园作为国际知名的生态旅游目的地，其旅游业呈现良好的发展态势。但随着人与自然环境互动程度的不确定性越来越显著，现阶段仍面临着保护与利用关系失衡、旅游产品低端化趋势明显、游客管理制度不完善等问题[②]。基于专家学者对神农架国家公园内部组织与外部影响因素的全面总结，以及神农架旅游发展利益相关方的意愿诉求，我们可以发现，明确神农架国家公园未来生态旅游发展模式非常重要。这就需要借助情景规划方法，为未来神农架国家公园规划提供问题导向的空间规划情景方案。

---

① 吴一洲、游和远、陈前虎等：《基于多维 GIS 情景分析的战略规划技术研究》，《城市规划》2014 年第 10 期。
② 张玉钧：《国家公园游憩规划》，《林业建设》2018 年第 5 期。

（二）关键因素识别：构建最关键不确定性因素下的多因子指标系统

为了科学地规划生态旅游开发的规模与形式，对神农架国家公园整体环境进行合理的空间布局与管理，首先需要识别出影响国家公园未来生态旅游发展模式最关键、最不确定的因素。本报告从相关专家学者、规划师的控制性指导意见和利益相关者的引导性意愿出发，总结了影响国家公园生态旅游发展的最关键不确定性因素，其结果为：政策的支持度与社会的需求度是决定国家公园内是否发展生态旅游的关键因素，生态保护与旅游开发的权衡与协同是决定如何发展生态旅游的关键因素。在确定了两对关键不确定性因素后，为了对神农架国家公园生态旅游发展条件进行可视化分析，需要从制约层、准则层逐一考量，构建以生态保护为本底，以旅游开发为关键的多因子指标系统（见表2）。

表2 多因子指标系统

制约层	准则层	一级指标层	二级指标层
生态保护	生态敏感性评价	土壤侵蚀敏感性	地形起伏度
			降雨侵蚀力
			土壤质地
			植被覆盖
	生态系统服务重要性	生物多样性	物种多样性
		水源涵养	地表覆盖
		水土保持	土壤侵蚀强度
旅游开发	旅游开发适宜性	区位条件	到主要道路距离
			到设施点距离
			到居民点距离
		资源条件	坡度
			高程
			到河流水系距离
			景观吸引力
			川金丝猴分布
			土地利用

首先采用文献调研、频度统计等方法，参考不同国家的国家公园生态旅游规划管理模式，并从相关行业标准与代表性文献中明确国家公园生态保护的指标要求，选用提及频率高的指标因子建立预选指标集，主要包括生态敏感性评价指标、生态系统服务重要性评价指标以及开发适宜性评价指标；其次开展田野调查、问卷访谈，结合神农架国家公园旅游业发展面临的问题，进一步筛选针对性强的指标；最后在上述步骤的基础上，通过专家咨询的方式，根据因子的实际性、可量化性对筛选指标的进行补充、归并以及细化等调整，最终建立多因子指标库。指标库结合 GIS 平台的空间模型，能够获得生态旅游适宜开发区域的可视化分析结果，为后续阶段的规划提供空间信息。

（三）情景方案描述：生态旅游开发模式情景矩阵

该阶段形成以政策指导与社会需求为关键驱动力的一级情景矩阵，以旅游开发程度与生态保护要求为关键驱动力的二级情景矩阵，最终得出生态旅游发展情景嵌套矩阵（见图4）。

一级情景矩阵形成的四个情景如下。①政策主导：当指导生态旅游规划的政策方向限制其发展，且社会对旅游的需求度较低时，神农架国家公园的生态保护问题将会成为唯一关注点。②随机性：当指导生态旅游规划的政策方向为开放发展，并且社会对旅游的需求度较低时，生态旅游在这一情景阶段将依据其他发展条件决定，具有较强的随机性。③需求导向：在指导生态旅游规划的政策方向为开放发展，且社会对生态旅游的需求度较高的情景下，神农架国家公园的生态旅游发展或将具有极佳的远景规模。④紧迫性：当指导生态旅游规划的政策方向为限制其发展，且社会对生态旅游的需求度较高时，生态旅游规划将面临生态保护与旅游开发利用的矛盾分歧，而这也正是神农架国家公园亟待解决的关键问题。

在紧迫性情景下，基于细化生态旅游活动内容、明确生态旅游发展空间规模的目标，以生态保护要求与旅游开发程度为驱动力构建二级情景矩阵，最终可获得 A、B、C 三种情景方案（见表3）。

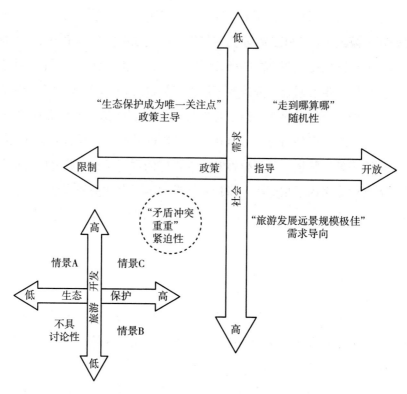

图 4　生态旅游发展情景嵌套矩阵

表 3　情景方案对比

情景方案	情景阈值	目标人群	规划内容
情景 A	旅游开发程度高、生态保护要求低	全年龄段 多日游 其他国家、城市旅游团群体	各类景区、景点高度开发建设,空间规模最大 以大众观光旅游项目为主 全年开放,游客承载量大,活动强度高
情景 B	旅游开发程度低、生态保护要求高	青年为主 一日游 中高收入、家庭游群体	减少景区、景点开发建设,空间规模最小 以小众主题旅游项目为主 特定时期开放,游客承载量最小,活动强度低
情景 C	旅游开发程度高、生态保护要求高	全年龄段 多日游 各地教育组织、科考团队	无景点式旅游,空间规模较大 以科研考察游线开发、自然教育设施建设为主 全年开放,游客承载量较小,活动强度低

1. 情景 A——积极高发展模式

在这一情景下，神农架国家公园的旅游开发程度高、生态保护要求低，生态旅游规划需满足其积极的高度发展趋势。该情景下的服务对象为全年龄段游客，其中以其他国家、城市的青年旅游团体为主要访客群体。规划内容以大众观光游览项目开发为主，开展各类景点、景区建设，包括观光车游览、野营、徒步、摄影、登高等各项活动的空间规划。规划目标是以优质的观光体验感、极具特色的环境特质延长游客的停留时间，以增加景区经济收益。这一规划方案下的旅游项目全年开放，在三种情景中游客承载量最大、活动强度最高。

2. 情景 B——被动低发展模式

在这一情景下，神农架国家公园的旅游开发程度低、生态保护要求高，生态旅游规划以生态保护为核心，呈现被动的低发展模式。该情景下的服务对象以一日游群体为主，规划主要是为了满足神农架内部及周边社区的家庭游群体在周末、节假日进行短距离休闲度假的需求。规划内容以小众化的主题旅游项目为主，包括探险旅游、康养旅游、研学旅游、体育旅游等，减少景区、景点的开发建设以达到生态保护的目的。规划目标是培育更加细分的小众市场，从低端化向精品化旅游转变，促进中、高收入群体旅游消费升级。由于该类旅游活动项目更需要专业的向导，因此相比于大众旅游项目，小众主题旅游更适合通过游客预订的形式，在特定时期开放。其在三种情景中游客承载量最小，活动强度最低。

3. 情景 C——基于自然的发展模式

在第三种情景下，神农架国家公园既需要满足生态保护的需求，又需要形成良好的旅游发展规模，生态旅游规划呈现基于自然的发展模式。该情景下的服务对象为全年龄段游客，其中以国外、国内的科研团队、教育组织以及个人游群体为主。针对教育组织开发自然课堂、生态研学项目，具体规划内容包括生态研学点位和线路的空间布局、自然教育设施建设；针对科研团队以科研考察游线开发、野生动物观测点设计等规划内容为主。这一情景的规划目标是以无景点式旅游发展实现神农架国家公园生态保护和环境教育价值，将人类旅游活动对自然造成的影响控制在可接受的范围内，在为公众提供游憩机会的同时保护自然生态。这一规划方案下的旅游项目全年开放。其在三种情景中游客承载量较小、活动强度较低。

（四）动态时序评估：预设动态监测对象、关键指标、阈值

随着时间的推移，国家公园旅游经济占比、旅游开发政策的限制程度、气候变化下的资源环境状况等因素的持续性变化都会对神农架国家公园的生态旅游规划造成影响，以持久性为导向的规划策略可能变得无效并且代价高昂[1]。因此，在上述三种情景下，管理层需预先设定监测对象及其对应的关键指标。基于对"可接受的变化限度"（Limits of Acceptable Change，LAC）管理框架的学习[2]，以自然环境、物理环境、管理环境作为监测对象，我们提取出与神农架生态旅游发展与生态保护相关的9项关键指标（表4）。

表4 监测对象及其关键指标

序号	监测对象	关键指标
1		川金丝猴数量
2	自然环境	步道两侧植被状态
3		水土保持状态
4	物理环境	游步道状态
5		历史建筑状态
6		与人相遇频率
7	管理环境	噪音
8		夜间光
9		垃圾数量

---

① Millar, C. I., Stephenson, N. L., Stephens, S. L., "Climate Change and Forests of the Future: Managing in the Face of Uncertainty", *Ecological Applications* 8（2007）.

② Ahn, B. Y., Lee, B. K., Shafer, C. S., "Operationalizing Sustainability in Regional Tourism Planning: An Application of the Limits of Acceptable Change Framework", *Tourism Management* 1（2002）: 1-15.

为了更好地体现关键指标因时序发展而产生的动态变化情况，我们绘制了"当前条件—变化状况"的象限图，对关键指标的当前条件和变化情况从1~5进行赋值，横坐标结果越接近5，表示该项监测指标的当前条件越好；纵坐标越接近5，表示与上次监测结果相比，该项指标有了积极的正向变化。在后续阶段定期开展田野调查、问卷访谈等行动后，通过统计学分析手段将调查获取的数据进行平均值计算，作为监测对象发生积极或消极变化的预警信号，为规划管理者提供更为直观的动态时序评估结果（见图5）。规划管理者需根据评估结果及时调整生态旅游的发展模式和规划策略，如通过生态旅游活动区划的更新、活动类型的修正、经营模式的调整等，应对发展中消极的变化。

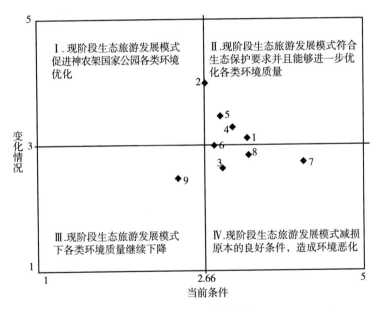

图5　动态时序情景评估

四　结论

情景规划作为一种解决未来不确定性、认知不完全性、规划问题抗解性

101

的有效工具，在国外国家公园气候应对及资源管理等方面已有较为系统的应用。本报告尝试构建我国国家公园情景规划的路径框架，以神农架国家公园旅游开发与生态保护的关键矛盾为切入点，构建了三种不同情景下的生态旅游发展模式。受篇幅限制，我们未能进一步形成生态旅游活动空间布局，在这一方面有待进行更深入的研究。我国国家公园在未来发展中仍将面临气候变化影响下不同资源保护需求的差异化识别、空间区划的精细化管理以及社区生计可持续发展等突出问题，情景规划的路径构建仍有待结合不同类型的案例进行拓展研究。

资源管理与自然教育

Resource Management and Natural Education

G.8

原住居民参与国家公园自然教育的
现状与发展对策研究

陈　莉[*]

摘　要： 原住居民参与国家公园自然教育不仅有利于改善原住居民的生态行为，也有助于发现、总结和传递其传统自然生态知识，丰富和增加游客的自然教育体验。基于二手文献资料分析的研究发现，原住居民主要是通过政府宣教、生态管护岗位培训和与自然直接互动等方式获得自然生态知识，通过自然教育体系构建、应聘自然教育岗位和参与生态旅游等方式传递自然教育。整体上存在原住居民主体性不够突出、自然教育系统化组织不足、原住居民能力建设支撑不足、传统生态文化断层等问题。未来应从增强原住居民研究、强化顶层设计和增能赋权等方面着手改善。

* 陈莉，青岛农业大学经济管理学院（合作社学院）副教授，博士，研究重点是国家公园与原住居民社区发展。

关键词： 原住居民　国家公园　自然教育　主体性　能力建设

随着我国国家公园建设的稳步推进，自然教育作为国家公园四大功能之一，正在理论和实践领域得到越来越多的重视和发展。2022 年 6 月印发的《国家公园管理暂行办法》明确提出，国家公园管理机构"应当设置宣教场所……培养自然教育人才队伍，组织开展科普和宣传教育活动""引导和规范原住居民从事环境友好型经营活动，践行公民生态环境行为规范，支持和传承传统文化及人地和谐的生态产业模式"。让原住居民参与自然教育，既有利于当地自然教育人才的培养，也能使其生态行为进一步规范，当地传统文化的进一步传承还有助于更好地缓解国家公园与原住居民的紧张关系。

2013 年以后，生态文明战略加快实施，国家公园体制建设加快推进，自然教育在我国得到迅速的发展①。2016 年起陆续开展 10 个国家公园体制试点，2021 年正式设立 5 个国家公园，在此过程中我国持续进行了自然教育工作的探索和实践。基于自然教育的基本特征，研究阐述了原住居民参与自然教育的重要性和必要性；基于网络新闻的搜集整理和信息分析，研究对我国国家公园目前开展的与原住居民社区相关的自然教育活动进行了梳理和反思，揭示了我国原住居民参与国家公园自然教育面临的问题和挑战，并在此基础上提出了促进原住居民参与自然教育的对策建议。

一　原住居民参与国家公园自然教育的重要性和必要性

（一）国家公园保护理论与实践协同发展，原住居民的自然素养急需提高

国家公园生态系统的保护与原住居民社区经济发展的冲突，一直是国家

---

① 林昆仑、雍怡：《自然教育的起源、概念与实践》，《世界林业研究》2022 年第 2 期。

公园建设理论和实践关注的重要议题。协同国家公园生态保护与社会利用的关系，需要原住居民在有效参与国家公园治理的基础上，形成与国家公园生态发展一致的生态行为；而生态行为的养成，首要的是丰富其生态保护的知识，加强其生态保护的观念。从此意义上来讲，原住居民是国家公园建设和发展的重要利益主体，应是国家公园自然教育的首要对象。尽管对原住居民来说，其长期生活在国家公园的生态系统中，与环境形成了一定的人地相处模式，有较好的自然感知基础，但是由于生态系统互动的局部性、个体经验的有限性和"靠山吃山、靠水吃水"的生计胁迫，原住居民也会产生一些生态环境短视行为。因此，基于现代科技对国家公园生态系统信息进行收集，对原住居民进行系统的生态知识分享，帮助他们科学理性地认知自己所处的生态环境，提升其自然素养，是非常必要的。

（二）原住居民自带一种与自然和谐共生的生活气场，是极好的自然教育引导者

自然教育不同于传统的课堂教育，更为注重参与者的自然感受和亲身体验，更强调引导性、启发性和生成性[1]。原住居民长期生活在当地国家公园的环境中，与国家公园生态系统有较多的生计互动，对本土生态环境熟悉度高，积累了与环境互动的丰富案例故事和历史故事，也形成了特定环境系统中的文化习俗和行为举止，这是原住居民自带的一种人与自然和谐共生的文化生活气场。因此，让原住居民参与国家公园自然教育，通过适当的能力建设，使其成为自然教育的引导者，能够增强自然教育的鲜活感、立体感和丰富性。同时，在与体验者的互动中，原住居民也能根据情境自然地联系到相关的故事或文化与生活事件，及时丰富教育内容，从而促进体验者即时理解的深化。

（三）原住居民自然教育实践资产更为丰富，能够增强自然教育的真实体验感

自然教育的课堂在田野、在实地，体验者需要通过一定的互动媒介自主

---

① 林昆仑、雍怡：《自然教育的起源、概念与实践》，《世界林业研究》2022 年第 2 期。

地去探索和发现，因此自然教育对自然实践场域的要求较高。同时，自然教育的目的在于让体验者理解人与自然的和谐共生，互动学习的媒介和场域既需要有自然气息，也需要有与人类互动的痕迹，因此，真实的实践场域和实物资源有助于体验者的理解和感受。原住居民在与国家公园当地环境长期的互动中，形成了一套与环境相匹配的生产生活方式，构建了独特的人与自然有序衔接的生活实践场域。可以借助这一有效真实的自然社会场域，丰富自然教育实践资源和资产，增强自然教育的真实体验。

二　原住居民社区参与国家公园自然教育的现状

目前原住居民参与国家公园自然教育的方式主要体现在以下几方面。

（一）原住居民接受自然教育的形式

在国家公园建设初期，国家公园与原住居民的互动主要体现在生计转型的引导和农户可持续生计的构建上。通过自然教育提升社区居民的生态保护意识，促进其生态保护适应型生计的转型和发展，是国家公园对原住居民开展自然教育的重要出发点。在顶层设计上，自然教育体系也逐渐关注到对原住居民进行自然教育的必要性和重要性[①]。在具体的实践中，原住居民接受自然教育的形式主要有三种。

一是国家公园多元发展主体对原住居民社区开展宣教活动（见表1）。目前国家公园管理局或以流动车宣讲、宣传页发放、悬挂横幅等方式开展宣教活动；或发展护林员的力量，定期入村开展自然教育宣传；或联合科研院校开展社区宣传等。

二是动员社区居民履职生态保护岗位和志愿者活动，通过专业化岗位培训，加强对原住居民的自然教育（见表2）。目前，每个国家公园都设立了

---

① 唐艺挈、谭欣悦、代丽梅等：《大熊猫国家公园自然教育体系构建研究》，《绿色科技》2021年第5期。

原住居民优先和贫困户优先的生态岗位选聘制度，岗位类型逐渐多元化，培训力度在增强。

表 1　国家公园开展社区宣教活动的具体情况

名称	社区宣教活动
南山国家公园	试点以来印制 10000 张宣传折页、500 本画册、2600 本动植物志分发给当地群众和往来访客
大熊猫国家公园	举办"自然宣教进社区，生态文明促和谐"等宣讲活动，以宣传车流动播放、宣传横幅醒目位置悬挂、保护倡议活动开展、宣传彩页发放等形式，对原住居民社区进行自然生态保护知识的宣传
东北虎豹国家公园	政府相关部门进入社区开展主题式宣教活动，内容包括：成立国家公园的重要意义和深远影响，居民避免"人兽冲突"的应对方法
祁连山国家公园	国家公园青海服务保障中心联合北京富群环境科技研究院专家向各重点乡、村宣传国家公园品牌价值、社区参与的重要性
钱江源国家公园	联合大学针对国家公园原住居民开展年度"绿丝带"环保宣传活动
神农架国家公园	联合社会组织招募志愿者，进入社区，通过科普讲座、现场讲解、展牌展示、图书展览、发放宣传册等形式，宣传国家公园的资源价值和生态地位
海南热带雨林国家公园	护林员每个月到村里宣传雨林保护

表 2　国家公园基于原住居民的生态岗位设置情况

名称	岗位设置数量
南山国家公园	设置护林员、环卫员等生态公益岗位 496 个； 建档立卡贫困户优先，原住居民占比 100%
大熊猫国家公园	设立生态公益岗位约 3 万个
东北虎豹国家公园	2021 年试点，整个公园规划设置野外巡护类生态岗位 9650 个、森林抚育类管护岗位 735 个、资源监测类岗位 247 个； 优先安排低收入家庭，计划进一步扩大选聘规模
三江源国家公园	2015~2018 年雇用生态管护员 17211 名； 培训国家公园管护办法、野生动物救治知识、垃圾分类方法等
祁连山国家公园	甘肃片区共聘用生态护林员 2425 名、村级草管员 1036 名，青海片区聘用管护员 1014 人；优先安排原住居民特别是建档立卡贫困人口； 培训注重生态文明建设政策、国家公园大数据宏观体系与管护员微观工作的关系、野生动物保护与监测、野生植物鉴定与保护、巡护软件及终端操作、自然摄影技巧等

名称	岗位设置数量
普达措国家公园	迪庆州共聘用生态护林员 16688 名;引导居民参与生态管护、巡护监测,将符合条件的建档立卡贫困户聘为生态护林员;国家公园每年从旅游收益中拿出 1500 余万元资金,专项用于 3696 名原住社区居民的直接经济补偿和教育资助
钱江源国家公园	动员原住居民参加志愿者和自然教育解说,并对其人员开展培训
神农架国家公园	辖区内 5 个乡镇及 3 个重点帮扶贫困村开展社区共建; 优先聘用原住居民作为生态公益管护员,按每人每月 400 元标准给予补助
武夷山国家公园	吸纳园区内原住居民 137 人作为公园生态管护员、哨卡工作人员
海南热带雨林国家公园	设置生态护林员岗位 1325 个,聘请当地贫困户为护林员

三是原住居民在正常的生态管护行动（如生态巡护、旅游导游、执法活动等）中,通过与自然频繁地互动和观察与体验,自身自然生态知识不断得到提高。如在大熊猫国家公园都江堰地区,20 余名原住居民加入了大熊猫栖息地巡护队,每月巡护一次,每次花费 8 小时,自身拥有的自然知识在长时间有规律地与自然互动中不断得到丰富;三江源国家公园生态管护员每次巡护时间较长,一般需要在野地过夜,在长期的巡护中,积累了非常丰富的自然环境知识和应对自然变化的方法。热带雨林国家公园则通过设立研学小镇、自然教育课堂进社区和建设宣教馆对社区居民开展日常教育。

（二）原住居民传递自然教育的方式

原住居民是自然教育的重要供给者,在国家公园不断拓展其自然教育功能的过程中,其参与和传递自然教育的形式正变得越来越多样。

1.原住居民社区主导的自然教育

随着国家公园体制建设的推进,部分原住居民社区在"一核多元"的多重组织下开始尝试社区主导的自然教育模式。这种自然教育模式是以农民合作社为组织核心,在生态环保类社会组织技术资金支持、自然教育类社会组织能力建设和市场对接引导下，在主管部门和村两委监督管理下展开的①，具有较强的社区主导性和参与性，但对不同组织、不同维度的组织协同要求较高。

2. 雇用原住居民参与自然教育

增强自然教育的系统化建设是国家公园建设努力的重要方向。2019 年发布的《大熊猫国家公园总体规划（试行）》提出，要合理设置岗位，安置原住居民从事自然教育工作；实践中部分分局也开始尝试雇用原住居民社区人员为自然教育安全员和引导员。祁连山国家公园则是将原住居民管护员和志愿者纳入自然教育师资培育选择的队伍，在促进原住居民自然素养提升的同时，让原住居民"现身说法"，成为自然教育的"活教材"②。海南热带雨林国家公园培养护林员为导赏员，为研学的体验者们传递热带雨林知识和本土的生态文化。三江源国家公园《三江源国家公园环境教育管理办法（试行）》提出，鼓励园区内农牧民群众培训合格后参与环境教育解说工作。普达措国家公园制定优先聘用社区居民参与巡护、环卫、交通、解说等服务的政策；经营企业为社区居民提供就业岗位，社区员工占企业员工总数量的 1/3。这类模式会间接地促进原住居民对自然教育的参与，且会在一定程度上促进原住居民与外部主导的自然教育体系之间的对话。

3. 原住居民参与生态旅游过程中的自然教育传递

随着国家公园生态游憩功能的开展，部分原住居民社区被纳入自然教育规划体验路线，原住居民参与到国家公园生态旅游活动中。原住居民在参与特许经营、劳动力提供和提供餐饮住宿服务时，与顾客非正式交流中会渗透一些自然教育的理念。如武夷山国家公园某竹筏工面对游客在竹筏上嗑瓜子，并将瓜子壳扔到水里时，会跟游客沟通并阐述其环境保护的理念③。南

---

① 何海燕、李芯锐、冯杰：《大熊猫国家公园社区为主导的自然教育发展模式研究——以平武县关坝村为例》，《绿色科技》2022 年第 3 期。

② 叶文娟：《祁连山国家公园青海片区自然教育工作成效显著》，《青海日报》2022 年 3 月 3 日第 6 版。

③ 罗萌：《住在国家公园里的人们》，《焦点访谈》，2021 年 5 月 27 日。

山国家公园在自然教育与乡村生态、民宿发展有机融合方面也进行了较多的尝试和探索①。成都市大邑县太平社区先后建起 70 余家民宿、农家乐，掀起了发展乡村旅游的热潮；武夷山国家公园在景区内直接从事导游、环卫、绿地管护等服务的村民有 1200 多人。钱江源国家公园与企业和社会组织合作，让外界自然教育研学活动直接对接社区，如某自然教育研学队伍直接进入原住居民社区，实地参访传统村落，观察村落民居格局、功能，观看家谱等文物，了解移民历史和保苗节等传统文化，参观梯田、清水养鱼等农业生产模式，并与农民科学家进行直接交谈。

三 原住居民社区参与国家公园自然教育面临的问题与挑战

目前，我国国家公园已经逐渐认识到原住居民参与自然教育的重要性，也在为原住居民参与自然教育增权赋能，提供机会和平台，但总体上原住居民参与国家公园自然教育仍面临以下问题和挑战。

（一）原住居民在国家公园自然教育体系建设中主体位置不够突出

目前，国家公园较多从规划制定、自然教育基础设施提供、环境教育解说体系建立等方面促进自身自然教育的系统化建设，对自然教育知识读本的准备和自然教育人才的培养也在逐步推进。但是整体上原住居民参与较为零散，参与的层次较低，导致在国家公园自然教育系统中原住居民的主体性不强，传统生态知识嵌入不足。原因一是原住居民对自身所拥有的实践型自然教育知识的重要性认知不足，只认为其是一种局部性的地方知识，乡土味道较为浓厚，不认为其与自然科学知识同等重要；原因二是原住居民的组织化发展程度较低，组织能力较弱，缺乏具有前瞻性的领导人群对原住居民传统

---

① 王明旭：《南山国家公园高质量建设之路》，邵阳新闻网，2022 年 5 月 31 日，http：//www.syxwnet.com/txyzl287/p/203593.html。

知识意识、能力和集体行为进行群体化的引导；原因三是外界主流的自然教育组织主体对原住民的地方知识关注不足，社会认知存在一定的片面性，再加上搜集整理原住民知识成本较大且能力要求较高，因此系统化研究干预不足。

（二）原住民参与国家公园自然教育的系统化组织不足

原住民作为一个整体参与国家公园自然教育，其在与自然互动的过程中，形成了独特的乡土知识和传统文化。这种知识和文化存在于原住民的日常生活中，存在于代际的口口相传中，具有零散分布的特点。要将这些重要的地方生态理念和自然素养传递出去，离不开组织化的整理。目前，国家公园对自然教育体系仍主要是以现代科学知识为基础进行设计，部分地方试点注意到原住民知识的重要性，会让其加入知识的宣讲行列，但是仍然较多地体现为个体行为；通过地方合作组织的形式，对原住民所具有的生态知识进行系统的调查回顾和搜集整理也较少。同时，原住民社区主体性不足，其较少作为核心主体参与国家公园自然教育。

（三）原住民参与自然教育的能力建设不足

原住民是国家公园自然教育非常重要的一种人力资源类型，拥有丰富的自然教育传统知识，但是在知识系统化、传递能力、传递途径等方面具有明显的弱势和不自信。目前对原住民参与自然教育有政策上的引导，也有实践中的尝试，但是整体上处于试验探索阶段；宣教具有一定的随意性，没有根据原住民的需求和学习特点，在教学内容、教学方法、教学师资和教学环境选择上进行系统化的考虑、设计和安排。

（四）原住民数量减少与同化趋势日趋严重，知识和文化断层的风险加大

2019年《关于建立以国家公园为主体的自然保护地体系的指导意见》提出，对国家公园原住民实行有序的搬迁，暂时不能搬迁的设立过渡期，

允许开展必要的、基本的生产活动，但不能再扩大发展。随着城乡一体化建设步伐的加快，部分新生代原住居民逐步进入城市并适应城市生活，由此导致国家公园原住居民的数量逐步减少，传统的生产生活方式逐渐衰弱。因此，当原住居民发生社会流动、生计逐渐转型时，人与自然的连接会减弱，也会导致很多知识和文化的断层。这种断层会使自然教育的传统知识储备日益减少，给社会生态文化的持续发展带来较大挑战。断层一旦发生，要重新建立人与自然的连接，形成深厚的文化底蕴和沉淀，则需要花费巨大的努力。

四　促进我国原住居民社区参与国家公园自然教育的对策建议

让国家公园原住居民参与自然教育不仅有利于改善原住居民的生态行为，也有助于发现、总结和传递其传统自然生态知识，丰富和增加游客的自然教育体验。结合目前国家公园原住居民参与自然教育的现状、面临的问题和挑战，研究认为应从以下三方面推动原住居民对国家公园自然教育的参与。

（一）增强原住居民研究，合理界定原住居民角色和地位

设立国家公园原住居民研究专项，加大对国家公园原住居民生态理念、意识和行为的研究，借用奥斯特罗姆社会生态系统分析框架，发现、梳理和总结原住居民传统知识对现代生态文明建设、促进人与自然和谐共生的意义和作用。在对原住居民知识充分了解的基础上，合理界定原住居民在自然教育中的角色与地位，进行有效的社会引导，促进原住居民自身、社会公众群体和国家公园政府管理者等多元主体对原住居民参与国家公园自然教育建设的正确认知。

（二）加强顶层设计，系统布局与组织原住居民参与自然教育

原住居民参与自然教育，既需要系统化总结自身的自然生态知识，也需

要产业化推进其所涉足的自然教育系统，这些都需要在顶层设计和系统规划上予以谋划布局。如在硬件设施上，注重原住居民参与自然教育规划线路的设计，改善原住居民社区自然教育环境；在软件措施上，促进"原住居民社会—生态知识系统"的建立；在参与途径上，注重社区主导自然教育点的培养，丰富原住居民接受和传递自然教育的渠道；在政策支持体系上，增强国家公园相关法律法规对原住居民角色和地位的界定；在自然教育方向上，逐渐凸显原住居民角色的重要性和主体性；增加对原住居民参与自然教育的资金和项目支持，激励多元社会组织辅助促进原住居民参与自然教育。

（三）增能赋权原住居民，实现自然文化持续发展

建立有利于原住居民"社会—生态"文化和知识系统有效持续发展的培训体系，增强原住居民社区内部的自我学习与组织能力，促进其对本土生态传统文化知识的整理总结和经营管理；创新原住居民内部对本土生态知识的持续感知、更新与传承路径，降低生态文化断层可能带来的风险与影响；在能力建设主体上，充分发挥政策、企业、社会组织和原住居民社区等多元主体优势，通过共建共治共享，最终推动原住居民自然教育文化的有序传承与发展。

G.9

太行山国家公园生物多样性保护与自然教育

张殷波 韩怡璇 牛杨杨 赵建峰 苏俊霞 秦 浩*

摘 要: 国家公园体制建设是新时代生态文明建设的重要组成部分,也是实现人与自然和谐共生现代化的重要举措。国家公园旨在保护自然生态系统的原真性和完整性,同时兼具科研、教育、游憩等多种功能。本报告以拟建设的太行山国家公园为研究对象,分别从生物多样性保护和自然教育两个方面展开研究,对山西太行山生物多样性资源及自然保护地分布现状进行了分析,进而对太行山国家公园自然教育规划进行了构建,为太行山国家公园规划与保护提供参考。

关键词: 太行山国家公园 生物多样性保护 就地保护 自然教育

一 国家公园体制及功能

建立国家公园体制是我国的重大战略决策。为了统筹当前和长远发展的

---

* 张殷波,博士,山西财经大学资源环境学院副教授,硕士生导师,研究方向为生物多样性保护、植物生态学、自然保护地规划;韩怡璇,山西财经大学资源环境学院环境管理专业硕士研究生;牛杨杨,硕士,山西师范大学现代文理学院助教,研究方向为生物多样性保护与生态系统服务评估;赵建峰,博士,山西大学体育学院副教授,硕士生导师,研究方向为体育产业学、休闲体育;苏俊霞,博士,山西师范大学生命学院副教授,硕士生导师,研究方向为植物系统与进化、植物科普;秦浩,博士,山西财经大学统计学院副教授,硕士生导师,研究方向为植被生态学、生物多样性保护。

需要，中共十八届三中全会提出"建立国家公园体制"，把建立中国国家公园体制作为构建生态文明制度体系的重要环节①。2017 年 9 月，中共中央办公厅、国务院办公厅印发《建立国家公园体制总体方案》，随后于 2019 年 6 月印发《关于建立以国家公园为主体的自然保护地体系的指导意见》，对我国国家公园的体制建设作出了具体部署。文件坚持国家公园的国家代表性和全民公益性的特征，科学界定了我国国家公园的定义②。同时，我国从 2015 年以来陆续开展了 10 处国家公园体制试点工作，并于 2021 年 10 月 12 日正式批准设立三江源、大熊猫、东北虎豹、海南热带雨林、武夷山 5 个国家公园为第一批国家公园③；2022 年还将在青藏高原、黄河流域、长江流域等生态区位重要和生态功能良好的区域设立新一批国家公园。

国家公园的首要功能是保护重要自然生态系统的原真性、完整性，在保护自然环境的同时为生物多样性保驾护航，丰富物种基因库④。长期以来，由于人类不合理的开发利用，生物多样性面临着前所未有的威胁，生物多样性保护成为人类命运共同体建设的重要内容。国家公园体制试点的开展在一定程度上解决了不同自然保护区的行政区划所造成的生态环境破碎化的问题，对有效保护珍稀濒危物种以及加快生态系统的自然修复起到了积极促进作用⑤。

国家公园还兼具科研、教育、游憩等功能⑥，不仅可以丰富国民休闲生活、发展生态旅游、促进地方经济，还可以寓教于自然，成为国民教育的原真课堂。自然教育的教学过程往往离不开户外环境，涉及多种自然元素的运

---

① 许程：《国家公园体制试点区生态功能分区研究》，硕士学位论文，湖南工业大学，2019。
② 中共中央办公厅、国务院办公厅：《建立国家公园体制总体方案》，《生物多样性》2017 年第 10 期。
③ 中共中央办公厅、国务院办公厅；臧振华、张多、王楠等：《中国首批国家公园体制试点的经验与成效、问题与建议》，《生态学报》2020 年第 24 期。
④ 杨宇明：《国家公园与生物多样性保护》，《林业建设》2018 年第 5 期。
⑤ 杨阳：《面向生物多样性保护的三江源国家公园黄河源园区水生态功能分区》，硕士学位论文，青海师范大学，2021。
⑥ 陈耀华、黄丹、颜思琦：《论国家公园的公益性、国家主导性和科学性》，《地理科学》2014 年第 3 期。

用，与国家公园息息相关。因此，自然教育也是国家公园的主体功能之一，不仅可以创造欣赏和享受国家公园自然资源的机会，为公众提供了解、学习公园自然科学和人文历史的服务，还可以对公众的生理和心理健康起到积极正向的作用①。在"生态优先、保护优先"的前提下探索国家公园自然教育、落实国家公园的公益性，还需要多学科专业人员的共同努力。

二 太行山国家公园的概况

（一）太行山概况

太行山地处山西高原与华北平原的交接地带。作为我国 35 个生物多样性保护优先区域之一，太行山成为我国重要的自然资源宝库和生态环境屏障，具有十分重要的生态保护价值②。太行山东接华北平原、西临黄土高原，是我国地形第二阶梯的东缘，横跨河北、山西、河南、北京四省（市），总面积 13.6 万平方千米。

太行山地势北高南低，总体呈东北—西南走向，平均海拔为 1000~1200 米。区域内地貌类型复杂多样，分布有山地、丘陵、山间盆地、山间沟谷及台地等，由北向南分布有北京西山、小五台山、恒山、五台山、系舟山、云龙山、太岳山、云台山、王屋山、中条山等山脉③。气候属温带大陆性季风气候类型，年平均气温为 10℃ 左右，年平均降水量为 500~530 毫米，降水主要集中在 7~9 月。太行山植被类型复杂多样，属华北植物区系暖温带落叶阔叶林区，区域内植被茂密，蕴藏着丰富的生物资源。太行山是我国重要的植被分界线，东侧（华北平原）为落叶阔叶林地带，西侧（黄土高原）

① 范艳丽：《自然教育理念下的森林公园儿童活动区景观设计研究》，硕士学位论文，中南林业科技大学，2019。
② 孟庆欣：《太行山植物群落多样性分布格局及其对环境因子的响应》，硕士学位论文，山西大学，2020。
③ 张殷波、秦浩、孟庆欣等：《太行山森林群落物种多样性空间格局及其影响因素》，《应用与环境生物学报》2022 年第 2 期。

为森林草原地带和干草原地带。海拔 800～1500 米范围以灌丛植被占优势；海拔 1500～2000 米范围的森林植被以针叶阔叶混交林为主；海拔 2000 米左右的山顶则发育为亚高山草甸①。

（二）拟建太行山国家公园的规划情况

从 2021 年开始，山西省和河南省积极推进太行山国家公园的设立，太行山国家公园规划工作正式启动。山西省林业和草原局委托国家林业和草原局规划院编制了《太行山国家公园科学考察报告与符合性认定报告》、《太行山国家公园社会影响评价》以及《太行山国家公园设立方案》。目前，太行山国家公园规划工作正在从项目背景、编制过程、动植物资源、地质人文景观、范围划定、社会评价分析以及设立方案的初步思路等方面开展。

三　山西太行山生物多样性资源及其就地保护现状

（一）山西太行山野生植物资源统计

依据植物物种分布数据库②统计，山西太行山共有 153 科 2530 种植物，包括种子植物 133 科 2431 种（被子植物 126 科 2403 种、裸子植物 7 科 28 种）、蕨类植物 20 科 99 种。

从科的组成上看，共有 5 个科含 100 种以上植物，包括菊科、禾本科、豆科、毛茛科和蔷薇科；共有 6 个科含 51～100 种植物，包括百合科、莎草科、唇形科、伞形科、虎耳草科和玄参科；共有 16 个科含 21～50 种植物，包括杨柳科、忍冬科、藜科等；共有 24 个科含 11～20 种植物，包括桦木科等；共有 67 个科含 2～10 种植物，包括芸香科等；共有 35 个科是仅含 1 种植物。

---

① 陈胜：《太行山国家森林步道建设的基本思路研究》，《经济论坛》2021 年第 9 期。
② 牛杨杨：《基于生物多样性与生态系统服务功能的山西太行山保护空间优化研究》，硕士学位论文，山西大学，2021。

（二）山西太行山重要保护物种

1. 重要保护植物[①]

①依据《国家重点保护野生保护植物名录》和《山西省重点保护野生植物名录》，山西太行山地区分布重点保护野生植物共 42 种。其中，国家 I 级保护植物有南方红豆杉、水杉等共 8 种；国家 II 级保护植物有斑子麻黄、翅果油树、手参等共 10 种。省级保护植物有太行花、杜仲等共 24 种。

②依据《中国生物多样性红色名录——高等植物卷》，山西太行山地区分布受威胁植物共 62 种[①]。其中，极危（CR）物种共 3 种，濒危（EN）物种共 40 种，易危（VU）物种共 19 种。

③依据《中国生物多样性红色名录——高等植物卷》和中国珍稀濒危植物信息系统平台，山西太行山地区分布特有植物共 38 种。

2. 重要保护动物

根据《山西省重点保护野生动物名录》，山西省分布 173 种重点保护野生动物。其中，哺乳纲 5 目 9 科 17 种，鸟纲 14 目 44 科 137 种，爬行纲 1 目 2 科 13 种，两栖纲 1 目 3 科 5 种，蛛形纲 1 目 1 科 1 种。

从科的组成看，含 1 种的有猬科、鹏鹩科、蟾蜍科、钳蝎科等 25 科；含 2 种的有犬科、反嘴鹬科等 7 科；含 3 种的有雉科、蝰科、蛙科等 15 科；含 4 种的有松鼠科、山雀科 2 科；含 5 种的有鼬科、伯劳科、燕科 3 科；含 6 种的有杜鹃科、啄木鸟科 2 科；含 7 种的有鹟鹟科 1 科；含 10 种的有鸭科、鹭科、游蛇科 3 科；含 17 种的有鹟科 1 科。

（三）山西太行山各类自然保护地分布

依据山西省各类自然保护地的建设情况，山西太行山地区现有各类自然保护地共计 158 处（表 1）[①]，其中国家级 41 处、省级 117 处。各类自然保

---

① 牛杨杨：《基于生物多样性与生态系统服务功能的山西太行山保护空间优化研究》，硕士学位论文，山西大学，2021。

护地中，分布数量最多的为森林公园类型，有 56 处；保护面积最大的是自然保护区类型，占总面积的 7.9%。

1. 地质公园

地质公园类型的自然保护地共有 13 处，保护面积为 1218 平方千米。其中，国家级共 8 处，包括五台山、王莽岭、壶关峡谷等国家地质公园；省级共 5 处，包括沁水历山、仙堂山、永济水峪口等省级地质公园。

2. 风景名胜区

风景名胜区类型的自然保护地共有 28 处，保护面积为 2191 平方千米。其中，国家级共 3 处，包括五台山、五老峰、恒山国家风景名胜区；省级共 25 处，包括菩提山、通天峡、百梯山等省级风景名胜区。

3. 森林公园

森林公园类型的自然保护地数量最多，共有 56 处，且分布范围最广，保护面积为 3257 平方千米。其中，国家级共 14 处，包括中条山、方山、乌金山、太岳山等国家森林公园；省级共 42 处，包括冠山、华阳山、七佛山等省级森林公园。

4. 沙漠公园

沙漠公园类型的自然保护地数量最少，仅有 2 处，占地面积 177 平方千米，且均为国家级，分别是天镇米薪关国家沙漠公园和天镇边城国家沙漠公园。

5. 湿地公园

湿地公园类型的自然保护地共有 30 处，保护面积为 338 平方千米。其中，国家级共 10 处，包括千泉湖、田家湾、海眼寺等国家湿地公园；省级共 20 处，包括府城、太行山、三漳等省级湿地公园。

6. 自然保护区

在所有自然保护地中，自然保护区类型的自然保护地分布面积最大，共占地 6495 平方千米。其中，国家级共 4 处，包括太宽河、历山、灵空山和阳城蟒河猕猴等国家自然保护区；省级共 25 处，包括运城湿地、南方红豆杉、浊漳河源头、中央山等省级自然保护区。

表1　山西太行山地区的自然保护地类型及数量

自然保护地类型	数量		
	国家级	省级	合计
地质公园	8	5	13
风景名胜区	3	25	28
森林公园	14	42	56
沙漠公园	2	0	2
湿地公园	10	20	30
自然保护区	4	25	29
总　计	41	117	158

资料来源：牛杨杨：《基于生物多样性与生态系统服务功能的山西太行山保护空间优化研究》，硕士学位论文，山西大学，2021。

（四）保护政策

1.建立完善的生物多样性保护协调机制

由环保部门牵头，省级、市级相关部门配合，完成生物多样性保护行动计划的编制工作，建立生物多样性保护部门协调机制，组建生物多样性保护专家委员会，积极探索适应山西省生物多样性可持续发展的管理模式[①]。

2.构筑生态屏障，增强生态功能

建设以太行山脉为主体的环京津冀生态安全屏障，涵养水源；建设以太行山南端中条山为主体的生物多样性保护屏障，强化生物多样性保护；构筑以"两山七河一流域"为骨架的国土空间保护与修复格局，支持全省高质量转型发展；构建以国家公园为主体、自然保护区为基础、各类自然公园为补充的自然保护地体系；加大林草资源的保护、监督力度，制定天然林休养生息制度；开展生态廊道建设，助力重要栖息地恢复、科学保护湿地，促进

---

① 山西省人民政府办公厅：《山西省人民政府办公厅关于贯彻实施中国生物多样性保护战略与行动计划的通知》（晋政办发〔2011〕9号），山西省人民政府网，2011年3月3日，http://www.shanxi.gov.cn/zw/zfcbw/zfgb/2011nzfgb/d23q_5201/szfbgtwj_5206/201103/t20110303_101420_ewm.shtml。

生态循环①。

3. 积极宣传，强化生物多样性保护意识

组织各种生物多样性保护活动，提升民众生物多样性保护意识。如：山西省太行山国有林管理局开展"野生动物保护宣传月"活动；营盘林场开展"全面禁止非法野生动物交易、共建地球生命共同体"的主题活动；茛池中心林场开展秋冬季候鸟"护飞行动"暨"野生动物保护宣传月"活动；景尚林场干部和职工走进社区、校园，大力宣传"摒弃滥食野生动物陋习、抵制非法交易活动"等。这些活动向群众普及了保护野生动物的相关知识，传播了"人与自然和谐共生"的可持续发展理念，增进了公众生物多样性保护意识②。

四　太行山国家公园拟开展的自然教育

（一）太行山国家公园自然教育的设计定位与预期目标

基于太行山野生动植物种类繁多、地形复杂的现实情况，将太行山国家公园的自然教育定位为以森林景观为基础、以沉浸式体验为内容、以自然教育为特色。因地制宜地将森林景观与自然教育有机结合，开展"全民、全域、全龄"国家公园自然教育，建成更具现实意义的国家公园。

（二）太行山国家公园自然教育的形式

1. 自然观察

自然观察主要是针对自然环境和动植物开展的静态的、持续性的观察活

---

① 大同市生态环境局：《〈山西省"十四五""两山七河一流域"生态保护和生态文明建设、生态经济发展规划〉发布》，大同市人民政府网，2022 年 1 月 4 日，http://www.dt.gov.cn/dtzww/czjgzwjs/202201/220cf0ff2e0249b0b436925038709a57.shtml。

② 山西省林业和草原局：《山西省太行山国有林管理局大力开展野生动物保护宣传》，山西省人民政府网，2021 年 12 月 2 日，http://www.shanxi.gov.cn/yw/zwlb/bmkx/202112/t20211202_946584.shtml。

动①，这一形式强调参与者的主动性。太行山国家公园自然教育参与者可以对国家公园内普遍或特殊的自然现象进行观察分析，以及对动植物的生长过程进行周期性或非周期性的观察活动。例如，可以在国家公园内选择有代表性的珍稀濒危植物南方红豆杉、太行花、连香树、水曲柳等，进行植物性状特征的观察，了解濒危原因、提高生物多样性保护意识；对常见植物等进行定期物候变化观察，感受自然生命规律；观察山地温带落叶阔叶林不同海拔高度动植物的变化，以及阴坡和阳坡、林下和林缘植物种类的不同，学习不同环境因素对动植物分布的影响；还可观察不同植物及其传粉昆虫，通过观察一些协同进化的有趣现象，激发学生对科学研究的热情；通过切身感受了解森林生态系统在调节气候、涵养水源、保持水土和防风固沙等方面的功能。

2. 自然体验

自然体验主要是通过感官与大自然相融，通过游戏、观察、聆听、手工制作等来领悟自然万物的规律。这一形式强调参与者的亲身体验，参与者通过亲身参与感受自然价值②。自然体验注重实景教学，每一个自然空间都具有其独特性。太行山国家公园内丰富多样的动植物组成了特色不一的多重空间，依据空间特色可开展多种趣味活动。例如开展寻宝活动，参与者根据"藏宝图"去寻找对应的自然物；在植物标本制作体验中，参与者可将获取的自然物做成标本长期保存；在植物拓染活动中，参与者可用多彩的植物叶片、花和果实进行植物染色，制作手工艺品。

3. 自然探险

自然探险主要是以探险活动为主题而开展的教育活动。自然探险的参与群体主要是户外探险爱好者，教育内容为野外求生指南。太行山国家公园内地形复杂，森林茂密，可以划定自然探险区进行团体生存演练、探险场景模拟等活动。

---

① 王可可：《国家公园自然教育设计研究》，硕士学位论文，广州大学，2019。
② 岳伟、徐凤雏：《自然体验教育的价值意蕴与实践逻辑》，《广西师范大学学报》（哲学社会科学版）2020年第2期。

4. 自然解说

自然解说是运用某种媒体或表达方式对自然环境进行介绍，是进行自然教育最普遍的一种形式。自然解说主要包括自导式解说和向导式解说，自导式解说以解说标志牌、宣传册和智能解说设施为主；向导式解说以专业人员讲解为主。通过自然解说，公众可以了解国家公园内森林景观的生物、地理和生态等特征，提高对保护物种和生态系统重要性的认识，增强环保意识。

5. 自然学校

自然学校以自然课程体系为主体，以国家公园综合性建筑设施为基础，通过体验、知识竞赛和项目式学习等多种形式使学生获得自然教育。可在太行山国家公园代表性地段建立小型自然博物馆，主要实现三个功能：①建立标本陈列室，让青少年群体及大众了解国家公园内常见动物、植物、真菌、岩石和土壤种类；②建立实验室，让青少年借助显微镜来探究动植物、土壤和岩石的微观形态和结构，以便更深入地了解自然；③建立活动室，可开展室内自然课程、自然主题演讲、自然集会、创意制作和知识竞赛等多种形式的活动，通过实际操作或研究过程体验使学生获取自然教育知识，从而培养自然理念。

（三）自然教育理念的表达方式

1. 通过景观塑造传达自然教育理念

景观感知主要研究人对景观环境的感知和人与景观环境之间的相互作用①。自然教育环境中的景观感知要素可分为地形、铺装、水景、植物及景观小品五个类型，每一种要素都对某几种感官具有刺激作用，运用不同的景观感知要素设计感知环境，可促进参与者对景观空间的认知与体验。游客在户外玩耍、浏览的同时，感悟自然教育的精神内容，这是自然教育活动开展

---

① 舒心怡、沈晓萌、周昕蕾等：《基于景观感知的自然教育环境设计策略与要素研究》，《风景园林》2019年第10期。

的重要方式之一。

2. 通过解说系统传达自然教育理念

解说系统主要有文字解说系统及视听媒体解说系统两大类①。文字解说系统主要包括解说牌、导游图、导游手册和相关书籍等；视听媒体解说系统主要包括广播、电视等。自然教育活动形式多样、主题丰富，在活动中穿插图片、广播、电视等多种手段，既可以丰富自然教育的形式，提升主题活动的趣味性，加深游客对相关知识的认知及理解，又可以吸引成年游人，增进亲子交流与沟通。此外，将自然教育展示内容上传至相关网站，可以使公众足不出户就能学习有关的自然知识。

3. 通过主体参与活动传达自然教育理念

使游客亲身参与自然实践活动，一方面有助于游客获得相关自然知识与技能，吸引游客在游览中体验乐趣；另一方面有助于游客在不知不觉间树立热爱自然、保护环境的良好意识。

4. 通过课堂教授传达自然教育理念

在老师的主导下可以开展自然体验、教学演习、室内授课、讲座宣传等活动。在自然教育课程中，可以灵活安排课堂内容与形式，针对不同年龄段的学生进行分组式教学和针对性的知识讲解。在室内课堂讲解的基础上再进行户外教授，能使学习更为高效。

五 结论

太行山是中国重要的地理界线，是我国 35 个生物多样性保护优先区域之一，具有十分重要的生态保护价值。2021 年太行山国家公园的规划和建设工作正式启动，拉开了山西省国家公园建设的序幕。太行山国家公园可开展自然观察、自然体验、自然探险、自然解说、自然学校和自然课堂等多种

---

① 赵敏燕、董锁成、崔庆江等：《基于自然教育功能的国家公园环境解说系统建设研究》，《环境与可持续发展》2019 年第 3 期。

形式的自然教育。可通过景观塑造、文字解说系统、视听媒体系统、主体参与活动、课堂教授等传达自然教育理念，实现国家公园的自然教育功能。国家公园的生物多样性保护功能和自然教育功能相辅相成、互相促进，应将生态保护放在首要位置，科学规范和合理管理教育、游憩和科研等活动，最终实现人地关系和谐与可持续发展的目的。

G.10

广东南岭国家公园自然教育
发展现状分析

陈哲 邓希 陈丽丽*

摘 要： 自然教育是国家公园的核心功能之一，对探索构建具有中国特色的国家公园自然教育模式具有重要意义。本研究通过对拟设立的南岭国家公园片区范围内自然教育资源现状和自然教育现状进行资料收集与统计分析，总结南岭国家公园在自然教育方面的特点及经验；分析南岭国家公园在自然教育上存在的问题，并对构建南岭国家公园自然教育模式提出相关建议。

关键词： 南岭国家公园 自然教育 管理体制

在我国，国家公园建设起步较晚，但发展迅速，至今已建立数个大规模的国家公园①。广东省委、省政府高度重视南岭国家公园的创建工作。2017年，时任广东省委书记胡春华提出"谋划建设粤北生态特别保护区，争取建设成为国家公园"；2018年以来，有关部门多次组织专家现场勘查、召开专家咨询论证会，统筹推进广东南岭国家公园等广东国家公园建设和自然保护地体系建设工作；2020年，广东省将创建南岭国家公园列入省政府工作

---

* 陈哲，男，华南农业大学林学与风景园林学院硕士研究生，研究方向为生态旅游与自然教育；邓希，女，华南农业大学林学与风景园林学院硕士研究生，研究方向为生态旅游与自然教育；陈丽丽，华南农业大学林学与风景园林学院副教授，生态旅游规划研究中心副主任，研究方向为生态规划与设计。

① 孙德顺、马晓燕：《国家公园发展现状及策略分析》，《防护林科技》2020年第2期。

报告，并专门成立了"广东国家公园建设工作领导小组"，全面推进南岭国家公园的建设工作。

南岭是中国南部最大山脉和重要自然地理界线，保存了最完整的亚热带常绿阔叶林森林生态系统①。广东南岭处于南岭山脉的中段，即南岭山脉的几何中心，该区域保留了广东省面积最大的原始森林，拥有完整的山地森林生态系统和原生植被垂直带，具有生态系统的国家代表性和生物物种的国家代表性。拟设南岭国家公园地处广东省北部，南岭山脉中段南麓，由南岭—南水、石门台—罗坑两个片区以及连接两个片区的乳源大潭河生态廊道（生态保护带）组成。

自然教育目前在行业内尚未形成统一的概念界定。不同的自然教育从业者管理主体对自然教育的理解也有所差异。如学校开展的"自然教育"主要是以自然环境为背景，以老师为媒介，通过科学教育的方法，使学生有效地采集、整理、编制自然信息，实现社会生活有效逻辑思维的教育过程②。国家林业和草原局在《自然教育导则》中，将自然教育定义为"依托各类自然资源，综合公众特征，设定与自然联结的教育目标，通过提供设施和人员服务引导公众亲近自然、认知自然、保护自然的主题性教育过程"③。对于中国的国家公园而言，自然教育就是以国家公园自然保护地体系为教育基础，通过联动周边学校与社区，面向社会开展自然观察、自然体验、自然探险、自然解说、自然学校和自然课堂等教育活动，引导社会公众广泛参与，提高公众生态文明意识的过程。

国家公园在实现原生态区域内自然资源及生态环境保护的同时，向民众无差别提供自然教育服务，在强调区域生态文明价值的同时营造教

---

① 黄金玲、缪绅裕、邓毅：《广东南岭国家公园的核心资源与科学保护价值报告》，《广东园林》2020年第5期。

② 姜力、张占庆、姚明远等：《基于自然保护地开展自然教育的现状及建议》，《吉林林业科技》2021年第3期。

③ 全国自然教育网络：《自然教育行业自律公约（定稿）》，2019年1月。

育环境，强调教育意义，推动教育功能的发展①。本研究以拟设立南岭国家公园片区范围内自然教育资源现状和自然教育现状为切入点，分析南岭国家公园自然教育存在的不足，对构建具有南岭国家公园代表性的自然教育模式提出相关对策，以期为国家公园自然教育的发展提出建设性意见。

一 南岭国家公园自然教育资源概述

教育资源是指教育过程中所占用、使用和消耗的人力、物力和财力资源，亦称"教育经济条件"②。国家公园的主体资源一般包括自然和人文风景资源、自然生态系统、生物多样性等。综合自然教育及教育资源概念，结合南岭国家公园相关资源调查报告，本研究探讨的自然教育资源是指在国家公园非核心保护区内可以为开展自然教育活动而被占据或使用的国家公园主体资源。南岭山地具有丰富的自然资源、优美的水文景观、罕见的地质地貌遗迹以及地方传统特色文化，独特的地理位置和良好的生态环境孕育了丰富的物种多样性，具有独特的教育价值和科普价值。本研究基于陈东军等提出的自然保护地自然教育资源分类法③，以《拟设立广东南岭国家公园综合科学考察报告》④，广东南岭、石门台、天井山等自然保护地科学考察报告和发表论文等为基础资料，梳理分析南岭国家公园的核心资源和教育价值（见表1）。

① 李铁英、陈明慧、李德才：《新时代背景下中国特色的国家公园自然教育功能定位与模式构建》，《野生动物学报》2020年第3期。
② 顾明远：《教育大辞典》，上海教育出版社，1998。
③ 陈东军、钟林生、马国飞等：《自然保护地自然教育资源分类与评价——以神农架国家公园为例》，《生态学报》2022年第19期。
④ 广东省林业局等：《拟设立南岭国家公园综合科学考察报告（过程稿）》，2020年12月。

表1 南岭国家公园自然教育资源分类

主类	亚类	基本类型	资源单体名称	自然教育价值
A 地文景观	AA 天象气候 景观	AAA 天文物体 及景象	石坑崆日出与星空、南水湖 星空、天井山日落	天象美学、观察监测等
		AAB 气候及物 候景象	潭岭雪景、天井山雾凇、南岭 物候季相景观	气候物候成因、美学教 育等
		AAC 天气景象	石坑崆云海、云锁大峡谷、天 井山云雾	天气景象观察、成因科 普等
	AB 水域景观	ABC 河段瀑布	南岭瀑布群、大潭河	河流地形成因等
		ABD 湖泊水库	南水水库、潭岭水库、罗坑水库	水力资源价值等
		ABE 潭池沼泽	广东大峡谷水潭群	水域美学等
	AC 生物景观	ACA 花卉地	天井山云锦杜鹃花海、天井 山陀螺果花海	花卉生理教育、美学等
		ACC 独树与丛 树	南木村——红豆杉王、小黄 山——广东迎客松、潘家洞 长柄双花木群落、南岭南方 红杉树群落	林木生理、美学教育、文 化寓意等
		ACD 林地	南岭、石门台天然林	林地生态教育等
		ACE 水生动物	罗坑鳄蜥	动物保护等
		ACF 陆生动物	南岭短尾猴、南岭五指山雉 科鸟类、南水湖候鸟	动物观察、保护教育等
		ACG 两栖动物	石门台特有睑虎	保护教育等
	AD 地文景观	ADF 岩石地貌	大东山花岗岩复式岩体	岩石演变教育等
		ADI 流水地貌	通天笋、仙门奇峡喀斯特地貌	地貌成因、外力作用教育等
		ADK 构造地貌	广东大峡谷、石坑崆中山地貌	地貌演变、美学教育等
C 自然文化	CA 物质类文 化	CAA 农业生产 场地	粤凤生态农业科技园、深洞 村生态茶园	农事体验、生产研学等
		CAB 生活建筑	周屋村特色围屋、潭岭古村 落、南木—太平洞特色村落群	村落演变、人文风情等
	CB 非物质文 化	CBB 音乐舞蹈	瑶族民歌	民间艺术美学等
		CBC 戏剧曲艺	粤北采茶戏	民间艺术美学等
		CBD 传统医药	粤凤传统瑶医	民间技艺研学等
		CBE 地方民俗	乳源过山瑶民俗、粤北客家 民俗	传统风俗感知等
		CBF 现代节庆	瑶族双朝节、瑶族盘王节、乳 源瑶族"十月朝"文化旅游节	民族节庆体验研学等

资料来源：表格中所有的资源数据基本来源于《拟设立南岭国家公园综合科学考察报告》中附表8，其余为笔者自己补充整理。

二　南岭国家公园自然教育发展现状及特点

　　广东省是全国较早开始发展自然教育的示范省份，在全国的自然教育事业发展中始终走在前沿。广东省自然教育事业形成了由政府和民间合力发展共创的局面，并在基地建设、人才培养、活动、课程、产品等方面进行了广泛的实践，形成了独具一格的"广东模式"，积累了重要的发展策略经验。南岭国家公园作为粤北地区重要自然资源的集合地，近年来开始大力发展自然教育工作，在场地建设、品牌形式、参与主体以及开发投入方面形成了自己的探索并取得了一定的代表性成果，形成了具有南岭国家公园特色的自然教育模式雏形，但总体上仍然存在比较大的提升空间。

（一）自然教育基地发展现状及特点

　　广东省在自然教育基地建设方面一直走在全国前沿。截至 2022 年 7 月，广东省已认证的省级以上自然教育学校（基地）100 个，省级特色自然教育径 101 条。南岭国家公园大力推进自然教育基地的建设工作，广东南岭国家级自然保护区管理局正在推进"一馆两园"的建设工作，其建成后将会进一步提升南岭自然教育基地的水平，有力推动南岭国家公园自然教育的工作。南岭国家公园涵盖了当前广东省内共 15 个自然保护地，其中包括了 10 个自然保护区、3 个森林公园、2 个地质公园、1 个湿地公园、2 条自然教育径，具有良好的开展自然教育的本底条件。通过对广东省目前省级以上的自然教育学校（基地）及省级特色自然教育径的分布地进行统计，我们发现目前省内自然教育基地主要分布在广州、深圳、韶关等地，而南岭国家公园范围内自然教育学校（基地）较少，仅分布于广东粤北华南虎省级自然保护区、广东曲江罗坑鳄蜥国家级自然保护区、广东天井山国家森林公园等区域和广东南岭自然教育径等。

　　在国家公园内开展自然教育活动，功能性设施较为重要的，其在服务自然教育的同时，也给予自然教育在内容和形式上的支撑。国家公园内部设施建设更是直接影响相关的自然教育活动，进而影响国家公园内自然教育的整体效果。国家公园自然教育功能性设施目前主要分为室内设施和室外设施两种。

南岭国家公园片区各自然保护地内目前分布一定的功能性设施：宣教中心 3 处、地质博物馆 1 处、自然教育径 4 条、湿地宣教区 1 个、微型气象站 1 个，及宣传栏、宣传标牌一批（见表 2）。目前南岭国家公园片区内，部分自然保护地因为生态承载性较差，没有开展功能性设施的建造工作。且省级以上的自然保护地在自然科考等方面工作开展得较为系统，故南岭国家公园功能性设施建设在总体上呈现省级以上的自然保护地建设进程快于省级以下的自然保护地的现象。随着南岭国家公园建设工作的推进，各自然保护地内的功能性设施建设工作正如火如荼地开展：广东天井山国家森林公园目前开放有天井山自然科学馆，并在此基础上全力打造展示天井山的自然之美和生态之趣的自然教育径；石门台国家级自然保护区管理局已全面启动南岭国家公园项目，开展了包屋村开放式生态体验社区示范点建设、生物多样性监测项目、科普馆科普园前期建设等。

表 2　南岭国家公园自然保护地功能性设施分布情况

自然保护地类型	自然保护地名称	功能性设施类型	设施具体名称	备注
自然保护区	广东南岭国家级自然保护区	自然体验馆	南岭自然教育博物馆	临时展厅
		自然教育园	南岭科普宣教示范园	—
		自然教育园	南岭药用植物园	—
	广东石门台国家级自然保护区	自然教育园	阴生植物园	—
		自然教育园	锦潭科普宣教园	—
		自然教育径	自然教育径	—
		访客中心	石门台自然保护区访问中心	—
	广东罗坑鳄蜥国家级自然保护区	访客中心	宣教中心	—
		自然教育径	自然教育径	—
	广东粤北华南虎省级自然保护区	自然体验馆	野生动物标本馆	—
		访客中心	虎文化宣传中心	—
	韶关乳源大峡谷省级自然保护区	访客中心	宣教中心	—

续表

自然保护地类型	自然保护地名称	功能性设施类型	设施具体名称	备注
自然保护区	韶关乳源泉水市级自然保护区	—	—	—
	韶关乳源大潭河县级自然保护区	—	—	—
	韶关乳源青溪洞县级自然保护区	—	—	—
	韶关乳源山瑞鳖县级自然保护区			
森林公园	广东南岭国家森林公园	—	—	—
	广东天井山国家森林公园	自然教育径	自然教育径	—
		环境质量显示设施	微型气象站	—
		自然体验馆	自然科学馆	—
	清远天湖省级森林公园	—	—	—
湿地公园	广东南水湖国家湿地公园	自然教育园	湿地宣教园	—
		自然体验馆	南水湖湿地科普馆	—
地质公园	广东阳山国家地质公园	自然体验馆	地质博物馆	—

资料来源：表格中功能性设施的界定依据来源于《国家公园自然教育设计研究》[1]；设施分布情况资料来源于广东省及各地林业厅公开资料和网络新闻等。"—"符号表示缺少相关资料或目前当地没有相关建设内容，仍待补充。

（二）自然教育形式发展现状及特点

自南岭国家公园筹建工作开展以来，公园内各保护地都在积极探索自然教育活动，部分保护地依托南岭国家公园得天独厚的自然和人文资源，开展了具有南岭国家公园特色的自然教育活动。广东省自2020年起开始探索活化利用"古驿道+自然研学"的途径，积极联合高校开展古驿道自然教育，

---

[1] 王可可：《国家公园自然教育设计研究》，硕士学位论文，广州大学，2019。

打造了梅岭古驿道"古道寻梅"等具有浓厚人文风情的自然教育之旅；天井山国家森林公园、石门台国家级自然保护区以自身独具代表性的亚热带常绿阔叶林生态系统为本底，通过教育径建造、课程设计、产品开发等环节积极推动具有南岭国家公园特色的自然教育的发展。

1. 在国家公园场景内自然教育形式发展现状

在国家公园内开展自然教育的形式有自然观察、自然体验、自然探险、自然解说、自然学校和自然课堂五种①。以国家公园为场景的自然教育注重访客在园内的互动，吸引更多适龄学生、意向游客参与自然教育过程，提高当地居民推进国家公园发展的积极性。

南岭国家公园将基础设施建设集中的区域、居民传统生活和生产的区域、需要通过工程措施进行生态修复的区域，以及为公众提供亲近自然、体验自然的环境教育场所和生态旅游等区域划为一般控制区②。在其划定的一般控制区的范围内，可发挥自然教育功能，开展国家公园场景内的自然教育活动。目前在南岭国家公园片区内，由各保护地管理局牵头举办了一定数量的以南岭国家公园为主题的自然教育活动（见表3）。广东韶关乳源大峡谷省级自然保护区在"世界野生动植物日"举行"维护地球所有生命"的主题活动；广东天井山国家森林公园形成了以"森林生态科普"文化旅游节和"森林漫步节"为主的户外自然教育模式，在其中实现以自然观察、自然解说和自然体验为主的自然教育形式。

表3 南岭国家公园场景内自然教育活动形式

自然保护地类型	自然保护地名称	自然教育形式	自然教育活动名称
自然保护区	广东南岭国家级自然保护区	自然解说	自然教育径解说
	广东石门台国家级自然保护区	自然解说	自然教育径解说
		自然观察	植物观察

---

① 李铁英、陈明慧、李德才：《新时代背景下中国特色的国家公园自然教育功能定位与模式构建》，《野生动物学报》2020年第3期。

② 广东省林业局等：《南岭国家公园总体规划（2021~2035年）（过程稿）》，2021年7月。

续表

自然保护地类型	自然保护地名称	自然教育形式	自然教育活动名称
自然保护区	广东罗坑鳄蜥国家级自然保护区	自然解说	自然教育径解说
	广东粤北华南虎省级自然保护区	自然解说	宣教中心解说
		自然观察	华南虎习性观察
	韶关乳源大峡谷省级自然保护区	自然体验	"世界野生动植物日"主题活动
	韶关乳源泉水市级自然保护区	—	—
	韶关乳源大潭河县级自然保护区	—	—
	韶关乳源青溪洞县级自然保护区	—	—
	韶关乳源山瑞鳖县级自然保护区	—	—
森林公园	广东南岭国家森林公园	自然解说	自然教育径解说
	广东天井山国家森林公园	自然体验	"森林生态科普"文化旅游节
		自然体验	"森林漫步节"
		自然解说	自然教育径主题解说
	清远天湖省级森林公园	—	—
湿地公园	广东南水湖国家湿地公园	自然探险	环保志愿服务活动暨南水湖徒步活动
地质公园	广东阳山国家地质公园	自然探险	地质软探险体验
		自然体验	"世界地球日"主题宣传活动

资料来源：表格自然教育开展形式相关资料来源于广东省及各地林业厅公开资料和网络新闻等。"—"表示缺少相关资料或目前当地没有相关建设内容，仍待补充。

2. 在国家公园片区周边的自然教育形式发展现状

在国家公园内开展自然教育不应局限于国家公园本身，而是以国家公园资源为主体，引入学校和社区共同参与，打造国家公园特色自然教育模式。

在学校层面，以国家公园资源为平台，将自然教育理念融入学校日常教育过程。国家公园自然教育理念应覆盖从幼儿园至高校的各个教育阶段，并以学校及学生为主体打造具有地方特色的自然校本课程。不同阶段的学校对自然教育的要求也有所不同。拟设南岭国家公园周边以中小学为主，该阶段以知识学习为主。拟设南岭国家公园片区范围附近的学校目前以讲座为主要形式，并积极推进校本课程中与南岭国家公园相关知识的渗透。近年来广东南岭国家级自然保护区管理局大力推进自然进校园活动，积极组织科普宣教团队到保护区周边 3 所中小学校开展以"爱鸟护鸟 绿美广东"为主题的自然科普讲座；广东罗坑鳄蜥国家级自然保护区附近的曲江区罗坑学校与保护区联合开展了科普主题讲座"保护动植物，从娃娃抓起"等活动。

在社区层面，南岭国家公园涉及范围广，影响社区数量大。主要的活动形式为社区宣传、与社区共管。如韶关乳源青溪洞保护区管理机构与村委会签订了共建共管协议，共管内容包括森林资源巡护、森林防火宣传、生物多样性保护宣传、野生动植物保护与宣传等。

（三）自然教育参与主体发展现状及特点

目前广东省自然教育的参与主体呈现多元化的趋势。政府主导是现阶段广东自然教育的重要特征[①]；南岭国家公园积极开展面向公众的各类自然教育活动，形成了"以自然保护地管理局为主，其他自然教育机构组织为补充"的国家公园自然教育活动模式。

政府依旧是南岭国家公园自然教育事业建设的重要支撑；广东省人民政府受中央政府委托代理行使拟设立南岭国家公园范围内全民所有的自然资源资产所有权，并推动组建南岭国家公园相关的管理机构，推动实行省级政府与国家林草局双重领导、以省级政府为主的管理体制，建立以"国家公园管理局—管理分局—保护站"为主体的管理架构。随着南岭国家公园的筹建工作逐渐步入正轨，政府对于国家公园内自然教育事业的投入力度正在逐渐加大。在资金支持方面，省财政、省发展改革委连续 3 年共落实南岭国家公园资金超 3 亿元，强有力地推动了南岭国家公园的创建。此外，省发展改革委、省林业局推动落实了 15 个项目专项债资金共 26.4 亿元，主要用于南岭国家公园辐射带动的区域所规划的相关配套基础设施的建设。在人才队伍建设方面，南岭国家公园积极推进片区范围内林场及附近中小学自然教育人才的培养培训工作，在天井山林场、石门台国家级自然保护区等地开展了自

---

① 广东省林业政务服务中心、全国自然教育网络：《广东省自然教育工作探索与实践》，中国林业出版社，2021。

然导师培训活动，为南岭国家公园开展自然教育事业培养了一批专业性的人才。着力搭建自然教育的发展交流平台；同时积极推进企业、社区和学校等主体与国家公园自然教育活动接轨，丰富国家公园自然教育活动的形式。

三 南岭国家公园自然教育存在的不足和发展建议

（一）南岭国家公园自然教育存在的不足

1. 有待加速自然教育基地建设步伐

拟设立南岭国家公园的自然教育在功能性设施建设方面存在建设进程较慢，已建成的功能性设施同质化、单一化严重等问题。同时，各自然保护地之间较为独立，缺少具有南岭国家公园代表性的自然教育精品线路进行串联。

2. 仍需要丰富自然教育的形式，实现参与主体的多元化

在自然教育形式层面，拟设立南岭国家公园目前形成了"以自然保护地管理局为主，其他自然教育机构组织为补充"的自然教育模式。由于南岭国家公园总体规划仍在审议中，因此基础场所的建设进程较慢，导致目前在国家公园一般控制区内针对南岭国家公园资源特色开展的自然教育活动较少。目前南岭国家公园的自然教育以辐射片区周边的中小学和社区为主；活动形式以科普讲座为主；在主体参与方面呈现政府主导的特点，缺乏企业、社区和学校的参与。

3. 急需塑造具有国家公园特色的自然教育品牌

南岭国家公园所在的粤北地区地理位置偏僻、经济发展滞后，本地自然教育专业型人才严重不足，且目前南岭国家公园的资金投入机制尚不健全；受科普宣教经费和人员所限，拟设立南岭国家公园的自然教育体系在特色塑造和内容挖掘、活动形式和课程设计、人才队伍培养和建设等方面仍处于起步阶段，自然教育活动难以全面持续展开。南岭国家公园的自然教育体系与国家公园应有的形象和社会影响力仍存在明显差距。

（二）南岭国家公园自然教育的发展建议

1. 加快南岭国家公园自然教育基地建设步伐，推动南岭自然教育事业繁荣发展

针对当前存在的南岭国家公园自然教育基地建设步伐慢的问题，应依托现有国家公园得天独厚的自然教育资源，引入国内外的优秀国家公园自然教育基地建设经验，探索建立南岭国家公园教育基地的准入标准、退出机制和评价体系，完善自然教育基地内各类功能性设施的建设，建设一批主题特色鲜明、基础设施完备、教育功能突出的南岭国家公园自然教育基地。在此基础上，构建具有南岭国家公园代表性的自然教育精品线路，并利用线路串联南岭国家公园，打造布局合理、互联互通的南岭国家公园自然教育网络。

依托目前南岭国家公园建设中的自然教育基地以及相关功能性设施，选取具有代表性的自然教育资源的保护地，在其划定的一般控制区内提出了具有南岭国家公园特色的主题自然教育基地建设意向（见表4）。

表4 南岭国家公园特色主题自然教育基地建设意向

基地所属自然保护地	所属区域	基地主题	基地设施建设	主题自然教育活动
广东南岭国家级自然保护区	一般控制区	"智慧南岭，秘境探幽"国家公园自然教育基地	自然教育博物馆*、科普宣教示范园*、药用植物园*、自然教育径	开展南岭地区自然秘境体验等系列主题自然教育活动
广东石门台国家级自然保护区		"花样石门台"山林自然教育基地	锦潭科普宣教园*、访客中心*、自然教育径*	开展石门台地区森林生态美学等自然教育活动
广东粤北华南虎省级自然保护区		"益起守护华南虎"华南虎自然教育基地	虎文化宣传中心*、野生动物标本馆*、自然教育径	开展以保护华南虎为主题的公益自然教育活动
广东阳山国家地质公园		"阳山轻探险"地质自然教育基地	地质博物馆*、自然教育径、自然探险径	开展以户外轻探险、地质地文资源探索为主的自然教育活动

注：表格内"＊"号表示目前正在建设中的自然教育设施。

2. 发挥多元主体共建作用，加大国家公园自然教育公众参与度

南岭国家公园的自然教育事业应坚定不移地走"广东模式"，坚持以政府主导为重要特征，注重引入市场主体参与，同时重视周边学校和社区在国家公园自然教育中的作用，积极引导学生和国家公园中的社区居民参与在国家公园中开展的一系列有意义的自然教育活动。在政府层面，应积极发挥主导作用，为南岭国家公园发展自然教育提供政策支持、资金支持和人才支持，搭建国家公园自然教育的新平台；在企业层面，应通过引入企业及自然教育机构为国家公园的自然教育过程注入新鲜血液；在学校层面，应促进自然教育与各学习阶段、学科的融合，提升学生正确认识自然资源价值的能力，使学生树立尊重自然、热爱自然的环保观念；在社区层面，应积极吸引社区居民成为国家公园自然教育志愿者，同时引导村民从事自然教育行业，在解决部分就业问题的同时壮大国家公园自然教育梯队建设[1]。在多元主体的介入下，搭建南岭国家公园自然教育宣传窗口及志愿服务窗口等，以此实现南岭国家公园与社会各界人士的对接，吸引民众参与国家公园自然教育决策、监督等环节，增强民众的环境保护意识及地区责任感，实现自然教育的全年龄段覆盖，扩大公众参与范围。

3. 构建南岭国家公园品牌的自然教育体系，促进南岭自然教育事业永续发展

针对当前存在的自然教育体系构建不完善的问题，南岭国家公园自然教育应坚定不移地坚持硬件条件与软件条件"两手都要抓，两手都要硬"的发展策略。硬件条件即与自然教育相关基础设施的建设，应对国家公园内与开展自然教育相关的基础条件，如自然教育基地、相关功能性设施等进行优化，尽快出台相应的规范和标准指导国家公园内自然教育基础硬件设施的建造。在软件条件方面，应加大具有南岭国家公园教育意义的特色自然教育课程的开发与设计力度，重视国家公园内自然教育讲师的人才梯队建设，全面提升南岭国家公园内自然教育的水平，为国家公园内打造高质量的自然教育提供支撑。

---

① 李铁英、陈明慧、李德才：《新时代背景下中国特色的国家公园自然教育功能定位与模式构建》，《野生动物学报》2020 年第 3 期。

G.11

中国国家公园自然教育高质量发展的途径与实践

盛朋利　朱倩莹　王忠君*

摘　要： 梳理当前正式设立的国家公园普遍存在自然教育问题，并总结其优秀做法，提出推动国家公园自然教育高质量发展的是少投入、盘利用、重效率、轻资产、联伙伴、强社区等的自然教育方式，强调要加强规划和认证体系构建，保障国家公园自然教育规范、持续发展。

关键词： 国家公园　自然教育　高质量发展

一　引言

中国的国家公园是由国家主导建设与管理的特定自然地域。保护具有国家代表性的自然生态系统，实现自然资源科学保护和合理利用是其主要目的。自然教育是国家公园不可或缺的功能之一，国家公园向公众提供学习自然科学知识的机会，丰富公众多层次的自然体验，同时促进国家公园周边社区发展，展示科研工作成果，促进国家公园生态保护。2013年我国正式开启国家公园体制建设进程。2017年，中共中央办公厅、国务院办公厅印发

* 盛朋利，北京林业大学园林学院2021级风景园林硕士研究生，研究方向为国家公园自然教育；朱倩莹，北京林业大学园林学院2022级风景园林硕士研究生，研究方向为国家公园游憩管理；王忠君，博士，北京林业大学园林学院副教授，硕士生导师，研究重点是自然保护地游憩规划。

《建立国家公园体制总体方案》，明确提出自然教育是国家公园为主体的自然保护地体系的基本功能。2019 年印发的《关于建立以国家公园为主体的自然保护地体系的指导意见》，强调国家公园为主体的自然保护地应积极主动开展自然教育活动①。2019 年，国家林业和草原局发布了《关于充分发挥各类自然保护地社会功能　大力开展自然教育工作的通知》，再次要求将自然教育作为新型林业和草原事业转型发展的领域，提出建设具有鲜明中国特色的自然教育体系的发展目标。2022 年，国家林业和草原局印发《国家公园管理暂行办法》，提出"国家公园应编制自然教育专项规划或实施方案，应当划定适当区域，设置宣教场所，建设多元化的标识、展示和解说系统，培养自然教育人才队伍，组织开展科普和宣传教育活动"。这些政策的出台为国家公园自然教育功能发挥与活动开展指明了方向。

二　国内外相关研究进展

自然教育是以大自然为载体，让受教育者在体验自然、认识自然和保护自然的过程中获得发展的教育，国家公园作为最大的"自然博物馆"，是天然的自然教育载体②。自然教育起源于启蒙运动中卢梭的自然主义教育，但是与其又不等同，是对自然主义教育的扩展。自然教育的目的是使受教育者认识和了解自然，建立自然观，学会尊重自然，进而形成热爱自然、保护自然的个人和社会意识。Susan 认为在自然保护地进行自然教育能增进访客与自然之间的联系，帮助访客培养有益的自然责任行为③。Sirivongs 等的研究表明，公众对国家公园的感知和态度与其环境保护参与意愿等高度相关④。

---

① 唐小平：《高质量建设国家公园的实现路径》，《林业资源管理》2022 年第 3 期。
② 岳伟、杨雁茹：《把国家公园作为开展自然教育的天然宝库》，《人民教育》2020 年第 1 期。
③ Susan, C. B., "Opening Minds：Interpretation and Conservation", *Museum International* 56 (3) (2004).
④ Sirivongs, K., Tsuchiya, T., "Relationship between Local Residents' Perceptions, Attitudes and Participation toward National Protected Areas：A Case Study of Phou Khao Khouay National Protected Area, Central Lao PDR", *Forest Policy and Economics* 21 (2012)：92-100.

Duncan 等通过长期的案例研究，发现公众在国家公园自然观察和生态监测中能获得专业性更高的自然教育，"公民科学"素养提升效果显著①。国内也有学者对美国、澳大利亚等国外国家公园自然教育发展模式进行了研究，分析了国家公园和自然教育的关系，强调中国国家公园等自然保护地应更好地发挥自然教育功能。赵敏燕等通过研究，提出了构建符合中国国情的国家公园"五位一体"自然教育体系，并明确了其中管理、规范、人才、设施和保障体系的重点建设任务②。唐艺挈等研究了大熊猫国家公园的自然教育体系，提出充分发挥大熊猫国家公园的自然资源优势，帮助公众建立起质朴、积极而又踏实的生态文明价值观的行动策略③。陈梦迪提出国家公园应将社区遗产用于自然教育，这有利于提升社会公众对国家公园社区生态智慧的理解以及提高公众对人与自然和谐共生的可持续发展的认知④。

三　当前国家公园自然教育主要存在的问题

我国正全面提升以国家公园为主体的自然保护地体系的建设质量，加强自然教育建设质量也是应有之义。我国正式建立的 5 处国家公园均依据各自的资源优势，开展了不同形式的自然教育与生态体验活动，也取得了很多值得推广的经验。虽然当前有关加强自然保护地自然教育工作的研究在各地均有开展，但呈现科学性不强、体验性不高、参与度不够等一系列问题。

---

① Duncan, C., et al., "Citizen Science Can Improve Conservation Science, Natural Resource Management, and Environmental Protection", *Biological Conservation* 208（2017）：15~28.
② 赵敏燕、董锁成、崔庆江等：《基于自然教育功能的国家公园环境解说系统建设研究》，《环境与可持续发展》2019 年第 3 期。
③ 唐艺挈、谭欣悦、代丽梅等：《大熊猫国家公园自然教育体系构建研究》，《绿色科技》2021 年第 5 期。
④ 陈梦迪：《我国国家公园的环境教育功能及其实现路径研究》，硕士学位论文，南京林业大学，2020。

（一）重设施，轻内容；重投入，轻产出

设施配备齐全是国家公园开展自然教育活动的必要条件。国家公园的自然教育设施一般可以分为室内设施和室外设施。其中，室内设施包括国家公园的访客中心、自然体验中心、各类博物馆和科普馆等，主要为到访公众提供国家公园自然与文化资源的知识普及、宣传展示、生态体验和解说等服务；室外设施包括解说系统、引导与警示标识、生态监测设施与设备等，为访客在公园内的自然观察、生态体验和生态游憩活动提供物质支持。这些功能性设施增强了自然教育的趣味性和时效性，使公众积极主动地参与到自然教育活动中。国家公园生态保护、自然教育服务离不开完善的基础设施给予保障，必要的基础设施是国家公园高质量建设的重要组成部分[1]。国家公园正式建立后，根据国家公园科研、教育、游憩服务等功能，均开展了优化基础设施体系布局、推动传统基础设施建设升级等工作，自然教育基础设施也得到极大的完善，访客中心、陈列展示场馆、科普宣教基地、自然体验馆、自然教室、营地、驿站、游憩体验场所等自然教育基础设施得到很大的改善。如武夷山国家公园整合博物馆和珍稀植物园等宣教设施，开展生物多样性保护等科普教育类主题活动；大熊猫国家公园内设有自然体验馆，使访客能够近距离观察大熊猫，实现沉浸式生态体验和自然教育。这些自然教育的基础设施为国家公园开展自然教育活动提供了必要的支撑，但我们也应清楚地看到，这些设施多数存在利用率不足的情况。除访客中心外，多数国家公园的自然体验馆、展览馆、博物馆等设施访客到访情况不佳。而且这些服务设施的日常运营和维护花费较高。一是体验馆、露营区等互动设施在日常的更新和维护上花费高；二是一些自然教育设施内容过于空泛，使用率低，高投入只取得低产出[2]。

---

① 唐小平：《高质量建设国家公园的实现路径》，《林业资源管理》2022 年第 3 期。

② Duncan, C., et al., " Citizen Science Can Improve Conservation Science, Natural Resource Management, and Environmental Protection", *Biological Conservation* 208 （2017）：15-28.

（二）重游憩，轻教育；小范围，低参与

我国自然保护地体系的体制改革，促进了国家公园在中国的诞生和建设，但原属自然保护地所建设的服务设施更注重访客游憩，当前国家公园自然教育的项目建设和引入不够充分。比如访客中心服务来访者时，仅提供园区旅游线路咨询，而对园内珍稀动植物资源的保护和相关解说设备与服务未加重视，使自然教育功能性设施的转化和建设流于表面。普遍存在的问题是公众参与程度低，涉及范围小，一些设施功能转化不及时，国家公园的自然教育功能未能充分体现。

目前我国的国家公园因地制宜设计的具有当地资源特色的自然教育知识体系，多以自然观察和体验的方式开展活动，比如开展植物观察与识别、观鸟认鸟、生态体验等主题活动，不仅满足了学生和公园访客的知识获取需求，也实现了公园生态环境资源的利用与保护的双重目的。

（三）重机构，轻社区；多解说，缺多样

目前除三江源国家公园开展了一些特许经营的生态体验与自然活动项目外，其他国家公园多是与学校和环保机构展开密切合作，建立自然教育社会实践基地。如三江源国家公园与环保组织绿色联盟合作开展生态戏剧节等自然教育活动，让公众在自然体验和自然观察中了解和认知国家公园建设的意义；东北虎豹国家公园在"全球老虎日"开展专题自然教育项目，也是与其他组织联合开展自然观察、生态知识宣讲和环境保护教育等活动。

国家公园社区一般是指受国家公园建设和管理影响的国家公园内部及周边的原住居民和社会组织。其生产和生活方式与自然环境共同构成公园所蕴含的教育价值观。国家公园鼓励社区参与园区的管理和经营，但社区参与自然教育的内容很有限，少数国家公园周边社区原住居民与国家公园之间的矛盾仍然突出，部分社区居民因个人的利益诉求未被满足而拒绝参与自然教育相关活动。社区居民参与国家公园管理大多被安排在基础性工作岗位，他们缺乏对国家公园的整体认知，对自然教育工作的参与十分有限。另外，虽然

国家公园的相关政策和文件中都提及吸收当地居民加入自然教育服务工作，但当地居民缺少自然解说培训，难以胜任教育向导职位。参与程度有限和培训的缺失成为自然教育内容与实际生产生活有机结合的阻碍。

目前我国国家公园自然教育活动排期少，内容和形式单一，且多以野生动植物观察为主，难以形成访客规模。国家公园的生态游憩区面积一般不大，自然教育活动范围较小、缺乏衍生，体验式和互动式的环境活动开展较少。如成立较早的普达措国家公园，仍以宣传手册等传统方式开展自然教育，忽略了新媒体与智慧系统的作用。

四 国家公园自然教育的主要内容与形式

自然教育在自然环境与人类之间建立联系，使受教育者融入大自然，并形成热爱自然、热爱生活的价值观。自然教育的原则是尊重自然、尊重人类以及在自然中实践。

（一）国家公园自然教育的主要内容

在国家公园开展的自然教育的内容主要包括自然知识、自然智慧、自然伦理与自然审美等。

1. 自然知识

自然知识教育能以最简单、最直接的方式，将国家公园最独特的资源呈现给访客。国家公园中的自然知识教育，是将国家公园蕴含的植物学、动物学、地质学、生态学和环境科学等知识向公众传播，提高访客的科学知识水平，进一步培养社会公众的自然价值观。

2. 自然智慧

自然智慧是对自然科学理论的实践运用，包括国家公园社区原住居民长期以来形成的地方性知识与生态智慧。访客在自然智慧的熏陶下，能够树立环境保护意识，并将个人行动投入保护环境的实践中，以实现人与自然的和谐相处，并使自然资源得到有效的保护和利用。

3. 自然伦理

自然伦理是指人对自然的道德观，包括对自然的理解和认知、对自然的意识和态度、对自然资源的价值观和行为方式。自然伦理通过协调公园访客、教育机构、当地社区和政府等利益相关者之间的关系，寻求更加和谐的共生伦理规则，化解人类与自然在保护与利用上的冲突。国家公园作为生态保护的先锋，应当积极开展自然伦理教育，呼吁保护自然与生态环境，规范公众的环境行为，化解人地矛盾，促进人地关系和谐。

4. 自然审美

自然审美是国家公园自然教育的重要内容。国家公园向公众普及生态知识和自然保护的意义，使公众在亲近自然资源的同时将自身代入整个自然共同体，从而充分理解人与自然之间的密切联系，认识到影响自然则是在影响人类本身。公众通过走入国家公园发现自然之美，热爱自然之美，进而将自然审美化为自身审美能力的一部分，为认识自然环境、保护生态资源、树立绿色生活方式提供内部动力。

（二）国家公园自然教育的主要形式

在国家公园内开展自然教育的形式主要有自然观察、自然体验、自然解说和自然课堂等[1]，当前中国国家公园开展的自然教育内容和形式如表1所示。自然观察是指在游览过程中，访客对森林动植物资源、地质地貌资源、古生物等遗迹资源进行直接的观察和感受，进而深入学习国家公园自然生态环境、生物物种和群落以及自然现象的变化；自然体验强调访客亲身经历，通过身临其境参与和真实体验自然教育活动，直接获得自然观和价值观的教育，强调"在体验中获取知识，在实践中学习"；自然解说通过媒介的解说服务，使访客更全面、更深入地理解和参与自然资源的保护；自然课堂是指在具有自然教育资源的区域，整合专业人力、课程方案，通过一系列课程体

---

[1]　王可可：《国家公园自然教育设计研究》，硕士学位论文，广州大学，2019。

系来进行教育活动，以达成教育、研究、保育等多目标的教学活动方式①。

国家公园可以通过自然教育设施和活动提供自然观察、体验和学习的机会。其开展自然教育的场所主要有自然教育宣教中心、博物馆、标本馆、体验馆、观察哨所、体验营地、自然课堂等。在公众层面，国家公园以代表性资源所蕴含的独特教育价值为吸引力，以自然教育设施为保障，提高公众参与自然教育活动的积极性，增强公众的自然保护意识和民族凝聚力；在国家层面，国家公园的自然教育充分展示国家公园的自然与文化，实现国家公园的教育功能、科研功能、保护功能，提高我国公众的科学文化素养，促进我国国家公园体制建设和生态文明建设的发展。

五 国家公园自然教育提升的途径

（一）轻资产、盘利用、重体验、强实效

自然教育的意义不是去国家公园的自然环境享受自然和消费自然，而是通过自然的体验激发访者了解、认识自然，思考人与自然的相处方式。认识自然的手段包括在自然环境中开展自然互动游戏、植物标本采集、自然风光摄影等活动。自然教育的最终目的是让受教育者产生对自然的敬畏、热爱，并产生与之相应的行为和价值认知。所以，设施与活动的设置应因地制宜，应采用多样化、重实效、盘利用、少投入的轻资产运营方式。国家公园具有得天独厚的自然教育场所，是自然科普教育的"宝库"、自然体验教育的"圣地"、自然价值教育的"殿堂"②。国家公园可以依托自身的实力去营建相应的设施，但设施建设要服务于自然教育功能的实现，不应为了设施而实施教育，而是为了教育而建设设施。因此，我们不主张一定要依托场馆等设施开展自然教育，各地应广泛挖掘自然教育资源，充实自然教育体系；创新

---

① 唐艺挈、谭欣悦、代丽梅等：《大熊猫国家公园自然教育体系构建研究》，《绿色科技》2021 年第 5 期。

② 岳伟、杨雁茹：《把国家公园作为开展自然教育的天然宝库》，《人民教育》2020 年第 1 期。

表1 当前中国国家公园主要自然教育内容

地点	面积（平方千米）	主要自然资源	主要文化资源	自然教育设施	自然教育方式	自然教育开展项目
三江源国家公园	123100	冻土、冰川、高山峡谷、湖泊、湿地、高原草地生态系统和以雪豹、藏羚羊、野牦牛等为代表的高原生物物种资源	河源文化、昆仑文化、藏族藏传佛教文化，以格萨尔"篝马"王为代表的历史文化	三江源国家公园展示中心、三江源博物馆、可可西里宣教和展示中心、园区宣教展示及接待中心	生态伦理教育、生态科普教育、国家公园常识教育、法律法规和政策教育	建设开通三江源国家公园网站，发布园区生态环境状况，开展对园区内农牧民的自然教育服务。加强自然文化知识，招募自然解说服务志愿者，号召社会各界人士主动广泛地参与生态保护工作，培养生态公民，提高民族凝聚力
东北虎豹国家公园	14612	东北虎、东北豹、棕熊、亚洲黑熊、西伯利亚狍、紫貂、原麝、斑羚、东北红豆杉、长白松等野生动植物资源	营林文化与少数民族生态文化	简易营地和森林小径、科研自然解说服务和实时监测、标牌指引与定期巡视系统	自然课堂、在线自然教育、实地自然教育体验、人口社区自然教育	利用虎豹公园已有的巡护道、防火道，以及镇域安全保障区内现有部分林场、村屯的屋舍和普教育小径，将其改建为简易营地和其他野生动物的生存空间，保护野生动物访客的人身安全。建设开通东北虎豹国家公园网站，深入讲解和宣传虎豹公园
大熊猫国家公园	27134	大熊猫、川金丝猴、红豆杉、独叶草、珙桐等国家级保护野生动植物资源	藏族、羌族、彝族等少数民族民俗、历史、宗教、建筑等文化	自然教育展示基地（博物馆、实习基地、"VR"体验馆、自然学校）、自然教育解说中心和户外宣教展示点、自然教育径	自然课堂、在线自然教育、实地自然教育体验	培育一批专业的自然教育解说志愿者，重点开展环境教育的培训，建设自然教育基地，展示以大熊猫为核心的生物多样性保护及少数民族民俗文化和国家公园独特的自然景观，提升大熊猫的国际社会认知度

147

续表

地点	面积（平方千米）	主要自然资源	主要文化资源	自然教育设施	自然教育方式	自然教育开展项目
海南热带雨林国家公园	4269	热带雨林、坡垒、伯乐树、海南苏铁、海南长臂猿、坡鹿、云豹、水鹿等国家级保护野生动植物资源	黎族、苗族民族风俗、建筑、工艺等文化	国家公园展示中心、黎族生态博物馆、研学实习基地、野外环境教点、科教研习小径、访客中心与访客驿站	观光游览、户外运动、低碳休闲、森林康养、科普宣教	通过热带雨林国家公园研学基地与展示中心等设施，为公众提供环境教育服务，满足大众科普、教育、艺术欣赏等精神生活需求，发挥热带雨林启迪大众心智的教育价值
武夷山国家公园	942	常绿阔叶林、针阔叶混交林、温性针叶林、中山苔藓矮曲林、中山草甸五个植物垂直分布带。亚洲两栖爬行动物、黑麂、黄腹角雉等野生动物栖息地	书院遗址、摩崖石刻、宫观寺庙及遗址、儒教文化、道教文化	综合科普教育中心和教育基地；自然教育体验基地、夏令营基地和生态宣教小径；传统媒体和新媒体宣传；专题教育、人员培训和志愿者服务机制	综合场馆式、开放式体验式、媒介传播式、交互沟通式	按"保护优先，景观分享"的发展理念，充分利用三港科普宣教中心以及世界生物模式标本产地等开展科普宣教活动。利用武夷山得天独厚的生态资源——天然和次生原始森林、珍稀野生动植物资源和独特的武夷文化等建设自然教育基地，开展自然体验、自然课堂、教学实习、社会实践等活动；结合现代化智慧科普手段与技术，鼓励访客积极参与智慧与体验

教育实践方式，提高自然教育质量。同时，要释放国家公园的自然教育空间载体，提高自然教育效率；要健全产品服务体系，保障自然体验的质量，强调实效性，甚至可以构建自然教育制度屏障来保障教育效果的实现。

（二）选伙伴、多样化、重价值、可持续

近年来，自然教育专业机构如雨后春笋般涌现，自然教育正面临来自市场的挑战。优选机构和经营者进入，联合开展自然教育活动，是国家公园发展自然教育的应有之举。国家公园管理部门可以选择自然教育理念先进、实力强、声誉好的合作伙伴进行自然教育合作。这些合作伙伴可以包括 NGO、学会协会、科研院校、自然教育机构及相关企业。通过深度合作，实现资源、人才等的优势互补，从而达到资源共享与双赢①。市场化的自然教育往往导向对经济利益的追求，造成空间的商品化，这既违背了国家公园发展自然教育的宗旨，也不利于可持续发展目标的实现。当然，我们可以采取特许经营、品牌授权等方式选择合作对象，但不应因市场的介入而忽略了自然教育是国家公园公益服务功能之一的宗旨。国家公园的自然教育应是普惠型的，是让所有的公众都能有机会享有的服务。国家公园的自然教育不仅仅向人们提供了感受美好自然、疗愈身心等机会，更让普通公众产生了国之大者的自豪感、产生了敬畏自然之心、产生了守卫自然之行动。这才是国家公园开展自然教育的核心价值和使命。同时，我们还要警醒，随着自然保护地自然教育行业的蓬勃发展，市场上将不可避免出现劣币驱逐了良币的现象，应重视自然教育项目品牌建设和门槛机制，以便为其可持续发展提供保障。

（三）强社区、多志愿、重品牌、多元化

国家公园发展自然教育，也应充分考虑周围社区居民的利益诉求。社区可以参与生态保育、资源监测、科普宣传、遗产教育、生态修复和访客管理

---

① 张秀丽：《八达岭森林公园自然学校可持续运营对策研究》，《中国林业经济》2019 年第 1 期。

等国家公园的管理环节。如武夷山国家公园采取"国家公园—保护站点—社区"协作管理模式，定期将国家公园政策性法规的释义逐条逐句向社区居民解释，定期对周边社区进行生态环境保护相关教育培训。此外，武夷山国家公园还动员社区居民将农家乐与自然教育活动相结合，创建国家公园与社区共建的青少年自然教育基地，促进社区居民生态保护意识的形成与巩固。这些社区参与自然教育的经验都值得鼓励和推广。由于国家公园管理机制与编制设置的原因，国家公园不可能有太多的专业自然教育人员，应鼓励和积极招募各类志愿者参与相关活动。同时，国家公园应积极打造自然教育品牌，提升公众对国家公园的整体认知。

应统筹做好科研平台、科普教育基地和自然游憩区域的设施供给，集聚社会团体、企业、个人、非政府组织等，共同为公众提供优质的自然教育服务[1]。这就要求国家公园管理者积极加强与政府、学校、自然教育商业机构、社会组织等的横向合作，构建多样化的自然教育发展模式，增强市场抗风险能力。如大熊猫国家公园的门户社区之一关坝村成立"平武县白熊谷乡村旅游开发专业合作社"，以合作社作为集体经济的组织载体，在对外合作、后勤管理、能力培训等方面进行分工，形成了"一核多元"的自然教育发展模式[2]。

六 自然教育高质量发展的必要保障

（一）加强规划引领，重视细节设计

国家公园作为最具有国家典型意义的重要自然地域，其自然景观的独特性、自然遗产的丰富度以及生物的多样性，使其成为最具有国家代表性的国土空间，是"最美国土"。国家公园管理机构应做好自然教育专项设计，除

---

① 唐小平：《高质量建设国家公园的实现路径》，《林业资源管理》2022年第3期。
② 何海燕、李芯锐、冯杰：《大熊猫国家公园社区为主导的自然教育发展模式研究——以平武县关坝村为例》，《绿色科技》2022年第3期。

场馆等必要自然教育设施外，还应加强自然观察路径、富氧健身健步道、骑行绿道、遗产步道等自然教育主题线路的设计，使受教育者便捷高效地到达自然教育场所参与体验①。

（二）建立自然教育认证机制

国家公园主管部门应积极推动建立自然教育认证机制，严格规范自然教育活动的组织，使之符合国家公园的特殊性。应努力使社会主流的价值体系逐渐认同国家公园的自然教育是一项专业的、不可替代的服务，激发社会认可国家公园自然教育品牌，毕竟社会和消费者的需求是驱动自然教育行业持续发展最重要的动力。

国家公园自然教育的认证可以先从自然教育场景入手。自然教育场景是指国家公园及周边资源环境条件优越、具有一定规模的实现自然教育功能的基地空间。自然教育基地的自然与人文价值能够满足自然教育的需求。应健全自然教育基地的建设与运营机制，制定有力的保障措施；应完善教育体系，教育课程体系与教育内容能确保自然教育活动科学、健康、安全、有序地进行③。

总之，国家公园是我国自然保护地体系的主体，是公众了解与认识自然的桥梁和纽带，也是向公众进行自然教育的最佳场所。国家公园对公众进行自然教育，对于公众培养生态意识、提升环境认知、树立自然伦理观念等具有关键作用。深入开展国家公园自然教育的研究，创造多样化的自然教育活动形式，让国家公园的自然教育活动更加丰富多彩，增加大众"读懂自然"的机会，对于学术界是一件功德无量的事。

---

① 唐艺挈、谭欣悦、代丽梅等：《大熊猫国家公园自然教育体系构建研究》，《绿色科技》2021年第5期。

生态保护与社区发展

Ecological Protection and Community Development

G.12

大熊猫国家公园入口社区多利益
相关者价值共创模式[*]

李燕琴　邓宇婷[**]

摘　要： 社区价值共创是缓解国家公园人地矛盾和提高社区治理水平的重要途径。研究基于服务主导逻辑和价值共创DART模型构建综合分析框架，在总结大熊猫国家公园入口社区价值共创实践经验基础上构建"平台—生态系统"多利益相关者价值共创模式。该模式以价值共创平台为基础，以多层次生态系统为网络特质，以线上线下资源整合与服务交换为价值共创路径，以可操作性强的社会规范与制度协调为系统保障。研究拓展了价值共创理论在国家公园领域的应用，揭示了共创的实现过程与驱动机理，为国家

* 基金项目：国家自然科学基金项目"旅游扶贫社区居民生活满意度演变过程与驱动机理研究"（41871145）。

** 李燕琴，中央民族大学可持续旅游与乡村振兴研究中心主任，教授，博士生导师，长期从事乡村旅游、可持续旅游、生态旅游、民族旅游等领域的研究；邓宇婷，中央民族大学管理学院研究生，研究重点为国家公园社区管理、旅游扶贫、可持续旅游。

公园利益协调机制与社区管理模式创新提供了理论工具和实践参考。

关键词: 利益相关者 价值共创 国家公园入口社区 DART 模型 服务主导逻辑

一 引言

国家公园体制是中国自然保护地建设具有里程碑意义的工作[①],在国家顶层设计下中国已初步建立了政府主导、多方共同参与的国家公园保护、管理和运营机制[②]。开拓与创新兼具的工作也意味着挑战性[③],中国国家公园社区发展面临人口基数大、土地权属复杂、所有权与收益权网络多重交叉等现实难题[④],社区与管理局、地方政府间因而产生的矛盾削弱了国家公园的管理效果。因此,有必要通过机制创新与路径优化推动管理模式转变与完善。

现有研究已注意到单一利益方如国家公园管理部门、社区居民等在核心利益诉求上的分异[⑤],但是缺乏围绕多利益相关者的广泛性所形成的整体性分析。同时,少数研究虽已关注到国家公园利益相关者进行价值共创的

---

① 刘慧媛:《基于序参量的国家公园社区人地关系优化研究:可持续生计视角》,《中国园林》2022 年第 2 期。
② 毕莹竹、李丽娟、张玉钧:《中国国家公园利益相关者价值共创 DART 模型构建》,《中国园林》2019 年第 7 期。
③ 苏杨:《从人地关系视角破解统一管理难题,深化国家公园体制试点》,《中国发展观察》2018 年第 15 期。
④ 朱冬芳、钟林生、虞虎:《国家公园社区发展研究进展与启示》,《资源科学》2021 年第 9 期。
⑤ 刘伟玮、李爽、付梦娣等:《基于利益相关者理论的国家公园协调机制研究》,《生态经济》2019 年第 12 期。

具体模式①，然而利益相关者间多层次互动驱动价值共创的模式与机理，相关研究鲜有触及。基于此，本研究将服务主导逻辑理论的宏观过程视角与价值共创DART（Dialogue/对话、Access/获取、Risk/风险、Transparency/透明）模型的微观体验视角相结合，以大熊猫国家公园为案例，探索符合中国情境的国家公园社区多利益相关者价值共创模式，为促进社区和国家公园的良性互动提供政策建议。

二 文献回顾与分析框架

（一）国家公园社区管理

全世界有约50%的国家公园和保护区建立在原住居民的土地之上，但在国家公园早期研究中，社区未能被视为具有不同观点和愿望的人的集合，而是常被作为地理背景，利益诉求被忽视②。随着国家公园社区冲突升级③以及合作管理④等思想进一步发展，国家公园社区的文化、权利及发展等众多方面逐渐受到重视⑤。维护社区权益是国家公园全民公益性的重要体现，社区参与管理则是实现其自身利益的重要途径⑤，同时对于推动管理政策真正落地、降低管理成本、缓解社区与公园矛盾等也具有重要意义。社区管理模式经历了由传统模式向协同模式转变的过程⑥，其中协同管理包括共同管

---

① 沈兴菊、Huang R.：《国家、民族、社区——美国国家公园建设的经验及教训》，《民族学刊》2018年第2期。
② Eagles P. F. J.，"Research Priorities in Park Tourism"，*Journal of Sustainable Tourism* 4（2014）：528-549.
③ 侯艺、许先升、陈有锦等：《澳大利亚国家公园社区共管模式与经验借鉴》，《世界林业研究》2021年第1期。
④ 廖凌云、杨锐：《美国国家公园与原住民的关系发展脉络》，《园林》2017年第2期。
⑤ 孙琨、钟林生：《国家公园公益化管理国外相关研究及启示》，《地理科学进展》2021年第2期。
⑥ 朱冬芳、钟林生、虞虎：《国家公园社区发展研究进展与启示》，《资源科学》2021年第43期。

理和合作管理两种。中国的国家公园采用社区共同管理的发展模式，但政策要求模糊、内涵界定不清等问题严重影响了其管理效果①。已有学者在借鉴国外成熟的国家公园管理经验的基础上，构建了中国国家公园的社区共管模式⑤。然而这些研究多关注社区居民这一单一主体，忽略了不同利益相关者间的交互网络与错综联系在社区管理中的作用。

（二）价值共创

价值共创因强调消费者与企业在参与价值创造过程中的对称性而逐渐成为管理和营销领域研究关注的重点②。国外有关价值共创的研究已有 20 余年，并逐渐分化出两条研究主线。一条是 Vargo 和 Lusch 基于资源优势理论和核心竞争理论提出的取代传统商品主导逻辑的服务主导逻辑主线③，它强调价值由企业和顾客通过互动共创的整个过程④。服务主导逻辑认为价值共创的行为发生于服务交换和资源整合过程中，制度和制度安排则是维持服务生态系统并推动内部成员实现价值共创的重要外部条件⑤⑥。随着研究者对价值共创环境复杂性的更多关注，两位学者将服务主导逻辑框架扩展至服务生态系统⑦，充分强调价值共创参与者的广泛性以及他们之间复杂的、相互嵌套的多层次互动关系及其在不同尺度上的表征。服务主导逻辑向服务生态系统理论的演变为构建动态、多层次、多利益相关者价值共创模式提供了新视角。另一条是 Prahalad 和 Ramaswamy 基于消费者体验价值提出的价值共

---

① 张引、杨锐：《中国国家公园社区共管机制构建框架研究》，《中国园林》2021 年第 11 期。

② 张洪、鲁耀斌、张凤娇：《价值共创研究述评：文献计量分析及知识体系构建》，《科研管理》2021 年第 12 期。

③ 张引、杨锐：《中国国家公园社区共管机制构建框架研究》，《中国园林》2021 年第 11 期。

④ Tax, S. S., Mccutcheon, D., Wilkinson, I. F., "The Service Delivery Network (SDN)", *Journal of Service Research* 4 (2013): 454-470.

⑤ Lusch, R. F., Vargo, S. L., Gustafsson, A., "Fostering a Trans-disciplinary Perspectives of Service Ecosystems", *Journal of Business Research* 8 (2016): 2957-2963.

⑥ Vargo, S. L., Lusch, R. F., "Institutions and Axioms: An Extension and Update of Service-dominant Logic", *Journal of the Academy of Marketing Science* 1 (2016): 5-23.

⑦ Vargo, S. L., Lusch, R. F., "It's all B2B...and Beyond: Toward a Systems Perspective of the Market", *Industrial Marketing Management* 2 (2011): 181-187.

创主线①，它强调企业和消费者在互动中的共创体验。在此基础上，两位学者构建了包括对话（Dialogue）、获取（Access）、风险（Risk）和透明（Transparency）4个关键要素在内的 DART 模型②，指出了确保参与者价值共创体验的基本条件。DART 模型为揭示价值共创机制提供了重要依据。

（三）分析框架

中国国家公园利益相关者间权力与利益博弈是自然保护地可持续发展的关键问题，特别是国家公园与社区之间的空间重叠、资源交错与利益共享的复杂关系带来了社区治理和景区管理的挑战，推动以社区为中心的多利益相关者价值共创成为破解困局的重要路径。服务主导逻辑理论与 DART 模型对价值共创实现方式的研究各有侧重、各有优长，在具体实践中对其综合运用具有重要意义，因此本研究以两者为基础构建价值共创的双轮分析框架（见图1）。研究以近年大熊猫国家公园社区协调发展的二手资料为数据，以价值共创分析框架为指引，总结其现有社区价值共创举措的实施现状、不足与创新，进而剖析大熊猫国家公园社区多利益相关者价值共创模式与构建路径，以期为推进其他国家公园社区价值共创实践提供可资借鉴的经验。

三 大熊猫国家公园入口社区的多利益
相关者价值共创

（一）大熊猫国家公园入口社区的发展

2017年1月，中共中央办公厅、国务院办公厅正式印发《大熊猫国家

---

① Prahalad, C. K., Ramaswamy, V., "Co-opting Customer Competence", *Harvard Business Review* 2 (2000): 79-87.

② Prahalad, C. K., Ramaswamy, V., "Co-creation Experiences: The Next Practice in Value Creation", *Journal of Interactive Marketing* 3 (2004): 5-14.

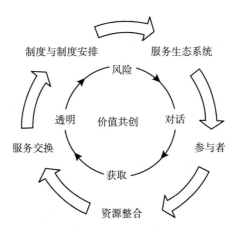

图1 价值共创的双轮分析框架

资料来源：根据 Vargo 和 Lush（2016）①、
Prahalad 和 Ramaswamy（2004）② 修改。

公园体制试点方案》，2021 年 10 月大熊猫国家公园正式设立③。大熊猫国家公园跨四川、陕西、甘肃三省，包括 12 个市（州）30 个县（市、区），整合各类自然保护地 80 余个。试点期间，大熊猫国家公园创立了"社区共建共管"机制，激发当地居民广泛参与，特别是四川片区的社区协调发展工作走在前列，为建立社区可持续发展机制提供了"四川方案"。

为在大熊猫保护与当地居民生产生活间寻求平衡，大熊猫国家公园（四川片区）所涉市（州）、县域中均设立了入口社区，从而形成国家公园外围连接资源保护与社区发展的新型聚居"点"。研究基于新闻报道、微信公众号、短视频等多渠道总结了四川片区入口社区的发展现状。由表 1 可见，入口社区发展规划是国家公园总体规划的重要组成部分；政府推动下的社区、公司、管理局多方共建是协调发展的重要方式。为实现国家公园和入

---

① Vargo, S. L., Lusch, R. F., "Institutions and Axioms: An Extension and Update of Service-dominant Logic", *Journal of the Academy of Marketing Science* 1（2016）：5-23.

② Prahalad, C. K., Ramaswamy, V., "Co-creation Experiences: The Next Practice in Value Creation", *Journal of Interactive Marketing* 3（2004）：5-14.

③ 《国务院关于同意设立大熊猫国家公园的批复》，中国政府网，2022 年 4 月 30 日，http://www.gov.cn/zhengce/content/2021-10/14/content_5642465.html。

口社区的良性互动，大熊猫国家公园采取了"点、线、面"相结合的管理模式①：核心区的原住居民逐步迁出，位于一般控制区的居民采用"点"上聚居安置模式；在一般控制区内开辟生态游览路"线"，允许访客进入，使社区居民参与对访客的游憩服务和科普教育；在"点""线"建设基础上，将更大"面"积的生境留存给大熊猫和其他野生动植物。

表1　大熊猫国家公园四川片区入口社区的发展

市(州)	代表入口社区	发展概况
雅安	荥经县龙苍沟镇的发展村、万年村	2021年荥经县完成《大熊猫国家公园(荥经南入口片区)战略规划》，并将其纳入《雅安国际熊猫城产业核心区总体规划》，发展村、万年村民宿、方竹产业发展良好
眉山	洪雅县瓦屋山三镇八村	2020年眉山入口社区开展"大熊猫国家公园(四川)友好示范社区"创建工作，并制定相关规范标准，引导社区创建大熊猫友好示范人家、农家乐
成都	彭州龙门山镇的宝山村、小鱼洞社区；都江堰(县)龙池镇的飞虹社区	2021年指导编制大熊猫国家公园入口社区建设规划4个，初步实现"园内体验，园外服务"的保护发展模式
德阳	绵竹市(县级市)清平镇	2020年德阳地区首个大熊猫国家公园入口社区揭牌仪式在绵竹市清平镇举行，清平入口社区正式开放
绵阳	平武县虎牙藏族乡、安州区(原为安县)千佛镇	2019年绵阳推介10个大熊猫国家公园入口社区发展项目，平武县人民政府和四川雪宝顶文化旅游开发有限公司签署《平武县大熊猫国家公园虎牙入口社区战略性投资建设协议书》
广元	青川县唐家河社区、落衣沟村	2021年青川县通过产业提升、文旅增效、治理创新有序推进大熊猫国家公园入口社区建设
阿坝藏族羌族自治州	汶川县卧龙镇、耿达镇	2019年四川省林草局、地方政府、四川省交投集团签署《大熊猫国家公园卧龙、耿达入口社区规划合作协议》，共同开展自然教育、生态体验区及入口社区规划编制工作

---

① 沈兴娜：《熊猫百问你来问｜什么是大熊猫国家公园入口社区?》，新华社新媒体，2021年8月23日，https://baijiahao.baidu.com/s? id=1707964368348384748&wfr=spider&for=pc。

（二）入口社区多利益相关者价值共创的探索与实践

1. 初步搭建多利益相关者的互动对话平台

居民在国家公园社区参与中居于核心地位，发挥重要功能的其他利益相关者的有效参与也不可或缺。多利益相关者的核心圈层包括中央的国家公园管理局、地方政府、大熊猫国家公园管理局等政府组织、社区、特许经营者，紧密层包括访客、专家学者，外围层包括非政府组织、媒体等[①]。

"社区共建共管"机制正成为社区参与的有效路径，以对话为核心的互动平台是价值共创参与机制建立的基础。大熊猫国家公园在吸引社会力量广泛参与方面已取得初步成效，大熊猫国家公园共管理事会通过定期会议的模式建立沟通平台，李子坝村则通过契约形式汇聚利益相关方，而都江堰以村级议事会为平台引进世界自然基金会（World Wide Fund for Nature，WWF）进行共建共创。在平台建设中，地方骨干成为推动政府、社区、特许经营者间合作的"黏合剂"，在对话平台搭建中发挥重要作用。

信息的透明性与可获取性是对话机制建立的基石，风险的防范则是对话可持续的保证。绵阳的共管理事会将国家公园建设和管理规划、重要民生利益调节信息、特许经营的监管信息等通过多种渠道向各参与方公开，保证了信息透明与可获取性。李子坝村通过协议保护的方式赋权于村集体，由非政府组织资金、公益林补偿资金、村里合作社基金共同支持社区发展，从风险防范层面保证了对话机制的可持续性。

互联网的快速发展促进了多利益相关者的线上对话，为线上资源整合与服务交换机制的进一步建立奠定了基础。如新华社"PANDAFUL 熊猫社区"线上发起"熊猫百问你来问"话题并同步上线大熊猫慢直播、四川省林草局就《四川省大熊猫国家公园管理办法（草案征求意见稿）》向社会征求意见等，搭建了公众与大熊猫国家公园的对话平台。

---

① 毕莹竹、李丽娟、张玉钧：《中国国家公园利益相关者价值共创 DART 模型构建》，《中国园林》2019 年第 7 期。

2. 逐步探索社区资源整合与服务交换模式

资源整合与服务交换是服务生态系统中多利益相关者价值共创的方式。唐家河入口社区落衣沟村正式启用的夜间观兽体验点①是社区资源整合与服务交换的范例（见图2）。在多利益相关者参与机制下由村委会组织村民、公司组织游客参与价值共创，观兽体验点为资源整合平台，游客通过此平台获取体验从而转化为经济价值，促进各利益主体间进行经济和服务交换。最后社区将费用的80%补偿给村民，剩下的20%则用于社区公共事项，通过平台资源整合与服务交换成功将"人兽冲突点"转化为社区发展"利益点"。类似案例还包括都江堰片区联合大自然保护协会等共同建设"自然教育基地"，四川广元唐家河社区组建唐家河中蜂、羊肚菌、雷竹子三个特色产业合作社等，这些都显示了社区多利益相关者基于各自优势协调共创的价值。

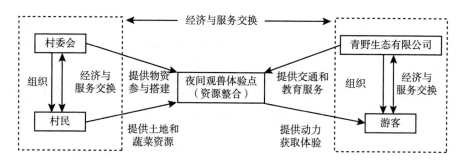

图2 唐家河入口社区落衣沟村资源整合与服务交换机制

3. 日渐重视多层面的社会规范与制度协调

国家公园社区利益相关者的价值共创活动涉及面广、意义重大，有效的制度与制度安排是其顺利实施的保障。自《大熊猫国家公园体制试点方案》实施以来，大熊猫国家公园社区在微观、中观、宏观层面初步开展了社会规范与制度协调工作。

---

① 柴畅：《自然教育场所前移到社区，大熊猫国家公园唐家河片区新建三座哨棚》，红星新闻，2022年3月3日，https://baijiahao.baidu.com/s? id = 1726294531177499262&wfr = spider&for = p。

微观层面重视参与者的社会规范与制度协调。如村规民约和村民议事制度对村民行为的规范，一般控制区内企业准入的特许经营制度对企业的规范等。中观层面关注多利益相关者的协作。如成都片区管理部门与 12 家自然教育基地签订共建框架协议，眉山市联合洪雅县人社部门、职业培训学校签署协议对入口社区居民进行技能培训等。特别值得关注的是平武县关坝村"一核多元"自然教育发展模式，该模式以自然教育运营为核心，以合作社、自然教育行业机构以及社区农户为多元参与主体，在制度安排上实现利益在相关者间的二次分配，成为多利益相关者价值共创的范例①。宏观层面关注社区与周边或跨省社区、景区、度假区的社会规范与制度协调。如飞虹社区推动社区、小区、景区、度假区四区联动，村委调动群众和专业合作社携手营造"泉世界"、农产品溯源、森林康养等微场景建设，创建示范社区。

总的来看，大熊猫国家公园现行管理条例、办法和体制方案等更关注国家公园宏观层面的保护与发展；国家公园与周边社区协调发展日渐受到重视，如《大熊猫国家公园（四川园区）社区发展专项规划（2021—2025年）》正在积极向省发展改革委报告②；但对于增强多利益相关者的价值共创的操作性制度规范和实施细则尚缺乏。

4. 努力构建多利益相关者生态系统耦合机制

服务生态系统中包含多个子系统和要素，而各子系统会根据具体环境进行自主的价值创造③。服务生态系统已经超越了早期基于企业/客户二元的直接价值共创概念，价值共创研究从以消费者为中心向以利益相关者为中心转变④。

---

① 何海燕、李芯锐、冯杰：《大熊猫国家公园社区为主导的自然教育发展模式研究——以平武县关坝村为例》，《绿色科技》2022 年第 3 期。

② 四川省林业和草原局：《对省十三届人大四次会议第 77 号建议答复的函》，四川省林业和草原局官网，2021 年 10 月 22 日，http://lcj. sc. gov. cn/scslyt/jyta/2021/10/22/9be021b83d3149f5a9e61c6c4bc914f7. shtml。

③ 淦凌霞、张涛：《社区支持视角下民俗节事服务生态系统研究》，《西北民族大学学报》（哲学社会科学版）2021 年第 1 期。

④ Gölgeci, I., Ali, I., Ritala, P., et al., "A Bibliometric Review of Service Ecosystems Research: Current Status and Future Directions", *Journal of Business & Industrial Marketing* 4 (2021): 841–858.

多利益相关者生态系统的概念恰当地描述了国家公园建设中各类参与者之间关系的复杂性和异质性①。大熊猫国家公园的核心层、紧密层、外围层的利益方均为多利益相关者生态系统的子系统，它们共同推动了大熊猫国家公园的价值创造。

大熊猫国家公园试点以来，通过理顺行政管理体制，初步形成了国家管理局、省管理局、管理分局三级管理体制；管理模式由国家林业和草原局与省政府双重领导，以省政府管理为主；管理体系以横向多部门整合、纵向多层级贯通为特征，从而更有利于跨省域的关系协调和合作共创②。大熊猫国家公园跨省域子系统现有联结多表现在协同保护机制构建层面，参与者以各省国家公园管理局、管理分局为代表（见表2）。四川和甘肃两省已形成协作机制，陕西省秦岭片区由于相对孤立的地理位置、相隔的大熊猫栖息地和种群③，导致合作缺位。而省域内子系统之间的联系路径、协同重点更加多元化。具体来讲，省域内子系统在保护协作层面尝试构建"公园管理机构—

表2　大熊猫国家公园子系统间协同路径

位置	参与者	时间	协同路径	协同重点
跨省域	甘肃白水江分局、四川平武县林草局、平武县森林公安局、桃花源基金会、山水自然保护中心等保护机构	2019年10月	联合行动:开展大熊猫国家公园范围内首次联合反偷盗猎巡护行动,涉及10个单位30余人	多部门协同保护
	四川青川县和平武县、甘肃文县三地检察机关、大熊猫国家公园主管部门	2020年11月	政策文件:《关于建立大熊猫国家公园跨区域保护协作机制的意见》	多部门协同保护

① Schiavone, F., Mancini, D., Leone, D., et al., "Digital Business Models and Ridesharing for Value Co-creation in Healthcare: A Multi-stakeholder Ecosystem Analysis", *Technological Forecasting and Social Change* 166 (2021).

② 毕莹竹、李丽娟、张玉钧:《中国国家公园利益相关者价值共创 DART 模型构建》,《中国园林》2019年第7期。

③ 李晟、冯杰、李彬彬等:《大熊猫国家公园体制试点的经验与挑战》,《生物多样性》2021年第3期。

续表

位置	参与者	时间	协同路径	协同重点
省域内	大熊猫国家公园四川省管理局、管理分局分管社区工作负责人、社区部门负责人	2021年7月	会议驱动：四川省林草局（大熊猫国家公园四川省管理局）在成都召开社区协调发展年度目标任务推进会	社区协调发展
	雅安探途全域研学文化旅游发展有限公司（简称探途）、龙苍沟发展村	2021年12月	联手共创：探途与龙苍沟发展村正式签订《关于共建发展村大熊猫国家公园共享社区的战略合作协议》，联手打造共享社区	社区价值共创
	大熊猫国家公园唐家河管理处（工会、社区工作科、保护科、防火办负责人）、绵阳市平武县木座乡新驿村	2022年3月	跨区域联防机制：大熊猫国家公园唐家河片区与保护区周边社区建立联防机制，签订自然生态环境联合保护协议书	多部门协同保护

村组织—公益组织"三位一体格局，联系路径主要体现在跨区域联防机制层面；而在价值共创和社区协调层面，将参与主体从管理部门间的合作扩展至社区、企业、政府等多部门协同保护与开发。

四　大熊猫国家公园社区价值共创模式构建

（一）基础：以DART模型构建价值共创参与平台

DART模型中的四要素是确保多利益相关者参与价值共创的基本条件，其构成的参与平台是实现价值共创的基础。参与平台需建立起四方机制：①沟通对话机制；②信息透明机制；③价值共振与共创机制；④风险防范机制。其中沟通对话机制与信息透明机制是基础。首先，沟通对话机制确保地方国家公园管理局、社区、企业、非政府组织等以及各层级管理机构沟通畅达。其次，国家公园相关政策、参与者价值共创信息保持透明有利于促进多利益相关者的团结协作，使其平等互信地参与价值共创。互动平台需根据参

与方的利益相关程度赋予差异化的决策和参与权利。核心层保证参与和决策权的最大化，紧密层和外围层在保证参与度的同时，对应的决策权依次减少①。

三江源国家公园在社会参与对话方面的经验可资借鉴，其通过搭建社会融资平台，促进了政府、企业、非政府组织间更好地对话，形成"政府主导、企业参与、市场运作"的共建共享机制。多样化沟通路径包括线上互联网交互、线下面对面畅谈。

（二）路径：价值共振的资源整合与价值共创的服务交换

根据国家公园社区发展过程中多利益相关者扮演的角色可将价值共创的资源投入划分为劳动、资金、技术、信息等。线下的资源整合与服务交换需要政府等具有强话语权的利益相关者担任监督者和协调者的角色，以此促进多方联合共创，获取最大效益。而互联网的应用也极大拓展了实体社区的线下资源交换与整合能力，线上线下价值共振的资源整合成为促进多利益相关者服务交换、价值共创的核心动力。大熊猫国家公园社区发展的相关利益者可通过建立微信、QQ 群、云会议来增强成员之间以及社区之间的互动交流，打破资源、规模和时空的限制。所有价值创造的参与者都可成为资源的整合者，通过创新信息、知识、商品、资金和价值的流动方式，构造新的社区价值共创情境②。其中，还需要利用互联网平台如微博、抖音等与消费者互动，依托互联网优势与社区对接，实现信息共享、实时营销等功能，促使社区突破市场时空局限，完成与消费者之间的服务交换③，实现服务增值和价值共创。

具体而言，以大熊猫国家公园原生态产品为例，可通过"政府+社区+

---

① 毕莹竹、李丽娟、张玉钧：《中国国家公园利益相关者价值共创 DART 模型构建》，《中国园林》2019 年第 7 期。

② 芦昊、刘国峰：《基于服务生态系统的智慧旅游价值共创研究》，《商业经济》2020 年第 8 期。

③ 淦凌霞、张涛：《社区支持视角下民俗节事服务生态系统研究》，《西北民族大学学报》（哲学社会科学版）2021 年第 1 期。

特许经营商家"的模式，在联席会议的背景下开展跨区域生态友好产品推介与合作开发。此外，还可利用互联网促进跨区域产品协同，以大熊猫国家公园原生态产品标识与防伪码作为共有身份符号，增强原生态产品与游客间的价值互动，形成更具影响力的大熊猫原生态产品，以此实现线上线下价值共振的资源整合与价值共创的服务交换。

（三）保障：可操作性强的社会规范与制度协调

可操作性强的社会规范与制度协调可对潜在的风险进行预估并完善风险防范体系，平衡多方利益，避免多利益相关者因利益冲突导致价值共毁。《大熊猫国家公园总体规划（试行）》中提出大熊猫国家公园在社会规范与制度协调层面实行特许经营制度，鼓励居民以投资、入股、合作、劳务等多种形式开展经营活动。其他国家公园也有可借鉴的经验，如三江源国家公园由省财政统筹安排，通过"一户一岗"制度创造性地让牧民吃上了"生态饭"，同时坚持绩效考核制度与生态管护员全员培训制度，并与太平洋保险公司合作，为园区所有生态管护员投保人身意外伤害保险。钱江源国家公园创新推出的"期权鱼"也是制度协调下的价值共创典例，当地居民通过与公园签订"期权鱼"合同，将今后数年的清水鱼一次性卖出，并在钱江源国家公园何田片区入口社区打造中国清水鱼产业综合体，以清水鱼养殖为依托发展渔家乐、民宿、餐饮、旅游观光等产业，将农业产业链的增值收益、就业岗位分配给社区居民，实现了产业联农带农的价值共创。普达措国家公园通过迪庆州委、州政府与社区签订的《关于普达措国家公园旅游反哺社区发展实施方案》，从制度协调层面保障社区可持续发展。

（四）网络：多利益相关者生态系统的耦合协同

构建全方位多层次的生态系统不但要强调社区内各相关利益者的微观互动，还需要满足各社区、景区、自然保护地之间的中观协调，更要讲求大熊猫国家公园四川、甘肃、陕西三大片区的宏观耦合，并通过技术、资金、人

才等要素将各子系统进行衔接。全方位多利益相关者生态系统建立在参与者角色趋同的基础上，强调以制度约束为核心，在广泛的社会范围内进行资源整合与服务交换①。社区、政府、特许经营者应充分发挥核心圈层的强互动关系，通过带动紧密层、外围层的非政府组织的有效参与，实现多方在社区产业发展、旅游运营、品牌建设和传播等方面的合作联动，共创经济价值、体验价值和生态价值（见图3）。2021年丽水市人民政府出台的《百山祖国家公园全域联动发展规划（2021—2025年）》② 是构建全方位多层次生态系统耦合协同的示范案例，其重点构建了"保护控制区+辐射带动区+联动发展区"三层级全域联动发展格局，明晰了实现全方位多层次生态系统耦合目标的实践路径。

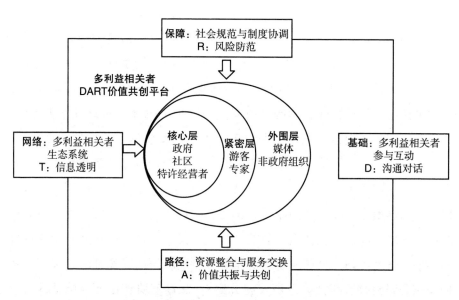

图3 国家公园社区的"平台—生态系统"多利益相关者价值共创模式

---

① 淦凌霞、张涛：《社区支持视角下民俗节事服务生态系统研究》，《西北民族大学学报》（哲学社会科学版）2021年第1期。

② 丽水市人民政府：《百山祖国家公园全域联动发展规划（2021~2025年）》，丽水市人民政府官网，2021年12月10日，http://www.lishui.gov.cn/art/2021/12/10/art_1229283446_2379184.html。

五　结语

社区是国家公园的重要组成部分，自 2017 年国家公园体制试点以来，国家和社会各界通过多种途径推动入口社区发展以改善国家公园与社区关系，推动社区参与国家公园建设。社区作为多利益相关者直接互动的场域，极易形成多方"共生性竞争"关系①，因而化"竞争"为"合作"成为促进社区高质量发展的关键。本研究的贡献在于整合了服务主导逻辑的宏观过程视角与 DART 模型的微观体验视角，以大熊猫国家公园社区价值共创的实践经验为基础，从共创层面提出了国家公园社区基于"平台—生态系统"的多利益相关者价值共创模式，以期逐步实现国家公园社区从多利益相关者竞争性参与向生态系统耦合协调发展的转向，促进价值共创机制的制度化、规范化与操作层面的常态化建设②，最终形成多利益相关者充分参与且充分受益的国家公园共建共享格局。

---

① 者荣娜、刘华：《我国国家公园建设中社区权利新探》，《世界林业研究》2019 年第 5 期，第 72~77 页。
② 毕莹竹、李丽娟、张玉钧：《中国国家公园利益相关者价值共创 DART 模型构建》，《中国园林》2019 年第 7 期，第 97~101 页。

G.13
居民生计韧性及其对国家公园
社区高质量发展的影响

——以三江源国家公园黄河源园区为例

卜诗洁　卓玛措*

摘　要： 生计韧性与社区发展的话题受到学者的广泛关注，但研究较少从生计韧性的角度探究其对国家公园社区高质量发展的影响。本报告结合生计韧性理论，运用访谈、观察等研究方法，构建了"生计韧性—社区发展"理论分析框架，探究了三江源国家公园黄河源园区生计韧性现状及其对社区发展的影响。研究发现：国家公园社区居民生计韧性主要由缓冲能力、学习能力、自组织能力和文化适应四个部分构成，其中文化适应是连接社区发展和生计韧性的重要纽带；生计韧性对社区产业发展、社区治理、社区参与、传统文化产生不同的影响。在生计韧性水平提升过程中，生计方式的适应程度与社区发展阶段密切相关。本报告最后还探讨了引入"社区发展"以优化国家公园社区居民生计韧性的框架。

关键词： 生计韧性　社区发展　国家公园社区　文化适应

国家公园是中国生态文明建设的重点区域，生计韧性问题作为协调国家

---

* 卜诗洁，青海民族大学旅游学院硕士研究生，研究方向为生计韧性和国家公园生态旅游；卓玛措，青海民族大学旅游学院教授，研究方向为国家公园和特许经营、生态旅游。

公园人地关系的重要手段，在社区发展中扮演着重要的角色。生计韧性（Livelihood Resilience）是指居民最初的生产力有应对外界压力事件干扰的能力。生计韧性不仅有助于增强生计主体的生计机会和福祉，还会为地区经济发展创造新的机会①②。在国家公园地区，社区居民作为生计活动的主体，也是国家公园社区发展的主体，其生计韧性水平的提高对实现社区可持续发展具有重要意义。然而，当前对国家公园社区发展的研究多集中在国家公园社区感知③④、生态旅游发展⑤⑥、社区管理⑦⑧、生态补偿⑨⑩等方面，其中，社区感知研究多集中于对生计影响的探讨⑪⑫，而从生计韧性角度切入，探究在面对多重干扰时以及在变化影响下，居民生计韧性水平对国家公园社区发展影响的研究较少。

---

① Chambers, R., Conway, G., "Sustainable Rural Livelihoods: Practical Concepts for the 21st Century", *IDS Discussion Paper* 296 (1992): 296.

② Tanner, T., Lewis, D., Wrathall, D., et al., "Livelihood Resilience in the Face of Climate Change", *Nature Climate Change* 5 (2014): 23-26.

③ 龚箭、刘畅、David Knight：《神农架国家公园居民可持续旅游感知空间分异及影响机理研究》，《长江流域资源与环境》2021 年第 12 期。

④ Abukari, H., Mwalyosi, R.B., "Comparing Conservation Attitudes of Park-Adjacent Communities: The Case of Mole National Park in Ghana and Tarangire National Park in Tanzania", *Tropical Conservation Science* 11 (2018).

⑤ 李想、芦惠、邢伟等：《国家公园语境下生态旅游的概念、定位与实施方案》，《生态经济》2021 年第 6 期。

⑥ Lasso, A.H., Dahles, H., "A Community Perspective on Local Ecotourism Development: Lessons from Komodo National Park", *Tourism Geographies* (2021): 1-21.

⑦ 何思源、魏钰、苏杨等：《基于扎根理论的社区参与国家公园建设与管理的机制研究》，《生态学报》2021 年第 8 期。

⑧ He, S., Yang, L., Min, Q., "Community Participation in Nature Conservation: The Chinese Experience and Its Implication to National Park Management", *Sustainability* 12 (11) (2020).

⑨ 武萍、张慧：《三江源国家公园生态补偿适度标准评估——基于生态系统服务价值供给的视角》，《青海社会科学》2022 年第 1 期。

⑩ 张瑞萍、曾雨：《国家公园生态补偿机制的实现——以利益相关者均衡为视角》，《广西社会科学》2021 年第 9 期。

⑪ 王含含、张婧怡、王娇：《国家公园居民生计资本评价及生计策略研究——以钱江源国家公园体制试点区为例》，《东南大学学报》（哲学社会科学版）2021 年第 2 期。

⑫ 刘慧媛：《基于序参量的国家公园社区人地关系优化研究：可持续生计视角》，《中国园林》2022 年第 2 期。

生计韧性强调在实现国家公园发展目标、落实优先事项的过程中，应充分考虑国家公园社区居民的生计问题，增强生计主体应对外界变化和干扰的能力。这不仅有助于优化国家公园建设的体制机制，也为探究国家公园社区高质量发展提供了一个新的研究视角。现有对于国家公园生计问题的研究多从可持续生计视角出发，探究地区生计转型路径①②，以及分析国家公园建设对居民生计资本、生计策略选择等方面的影响③。总体来看，大多数研究所关注的是国家公园居民的生计资本和生计方式的选择，而对国家公园社区发展缺乏关注。在国家公园生计研究中逐渐有学者认识到，"社区发展"作为国家公园建设的关键任务，在已有的生计韧性研究框架中未能得到重视。因此，本报告结合生计韧性理论，利用文本分析方法，构建"生计韧性—社区发展"的理论分析框架，分析三江源国家公园黄河源园区社区居民生计韧性水平及其对社区高质量发展的影响，探究国家公园社区居民在生计韧性提升过程中生计方式与社区发展的适应问题，并进一步探讨生计韧性框架对"社区发展"的忽视，以期弥补国家公园生计韧性对社区研究的不足，深化对生计韧性与社区发展之间关系的理解，并为国家公园社区高质量发展提供借鉴和参考。

一　理论分析框架与研究方法

（一）生计韧性与社区发展的理论分析框架

生计是人地系统研究的重要内容，生计问题的研究对于推动地区可持续

---

① 何思源、王博杰、王国萍等：《自然保护地社区生计转型与产业发展》，《生态学报》2021年第23期。
② 李明、吕潇俭：《三江源国家公园建设中以草地畜牧业发展支撑牧民可持续生计路径研究》，《农业经济》2021年第4期。
③ 程红丽、陈传明、何映红：《牧户家庭资产禀赋对其生计风险的影响——基于祁连山国家公园的调查》，《草地学报》2021年第12期。

发展具有重要意义①。生计韧性的核心是生计主体在应对干扰和压力时所采用的适应性策略②。在复杂的外界变化和冲击下，生计韧性框架为解决生态脆弱地区人们的生计可持续与资源保护问题提供了新的思路。已有研究主要基于 Speranza 等人提出的生计韧性框架为基础，从缓冲能力、自组织能力和学习能力等方面对地区韧性水平及影响因素进行评价研究③④⑤⑥。还有学者从生计主体的脆弱性和韧性两个方面出发，构建了"脆弱性—韧性"的理论分析模型，对于这一模型的运用主要集中在生态脆弱地区农牧户的生计韧性和脆弱性问题的研究⑦。

国家公园社区发展与社区居民生计之间关系密切。一方面，国家公园社区作为生态文明建设的重点区域，承担着生态安全、生物多样性保护等多种功能，国家公园的建立在一定程度上限制了社区居民对自然资源的利用，即导致社区居民生计发展途径受到制约，使得短期内的居民生计转型难以实现，社区居民生计脆弱性加剧。另一方面，社区是地区居民生计活动的区域，社区资本作为居民生计发展的重要资源，能增强生计韧性并促进应对外界变化和冲击的适应性策略的形成。在国家公园建设背景下，园区产业发展模式、管理方式等发生了巨大改变，社区居民生计面临外界干扰及多重因素

---

① 赵文武、侯焱臻、刘焱序：《人地系统耦合与可持续发展：框架与进展》，《科技导报》2020 年第 13 期。

② Liu-Lastres, B., Mariska, D., Tan, X., et al., "Can Post-disaster Tourism Development Improve Destination Livelihoods? A Case Study of Aceh, Indonesia", *Journal of Destination Marketing and Management* 18 (2020).

③ Speranza, C. I., Wiesmann, U., Rist, S., "An Indicator Framework for Assessing Livelihood Resilience in the Context of Social-ecological Dynamics", *Global Environmental Change* 28 (2014): 109–119.

④ 尹珂、肖轶、郭蕾蕾：《田园综合体建设对农户生计恢复力的影响研究——以重庆市国家级田园综合体试点忠县新立镇为例》，《地域研究与开发》2021 年第 5 期。

⑤ 王亚红、马道萍：《深度贫困地区农户生计恢复力测度及其障碍因素诊断——基于河南省某深度贫困乡镇的实证调查》，《农林经济管理学报》2020 年第 4 期。

⑥ 纪金雄、洪小燕、朱永杰：《茶农生计恢复力测度及影响因素研究——以安溪县为例》，《茶叶科学》2021 年第 1 期。

⑦ 励汀郁、谭淑豪：《制度变迁背景下牧户的生计脆弱性——基于"脆弱性—恢复力"分析框架》，《中国农村观察》2018 年第 3 期。

的冲击，更加剧了社区居民生计的脆弱性。在此背景下，当地居民能否有效利用社区资源、如何通过增强生计韧性而影响社区发展值得深思。

社区发展是指社区内的利益相关者和社区组织，共同利用和整合社区内的资源，解决社区存在的问题，改善社区环境，以提高社区居民生活质量的过程。在这一过程中，社区居民作为国家公园的重要组成部分，其对国家公园试点工作的落实及其可持续发展具有决定性作用[①]，社区高质量发展是国家公园建设需考虑的重点问题。社区居民生计韧性的提高，有助于增强社区居民的缓冲能力、完善自组织能力、提高学习能力，以实现文化的适应。缓冲能力是社区生计韧性的基础，生计资本构成缓冲能力的核心，居民生计资本存量的增加可以有效促进社区产业的发展。自组织能力的增强表明社区合作日益完善，对自身资源的依赖程度降低，社区生计制度改善等，由此有助于促进社区治理的实现。文化适应是社区居民在流动过程中所推动的文化融合和适应，其对于协调社区传统文化与现代产业发展理念，提高社区居民的文化认同感具有重要作用。由此，本研究构建了"生计韧性—社区发展"的理论分析框架（见图1）。

（二）研究区域

三江源国家公园黄河源园区是我国三江源国家公园三大园区之一，拥有丰厚的自然和文化资源，这些资源是社区居民赖以为生的重要生计资本，也促成了地区世代延续的以畜牧业为主的生计方式。在国家公园建设的背景下，居民以放牧为主的传统生计方式受到限制，面对生计环境的变化以及外界不利因素的冲击等，居民生计脆弱性显著加剧。较强的生计韧性代表着社区居民接受培训和进行学习的机会增多、社区合作社等组织和制度构建完善、生计策略选择增多、生计能力增强，这些在推动黄河源园区产业发展的同时，也为社区发展带来了诸多机会和资源。随着园区生态体验旅游的发

---

① 李爽、李博炎、刘伟玮等：《国家公园基于社区居民利益诉求的社区发展路径探讨》，《林业经济问题》2021年第3期。

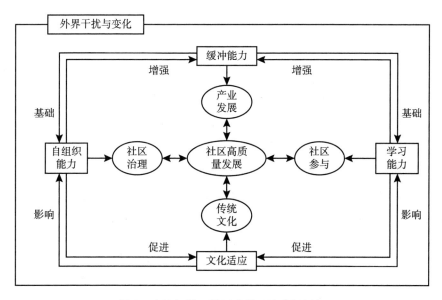

图1　生计韧性—社区发展理论分析框架

展，为寻求可替代的生计策略，增加地区居民生计的多样性，当地政府也在积极探索社区参与旅游的生计发展策略，为社区高质量发展奠定了良好的基础。而较弱的生计韧性说明地区生计主体的学习能力、自组织能力较弱，其在面对外界变化时维系生存的能力和生计资本不足，生计主体与社区企业、政府等的矛盾突出成为社区管理和发展的新问题。由此可见，黄河源园区传统的生计方式已经受到外界冲击，生计韧性水平的高低带来的积极和消极影响已经显露。黄河源园区位于青海省玛多县境内，面积达到1.91万平方千米，主要包括三江源国家级自然保护区的扎陵湖—鄂陵湖和星星海2个保护分区，调研区域主要集中于玛查理镇、黄河乡、扎陵湖乡和花石峡镇。该地区居民以藏族为主，居住较为分散；绝大部分地方属于传统的畜牧业区，人们的生计方式较为单一。

（三）数据收集与处理

课题组成员于2020年10月前往黄河源园区开展了预调研，对园区居民生计状况、社区发展现状有了初步的认识。基于这次预调研，课题组设计了相关调研提纲，在 2021 年 5 月再次前往黄河源园区进行正式调研，通过与当地政府、国家公园管委会以及社区居民的座谈、访谈等获得了第一手资料，对黄河源园区的自然资源状况、生态旅游发展状况、特许经营状况以及居民生计状况等有了较为深入的了解，掌握了社区居民生计方式、生计能力等的基本状况。此次共与园区 4 名村委会干部、2 名黄河源园区管委会干部以及 19 名社区居民进行了深度访谈，每人的访谈时间在 30～120 分钟不等。此外，结合参与式观察和非参与式观察对社区发展现状和生计现状进行分析，参与式观察主要包括前往社区居民家中体验藏族特色美食、参与旅游体验项目等，非参与式观察主要包括观察乡镇办公室的公示栏、通知栏等，观察藏戏排练以及观察社区居民家庭物资、摆设及其日常行为等。选择代码"A+编号"代表乡镇政府人员、"B+编号"代表社区居民、"C+编号"代表黄河源园区管委会成员，借鉴内容分析法对文本数据进行处理，根据"生计韧性—社区发展"的理论框架提取和总结数据，并进行归类、分析和解释，从而解析出二者之间的关系。

二　黄河源园区社区居民生计韧性现状

通过对访谈文本资料的分析，本研究将三江源国家公园黄河源园区社区居民生计韧性的构成划分为缓冲能力、自组织能力、学习能力和文化适应四个方面，生计韧性水平受到这四个方面的共同影响。

缓冲能力是指系统能够承受外界干扰和冲击，并利用变化产生的新机会实现减贫等生计结果的能力，缓冲能力主要由人力、自然、金融、社会和物质等五类生计资本构成，是生计韧性的核心基础[①]。一方面，三江源国家公园黄河源园区的建立完善了地方的基础设施和旅游设施，增加了园区居民接受培训和进行学习的机会，外来资本和人才的引入可以有效增加园区人力资

---

① Speranza, C. I., Wiesmann, U., Rist, S., "An Indicator Framework for Assessing Livelihood Resilience in the Context of Social-ecological Dynamics", *Global Environmental Change* 28 (2014): 109-119.

源水平，提高居民参与社区发展的能力，由此促进园区居民人力、物资等资本的增加。另一方面，国家公园的建立虽迫使部分居民进行生态移民搬迁，自然资本减少，但从长远来看拓展了园区居民生计转型渠道，园区"生态管护员"工资收入、参与生态体验旅游收入、生态畜牧业收入等能够在一定程度上增加园区居民的金融资本。但由于特许经营项目为园区主要的经营活动，各类项目的开展仍处于初步的探索阶段，生态旅游管理和开发有待完善，居民参与成本高，绝大部分园区居民未能参与生态旅游活动。此外，社区居民以藏族为主，社区民风淳朴，邻里关系较好，但地区居民多为散居，社区的凝聚效应发挥不显著，社会资本明显不足。

自组织能力主要由制度、合作、社会关系、自组织的机会以及对自身资源的依赖等方面构成[①]。黄河源园区建立以来，成立了黄河源园区国家公园委员会，由当地政府和管委会共同管理园区各项事务，园区司法体系和管理制度日益完善。为最大限度地实现社区的自我组织和管理，更好地发挥社区居民的作用，园区设立相关合作社，如建立生态畜牧业合作社，最大限度地实现牛羊养殖、加工、销售、宣传等方面的一体化。黄河源园区的社区居民世代生活在草原之上，以放牧为主的传统生活方式使其对草场等资源依赖性极大，而单一的生活方式脆弱性水平较高，当其受到外部影响和冲击时，难以保证基本的生活需求以及未来的发展。与此同时，当地以藏族为主的人口构成使得居民社会关系较为简单，对园区移民搬迁的包容水平较高，但也造成其社会关系网有待构建、与外界的信息交流途径和渠道有待拓展等问题。由此可见，国家公园、合作社的建立以及特许经营项目的开展在一定程度上增加了园区社区居民生计的自组织能力，但社会关系网络较窄、社区管理制度有待完善、对自然资源的依赖程度极高等方面的问题仍然制约着生计韧性水平的提高，从更深层次来看也将影响社区高质量的发展。

学习能力主要包括技能和知识的获得能力、对潜在危险和机会的感知能力、知识转化能力等。受社区居民自身素质限制，黄河源园区居民的语言以藏语为主，他们与外界沟通能力较弱，专业知识和技术水平较低，难以开展除了传统生计方式以外的其他谋生活动。国家公园社区的建设，社区生态旅游、生态畜牧业等产业的发展，为黄河源园区社区发展提供了新的机会，担任生态管护员、参与生态旅游等技能培训进一步增强了居民的学习能力，提高居民社区参与能力。此外，受地理区位以及社会经济发展滞后等多方面的限制，社区师资力量不足，居民受教育水平较低，居民难以接受新事物或接受新事物的过程较为缓慢。

文化适应是指文化在环境变迁过程中得到改造的适应过程，在生计韧性研究层面是指社区生计主体在应对外界环境变化带来的压力时，为谋求自身的发展会调整自己的心理认知，最终导致文化和价值观念的变化[1][2]。调研发现，社区居民传统高原生态理念会对其生计方式的选择产生影响。一方面，部分居民认为国家公园及其园区特许经营体制机制的建立，尤其是生态旅游的开发和发展制约了其畜牧业的发展，部分牧民通过参与旅游转变了其生计方式，从而改变了社区畜牧业的内部结构。另一方面，访客的进入使得园区居民与访客产生互动，不可避免地会产生文化的交互，从而可能会影响社区居民对自身文化的认同感。

三 生计韧性对社区高质量发展的影响

（一）对社区产业发展的影响

黄河源园区社区早期以传统畜牧业为主，后期随着生态旅游的发展以及其他特许经营项目和活动的开展，社区产业结构不断优化，产业要素作为社区发展的重要组成部分，也受到了社区居民生计韧性水平的影响，尤其是居民生计资本水平较低，成为国家公园社区居民生计韧性的明显短板。"畜牧业是老百姓唯一熟练的技术，如果让老百姓开个修理厂、餐馆等，老百姓的

---

① 何明、袁娥：《佤族流动人口的文化适应研究——以云南省西盟县大马散村为例》，《西南民族大学学报》（人文社科版）2009 年第 12 期。

② 刘相军、孙九霞：《民族旅游社区居民生计方式转型与传统文化适应：基于个人建构理论视角》，《旅游学刊》2019 年第 2 期。

技术和文化都跟不上，所以在玛多，只能做生态畜牧业和生态旅游，这是老百姓增收唯一的出路和改善生态最好的途径。"（A2）受三江源国家公园黄河源园区的地理区位、传统生计方式和民俗特色的影响，社区居民以散居为主，居住地多为帐篷、石结构房屋，这为社区居民参与生态旅游提供了一定的物质基础。"现在最大的问题就是我们玛多没有自己的深加工企业……没有企业也没有技术人员。"（A2）国家公园建设、生态体验旅游项目的开发也使得园区居民收入逐步多样化，但由于地区缺乏专业技术人员和专业技能培训等，玛多县未能形成畜牧业深加工的产业链，从而不利于玛多"藏羊品牌"的打造，也进一步限制了地区生态畜牧业产品和产业的开发。

由此可见，黄河源园区居民生计资本是社区资本的主要内容，尤其是作为生计主体的人力资本、物质资本、金融资本等直接影响社区资源丰富度和社区发展水平，可能会使社区产业发展逐渐失衡，并呈现以下特征。①不同地区的产业发展水平存在显著差异，尤其是生态旅游的发展，生计韧性水平受其影响较大。即靠近生态体验点的居民生计多样化程度较高，社区发展水平较高，远离生态体验点的居民社区发展水平相对较低，且居民生计能力和生计多样性不足，社区发展主要由畜牧业带动，居民生计转型渠道和机会较少。②社区产业发展不均衡现象突出。生计资本丰厚、劳动力素质和质量较高的乡镇政府所在地社区产业发展水平高；牧区通信水平较差，交通设施不完善的地区居民仍以畜牧业为主，如黄河乡仍是传统的牧业乡，虽然开展了生态体验项目，但是畜牧业仍是其居民主要的收入来源，社区产业结构单一，产业发展水平滞后。

（二）对社区参与的影响

访谈者中有8位居民拥有两个及以上的生计方式，如放牧、参与生态管护收入以及草畜生态补偿收入等均是其主要生计收入来源。访谈者中共有6位参与了园区社区生态旅游的发展，6位为生态管护员，参与社区生态保护工作，并积极参加当地的合作社。建立合作社可以最大限度地利用草场资源，其不仅可以与当地政府和管委会等实现有效沟通，有助于相关政策的落

实，也可以推动园区生态体验旅游的开发，促进社区参与。"我们镇上（花石峡镇）有 8 个村，每个村都成立了生态畜牧业专业合作社，都以藏羊养殖为主，地方也有奶牛养殖基地；我们通过草场入股合作社实现合作社运行的股份制改革，从而更好地整合和利用现有的草场资源。"（A2）

生态旅游是社区参与发展的主要活动形式，当地社区居民表示愿意参与生态旅游开发，但由于园区生态旅游管理和开发模式有待完善，当前社区居民参与生态旅游的成本较高，且受个人素质、专业能力等方面的制约，其社区参与旅游程度不高，其根本利益未能得到基本保障。在实地调研中，当地政府表示当前社区参与旅游开发仍然处于起步阶段，特许经营企业与社区居民、政府之间的矛盾突出，在生态体验项目的利益分红和参与程序方面均存在较大的缺陷。

（三）对社区治理的影响

生计主体自组织能力的增强对形成科学规范的治理理念、行动、政策等具有积极的作用，有助于推动社区治理环境的优化。早期社区生计主体的自组织能力较弱，地区合作社、生态管护队等均未建立或形成完备的管理体制。同时，受到地区设施建设、社会经济发展滞后等的影响，国家公园及其社区在建设初期，社区居民自组织能力、社区治理能力较弱。"生态畜牧业专业合作社的设立，在生态保护优先的前提下，实现了劳动力资源和草场资源的整合。"（A2）随着国家公园建设及各项管理体制机制的完善，园区自组织能力显著增强，由此形成了国家公园与社区共同发展的机制体系。"通过建立专业合作社，利用景区打出专业合作社品牌……在生态体验过程中，可以将餐饮和住宿都安排在合作社里，将合作社打造成管理、营销等的集合体。合作社实施村集体经济，利用生态管护员进行社区自我管理。"（A3）随着社区发展体制机制的完善，社区居民意识到了园区建设及生态旅游开发带来的综合效益，在面对外界管理方式的变化时，社区居民社会网络更加完备，能动性显著增强，自组织机会明显增多，尤其是以畜牧业为主的合作社成为社区发展和国家公园管理的重要纽带。"我们可以依托合作社，建立合作社账户，与云享自然公司的利益分红可以直接打到合作社账户，账户上有钱了就给牧民分。"（C2）"现在车队建起来了，车队肯定要找一个队长让他去安排协调统一，工资也要给队长发。每个村都会有监督委员会，所有的车主都可以监督。"（A5）此外，生态管护员队伍的建立也成为社区治理的有效抓手，社区的发展离不开社区居民的自我管理和自我发展，生态管护员队伍不仅充分发挥了生计主体在社区生态保护中的主体地位，也增强了其自身的生计能力，提高了生计资本，进而促进了社区产业的发展。

由此可见，社区居民通过参与合作社、参与生态管护等，实现社区的自我管理、自我发展，使得社区治理能力逐渐增强。社区治理呈现以下特征。①社区治理主体规模存在差异，生计韧性强的群体参与社区治理的能力高于韧性弱的群体，如生计主体具有多种生计方式，其参与治理的能力和意识则相对较强。②社区居住的分散性影响园区社区治理水平。在乡镇政府所在地的地区，社区治理优势显著，治理资源、人才等突出，而位于牧区、以散居为主的地区因社区居民之间缺乏互动，消息传递渠道受到限制，社区治理难度增加。

（四）对社区传统文化的影响

文化适应是连接社区治理和生计发展的重要纽带，三江源国家公园社区属于传统的高原牧业区，传统的高原生态环境催生了特殊的生态文化，地区居民对神山、圣水以及大自然的敬畏，催生了地区特殊的宗教信仰、生计方式和体验方式。现代旅游生计方式与传统的畜牧业生计方式关系较为复杂，进而也对园区居民的文化信仰产生影响。一些受访者认为国家公园建设、生态体验旅游的开发在一定程度上压缩了畜牧业的发展空间。"现在我们这里的一些年轻人都去做司机（导览员）了，就是搞旅游，一次能挣不少钱，这样放牧的人就少啦。"（B7）部分居民草场面积减少，参与国家公园旅游开发的成本增加，这些不仅对园区畜牧业产生消极影响，也不利于传统高原生态文化的传承。"我也想搞旅游啊，那个很挣钱的，但是我没钱，做不起来……"（B7）"我普通话不行，也没有太多的帐篷，没办法参与进去。现在旅游活动都是做出来的，我们这里一些习俗，每次来一些游客就表演一

次，原汁原味的东西越来越少了。"（B14）参与社区旅游开发不仅使牧民减少，也在一定程度上对产业结构产生了影响。"我现在是车队的一员，老婆在管护站上做事，再加上生态管护员的收入，我家已经不放牧了。"（B15）事实上，因特许经营项目的开展，园区生态畜牧业、生态体验旅游业的绝大多数产品均来自县镇，但受到地区发展限制，部分物资仍需要从县镇外部购买，且只有少数生态体验点上的居民可以参与生态体验旅游的开发，绝大多数园区居民为自给自足，能够进行出售的畜牧业产品较少。

在对玛多县霍科寺的调研中课题组发现，寺院的主要表演活动为藏戏，由寺院僧侣戴面具表演，不同的面具色彩象征着不同的角色特征。以藏戏为主的传统文化展示不仅能够提高园区居民的文化认同感，也能够加深访客对该地区文化的认识。当地传统的习俗、饮食习惯、宗教信仰等成为旅游发展重要的吸引力，也使得社区居民对本地区的情感更深厚，这份情感使得大多数居民愿意留在本地工作，而不愿意外出务工。"果洛的藏族有个奇怪的现象，就是他们不出门，再穷也要守在这里。"（A5）此外，本地的语言也是传统文化的重要组成部分之一。访谈发现，生计韧性水平高的居民对社区文化的认同感明显高于其他居民。"为什么来园区旅游的不能说藏语，我们去其他国家旅游都是说英语，说的是他们那个地方的语言，为什么游客来到我们这里不能学说藏语呢？"（B12）对于社区居民来说，语言是其与外界联系的主要障碍，虽然大部分居民认为语言阻碍了当地社区的发展，但是语言也是当地社区的特色，生计韧性水平较高的居民往往具备多种语言能力，从而使其具有多样化的生计策略，这对推动文化传播、增强居民的社区文化认同感具有重要作用。

四　结论与讨论

（一）结论

本研究在"生计韧性—社区发展"分析框架的指导下，分析了三江源国家公园黄河源园区社区居民生计韧性的现状，以及地区生计韧性的构成内容对社区高质量发展的影响。国家公园社区发展与居民生计韧性水平具有密切联系。随着国家公园的建设，一方面，社区居民生活条件和经济发展水平提高，生计转型渠道增多，这是黄河源园区社区发展的"显性"层面；另一方面，还要注意到在外界不利因素影响和冲击下，社区居民可能存在生计方式与社区发展不适应等"隐性"层面的问题。通过以上分析，本研究具有以下发现。

1.国家公园社区居民生计韧性提升过程中存在生计方式与社区发展不适应的问题

在国家公园建设前，受传统畜牧业生计方式与地区高原生态文明思想的影响，社区居民多安于现状，面对牧区多发的自然灾害等外界干扰，社区居民利用已有的生活经验，具有一定的生计应对能力。同时，依靠传统的宗教信仰、规则等对社区进行治理的成效较为显著，社区居民日常生活的满意度较高。随着国家公园的建设，传统放牧的生计方式受到限制，生态体验旅游的开发以及"草畜平衡"等限制放牧的政策造成部分居民的生计被迫转型；在面对生态旅游发展环境的变化以及不利因素的干扰时，社区生计主体的生计韧性与社区发展产生冲突。社区"能人"在面对社区发展变化时能够积极参与，但受社区居民整体素质与传统思想的影响，其难以带动大部分居民参与社区发展，这一部分居民的生计转型问题突出。此外，在生态体验旅游发展过程中，参与社区生态旅游的居民生计多样化水平提高，但由于参与旅游的成本较高、参与能力有限、生态旅游管理和发展模式有待完善等问题，社区绝大部分居民仍选择传统以放牧为主的生计方式。在面临传统生计方式受到限制以及当前生计能力不足等问题时，生计主体难以及时对生计方式进行调整，从而导致整体生计韧性降低，社区发展质量不高。

2.国家公园社区居民生计韧性提升过程中存在生计方式与社区发展不适应的内在认知规律

一方面，生计韧性的核心基础是生计资本，学习能力和自组织能力是生计韧性提升的重要因素。国家公园建设以及相关体制机制的转变，使得社区

居民自然资本减少，部分居民的金融资本提高，但是人力资本、物质资本等方面的不足仍成为阻碍社区居民参与社区发展的主要因素。受地区传统生态文化的影响，社区居民对畜牧业高度适应；受自身学习能力不足和自组织能力较差的影响，其对自身的生计方式产生了"定性思维"，这直接影响了其生计策略的选择。另一方面，居民对社区产业发展的认知除了受到传统生计思维模式的制约之外，还受到社区产业发展水平和发展模式的影响，且后者会直接影响居民参与社区发展的态度和意愿，继而影响居民生计转型的实现。

（二）讨论

除了以上结论之外，还有以下几点值得注意。

1. 发挥文化适应能力，提高国家公园社区居民的生计韧性水平

黄河源园区社区居民虽然在提高生计韧性水平过程中存在生计方式与社区发展不适应的问题，却也展现出生计主体自身的文化适应能力。如国家公园建立后园区主体对自然资本的利用受到限制，面对园区生态体验旅游的发展，传统以放牧为主的生计方式日益受到冲击，部分居民则采取了参与生态旅游和生态管护等方式以弥补其牧场等生计资本减少造成的损失。国家公园地区凭借其特殊的生态地位和综合功能在新的社会经济发展环境下选择发展生态旅游作为其生计方式，社区居民依靠文化的适应能力解决在生计转型过程中生计方式与社区发展的不适应问题。在国家公园生态旅游发展过程中，社区应注意传统高原生态理念对其生计方式选择的影响，增强对自身文化的认同感，并将畜牧业等传统生计方式融入生态体验旅游的生计体系中，从而调适生计方式转型与社区发展的不适应，提高居民生计韧性水平。

2. 在生计韧性水平提升过程中，社区生计方式的适应程度与社区发展阶段密切相关

从国家公园访客接待量、社区居民参与程度和特许经营企业的经验状况来看，黄河源园区社区正处于快速发展阶段。在这一阶段，社区设施建设日益完善，地区生活环境状况改变较为显著，社区知名度提高，访客量逐步增

加，社区居民在专业素养和技能上尚存在缺陷，这易导致社区生计方式与社区发展不相适应。随着国家公园社区进一步发展，特许经营企业的规范化经营，居民专业知识的丰富和技能的提升，居民参与社区发展的意识日渐增强，这可能会进一步促进园区生态保护与经济发展、文化传承相协调，增强生计主体生计方式的适应能力。可见，随着国家公园的建设，社区居民技能提升，职业培训机会增多，通过相关培训和学习，居民参与国家公园建设意愿增强，从而实现其生计多样化的能力增强，生计策略的选择与社区发展的适应程度日益提高。

3. 引入"社区发展"，对国家公园社区居民生计韧性框架进行优化

"社区发展"的提出弥补了国家公园生计韧性研究中对"社区韧性"研究的不足，突出了社区在国家公园建设过程中的重要作用，丰富了生计韧性框架的内容。为推动社区发展和生计韧性水平的提高，需要对传统的生计韧性框架进行调整，在生计韧性框架中增加"社区发展""文化适应"等，提升文化因素在社区发展与生计策略选择中的价值，发挥文化适应对社区发展与生计韧性的连接作用（见图2）。

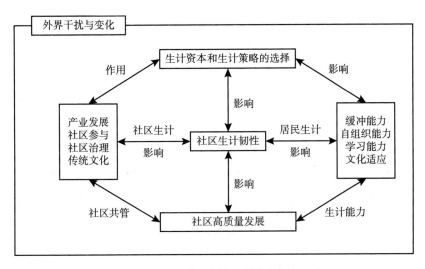

图2 国家公园社区生计韧性分析框架优化

G . 14

"国家公园-社区"共同体：
基于神农架国家公园的案例研究

李志飞 敖昆砚*

摘 要： 国家公园是自然保护地体系中管理层级最高的自然保护地，是自然保护地体系的主体。国家公园浓缩了自然保护地体系自然资源的精华，但"国家公园-社区"仍是构成国家公园不可或缺的重要元素。运用"共同体"的内涵，以神农架国家公园为例，通过研究神农架"国家公园-社区"现状及相关政策，提出形成"国家公园-社区"共同体的趋势，以及加强产业培训、发展"旅游+"、构建多元共同的发展路径。

关键词： 国家公园 社区 神农架

为了保持自然生态系统的原真性和完整性，保护生物多样性，保护生态安全屏障，给子孙后代留下珍贵的自然资产，2013 年 11 月，党的十八届三中全会提出"建立国家公园体制"①。国家公园是指由国家批准设立并主导管理，边界清晰，以保护具有国家代表性的大面积自然生态系统为主要目的，实现自然资源科学保护和合理利用的特定陆地或海洋区域。② 它的三大

---

* 李志飞，博士，湖北大学旅游学院教授、博士生导师，湖北大学乡村旅游研究中心主任，研究方向为旅游行为、乡村旅游与旅游目的地管理；敖昆砚，湖北大学旅游学院旅游管理专业硕士研究生，研究方向是乡村旅游、国家公园旅游。

① 《十八大以来重要文献选编》上，中央文献出版社，2014，第 541 页。
② 中共中央办公室、国务院办公室印发《建立国家公园体制总体方案》，2017。

理念是坚持生态保护第一、国家代表性和全民公益性，通过保护自然环境的原生态，让现代人享受到天蓝地绿水净。国家公园着力突出公益属性，对于广大人民来说它是感官得到洗礼、自然审美得到提升的好去处。

国家公园不是与生俱来就是一片具有原真性和完整性自然生态系统的特定区域，在没有被规划为国家公园以前，这片区域已经有原住居民进行生产生活活动。为了自然保护地的完整，国家对原住居民也颁布了相应政策，即"构建社区协调发展制度"，包括建立社区共管机制、健全生态保护补偿制度、完善社会参与机制三个机制。① 可是中国自然保护地对于保护地所在社区的管理也不是一帆风顺的，周睿等在《中国国家公园社区管理研究》这篇文章中提出，中国自然保护地与国际国家公园社区管理措施方面存在较多相似之处，然而实施效果差异明显，原因在于中国自然保护地并未从根本上将社区居民视为保护地的管理主体，或未严格履行社区管理契约。尽管中国自然保护地采取了类似的管理措施，如生态补偿、社区扶贫等，然而在落实一些关键性措施时仍然力度不足。②

随着自然保护地的生态价值和保护强度逐渐升高和加强，从自然公园到自然保护区，再到国家公园，国家对于社区管理措施落实力度在不断提高，管理制度不断优化。不管是国家公园特色中"特别是要考虑拟建区域原住居民的生产生活需求和生态经济发展"表达对社区管理的合理关切，抑或是国家公园体制"以社区协调发展制度为依托，推动实现人与自然和谐共生"③，或是对社区实行差别化保护管理，如异地搬迁，或是构建社区协调发展制度如社区共管、生态补偿、社会参与等，无不彰显国家公园与社区的亲密关系。由此可见，原住居民和其居住环境共同形成的社区已经成为中国国家公园的要素。

但"人"和"园"如何同心，以达到长久的和谐共生，本报告以神农架国家公园为例展开讨论。

---

① 中共中央办公厅、国务院办公厅印发《建立国家公园体制总体方案》，2017。
② 周睿、曾瑜皙、钟林生：《中国国家公园社区管理研究》，《林业经济问题》2017年第4期。
③ 《国家公园新政策速览》，http://lyj.qhd.gov.cn/home/details?id=2895。

一　共同体的内涵

"共同体"这一词语最早来源于德国社会学家滕尼斯，在他的视角中，共同体是持久的和真正的共同生活，其本身应该被理解为一种生机勃勃的有机体。[①] 在马克思的经典著作中，有关共同体的论述亦有许多，"只有在共同体中，个人才能获得全面发展其才能的手段，也就是说，只有在共同体中才可能有个人自由"[②]，马克思坚持把共同体形态的演变与人的个性解放和自由发展联系在一起，为共同体这个问题提供了一个新的理论视角。而"社区"这一概念也来源于滕尼斯，在英语和德语中"社区"和"共同体"是同一个词，但在进入汉语语境后它们是两个有不同含义的词语。汉译"社区"是 1933 年深受吴文藻社会学中国化观点影响的、一批以费孝通为代表的燕京大学青年学生创造出来的。[③]"社区"一词，无论是从字面意思或内涵来说，都带有强烈的地域社会的意义。"共同体"的内涵和外延近年来出现新的趋向，即在全球化这个新的历史阶段，人们重新审视了这个"生机勃勃的有机体"所体现出的"风雨同舟，和衷共济"所展现的精神。原因在于一方面人们进入了"全球村"时代，形成了稳定的相互依存的关系，另一方面，人们需要一同携起手来应对环境、社会、生态等多种接踵而至的挑战。这个舶来词在被现代汉语接纳的过程中，和古老文明基因形成互动和碰撞，我们要时刻注意它在中国语境下的使用。

滕尼斯的"共同体"更强调"人与人的紧密关系，表达的是一种共同的精神意识和价值观念所产生的团体归属和认同"[④]。相较于国家对国家公

---

① 转引自陈嘉楠《建构生态共同体对人类健康发展的重要意义》，http：//aoc. ouc. edu. cn/2020/1202/c9824a308463/page. htm。

② 《马克思恩格斯选集》第 1 卷，人民出版社，2012，第 199 页。

③ 黄杰：《"共同体"，还是"社区"？——对"Gemeinschaft"语词历程的文本解读》，《学海》2019 年第 5 期。

④ 转引自《当代性，与共同体概念》，https：//www. douban. com/note/623327818/？_i=1753224QQeL1CO。

园区域内"物"（植物、动物）的管理，坚持将山水林田湖草视为一个生命共同体，和原住居民的关系更微妙，故提出"'国家公园-社区'共同体"概念，旨在揭示国家公园和其社区能"持久地和真正地共同生活"，达到"你中有我，我中有你"的效果，以缓解保护与发展的矛盾，护育生态，兜底民生，走真正可持续发展道路。

二　神农架国家公园概况

神农架国家公园位于湖北省神农架林区，地处中国地势第二阶梯的东部边缘，秦岭大巴山混交林生态地理区，属于大巴山山脉东延的中高山区。神农架国家公园体制试点区整合涵盖了神农架国家级自然保护区、国家地质公园、大九湖国家湿地公园、国家森林公园、省级风景名胜区、大九湖省级自然保护区等自然保护地以及木鱼林场、温水林场及徐家庄林场的部分区域，总面积1170平方千米，占神农架林区总面积的35.97%。这片区域按照严格保护区、生态保育区、游憩展示区、传统利用区进行分区和管理。严格保护区主要包括神农架川金丝猴及其他珍稀动物的核心活动区及部分潜在活动区、珍稀濒危植物集中分布区、典型植被带或原生群落保存完整区、泥炭藓适宜生境、典型地质遗迹最重要保护地或生态系统极敏感区域。严格保护区和生态保育区面积占神农架国家公园总面积的93.3%。传统利用区和游憩展示区面积占总面积的6.7%。2021年3月，国家公园管理局办公室致函湖北省政府办公厅，建议将与神农架国家公园试点区毗邻的巴东金丝猴、兴山万朝山、竹山堵河源、竹溪十八里长峡等4个省级以上自然保护区纳入神农架国家公园，实现对生态系统及神农架川金丝猴等重点保护物种栖息地的整体保护。[①]

三　神农架国家公园的设立条件

为了更好地建立中国国家公园体制，推进自然生态保护、建设美丽中

---

① 神农架国家公园管理局：《神农架国家公园"十四五"发展规划（2021—2025年）》，2021。

国、促进人与自然和谐共生，国家根据代表性、典型性和可操作性三个要求批准了首批 10 处国家公园体制试点。2013 年国家提出"建立国家公园体制"后，2014 年 8 月，神农架林区向国家发改委和湖北省政府提交创建国家公园体制的报告，2016 年 5 月，国家发改委批复神农架国家公园为首批国家公园体制试点区之一，同年 11 月，神农架国家公园管理局正式成立，标志着神农架的保护与管理步入国家公园时代。神农架国家公园能够入选为国家公园体制试点的重要原因如下。

（一）神农架拥有大面积的自然生态系统、高度富集的生物物种、独特独有的自然景观，生态地位重要，国家代表性突出

神农架拥有北亚热带面积最大、海拔最高、保存最为完好的亚高山泥炭藓沼泽湿地。其保存有以川金丝猴世界地理分布最东端种群为代表的高度聚集的濒危物种，是世界生物活化石聚集地和古老、珍稀、特有物种避难所，是全球瞩目的生物多样性富聚地和物种基因库。神农架拥有世界上保存最完整的晚前寒武纪地层，记载着 16 亿年来地球沧海桑田变迁的历史，是世界级地史变迁的"地质博物馆"。神农架是中国首个、全球第二个拥有联合国教科文组织"世界自然遗产"、"世界生物圈保护区"和"世界地质公园"三大国际品牌的地区，是长江经济带绿色发展的生态基石、南水北调中线工程重要的水源涵养地、三峡库区最大的天然绿色屏障，生态地位十分重要。无论是生态系统、生物物种，还是自然景观，国家代表性均十分突出。

（二）神农架拥有保存完好、高度自然的北亚热带森林生态系统类群和垂直带谱，生态典型性显著

神农架地处秦岭大巴山混交林生态地理区，具有北亚热带山地完整的植被垂直带谱，构成了华中地区最完整、最典型的植被垂直带谱，在东方落叶林生物地理省具有唯一性和代表性。从低海拔至高海拔，依次为北亚热带常绿阔叶林带等多个植被类型，在较小的水平距离范围内浓缩了中亚热带、北亚热带、暖温带、温带和寒温带等生态系统特征，成为研究全球气候变化下

山地生态系统垂直分异规律及其生态学过程的杰出范例，具有突出的世界自然遗产价值。其拥有的北亚热带面积最大、海拔最高、保存最好的亚高山泥炭藓沼泽湿地，在北亚热带湿地生态系统中具有典型性、代表性、稀有性和特殊性。这些典型植被带长期存在，整体表现稳定，完整性、原真性、不可再生性和不可复制性全球少有，具有极高的保护价值和意义。

（三）土地资源国有主体地位突出，全民共享潜力巨大，保护管理基础良好，管理上具有可行性

神农架是中国唯一以"林区"命名的县级行政区，自 2016 年开展试点以来，整合各类自然保护地、管理机构、管理人员，破解了"九龙治水、多头管理"的局面，为开展自然资源保护打下了良好的基础。通过多年自然资源保护工作的持续开展以及各种惠民政策的实施，神农架国家公园范围内社区居民已经形成良好的自然资源保护意识，生产生活对生态系统的影响完全可控，并在局部区域形成了以第三产业为主体、第一产业为辅的可持续发展模式。①

四 神农架"国家公园-社区"现状

（一）探索形成了社区共建共管共享可持续发展新格局

1.扶持社区特色产业发展

神农架国家公园与社区建立了中药材"农户+基地+合作社"的发展模式，通过"以奖代补"等模式鼓励和扶持农户发展中药材种植产业，成立珍稀濒危苗木种植协会，进行土地流转租赁，建立珍稀植物苗木基地保障社区居民的收入。

2.建立受灾商业保险机制

采集和狩猎是以前村民重要的生活来源，"吃肉上山转，吃盐兽皮换"传承了多年。神农架国家公园如今通过建立受灾商业保险机制，降低农户在

---

① 神农架国家公园管理局：《神农架国家公园"十四五"发展规划（2021—2025 年）》，2021。

种植、养殖过程中存在的各类风险。

3. 帮扶社区基础设施建设

神农架国家公园通过加强社区基础设施建设投入，建立村集体帮扶长效机制。

4. 吸纳当地居民参与神农架国家公园的保护与管理

神农架国家公园管理局通过聘用 1001 名当地居民作为国家公园的生态公益管护员，让他们直接参与神农架国家公园的保护和管理工作。

5. 居民优先参与神农架国家公园特许经营活动，引导居民产业转型

神农架国家公园通过清洁农业、清洁生产补贴的方式，引导社区居民发展生态旅游、生态林业、绿色农业，推进农业产业转型升级，形成"一乡一镇一特点、一村一组一特色"的社区共建和发展模式。

（二）探索创新出"生态移民+精准扶贫+特色小镇"的模式

1. 生态移民

神农架国家公园管理局制定了《神农架国家公园管理局严格保护区大九湖国家湿地公园生态移民搬迁计划暨实施方案》，制定了生态移民的安置办法和补偿标准，实行以电代柴补贴政策、养老保险补贴机制，为生态移民提供政策性养老保障，解决了生态移民因失地带来的后顾之忧。

2. 特色小镇

在神农架国家公园生态移民搬迁中，结合社区特色小镇的发展和"精准扶贫、精准脱贫"的工作任务，选择在大九湖镇的坪阡村建立特色旅游小镇，进行集中安置。

3. 精准扶贫

根据统计调查，大九湖生态移民搬迁社区居民年收入平均增长率在20%以上。神农架国家公园通过创新生态移民搬迁的新模式，真正实现了"搬得走、稳得住、能致富"生态移民搬迁目标。[①]

[①] 神农架国家公园管理局：《神农架国家公园"十四五"发展规划（2021—2025 年）》，2021。

（三）居民收入得到明显增加

2016~2021 年，神农架国家公园累计投入资金 14243.79 万元，居民人均可支配收入从 2016 年的 10684 元增至 2021 年的 18304 元，年均增幅 16%。[①]

（四）国家公园内的乡村旅游效果不佳

神农架国家公园范围内的乡村旅游以提供餐饮、住宿服务的农家乐为主，且服务水平低、布局不合理、收入不稳定、特色不明显，管理水平及服务质量有待提升。一方面，神农架国家公园需要根据各景区环境承载量严格执行游客流量限制，社会公众的旅游需求无法得到满足；另一方面，乡村旅游尚未实现从"景点旅游"到"全域旅游"的转变，乡村的生态优势没有转化为发展优势，乡村旅游的巨大潜力没有得到释放。

（五）中药材仍然以初级产品出售

虽然神农架国家公园与社区建立了中药材"农户+基地+合作社"的发展模式，且大九湖建立了旅游小镇，但是在具有新型产业发展模式和新增外销手段的情况下，神农架国家公园的中药材仍然以初级产品的形态出售，这对于它要形成中药材品牌的目的来说，现状并不理想。

五　神农架"国家公园-社区"政策

"十四五"期间，神农架国家公园对社区开展的活动也是重点工作之一，即"社区发展与生态补偿项目"，实行生态补偿，实施特许经营，引导社区产业转型和可持续发展，提升"国家公园-社区"服务水平，继续延续"十三五"规划的试点成果发展。从表 1 可以看出，社区发展与生态补偿项

[①]　国家林业和草原局、神农架国家公园管理局：《绿水青山脱贫路——记"全国脱贫攻坚先进集体"》，《中国绿色时报社》2021 年 3 月 8 日；神农架国家公园管理局：《神农架国家公园"十四五"发展规划（2021—2025 年）》，2021。

目在"神农架国家公园'十四五'重点工程投资概算"排行里仅次于生态系统保护和修复项目、科研检测项目这种需要大型机械设备的项目，由此可见神农架国家公园在所有重点工程中对社区项目的重视程度。

表1　神农架国家公园"十四五"重点工程投资概算

单位：万元

序号	项目类别	经费	年度经费				
			2021年	2022年	2023年	2024年	2025年
1	国家公园保护管理项目	22000	4000	6900	6400	2400	2300
2	旗舰物种和珍稀濒危物种保护项目	49500	5000	7000	11000	14500	12000
3	生态系统保护和修复项目	95000	4000	15000	28000	28000	20000
4	应急救灾防控系统建设项目	45000	3000	8000	13500	13500	7000
5	科研监测项目	80700	14100	15500	17200	17100	16800
6	天空地一体化监测	18000	1000	2000	5000	5000	5000
7	生态宣传教育项目	73000	9000	13000	19000	16000	16000
8	社区发展与生态补偿项目	80000	14000	17000	17000	15000	17000
9	大神农架保护合作项目	15000	3000	3000	3000	3000	3000
10	国家公园能力建设项目	23000	5000	5000	5000	4000	4000
	合　计	501200	62100	92400	125100	118500	103100

资料来源：神农架国家公园管理局《神农架国家公园"十四五"发展规划（2021~2025年）》，2021。

（一）"国家公园-社区"联动入口社区建设项目

入口社区是从国家公园角度对位于国家公园入口附近社区的总称，是长期在此生产生活的地方居民组成的社会群体。[①]

1. 建立9个居民聚集区

按照"产业兴旺、生态宜居、乡风文明、治理有效、生活富裕"原则

---

① 吴承照、汪长林：《国家公园入口社区性质、发展特征与政策需求》，《中国园林》2022年第38期；神农架国家公园管理局：《神农架国家公园"十四五"发展规划（2021—2025年）》，2021。

设计乡村振兴项目，根据神农架国家公园功能分区和社区分布情况，规划在神农架国家公园的周边社区建立 9 个居民聚集区，分别为木鱼聚集区、红花聚集区、老君山聚集区、东溪聚集区、大九湖聚集区、板桥聚集区、下谷聚集区、太和山聚集区和温水河聚集区。统一规划、统一建设，建立风格统一、居住集中、环境优美、基础设施完善的聚集型新社区。

2. 围绕产业建设，促进绿色发展

按照"依托资源、旅游主导、社区致富"的发展思路，充分利用"国家公园–社区"的区位优势、资源优势和产业优势，积极围绕生态旅游、特色农产品生产加工和地质文化村等建设，促进社区的绿色发展。开展水电路网等基础建设，生物多样性、地质多样性与文化多样性融合以及绿色产业发展示范建设。

3. 土地整治和旧村改造"四合一"

在现有居民点的基础上，鼓励社区利用村庄土地整治和旧村改造等方式，坚持"四结合"：一是结合环境卫生，合理配置绿化带卫生设施用地；二是结合农村公路等基础设施建设，依托农村道路网规划；三是结合农业产业结构调整；四是与生态文明建设相结合，注重保护河流、水库、森林等生态资源，坚持预防优先，恢复补偿为辅。

4. 划分出旅游型社区

根据神农架国家公园各社区地理位置、交通条件、资源禀赋、民俗文化、村落风貌等因素，筛选出神农架国家公园范围内具备旅游条件的 6 个社区，并将其划分为景区带动型社区、交通门户型社区、郊野游憩型社区、文化乡居型社区 4 种类型。

（二）生态旅游特许经营发展工程

1. 按照特许经营管理规定，发展特许经营旅游服务

神农架国家公园是神农架林区旅游资源最为富集、游客量最大、旅游收入最高的区域，旅游业以传统的景区景点游为主，神农顶景区、大九湖景区、官门山景区、天生桥景区、香溪源景区五大成熟景区吸引了 90% 以上

的游客人数。按照特许经营管理规定，发展特许经营旅游服务，在不同位置设置特许经营服务岗位，让当地社区参与旅游服务。

2. 通过特许经营，发展乡村旅游，提高旅游接待能力和旅游服务水平

神农架国家公园的乡村旅游业要以全域旅游为目标，完善乡村旅游公共服务设施，提升乡村旅游的服务水平，深度开发有地域特色和独特资源优势的旅游产品，有效带动农村产业融合，助推乡村振兴的实现。通过标准建设、全面培训和特许经营等措施，补短板、强基础，科学规划有序发展社区生态旅游。

（三）草药种植与康养产业及品牌建设工程

1. 中药材种植与道地药材基地建设合并

规划建设 2000 亩中药材 GAP 示范种植基地，由地方政府主导，地方政府与神农架国家公园管理局紧密配合，神农架国家公园设立专项资金，由当地政府和神农架国家公园管理局根据基地产量进行综合评定，评定合格的实行以奖代补。

2. 建设神农架品牌，发展康养产业

打造统一的"神农"商品品牌，搭建社区农产品展示交易平台，促进农村社区农产品、禽畜产品、林产品等的商品化。以神农架国家康养基地试点为基础，在农家乐基础上，发展标准化的康养基地建设，推动森林康养事业，为神农架国家公园周边创造性转型、创新性发展，为森林康养成为人民健康福祉、实现"健康中国"战略目标作出贡献。[①]

六 "国家公园-社区"共同体的趋势与路径

（一）趋势

1. 旅游中的社区居民行为将在宣传方面发挥更大的作用

建立国家公园体制是为了全民共享青山绿水，世代传承自然遗产，同时

---

① 神农架国家公园管理局：《神农架国家公园"十四五"发展规划（2021—2025 年）》，2021。

国家公园也承担了全民教育科普、休憩游览等功能。而国家公园凭借自己独有的自然生态系统和景观资源，可以围绕生态旅游、乡村旅游等积极开展绿色发展的建设活动，让更多的人意识到保护自然是每个人的必修课。但在实际实施过程中，如果只是官方进行一些公共宣传，宣传面可能过于狭小，而社区居民的主动参与不仅能够扩大宣传面，他们的"现身说法"还能够强化民众对于国家公园的了解，从另一个视角看国家公园。因此，需要特别关注旅游中的社区居民行为。

2. 社区中的多种产业关系将更加紧密

从神农架"国家公园-社区"现状来看，它们之间建立了中药材"农户+基地+合作社"的发展模式，实行了生计转换，大九湖坪阡村的特色旅游小镇就是中药材的一个重要销售途径。而神农架国家公园"十四五"发展规划中倡导要引导和扶持生态旅游业、种植业、养殖业、民族手工业等绿色产业发展，这些绿色产业并不是独立存在的，而是可以相辅相成的，特别是随着具备旅游条件的16个神农架国家公园旅游社区的形成和发展，相信不同类型的产业之间将产生更为密切的联系。

3. 社区将有更大话语权和更多归属感

社区是国家公园的共建伙伴，"国家公园-社区"不能仅被看作政策或体制的接受者，还应该将原住居民纳入建设者和管理者的范畴，让原住居民不仅甘愿奉献。随着设置公益岗、建立受灾商业保险机制、推动产业转型等措施的落实，原本较落后的以传统农业为主的"国家公园-社区"有了更多的选择，社区居民将进一步增加其主人翁意识，因此，社区在未来会有更多自己的想法和更多的主动参与。

（二）路径

1. 加强产业培训，将手上事优质化

不论从事旅游业或种植业等，社区与神农架国家公园管理局进行合作，都要进行环境教育和相应的产业培训。从前"靠山吃山、靠水吃水"的社区居民在国家公园体制试点的关键时期要转换传统的产业方式，需要了解相

关产业的知识，在自己的领域做出一番属于自己的事业，最终增加收入，改善生活，摆脱贫困。

2. 以"旅游+康养"为跳板，发展更多"旅游+"

立足于神农架国家公园的多种产业及对外开放旅游现状，以及神农架国家公园在"十四五"发展规划中对社区康养产业的政策，神农架国家公园打造了"神农"康养品牌，旅游较好地发挥了产品外销、品牌塑造的作用。神农架国家公园不仅要护好"四条腿"的自然生存条件，还要谋好"两条腿"的产业发展。以旅游为主导的优势产业可以加快经济增长，带动更多产业，优化产业结构，使神农架国家公园从"景点旅游"转换为"全域旅游"。

3. 构建多元共同的发展路径，走向共赢

2020 年神农架国家公园管理局召开辖区乡镇社区共建共管座谈会议指出，"国家公园、乡镇、企业、社区形成合力，坚持保护是共同责任、发展是共同目标、合作是共同途径、宣传是共同任务，实现人与自然和谐共生是共同使命"[①]，国家公园和社区要群策群力。结合现有的国家公园对社区的三个机制（社区共管、生态保护补偿、社会参与）以及神农架"国家公园-社区"的现状，可以分别对应机制构建身份共同、利益共同和文化共同三元共同的发展路径。[②] 根据社区居民意见制定切实可行的产业政策，带动经济发展。以国家公园为载体，表现当地文化，如创建节庆活动等，留存精神财富，让社区居民自觉成为国家公园守望者。

---

① 神农架国家公园管理局：《神农架国家公园管理局召开辖区乡镇社区共建共管座谈会议》，http://www.snjpark.com/info/1036/3446.htm。

② 王世强：《构建社区共同体：新时代推进党建引领社区自治的有效路径》，《求实》2021 年第 4 期。

G.15

国家公园入口社区旅游发展

——以黄石-大提顿公园杰克逊小镇为例

刘 楠　魏云洁　石金莲*

摘　要： 国家公园的高质量发展离不开入口社区的建设与发展。入口社区是国家公园及其周边居民的生活和产业聚集空间，同时承担着为国家公园游客提供服务和游憩活动的功能。目前我国国家公园入口社区发展处于起步阶段，如何高质量建设入口社区是亟须解决的重要问题。本报告在梳理国内外国家公园入口社区发展现状及模式特征的基础上，总结国内国家公园入口社区存在的问题，选取黄石-大提顿国家公园的入口社区杰克逊小镇作为案例，从社区规划、生态保护、经济发展、与国家公园合作管理等方面总结其发展经验，并有针对性地提出有利于我国国家公园入口社区发展的五点启示，即科学规划、重视生态保护、以旅游带动经济、提升社区主体地位和注重营销宣传。

关键词： 入口社区　国家公园　杰克逊小镇　黄石-大提顿公园

2021 年 10 月 12 日，我国第一批国家公园正式设立。国家公园的自然

---

* 刘楠，北京工商大学国际经管学院硕士研究生，研究方向为国家公园旅游、森林康养旅游；魏云洁，北京工商大学经济学院博士后，研究方向为国家公园社区发展、可持续旅游；石金莲，通讯作者，北京工商大学国际经管学院教授、博士生导师，研究方向为国家公园游憩管理、可持续旅游。

生态系统具有国家代表性、独特性、多样性乃至全球价值，对游客有着巨大的吸引力。① 美国国家公园每年吸引大量游客，2021 年，国家公园各成员单位的访客总人数达 2.971 亿人次，访客量排名前五的分别是大烟山国家公园（1410 万人次）、锡安国家公园（500 万人次）、黄石国家公园（490 万人次）、大峡谷国家公园（450 万人次）以及落基山国家公园（440 万人次）。② 大量访客的到来极大地促进了国家公园周边社区经济的发展，尤其带动了入口社区的发展。作为进入国家公园的必经之地，入口社区发挥着重要功能，极大地缓解了保护与发展之间的矛盾。2012～2019 年，美国国家公园游客在周边社区的消费、游客消费带动的经济效益及就业岗位逐年稳定增长。③ 入口社区从国家公园的生态体验中受益，同时有利于维护国家公园的生态完整性，协助实现国家公园的科研、教育、文化及游憩功能，并为游客提供全方位服务。

国家公园往往是生态系统脆弱性高的区域，人地关系复杂。我国国家公园内部及周边存在大量社区居民，居民生计、科研教育、游客休闲等各种人类活动汇集。

2017 年 9 月中共中央办公厅、国务院办公厅印发的《建立国家公园体制总体方案》提出入口社区和特色小镇发展愿景，从建立社区共管机制、健全生态保护补偿机制、完善社会参与机制三方面构建社区协调发展制度。④ 国家公园入口社区与特色小镇建设政策为缓解并最终解决国家公园保护与发展之间的矛盾提供了新思路。在坚持生态保护第一的前提下，如何高质量建设我国国家公园入口社区是亟须解决的问题。作为国家公园理念的缔造者，美国在国家公园入口社区发展方面积累了大量经验，值得借鉴。

---

① 虞虎、钟林生：《基于国际经验的我国国家公园遴选探讨》，《生态学报》2019 年第 4 期。
② https://www.nps.gov/aboutus/visitation-numbers.htm.
③ https://www.nps.gov/subjects/socialscience/vse.htm.
④ 中共中央办公厅、国务院办公厅印发《建立国家公园体制总体方案》，2017。

一 中国国家公园社区发展

（一）入口社区的定义

美国国家公园的"gateway community"，也称为"natural amenity communities"，即入口社区或门户社区。① 入口社区的定义分为两类：概念定义和技术定义。概念定义方面，美国国家公园管理局（NPS）将其定义为毗邻国家公园或其他保护区的城市或镇，这些城镇通常是游客进入公园的门户和必经之地——游客们在这里露营或在这里的酒店入住，在镇上就餐和购物，了解公园的文化和自然资源；② 美国学者 McMahon 认为门户社区是与受保护的公共土地相邻的定居点；③ 它们与公共土地有着密切的经济、环境和社会联系，因此通常对游客体验至关重要。④

Stoker 等在研究美国西部的入口社区时，对入口社区做了技术定义：150~25000 人的社区，距离国家公园、国家纪念碑、国家森林公园、野生风景河流或其他主要河流或湖泊边界 16 千米内，距离人口普查指定的城市化道路区域 24 千米外。⑤

---

① L. Joyner, N. Q. Lackey, K. S. Bricker, "Community Engagement: an Appreciative Inquiry Case Study with Theodore Roosevelt National Park Gateway Communities," *Sustainability* 11 (24) (2019): 7147.

② K. Steer, N. Chambers, *Gateway Opportunities: A Guide to Federal Programs for Rural Gateway Communities* (Washington D C: National Park Service Social Science Program, 1998). 刘辉亮：《美国国家公园与门户城镇的建设经验与启示》，《中国工程科学》2016 年第 5 期。

③ E. T. McMahon, "Gateway Communities," *Planning Commissioners Journal* 34 (1999): 6-7.

④ Ryan D. Bergstrom, Lisa M. B Harrington, "Understanding Agents of Change in Amenity Gateways of the Greater Yellowstone Region," *Community Development* 2 (2018): 145-160.

⑤ Philip Stoker, Danya Rumore, Lindsey Romaniello et al., "Planning and Development Challenges in Western Gateway Communities," *Journal of the American Planning Association* 1 (2021): 21-33.

（二）中国国家公园社区发展现状

1.中国自然保护地的社区发展

社区与自然保护地的关系经历了从严格保护到重新认识与社区的关系，再到形成"以人为本"的自然保护理念的过程。各类自然保护地社区发展对国家公园入口社区具有一定借鉴作用，[①] 何思源等通过对自然保护地内社区生计转型与产业发展的内容分析，提出了对国家公园社区发展的启示；[②] 张引等以45个国内外自然保护地社区共管案例为研究对象，构建了国家公园社区共管机制的理论框架，并提出了实施路径。[③] 目前我国对国家公园社区发展研究尚处在起步阶段，成果集中在国家公园社区感知与态度、社区与国家公园生态旅游发展[④]、社区生态补偿、社区管理模式等层面[⑤]，从社区发展的经济、文化、社会等多方面，提出关于社区协调发展的启示、建议、发展路径等。吴承照等从人与自然和谐共生的角度探讨国家公园社区的多重发展机制；[⑥] 陈涵子等从社区参与国家公园特许经营角度探讨社区的发展；[⑦] 刘伟玮等将社区居民作为国家公园核心利益相关者和生态补偿客体之一，在利益相关者理论视角下，对国家公园协调机制和旅游生态补偿机制构建路径进行探究；[⑧] 苏海红等针对三江源国家公园社区发展现状和面临的问题，提出相应对策；[⑨]

① 苏凯文、任婕、黄元等：《自然保护地人兽冲突管理现状、挑战及建议》，《野生动物报》2022年第1期。
② 何思源、王博杰、王国萍等：《自然保护地社区生计转型与产业发展》，《生态学报》2021年第23期。
③ 张引、杨锐：《中国国家公园社区共管机制构建框架研究》，《中国园林》2021年第11期。
④ 高情情、金光益、崔哲浩等：《东北虎豹国家公园入口社区生态旅游发展研究》，《延边大学农学学报》2020年第2期。
⑤ 朱冬芳、钟林生、虞虎：《国家公园社区发展研究进展与启示》，《资源科学》2021年第9期。
⑥ 吴承照、欧阳燕菁、潘维琪等：《国家公园人与自然和谐共生的内涵与途径》，《园林》2022年第2期。
⑦ 陈涵子、吴承照：《社区参与国家公园特许经营的多重价值》，《广东园林》2019年第5期。
⑧ 刘伟玮、李爽、付梦娣等：《基于利益相关者理论的国家公园协调机制研究》，《生态经济》2019年第12期。
⑨ 苏海红、李婧梅：《三江源国家公园体制试点中社区共建的路径研究》，《青海社会科学》2019年第3期。

沈兴菊等基于美国国家公园门户社区的共性经验和教训,而不是以特定的门户社区为研究对象,对我国国家公园入口社区建设和乡村振兴提出有针对性的建议。①

2. 入口社区的国际模式

(1) 内部社区与入口社区相互支持发展模式

加拿大国家公园内部有居民居住,国家公园旅游业的大幅度发展促进了基础设施建设、游憩项目及特色小镇的开发。其特色小镇实施城镇建筑与发展规划,并严格控制小镇人口规模,注重原住民对国家公园的决策的参与度并尊重其文化。② 加拿大第一个国家公园——班夫国家公园入口一小时车程内有9个社区,包括1个原住民社区。③ 其中,班夫小镇位于班夫国家公园中心,居民大约有8000人,发展多元产业,促进小镇繁荣;坎莫尔是另一个热门的入口城镇,位于班夫国家公园边界附近,从煤矿小镇转型为户外探险圣地,是连接班夫国家公园外部和内部的中间枢纽;其他是更为偏远的黄金小镇。

(2) 以旅游带动小镇发展模式

新西兰国家公园内基本无居民居住,后因旅游带动经济发展产生了社区,支持原住民毛利人参与到国家公园的管理中。④ 汤加里罗国家公园入口社区有几个,其中华卡帕帕村 (Whakapapa Village) 是特许活动的主要地点,在冬天,这个村庄是游客服务中心;在夏天,它是日间游客的目的地。周边的国家公园村 (National Park Village)、奥阿库尼 (Ohakune)、雷蒂希 (Raetihi) 和陶马鲁努依 (Taumarunui) 小镇等组成户外探险基地,滑雪场平衡了旅游的季节性趋势。奥哈库尼和国家公园村是旅游活动的重点,并支

---

① 沈兴菊、刘韫:《国家公园门户社区旅游发展与民族地区乡村振兴——美国的经验教训对我国的启示》,《民族学刊》2021 年第 12 期。

② 王晓倩、邓毅、董茜等:《中国情境下国家公园特色小镇建设的国外经验借鉴》,《湖北经济学院学报》2020 年第 4 期。

③ F. Hu, Z. Wang, G. Sheng et al., "Impacts of National Park Tourism Sites: A Perceptual Analysis from Residents of Three Spatial Levels of Local Communities in Banff National Park Environment," *Development and Sustainability* 24 (2022): 3126-3145.

④ 蔡芳、王丹彤、苏琴:《国家公园社区发展模式建设准入条件探讨》,《林业建设》2020 年第 4 期。

持该地区的大部分住宿活动。

（3）规模风格不等的"产业小镇"模式

随着1956年美国国家公园管理局推出的"66号任务"、《荒野法》的颁布以及《门户社区的机遇：一个为农业地区门户社区提供的联邦项目指导手册》的执行，美国国家公园的设施开发被限制在"那些必要和适当的地方"，将公园恢复到自然原始的状态，扩大门户城镇，替代公园提供服务。美国国家公园内部一般无人居住，入口社区数量不等，居民从百人到上万人。以最受欢迎的几个国家公园为例，大烟山国家公园内提供的住宿服务、餐饮服务有限，但周边有12个门户社区提供旅游服务。锡安国家公园有6个入口社区为访客提供服务，公园的访客必须把车停在公园外面，斯普林代尔小镇距公园最近，小镇居民只有500人左右，是传统的旅游服务小镇，访客可在此乘坐巴士直达公园。黄石国家公园8千米内有4个门户社区，包括加德纳、西黄石、东黄石、银门/库克城，社区发展极度依赖黄石国家公园的访客；80千米内有包括杰克逊小镇在内的7个门户社区，产业相对多元化。大峡谷国家公园的大峡谷村位于公园南缘，是最受欢迎的公园入口，访客在大峡谷村体验大峡谷的历史，大峡谷村为游客提供正宗的美洲原住民艺术品和手工艺品；图萨扬小镇是小规模、初始形态门户城镇的代表，正在努力打造暗夜星空社区和绿色社区。落基山国家公园内部没有住宿设施，5个露营地是在公园内过夜的唯一选择；艾斯蒂斯小镇与格兰德湖作为公园的门户社区，拥有完善的商业环境和服务设施，为访客们提供便利服务，成为著名的旅游目的地。阿卡迪亚国家公园的巴尔港小镇，以科研发展为其特色。[①]

国外的国家公园入口社区及特色小镇依据国家公园品牌、自身位置、自然属性及文化特色形成各自风格，在生态保护、访客服务方面为国家公园提供支持。

---

① 吴承照、汪长林：《国家公园入口社区性质、发展特征与政策需求》，《中国园林》2022年第4期。

3. 中国五个国家公园的社区发展模式

（1）三江源特色小镇模式

我国设立的第一批国家公园正在积极探索国家公园社区的建设与发展。三江源国家公园作为我国第一个国家公园试点和第一批正式设立的国家公园，努力探索构建社区发展新模式，强调文化保护传承、社区共建共管、保护节约水资源等。对涉及社区居民的各项方案及相关政策积极征询社区居民意见和建议，增强社区居民的主人翁意识；设立生态保护专项规划、生态体验和环境教育专项规划、产业发展和特许经营专项规划、社区发展和基础设施建设专项规划及管理规划，构建完整的规划体系。① 《三江源国家公园社区发展和基础设施建设专项规划》中指出，建立和三江源国家公园相适应的新型社区发展模式，建成完善的基础设施体系；鼓励、引导围绕四县县城、入口社区和公园内一类社区，建设三江源国家公园特色小镇，成熟一个推进一个。目前，三江源的首个门户特色小镇——三江源昂赛雪豹小镇（三江源生态文旅小镇）获批创建省级特色小镇。

（2）三级贯通社区管理模式

海南热带雨林国家公园为促进园区居民与社会协调发展，从社区共管、社区参与、社区调控、可持续发展引导四个方面入手。为协调国家公园与社区发展，建立"海南热带雨林国家公园共管委员会"，解决社区发展实践问题；通过公益岗位、劳务服务、特许经营等多种方式引导社区参与国家公园管理；国家公园内及周边社区发展"特色小镇—中心社区—集中居住点"三级居民点体系，并对社区发展模式及规模调控管理；通过旅游业带动绿色产业发展、完善基础设施建设、改善社区居住环境、传承本土文化，实现国家公园社区可持续发展的目标。②

（3）四方联动建设社区模式

大熊猫国家公园从岗位设置、经营利用管理、园区居民与社区共管共

---

① 国家发展改革委：《三江源国家公园总体规划》，2018。
② 国家林业和草原局：《海南热带雨林国家公园规划（2019—2025年）》，2020。

治、入口社区建设四个方面推动社区发展。在国家公园周边每个县入园主要通道口，选择独具特色的城镇和村落，扶持建设一批入口社区。为提升社区参与国家公园管理的程度，利用听证会方式听取社区居民意见和建议。①2020年大熊猫国家公园（秦岭）熊猫小镇诞生，目前成都片区大邑段正在打造雪山小镇。

（4）茶旅融合模式

武夷山国家公园通过资源有偿使用、地役权、商品林赎买等措施探索集体林管理新路径，通过特许经营鼓励社区居民直接或间接参与管理，建设生态茶园示范基地并引导村民发展乡村旅游，实现产业多元化、生态化。②《武夷山国家公园总体规划及专项规划（2017~2025年）》提出2025年社区发展愿景，初步建成"布局合理、规模适度、减量聚居、环境友好"的武夷山国家公园居民点体系，生态茶园得到推广，生态产业体系更加稳定。③

（5）社区转型发展模式

东北虎豹国家公园对内部及周边社区的发展提出了要求，为引导社区健康、稳定发展，从公益岗位设置、传统利用管理、社区安全、特许经营、入口社区建设五个方面做了详细规定。设置生态管护公益岗位（野外巡护类、森林抚育类）和社会服务公益岗位（消防、急救、治安协管、自然解说、体验向导等），使社区居民参与公园保护和管理并从中受益；通过采用传统利用方式差别化管理、工矿产业逐步退出、建立产业准入清单、扶持社区居民发展替代生计等措施，推动社区居民生产生活方式转型，鼓励绿色产业发展；鼓励居民接受培训后参与到特许经营活动中。在东北虎豹国家公园周边乡镇设立13个入口社区，以生态旅游、自然教育为主，为访客提供特色服务，成为国家公园支撑服务区，同时为转移的人口和产业提供生活生产空间。④

① 国家林业和草原局：《大熊猫国家公园总体规划（征求意见稿）》，2019。
② 何思源、苏杨：《武夷山试点经验及改进建议：南方集体林区国家公园保护的困难和改革的出路》，《生物多样性》2021年第3期。
③ 福建省林业局、省发改委、省自然资源厅：《武夷山国家公园总体规划及专项规划（2017—2025年）》，2020。
④ 国家林业和草原局：《东北虎豹国家公园总体规划（2017—2025年）（征求意见稿）》，2017。

我国国家公园在生态保护、设计规划、科研监测、考核监督、宣传引导等方面考虑社区发展，从社区转型、社区共建、社区共管、社区生态搬迁安置、社区居民生活质量提升、技能培训等多角度维护社区利益。

4. 中国国家公园入口社区发展面临的问题

目前国内外已有文献多集中在对国家公园内部社区发展的研究，专门针对国家公园入口社区的研究较少；我国已有 5 个国家公园的社区发展模式，国家公园采取一定措施推进社区的发展，但已有的社区发展规划多为概述性的指导原则，在具体落实中面临诸多困难。入口社区如何科学发展布局，使其发展目标与国家公园一致？如何实现入口社区尤其是社区与国家公园边界相接处的生态保护？如何实现社区的绿色、可持续发展？[1] 这是专家学者和实践者普遍关心的问题。美国国家公园经过 150 年的发展，在入口社区发展中经历了许多困难和挑战，积累了大量成功经验。他山之石，可以攻玉。本报告旨在系统梳理和分析黄石—大提顿公园杰克逊小镇的成功经验，以期对我国国家公园入口社区的发展有所启示。

二 黄石-大提顿国家公园的杰克逊小镇

（一）杰克逊小镇

19 世纪初，约翰·科尔特在探险的回程中发现了杰克逊洞，随后许多著名的"山地人"（mountain men）来杰克逊洞探险，包括布里杰、杰迪迪亚·史密斯和苏布莱特。山谷中的许多名字来源于"山地人"的名字，如杰克逊湖的名字来源于大卫·杰克逊，他在这片湖泊度过了一个冬天。

杰克逊小镇位于美国怀俄明州西北角，杰克逊洞山谷的南端，镇广场区域存留着一些早期建筑。杰克逊小镇总面积为 7.64 平方千米，海拔 1901

---

① 栾若曦：《建设国家公园特色小镇需突破体制困局——专访中国宏观经济研究院研究员肖金成》，《中国投资（中英文）》2020 年第 Z8 期。

米，距离怀俄明州界约 24 千米，距离大提顿国家公园入口处约 20 千米，距离黄石国家公园约 100 千米。杰克逊小镇被黄石国家公园、大提顿国家公园、布里杰-提顿国家森林、塔格国家森林和国家麋鹿保护区环绕，蛇河的一条支流穿过小镇。杰克逊镇是提顿县唯一的自治镇，提顿县只有不到 3% 的土地是私有的，97% 的土地归联邦政府或州政府管理。① 杰克逊小镇曾经是一个牧场社区，现在成为一个旅游小镇、度假胜地。2009 年，杰克逊小镇被指定为美国历史社区，当地保护社区的努力得到了国家的认可。在杰克逊小镇可以参观博物馆、美术馆以及体验滑雪、漂流等户外娱乐活动，见表 1。

表 1　杰克逊小镇的概况

人口	2010 年有 9577 名居民，2000~2010 年人口增幅为 10%
教育	有针对不同年龄儿童的早教中心、幼儿园、学校等
旅游文化	杰克逊霍尔艺术中心、国家野生动物艺术博物馆、美术画廊、秋季艺术节、城市广场、滑雪场、杰克逊霍尔山度假村、大塔吉滑雪避暑山庄、雪王度假村
游客中心	为游客提供旅游信息服务，同时是一个不断更替的美术馆，绿色、节约能源是其特色

资料来源：https：//www.jacksonwy.gov/253/Visiting-Jackson。

（二）杰克逊小镇的发展经验

旅游开发对社区的正面、负面影响通常分为三个方面：个人收入、就业机会增加等经济因素；社区精神、社区独特性、犯罪率等社会文化因素；野生动物及栖息地等环境因素。② 杰克逊小镇在国家公园旅游发展中获得许多益处，包括带动当地经济发展、提供大量的就业机会、提高社区居民生活质量。随着杰克逊小镇成为受欢迎的旅游型宜居小镇，当地发展也出现了交通

---

① https：//www.jacksonwy.gov/214/Location.

② Eric Frauman，Sarah Banks，"Gateway Community Resident Perceptions of Tourism Development：Incorporating Importance-performance Analysis into a Limits of Acceptable Change Framework，" *Tourism Management* 32 （1） （2011）：128-140.

拥堵、生活成本提高、住房问题、基础设施服务的压力等挑战。[1] 经过多年的发展，杰克逊小镇已成为较为成熟的国家公园门户社区。为了解决发展带来的问题，保留西部牛仔传统文化，当地采取了多方面具有可操作性的措施。[2] 制定详细的入口社区发展规划，《杰克逊小镇/提顿县总体规划》[3] 从细节入手，详细说明了提顿县和杰克逊小镇发展愿景、规划及实现措施，具体如下。

1. 科学规划小镇的发展并逐步落地

（1）15 个特色区

为了实现社区发展愿景，当地发布了具体的法规、激励措施和策略，将概念性的分区落地，进行详细的规划，使发展可测量化和可操作化。将杰克逊小镇具有相似特征的区域划分为 15 个特色区，分别是镇广场、镇商业中心、镇居住中心、中城、西杰克逊、镇边缘、89 号高速南、河堤、谷地、南部公园、威尔森、山杨、提顿村、阿尔塔、郡边缘。

（2）乡村地区和完整邻里社区两级发展

将杰克逊小镇划分为乡村地区和完整邻里社区两部分。乡村地区得到最大限度的保护，保持西部的历史、乡村特色、野生动物栖息地和风景景观，原有的开发项目限制在现有的区域，并以符合乡村特征的形式开发。构建完整邻里社区，包括住宅、餐馆、便利店、托儿所、学校、公共空间以及以游客为导向的商业街，完善的基础设施、绿色景观和户外游憩场所也是必备的要素，形成居民生活工作空间。旅游住宿集中在一个区域，保护社区居民的住宅免受旅游设施扩张的影响。

（3）4 个子区域和 10 种空间类型

根据乡村地区和完整邻里社区的现有或未来特征，进一步将其细分成 4 个子区域，其中，将乡村地区划分为保存区和保护区两个子区域，前者确保对野生动物栖息地、风景资源的严格保护，后者侧重于适度再开发；完整邻

---

① 张引、杨锐：《中国国家公园社区共管机制构建框架研究》，《中国园林》2021 年第 11 期。
② 秦静、曹琳：《美国国家公园体系下的城镇建设经验与启示》，《小城镇建设》2018 年第 10 期。
③ "Jackson/Teton County Comprehensive Plan," http://jacksontetonplan.com/.

里社区划分为稳定区和过渡区两个子区域，前者不得改变传统社区现有特色，后者为有利于社区发展目标的适当开发类型。最后，根据每个特色区子区域的角色、属性和功能，确定子区域的 10 种空间发展类型，分别为严格保护区（preservation）、农业区（agriculture）、聚落区（clustering）、栖息区（habitat/scenic）、合理保护区（conservation）、居住区（residential）、村落（village）、村落中心（village center）、镇区（town）、度假区（resort/civic），确定每种类型的发展模式和强度、自然和建筑特征、具体用途（居住、商业、公共服务、旅游等）、特殊考虑（见图 1）。

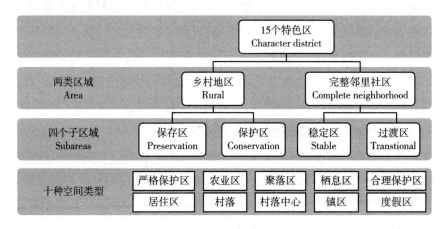

图 1　杰克逊小镇规划分区

2. 生态系统保护是社区蓝图的核心

大黄石生态系统吸引了许多游客，这也是许多居民住在这里的原因。为了实现生态系统的持续健康发展，杰克逊小镇从野生动物、自然资源和风景资源的管理以及节约能源的管理两方面入手。

（1）野生动物、自然资源和风景资源的管理措施

在这方面采取多种措施：基于栖息地类型的重要性和丰富度保护野生动物的栖息地；为了避免开发活动对野生动物栖息地、活动和迁徙走廊的影响，建立了分级的保护系统，对开发的密度、强度、建筑规模、自然景观的改变以及应对措施等详细规定，如蛇河沿岸实行更严格的保护措施；在大量野生

动物穿行区，采取地下通道、立交桥、减速或其他野生动物保护措施；在水体、湿地和河岸地区周围建设缓冲区；使用采集、储存和过滤系统，减少进入水体的污染物；采取监测人类行动对水质的影响等措施保持水质；避免或减轻沿着山顶、山脊线、山坡等影响自然地貌和风景景观的开发活动。

（2）节约能源的管理措施

减少能源需求是减少能源消耗的最简单的方法。通过提高社区成员的节能意识，促进和鼓励减少个人能源消耗；对能源分级定价，奖励高效、节约使用能源的消费者，而不是惩罚使用过多能源的消费者；通过开发和利用水力、太阳能、风能和地热等可再生能源减少对不可再生能源的依赖。研究表明，交通和建筑占社区能源消耗的95%，改变土地利用模式和交通规划可以减少能源消耗；建设完整的、紧密的社区，减少在社区内机动车出行量，改变人们的出行方式。

3. 以保护为核心，为访客提供全方位服务

（1）发展多元化的绿色产业

旅游业和房地产开发是杰克逊小镇的主要产业。近几十年来，金融行业、各专业行业和服务业的增加也使杰克逊小镇得以发展出一种不完全依赖旅游业的经济模式。为了追求更多样化的经济发展，杰克逊小镇以旅游业为经济发展的基础，通过滑雪场和其他冬季游憩活动来维持全年经济，鼓励户外游憩和生态旅游的发展，减少对房地产的依赖。促进文化和遗产旅游以减少季节影响，确保全年住宿率和游客支出。鼓励、吸引"绿色"企业和非营利组织对社区的投资，营造积极的经济发展氛围，为社区居民提供多样化的就业机会。

（2）以生态保护为基础的旅游发展

杰克逊小镇旅游业的发展以不破坏生态环境为基础，如2019年，因为对直升机旅游将如何影响社区的健康、福利和大黄石生态系统没有开展全面的研究，杰克逊镇和提顿县禁止在这片土地开展直升机旅游。

4. 与国家公园管理局等管理机构紧密合作，提升服务与效益

（1）国家公园管理局对门户社区的支持，实现共同目标

为实现国家公园管理局和农村地区门户社区的共同目标，即不损害社区

居民生活质量和国家公园的生态环境，同时促进社区的发展，美国国家公园管理局与许多的土地管理机构合作，为门户社区提供经济和政治支持，从社区规划、保护地役权/土地征用、文化资源管理、经济发展、环境教育、基础设施、就业培训、自然资源管理、娱乐和交通 10 个方面为门户社区规划发展和保护项目，并明确管理项目的机构与主题区域。这些项目可以帮助社区进行开放空间保护、环境保护，提升游客服务水平，促进当地经济发展。

（2）合作共建交通系统

杰克逊小镇与周边国家公园在土地利用模式、交通管理、经济发展等方面展开紧密合作。① 随着几百万游客的进入，以汽车为主的交通模式不利于碳排放的降低和生态系统管理价值的实现，通过与黄石国家公园、大提顿国家公园、所在州交通部门合作共建完整的交通系统，包括步行、自行车、汽车、公共交通、拼车，并确保各种交通方式之间的连通性，同时鼓励步行、自行车、拼车的低碳交通模式。通过增加替代交通选择而不是增加道路供应来提高交通效率。

三　启示

（一）国家公园管理局支持门户社区的发展，实现分区科学管理

门户社区与国家公园交织联系，公园边界外的活动和条件会影响到公园内部资源的管理，国家公园与门户社区的目标具有一致性，必须认识到门户社区是有利于公园发展的。门户社区提供必要的游客服务，提供自然教育，保护生态系统，保持景观的一致性，同时社区获得经济收益。

为了实现生态系统、社区发展和居民生活质量协调发展、相互支持，一方面国家公园的管理部门有责任指导周边社区的发展；另一方面社区发展需

---

① Philip Stoker, Danya Rumore, Lindsey Romaniello et al. , "Planning and Development Challenges in Western Gateway Communities," *Journal of the American Planning Association* 1 (2021): 21-33.

要科学规划,① 提供愿景与蓝图。有研究强调了入口社区进行有效和主动规划的重要性,② 根据不同区域功能实现分区管理;有学者提出"核心区—配套区—辐射区—功能区"农业特色小镇的成长机制,③ 同时形成发展规划制定、落实、定量评估、监督、反馈规划的闭环。

统筹考虑自然生态系统的完整性和周边经济社会发展的需要,在发展初期合理规定入口社区的数量及空间范围,依据其地理位置、文化资源、自然资源等分析土地利用方式和冲突,识别适合该社区的发展模式,对社区分类进行精细化管理;④ 在其发展过程中,控制社区规模,对社区建设和管理进行科学评估,促进社区稳定持续发展。⑤

(二)生态保护是社区管理的核心,实现低碳发展

游客因国家公园独特的自然环境而来到门户社区,自然环境推动了门户社区的发展和增长,为了维持当地经济和旅游基础,必须保护自然环境。⑥ 社区应努力维持本地物种的健康、保护自然资源、维护社区的风景资源、保护并管理开放空间。

随着社区居民、游客数量的不断增多以及对服务标准要求的提高,国家公园需要供应和处理更多的水,修建更多的基础设施,包括排水管、厕所、道路、停车场、消防设施等,对自然资源造成影响。为开展节能工程,一方面减少对不可再生能源的消耗,同时鼓励低碳的出行方式;另一方面使用可再生能源,提高建筑能效。杰克逊小镇的游客中心是一座绿色建筑,获得了

---

① 邢志勤:《特色小镇建设的土地利用问题研究》,《农业经济》2022 年第 2 期。
② 张引、杨锐:《中国国家公园社区共管机制构建框架研究》,《中国园林》2021 年第 11 期。
③ 汪霏霏:《从农业庄园到农业特色小镇的演化机理和发展路径研究》,《江淮论坛》2022 年第 1 期。
④ 肖练练、刘青青、虞虎等:《基于土地利用冲突识别的国家公园社区调控研究——以钱江源国家公园为例》,《生态学报》2020 年第 20 期。
⑤ 樊漓、宁艳、桑千蕴:《中国国家公园社区发展策略的研究浅述》,《城乡规划》2021 年第 6 期。
⑥ R. Bergstrom, L. Harrington, "Embedded in Nature: Challenges to Sustainability in Communities of the Greater Yellowstone Ecosystem," *Sustainability* 11 (5) (2019): 1459.

LEED 金级认证，利用太阳能光伏发电、太阳能热水取暖、地热取暖、制冷。

（三）注重生态产品价值实现，对旅游经济影响力进行评估

在美国国家公园访问旺季，超过一半的游客在门户社区或更远的社区过夜，这无疑对当地经济有重大贡献。[①] 杰克逊小镇则拥有更加多元化的经济。我国入口社区应避免产业单一，找准特色绿色产业，形成先进制造类、科研类、科技类、创意设计类、数字经济类、金融服务类等特色产业，[②] 对进入社区的产业评价筛选；关注社区居民的生活质量，在基础设施完善的同时，预防旅游业发展带来的物价高问题、避免"房地产化"的不良倾向等。[③]

据统计，住宿是美国国家公园游客消费的最大支出部门，餐饮位居第二。首先，游客支出对经济的影响包括直接效应、间接效应及其产生的诱发影响等，对游客支出影响的分析应明确且全面。其次，确定衡量经济影响的具体指标、游客支出模式、支出类别，并利用地理信息系统（GIS）数据，划定每个公园入口社区的区域。最后，以表格加文字的形式呈现结果，该国家公园游客类型占比、各游客类型支出、访客对各消费类别的平均支出、支出类别对经济的直接影响和间接影响等。美国为评估以国家公园为基础的旅游的经济影响，美国国家公园管理局对公园周围 97 千米（60 英里）半径内的门户社区进行游客经济影响分析。具体采用指标为：就业岗位、劳动收入、附加值、经济产出。美国国家公园管理局将访客分成一日游、过夜游两大类。根据住宿类型（国家公园内的旅馆、露营地；国家公园外的旅馆、露营地；其他）将过夜游访客分为七种不同的类型。并将游客支出分为八

---

① 何思源、王博杰、王国萍等：《自然保护地社区生计转型与产业发展》，《生态学报》2021 年第 23 期。
② 胡亚昆、宋健、刘炀：《促进特色小镇规范健康发展》，《宏观经济管理》2021 年第 11 期。
③ 蒋丽、袁刚：《乡村振兴视域下特色小镇公共政策优化研究——以江苏省为例》，《广西社会科学》2021 年第 11 期。

类：酒店、汽车旅馆等；露营费；餐馆和酒吧；便利店等；汽油和石油；当地交通；门票费用；纪念品和其他费用。①

我国国家公园管理局应每年编制国家公园游客消费影响报告并公布，包括对入口社区、市级、省级和国家级的经济贡献，分析社区内大量的经济活动、经济产出贡献，为社区发展、国家公园使命实现提供决策依据。

（四）提升社区主体地位，主动参与国家公园管理

公园不应该成为"孤岛"，社区的参与至关重要。公园管理者应与社区加强沟通，促进相互了解，使社区居民了解公园正在实施的计划与政策变化；公园对门户社区面临的问题比较清楚，应从居民角度了解公园发展的重点。通过加强沟通，提高居民对公园管理的理解和参与度，同时对入侵物种、交通拥挤等超出公园边界的问题，公园应与社区开展合作。② 社区的发展应由社区居民决定，而不是由外部组织主导，社区居民应积极参与决策，对涉及社区居民自身利益的活动要积极发言，并且代表社区大部分居民的想法。培养社区自我组织和管理能力，通过与政府、公益组织、国家公园特许经营组织等合作，公园开展职业技能、产业管理、自然资源管理、生态保护理念等培训，凝聚个体力量，发挥集体活动的能量，充分运用民间组织能力。

（五）注重营销，讲好社区发展故事

充分利用各类媒体平台与节庆赛事，加强宣传教育。利用纪录片、新闻报道、综艺、文化活动、体育赛事等多种形式宣传国家公园社区，③ 吸引各界关注，讲好社区发展故事。每个入口社区成立自己的官网，作为社区内各类资源整合平台，包括该社区的背景、文化民俗、餐馆、景点、周边国家公

---

① https://irma.nps.gov/DataStore/Reference/Profile/2252800.
② E. T. McMahon, "Gateway Communities," *Planning Commissioners Journal* 34（1999）：6-7.
③ 周坤、王松、苏欣：《运动休闲特色小镇空间：特征、价值与营销方略》，《体育文化导刊》2022 年第 1 期。

园相关信息、国家公园游玩指南、发展规划等信息。入口社区官网作为公众了解社区和国家公园的重要官方信息来源，向公众展示入口社区建设的丰硕成果，也有利于各社区间的学习借鉴。坐落在大烟山国家公园山脚下的 12 个社区，为访客们提供公园内没有的服务和便利设施，其中加特林堡社区（Gatlinburg）官网为游客提供了全面的旅游和服务指南，包括购物、餐厅、住宿、景点、社区特色活动的清单以及各种特殊服务（会展会议服务、婚礼、体育赛事、租车等），在官网解决人们的"食住行游购娱"；格雷厄姆县（Graham County）在官网以实体书的形式、模拟真实翻书的声音向游客提供游玩指南，为浏览者带来良好体验。

G.16

雅鲁藏布大峡谷国家公园地区保护地
与人类活动的冲突和协调路径

虞虎 王琦*

摘　要： 协调青藏高原自然保护地与人类活动冲突是当前我国自然保护地体系建设亟待解决的关键问题之一。本文剖析了自然保护地与人类活动的关系，以雅鲁藏布大峡谷国家公园拟建设区域的核心主体雅鲁藏布大峡谷国家级自然保护区为研究案例，探析其冲突演变过程、分类及表征，从而在未来国家公园建设的体制变革中寻求协调冲突的优化路径。研究发现：不同制度空间下，自然保护地与人类活动的关系有所不同，可表现为冲突和利益两种关系；雅鲁藏布大峡谷国家级自然保护区与人类活动的关系经历了潜在对立、认知介入和冲突意向的过程。利用边界划定和功能分区的手段，在产业、城镇化和边防管控等方面进行空间调控，从而形成新的制度空间，为自然保护地绿色发展提供有利基础。

关键词： 自然保护地　人类活动　雅鲁藏布大峡谷国家级自然保护区

一　引言

自1872年世界上第一个国家公园——美国黄石国家公园建立至今，全

---

*　虞虎，博士，中国科学院地理科学与资源研究所副研究员、硕士生导师，主要研究方向是旅游地理与国家公园；王琦，辽宁师范大学博士研究生，研究方向为生态旅游。

球已经设立约 22 万个自然保护地，其中陆地类型保护地超过 20 万个，覆盖了全球陆地面积的 12%，① 并约有 50% 的国家公园和自然保护区建立在原住民的土地之上，使自然保护地除了发挥保护生物多样性和维系生态系统健康的关键作用，② 还承担了居住、生产、游憩等重要功能。随着经济社会及保护地体系不断发展，自然保护地与人类活动协调发展的挑战与机遇并存。

国际自然保护联盟（International Union for Conservation of Nature，IUCN）将自然保护地分为严格的自然保护地 Ia、荒野保护地 Ib、国家公园 II、自然历史遗迹/地貌 III、生境/物种管理区 IV、陆地/海洋景观 V 和可持续利用自然资源的保护地 VI 6 种类型。③ 其中，不同制度空间下的自然保护地与人类活动的互动强度有所不同。严格的自然保护地禁止人类参观、使用；国家公园允许适度地提供环境和文化、科学、教育、娱乐及旅游；自然历史遗迹/地貌及生境/物种管理区允许开展观赏、教育等活动；陆地/海洋景观和可持续利用自然资源的保护地允许人类与自然共存，部分区域允许低强度开发等自然资源利用。由此可见，人类与自然的关系在不同的保护地区域制度下发生变化。2019 年，中国政府提出"建立以国家公园为主体的自然保护地体系"，推动中国生态文明与国际自然保护体系对接，实现建成由国家公园、自然保护区、自然公园组成的自然保护地体系。④ 自然保护区绝对禁止人类活动，国家公园和自然公园可以在不影响生态保护的情况下发展生态旅游，鼓励休闲和接待服务的发展。不同类型的保护区重新形成了不同的制度空间，人类活动与自然保护地的关系还需要根据自然保护地类型及管控措施

---

① 国家林业和草原局：《构建以国家公园为主体的自然保护地体系》，http：//www. forestry. gov. cn/main/72/20171107/1043825. html。

② 高吉喜、刘晓曼、周大庆等：《中国自然保护地整合优化关键问题》，《生物多样性》2021 年第 3 期。

③ IUCN（International Union for Conservation of Nature），UNEP - WCMC（United Nations Environment Programme-World Conservation Monitoring Centre），The World Database on Protected Areas（WDPA），2014，http：//www. protectedplanet. net/en（accessed 2015-10-14）。

④ 中共中央办公厅、国务院办公厅印发《关于建立以国家公园为主体的自然保护地体系的指导意见》，2019。

的差异分类看待。

从 20 世纪 80 年代开始，在反思"堡垒式"保护中，自然保护领域开始重新审视人类活动与自然保护地的关系，[①] 并得到国内外学者广泛关注。有学者认为自然保护地保护与人类活动的关系主要表现为冲突、并存、互利三种形式，[②] 自然保护地在维持生态系统完整性及生物多样性的同时，还会限定种养殖业范围、方式和强度，影响到林业、渔业等资源的收获和经营，造成社区居民收入降低、工作机会减少等生计影响，[③] 并伴随人兽冲突等冲突类型，对社区居民人身财产安全造成一定威胁。目前西藏、青海、新疆等重点保护地省份积极开展自然保护区的范围重新划定，西藏等边境地区自然保护地与稳边固边关系密切，自然保护地内新的问题不断涌现，迫切需要系统地、正确地认知在自然保护地建设中人与自然的关系，为原住居民提供可持续生计、为区域发展寻求出路、为守边戍边提供保障，成为自然保护地体系建设中亟待解决的问题。[④]

因此，本文基于青藏高原第二次科学考察项目，聚焦雅鲁藏布大峡谷国家级自然保护区（以下简称"雅江自然保护区"），对其冲突演变过程、类型表征等开展深入研究，提出优化途径及相应空间调控措施，尝试为青藏高原自然保护地空间调控提供依据，从而促进自然保护地内部及周边社区协调发展。

---

① 何思源、王博杰、王国萍等：《自然保护地社区生计转型与产业发展的经验与启示》，《生态学报》2021 年第 23 期。

② B. Mckercher, P. S. Ho, Cros H. Du, "Relationship between Tourism and Cultural Heritage Management: Evidence from Hong Kong," *Tourism Management* 26 (4) (2005): 539-548.

③ 何思源、魏钰、苏杨等：《保障国家公园体制试点区社区居民利益分享的公平与可持续性——基于社会—生态系统意义认知的研究》，《生态学报》2020 年第 7 期；杨彬如：《自然保护区居民生计资本与生计策略》，《水土保持通报》2017 年第 3 期。R. C. G. Capistrano, A. T. Charles, "Indigenous Rights and Coastal Fisheries: a Framework of Livelihoods, Rights and Equity," *Ocean & Coastal Management* 69 (2012): 200-209.

④ N. Dudley, *Guidelines for Applying Protected Area Management Categories* (Gland: IUCN, 2018). J. Fan, H. Yu, "Nature Protection and Human Development in the Selincuo Region: Conflict Resolution," *Science Bulletin* 64 (7) (2019): 425-427.

二 自然保护地与人类活动的阶段性认知

（一）自然保护地与人类活动关系的国际认识变化

自然保护地是以实现对自然及其生态系统服务和文化价值的长期保护为目标，通过法律或其他有效手段来认定和管理的、边界清晰的地理空间。①不同制度空间下的自然保护地中可进行的人类活动类型及强度有所不同。自然保护地制度限制了人类活动的空间边界，引导和约束了自然保护地空间内活动的功能，改变自然保护地与人类活动的关系。引入制度空间分析理念对自然保护地进行研究分析，将赋予自然保护地制度空间分异的过程，该过程被理论化为自然保护地空间重构的内在动力和表现维度，有助于深化阐释自然保护地的空间冲突现象。

自然保护地体系的建设始于19世纪，在北美、澳大利亚、欧洲以及南非等地区兴起。随着人口增长和社会经济发展，人类对生态环境的改造和破坏日益加剧，引发生态系统结构失衡、功能降低、生物多样性丧失等一系列问题，自然保护地建设旨在对当地特殊的自然景观及野生动物加以保护。②由于功能的特殊性，自然保护地的建设与管理从一开始就显现出了强制性质。1872年，美国成立了世界上第一处国家公园——黄石国家公园，为保护几乎未受人类干扰的自然地，不允许公众进入，仅允许自然或适当干预以及持续的科学监测。19世纪晚期，学者们观察到自然保护地不足以满足大型有蹄类动物迁徙，希望拓展公园范围以满足生物生存要求。

20世纪30年代，自然保护地周边矛盾复杂化，自然保护地区域内居民长期以狩猎、放牧等为主要生计，加之土地利用方式改变、建水坝、采

---

① N. Dudley, *Guidelines for Applying Protected Area Management Categories* (Switzerland: IUCN, 2008).

② A. Phillips, "The History of the International System of Protected Area Management Categories," *Parks* 14 (3) (2004): 4-14.

矿、伐木等威胁，管理者允许公众有限制地进入自然保护地，仅可开展科研和少量游憩活动。20世纪80年代，周边社区与自然保护地的矛盾日渐突出，管理者意识到必须满足社区居民生存和发展权，提出允许公众及当地居民进入，提供少量游憩机会，当地居民可以进行对环境没有负面影响的活动。二战后，美国经济迅速发展，人们的游憩需求急剧增加，自然保护地开始为公众提供体验自然、接受教育的机会，允许开展对环境没有显著负面影响的游憩活动，设有适当设施和服务。

1988年，研究揭示人们的游憩体验具有多样性，自然保护地开始设立基于不同体验的游憩区域，减少对环境的负面影响。不同游憩区公众进入的机会不同，如果设施和服务逐渐增多，单位密度的游客量会逐渐增大。由此可见，人类活动与自然保护地关系紧密、不可分割，自然保护地内居民的发展需求、居住形式、自然崇拜和宗教信仰以及游客日益增长的游憩、教育等需求均决定着自然生态资源利用方式。在生态保护的政策法律框架和行政管理体系建设不断完善的过程中，保护策略从保护执法逐渐向以社区为基础的自然保护方向转变，协调自然保护地与人类活动的关系成为自然保护部门的重要任务和关键环节。

进入21世纪，社会各界强烈呼吁人与自然和谐相处，开始寻求一种基于绿色发展的人与自然和谐关系。学术界对自然保护地和人类活动的关系进行了重新认识与梳理。在时间上，居民往往早于自然保护地建立而存在，经历长期的自然适应，对自然资源和土地利用管理形成了一定的传统方式；在空间上，居民生计往往依赖自然资源、农牧业等传统产业形式，自然保护地能够为社区和游客提供资源，而社区生产生活以及游客的游憩空间也可以以半自然、低影响的方式连通自然保护地，促进景观尺度的整体保护。① 人类

---

① S. Y. He, L. F. Yang, Q. W. Min, "Community Participation in Nature Conservation: the Chinese Experience and Its Implication to National Park Management," *Sustainability* 12（11）（2020）: 4760. A. Kshettry, S. Vaidyanathan, R. Sukumar et al., "Looking beyond Protected Areas: Identifying Conservation Compatible Landscapes in Agro-forest Mosaics in North-eastern India," *Global Ecology and Conservation* 22（2020）: e00905.

活动与自然保护地的关系还需分类看待，若无法有效协调自然保护地与人类发展，则二者将存在冲突关系，并会随经济发展关系不断恶化；但如果可以有效处理二者关系，自然保护地与人类活动并不相互排斥，可以形成一种相互的、持久的基于绿色发展的利益关系（见图1）。①

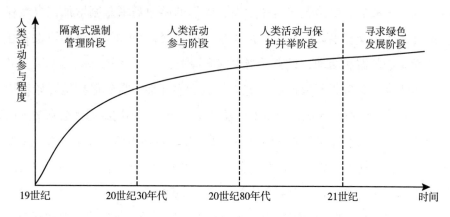

图1　自然保护地与人类活动的关系发展阶段

（二）不同阶段的我国自然保护地与人类活动的关系

在不同的社会经济发展阶段，自然保护地在保护的基础上限定了不同的目标导向。改革开放以来，我国在每个阶段的制度空间下，自然保护地建设表现出不同的特点。

1956年社会主义改造基本完成后，国家着力寻找经济发展路径，生态保护服从、服务于经济发展。1978～1992年，中国国内生产总值（GDP）由3678.7亿元上涨至27194.5亿元，工业化进程加快，砍伐森林、出口木材是获取建设资金的一个重要途径，原始森林遭到严重破坏，环境污染等问题开始显现。在这个阶段我国逐步意识到生态保护的必要性。当时我国以科学研究为目的，已经建立了以天然林区为主的自然保护区，但在以经济建设

① D. Leslie, "Tourism and Conservation in National Parks," *Tourism Management* 7 (1) (1986): 52-56.

为中心的制度背景下，生态保护往往让位于经济发展。地方政府和相关部门重经济发展、轻环境保护，甚至以牺牲生态环境为代价换取一时一地的经济发展。[①]

1992~2012年，生态保护建设得到重视，但经济高速发展仍对生态环境带来巨大压力，生态保护负重前行。1992年以来，我国初步建立了社会主义市场经济体制，掀起了新一轮大规模经济建设，成为20年经济高速增长期的开端。这一时期内，生态保护得到国家进一步重视，风景名胜区、森林公园、地质公园等相继建立。经济高速增长既为生态保护提供资金支持，也为自然保护地带来巨大压力和挑战，生态保护远滞后于经济发展，成效并不理想。2008年后，大规模的基础设施建设再次导致了一系列严重的生态环境问题。总的来看，该阶段是我国经济增长黄金期，同时也是我国自然保护地建设等生态保护工作开展难度骤增阶段。

2012年以后，中国经济进入增速放缓的新常态时期，自然保护地发展达到高潮。生态保护得到国家前所未有的重视，自然保护地体系进一步丰富，"山水林田湖草"作为生命共同体推进我国生态文明建设。2015年《生态文明体制改革总体方案》出台，我国开始了国家公园体制试点建设。2017年，党的十九大报告提出，建立以国家公园为主体的自然保护地体系。2018年，中国成立自然资源部，组建国家林业和草原局，强调夯实生态文明建设和自然资源保护的政治责任。[②] 生态保护在经济发展中的话语权逐步增加，自然保护地有效融入经济发展过程中，环境质量也得到明显改善。

不同制度引导了空间内发展要素的重新配置。早期"以经济建设为中心"的发展理念强力促进了经济高速发展，但生态保护与经济发展缺乏长期有效的制衡及约束机制，片面追求经济效益导致了生态环境的破坏。2012年我国生态文明体制深入改革，2017年，中央环保督察、"党政同责、一岗

---

① 陈吉宁：《以改善环境质量为核心全力打好补齐环保短板攻坚战——在2016年全国环境保护工作会议上的讲话》，《环境经济》2016年第169~170期。

② 刘奇、张金池、孟苗婧：《中央环境保护督察制度探析》，《环境保护》2018年第1期。

双责"等各类生态环境保护制度相继出台,强调环境与经济相互约束、责任共担,有效推动了环保与经济协同发展。严格的环境保护制度约束了过度开发等不合理的发展问题,将生态文明建设充分融入经济社会发展,实现从"经济发展缺乏环保约束"向"经济发展承担环保责任"的转变,成为我国社会发展制度空间下生态文明建设演变的重要特征。

三 雅江自然保护区案例分析

青藏高原地区是我国自然保护地分布最广、面积最大的区域,截至2021年,青藏高原的自然保护区面积占我国陆地自然保护区总面积的57.56%。[①] 雅江自然保护区是青藏高原典型的民族社区聚居地,独特的文化实践对当地的土地利用方式和生物多样性状况有着正面和负面的巨大影响,其自然资源管理与利用方式,发挥着与社会结构同等重要的作用。

(一)区域制度空间下雅江自然保护区冲突演化过程

雅江自然保护区涉及墨脱、米林、波密、巴宜三县一区,以墨脱县为主体,是中缅、中印边境的陆地要冲,区域内空间冲突基本处于隐形冲突阶段。

1. 潜在对立

1951年以前,墨脱尚处于封建农奴制社会,很多地区保留着原始社会残余。农奴制生产关系的束缚,使经济社会发展十分缓慢,生产力水平低下,自然经济占主导地位。农业处于"种在人,收在天"刀耕火种的广种薄收状况,农林牧水等科技含量低,田间管理不科学,粮食产量难以提高,农民生活极为贫苦。1959年,墨脱县人民政府正式成立,社会制度发生了根本变化,生产关系得到不断调整。人们开始意识到建设与发展的重要性,渴望发展的心理急切。在这一阶段,生态保护服从于经济发展,空间冲突处

---

① 《青藏高原生态文明建设状况》白皮书(全文),http://m.tibet.cn/cn/zt2019/wdzg/bps/201908/t20190816_6664089.html。

于潜在对立状态。

2. 认知介入

1984 年，墨脱县加大了森林管护力度。1985 年，墨脱自然保护区建立。区域内偷猎、盗伐现象逐年减少。2000 年墨脱自然保护区扩界更名为雅鲁藏布大峡谷国家级自然保护区，成立了保护区管理局、管理分局，建立健全了保护区规章制度，保护区内实施重点保护，到 2005 年全县七乡一镇全部参加退耕还林，5 年共退耕还林 2650 亩，强制禁止资源消耗者及破坏者。2006 年，由于受到保护区生态环境和自然保护的制约，人均耕地面积急剧减少，建设用地审批难度较大。居民开始意识到生态保护的开展在一定程度上限制了农业、工业生产，焦虑、紧张、敌对等情绪初步展现。

3. 冲突意向

随着经济快速发展，人口城镇化进程加快，产业需求大幅度增加。2010 年，嘎隆拉隧道贯通，G219 国道等基础设施建设加快，墨脱公路的正式通车加快了墨脱县城镇化进程。保护区内除了满足居民的居住需求外，还设立了学校、医院、银行等。各县与护林员签订责任书，希望通过生态补偿，缓解社区经济发展与生态保护之间的矛盾，但仍不足以满足人们日益增长的生活需求。相关产业及旅游业发展条件受到限制，自然保护地与人类活动之间的冲突意向愈加明显。

（二）雅江自然保护区空间冲突类型及表征

空间冲突中，利益相关者之间的互动博弈塑造了区域的空间格局，空间资源配置是博弈的主要内容。雅江自然保护区的"垄断式"生态空间保护造成了资源配置的"空间失配"[1]，体现在产业限制冲突、城镇化建设冲突和边防管控冲突等方面。

1. 产业限制冲突

由于雅江自然保护区早期边界范围划定不能满足当前阶段的保护和利用

---

[1] 李纯斌、吴静：《"空间失配"假设及对中国城市问题研究的启示》，《城市问题》2006 年第 2 期。

需要，政府将 300 余个行政村划入自然保护地管控范围。现行《自然保护区条例》禁止在自然保护区内进行放牧、开垦等农业生产活动，雅江自然保护区内以农牧业为主的产业结构受到极大限制。2020 年，墨脱全县实现县域生产总值 7.63 亿元，其中，第一产业增加值 0.47 亿元；第二产业增加值 3.65 亿元（其中，建筑业增加值 3.51 亿元）；第三产业增加值 3.51 亿元，三次产业的比例为 6∶48∶46。① 由于自然保护区制度的限制，除基本的公路、水电等建设外，区域内基本禁止其他工业生产。农牧业作为墨脱县主要产业，在三次产业中占比仅为 6%。粮食作物和经济作物种植规模较小，无法实现自给自足，农业生产为居民创收较少，区域内的贫困问题难以解决。

2. 城镇化建设冲突

随着扎墨公路与派墨公路的全面贯通，墨脱县近年来发展势头迅猛，但城乡发展空间、建设用地等空间竞争十分激烈。2019 年，墨脱县总人口 14986 人，比 2017 年增长 1261 人，其中城镇人口增长 1207 人。② 城镇建设规模越来越大，城乡一体化、区域一体化的特征也愈加明显。然而，由于保护区建立初期技术手段落后，雅江自然保护区范围划界仅在地图上进行划分，导致城镇居民点没有被精准筛查，墨脱县城被一同划进保护区范围。在保护区严格的管控制度下，墨脱县严重缺少城镇化发展空间。同时，基础服务设施以及公共服务的落后造成城镇化发展短板较大，自然保护区制度对该区域城镇化建设有一定的抑制作用。

3. 边防管控冲突

雅江自然保护区处于中印边界陆地要冲，因此保护区除维护生态安全外，更重要的是承担着守边戍边的重要功能。但在自然保护区制度下，限制访问管理导致我国公民长期被限制进入，存在弱化边境地区居民领土主权意识的风险，为邻国居民开展领土蚕食等活动提供可乘之机。

---

① 《2020 年墨脱县国民经济和社会发展公报》，http：//www.linzhi.gov.cn/mtx/zwgk/202109/3bccb452adb943a09deece64c19bae41.shtml。

② 中共墨脱县委办公室编《墨脱年鉴 2019》，中州古籍出版社，2020。

（三）雅江自然保护区空间优化与重构

自然保护地范围优化及分区是自然保护地得以有效管理的必要手段。[①]
重新划定自然保护地范围、优化功能分区方案，可形成当前社会发展阶
段下更合理的自然保护地制度空间，以此来缓和不同利益相关者间的矛
盾，同时最大可能地保护自然环境不受侵害。根据各类自然保护地的功
能定位，重新评估该区域内的生态完整性和人类活动强度，明确人类活
动与自然保护地之间的影响及各类型用地需求，基于产业、人口与城镇
化和边防管控考虑对自然保护区范围及分区进行重新划定。科学利用地
理信息技术，精准界定自然保护地外部范围及内部分区边界，实施不同
的治理模式。

1. **产业调控：明确可发展产业清单，预留产业发展空间**

构建以生态产业化和产业生态化为主体的生态经济体系，是实现自然
保护地绿色发展的关键措施。首先对区域内产业发展情况进行评估预测，
监测其对生态环境影响指数，筛选出对生态环境负面影响较低的产业，形
成产业发展的负面清单。坚决杜绝生态破坏指数较大的产业，优先发展生
态破坏性弱、经济创收潜力较高的产业。若该产业所需的发展区域生态环
境保护必要性较差，则可将该区域调出自然保护地范围，同时对评估生态
保护必要性较大且不适合产业发展的区域进行填补。若继续将该产业所需
发展空间保留在自然保护地范围内，应通过分区手段，并为其预留合理的
发展空间，并配以专门的管控措施。雅江自然保护区内工业发展薄弱，但
生态资源丰富，可转变以牧业为主的发展模式，优化现有自然保护地旅游
产品的供需匹配，开发融合自然教育及自然体验的生态旅游产品，为公众
预留徒步等游憩空间，在不影响生态保护的前提下，为周边社区就业增收
创造条件。

---

① 黄丽玲、朱强、陈田等：《国外自然保护地分区模式比较及启示》，《旅游学刊》2007 年第
3 期。

2. 人口与城镇化调控：控制人口数量，引导形成合理的城镇化空间格局

人口与城镇化是影响人类活动强度的最直接原因，人口与城镇化的发展会改变居民的土地利用方式及就业形式，城镇化过程使人口和产业活动由分散到积聚。随着城镇化发展，墨脱县内产业活动会从农业主体向非农业主体转变，开发强度的无限制增加势必会对生态环境产生消极影响。因此，需要从人口与城镇化方面对其进行管控。第一，在保证生态安全的基础上，对雅江自然保护区进行人口容量测定，控制人口数量的增长。第二，可划定新的用以发展绿色产业的功能区，或在保护区周边村落开展绿色产业经营，通过制度空间的迁移，吸引人口向保护区外围移动，在控制人口与城镇化的基础上，形成新的发展空间。第三，在保证保护区内水电通信及路网交通等必要的基本设施基础上，对其他设施建设进行评估，筛选出明显及潜在的、短期及长期的、直接及间接的基础设施建设，严格禁止对生态影响较大的基础设施建设，允许开展对生态影响较弱的基础设施建设，对于有潜在的、短期的及间接影响的基础设施建设可根据建设空间及时间进行调控。

3. 边防空间调控：以领土主权为导向，合理划定保护区范围

产业及人口与城镇化调控均为保障雅江自然保护区的基础功能实现与协调运转，但由于该区域国防形势的特殊性，宣示我国领土主权是目前我国边境地区国土空间规划面临的重要任务。国家边界是国家领土、主权的界线标志，神圣不可侵犯，因此，以我国领土主权为导向，以我国藏南边境地区国界线作为划定依据，重新划定雅江自然保护区边界。

四　结论

在青藏高原地区生态文明建设和经济快速发展的背景下，自然保护地与人类活动的冲突已经对当地社区产生了许多负面影响。在自然保护地发展的实践过程中，由于不断演进的制度空间下各利益相关者的发展目标与目的不

一致，各方主体之间的空间竞争关系，[1] 逐渐演化成一个多方利益主体的冲突空间。在不同的制度空间下，自然保护地与人类活动的关系有所不同，若无法实行有效空间重构，形成合理的制度空间，二者将存在冲突关系；若可以有效调控，二者可以形成基于绿色发展的利益关系。

雅江自然保护区与人类活动之间的关系，经历了潜在对立、认知介入和冲突意向的阶段，整体处于隐性冲突阶段，主要表现在产业限制冲突、城镇化建设冲突及边防管控冲突等方面。通过边界划定及功能分区对雅江自然保护区进行空间重构，在产业发展、城镇化建设及边防管理空间三方面进行调控。第一，根据环境破坏指数对可开展产业及产业发展空间进行筛选划定；第二，限定保护区内人口数量，通过划定产业发展空间引导人口及城镇化发展；第三，以领土主权为导向，重新划定保护区边界，为边防管控提供用地基础。

自然保护地与人类活动的冲突表现形式、影响因素较为复杂，涉及资源、环境、社会、经济等各方面，青藏高原地区自然保护地数量众多，涉及青海、西藏、新疆、四川、云南、甘肃六省份，本文选择雅江自然保护区作为案例研究具有一定的研究局限性，未来应完善青藏高原自然保护地数据收集，深入研究青藏高原不同区域自然保护地与人类活动的关系特点，为优化青藏高原自然保护地发展提供借鉴。

---

① 高艳、赵振斌：《民族旅游社区空间的竞争性：基于地方意义的视角》，《资源科学》2016年第 7 期。

G.17
多目标协同下的国家公园入口社区
生态旅游规划策略研究

陈佳祺 唐雪琼*

摘 要: 国家公园入口社区生态旅游发展既要满足社区发展目标和游客游憩目标，更要满足国家公园总体保护目标，以此延续、保护国家公园生态系统完整性和景观风貌的融合性。本研究统筹国家公园生态保护、游客游憩、社区发展的多目标要求，构建国家公园入口社区生态旅游规划的多目标体系，再利用多目标决策法对入口社区五类利益相关群体的问卷打分结果进行分析，在五个方案中优选出最佳方案，得出多目标协同下的国家公园入口社区生态旅游规划策略，为国内类似案例地发展提供一定借鉴。

关键词: 国家公园 入口社区 生态旅游

一 引言

《国家公园总体规划技术规范（GB/T 39736-2020）》界定入口社区为：

---

* 陈佳祺，西南林业大学园林园艺学院风景园林专业硕士研究生，研究方向为风景园林规划与设计、乡村生态旅游；唐雪琼（通讯作者），西南林业大学教授、博士生导师，研究方向为乡村生态旅游、传统村落保护利用。

位于国家公园周边，为国家公园提供服务的社区。[①] 入口社区大多数区位边远、发展滞缓，又由于长期受到生态保护要求限制和自身发展能力不足的影响，社会经济发展落后，是亟待发展振兴的乡村地域。但入口社区生态环境良好，文化特色鲜明，生态旅游资源类型多样、品质较高，国家公园建设使其交通显著改善，成为游客集散和接待的重要空间，具备社区生态旅游发展的优越条件。

入口社区与国家公园联系紧密，国家公园是地方社区世代保护留存的具有完整性、独特性的自然生态系统，而入口社区是游客进入国家公园的必经之地。游客们在此住宿、用餐和购物，了解当地的文化和自然资源，给社区带来发展的机会。作为国家公园门户区域，入口社区生态旅游发展既要满足社区发展目标和游客游憩目标，更要满足国家公园总体保护目标，以此延续、保护国家公园生态系统完整性和景观风貌的融合性。

社区生态旅游规划过往有较多案例研究，学者重点探讨了乡村生态旅游发展规划程序和内容[②]、乡村生态旅游景观设计[③]、特色区域旅游规划[④]等，多通过案例实证[⑤]的形式进行研究，将保护自然资源和生态环境理念充分融入乡村生态旅游的规划设计与管理中，进行科学合理的布局，创造一个环境优

---

① 国家市场监督管理局、国家标准化管理委员会：《国家公园总体规划技术规范（GB/T 39736-2020）》，中国标准出版社，2020。

② 孙雄燕：《乡村生态旅游规划的程序与内容研究》，《生态经济》2014 年第 6 期；A. A. Lew, "Scale, Change and Resilience in Community Tourism Planning," *Tourism Geographies* 1 (2016): 14-22. P. Sedarati, S. Santos, P. Pintassilgo, "System Dynamics in Tourism Planning and Development," *Tourism Planning & Development* 16 (2019): 256-280.

③ 王峰、徐冬爱：《乡村旅游景观规划设计研究——评乡村旅游发展规划与研究：理论与实践》，《中国瓜菜》2022 年第 4 期；A. N. Hasanli, "The Impact of Ecological Factors on Tourism in Azerbaijan," *International Journal of Tourism* 6 (2021): 16-20.

④ 张雯、张广胜：《以"农家乐"为特色的乡村生态旅游发展规划的研究》，《改革与战略》2009 年第 3 期；A. Arintoko, A. A. Ahmad, D. S. Gunawan et al., "Community-based Tourism Village Development Strategies: a Case of Borobudur Tourism Village Area, Indonesia," *Geo Journal of Tourism and Geosites* (2020): 398-413.

⑤ 蔡军、阮娟、陈其兵：《灾后重建背景下的四川乡村生态旅游规划——以绵竹市遵道镇棚花村生态旅游规划为例》，《四川农业大学学报》2010 年第 3 期。

美、健康舒适的可持续发展乡村生态旅游系统。社区生态旅游发展目标主要考虑游憩和社区发展，研究内容多为定性描述，缺少规划方法的细化探讨。本文运用多目标决策法，对入口社区生态旅游规划中所关注的保护目标、游憩目标、社区目标等目标进行定量研究，结合我国国家公园及其入口社区的具体情况，在多个方案中优选出最佳方案。多目标决策法的融入，丰富了社区生态旅游规划方法体系，对于国家公园社区生态旅游规划与发展有重要的指导意义。

二 国家公园入口社区生态旅游规划的多目标设定

（一）设定的基本思路

1. 设定符合国家公园及入口社区要求的目标体系

《生态文明体制改革总体方案》提出"国家公园实行更严格保护，除不损害生态系统的原住民生活生产设施改造和自然观光科研教育旅游外，禁止其他开发建设，保护自然生态和自然文化遗产原真性、完整性"①。国家公园入口社区的目标体系建设，应以保护为核心，实现以下几个目标。

第一，保护当地重要自然遗产和生态美景。

第二，在最严格保护下，主动承担起接待服务中心的职责，承接公园内游客的住宿、餐饮、休闲娱乐等服务，完善国家公园游憩功能。

第三，开展具有较低生态影响程度的人文活动，保护地方文化，弘扬地方精神。

第四，积极开展自然教育、科研等活动，扩大当地居民就业机会，为当地居民和社区带来利益，获得公众对保护工作的支持。

2. 设定符合我国国情的目标体系

在我国生态文明建设的背景下，以实现乡村振兴为目标，以生态旅游为

---

① 中共中央、国务院印发《生态文明体制改革总体方案》，2015。

手段，成为符合我国国情的国家公园入口社区发展方式。

《建立国家公园体制试点方案》明确了国家公园入口社区协调发展的试点要求，十九大报告提出乡村振兴战略的"产业兴旺、生态宜居、乡风文明、治理有效、生活富裕"[①] 的二十字方针，是入口社区发展建设的方向。发展生态旅游是社区生态保护和可持续发展的重要路径之一。在保护生态资源的同时，整合自然资源和人文资源发展生态旅游，促进自然生态和社会经济协调发展，保护和传承地方文化。

（二）国家公园入口社区生态旅游的多目标体系

国家公园入口社区生态旅游规划的多目标体系分为总目标、基本目标和子目标。

1. 总目标

以保护入口社区的自然资源和人文资源为核心目标。同时，为公众提供休闲娱乐、自然教育及科学研究的机会，以增进民众对入口社区的壮丽景色及独特的民族文化的了解与认知。[②] 此外，在国家公园入口社区的建设中，要从改善社区的基础设施、医疗卫生水平、教育事业等方面着手，实行社区参与制度，合理调整社区传统产业的结构，减小社区对自然资源的依赖，真正达到保护入口社区资源和社区可持续发展的终极目标。

2. 基本目标

（1）保护目标

国家公园入口社区的保护可以概括为确保入口社区区域内现有生态系统及生物多样性不受损害，保证社区的美学价值和独特的人文景观价值。[③] 主要包括：加强对山脉、水系、森林、田园、湖泊、草甸等的严格的保护，保

---

① 习近平：《决胜全面建成小康社会　夺取新时代中国特色社会主义伟大胜利——在中国共产党第十九次全国代表大会上的报告》，人民出版社，2017，第 32 页。

② 贾倩、郑月宁、张玉钧：《国家公园游憩管理机制研究》，《风景园林》2017 年第 7 期。

③ 杨子江、张志明、杨桂华：《香格里拉梅里雪山国家公园管理目标体系构建研究》，《林业调查规划》2015 年第 6 期。

证入口社区系统的完整性、原始性，生命力的稳定维系，以及地方传统文化和传统风俗的保护。

（2）游憩目标

入口社区在坚持保护自然资源和文化资源不受侵害的前提下，加强可持续生态旅游产品和项目的开发，为游客提供自然观光、生态康体、运动探险、娱乐体验、科普教育等多种休闲活动，使游客能深入自然、观察、认知和感受自然，并以生态环境基础为参照，探究自然演替与动态变化规律。①

（3）社区目标

通过改善社区土地的合理利用、构建社区发展格局、完善社区基础设施、提高社区宜居水平等，保护社区土地平衡，保持原住居民原有的生产生活方式、文化与传统，以推动地方经济和社区的可持续发展。

3.子目标

子目标是对基本目标具体化、明确化的阐述。国家公园入口社区的生态旅游发展设定 10 个子目标以进一步界定和阐述三大基本目标。

（1）生态保护子目标

以入口社区内的自然资源长期惠益于人类为出发点，切实在生态旅游发展过程中做到生态环境最小化影响，使保护区内的典型地质遗迹、生物多样性、水和空气质量，以及"山—水—林—田—湖—草"一体化的自然景观格局和生态过程得到有效保护。

（2）生活保护子目标

保护入口社区依据自然地形而形成的村落空间形态、街巷格局和各类非物质文化，保存其历史特征、空间载体和社会基础，维护独具当地民族特色的传统风貌建筑，保护地方特色鲜明的历史环境和文脉。

（3）生产保护子目标

保护入口社区的丰富多彩的传统生产方式，维护和传承在此生态环境中

---

① 唐小平、张云毅、梁兵宽等：《中国国家公园规划体系构建研究》，《北京林业大学学报（社会科学版）》2019 年第 1 期。

所形成的传统农耕文化，提升区域民族价值，实现活态传承。

（4）自然教育子目标

通过在入口社区内增加科普教育牌、导游讲解等方式，让游客更好地认识和了解入口社区自然资源价值和人文资源价值，发挥生态旅游的教育功能，提高游客对国家公园及入口社区的价值认同。

（5）人文展示子目标

鼓励社区开展文化旅游活动，通过穿民族服饰、品地方美食、住地方民居、做手工艺品等旅游体验方式，使游客深入了解地方特色，融入地方生活，感受地方文化价值。

（6）接待服务子目标

提供旅游接待服务如民宿、餐饮等，满足游客食宿要求，提升游客对社区游憩项目和设施的满意程度。

（7）空间格局子目标

社区空间是环境资源与人类生活共同作用的产物，反映了人们的环境适应和土地利用情况。梳理入口社区的空间发展结构，合理划分功能分区，加强土地资源合理利用与管理，从而促进社区保护与发展的统一，促进社区永续发展。

（8）人居环境提升子目标

加强基础设施和公共服务设施建设，改善社区宜居水平，对传统的老旧建筑进行改造，增加建筑的采光与通风，统一建筑风格，整治建筑周边环境。引导人畜分离，改善居住条件，提高环境质量。

（9）社区参与子目标

帮助社区建立旅游企业、合作社与社区的合作关系，通过社区能力建设和培训，鼓励社区居民积极参与社区生态旅游，提高社区自身认同感和价值实现，促进生态保护、社会经济和文化传承的协调发展。

（10）农业产业子目标

做优做强农业产业，使农业成为社区的优势产业之一。根据地方农业基础，提供新鲜、优质、安全的农产品，增加农产品的经济效益，提升视域农田景观，形成良好的生态格局。

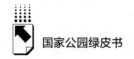
（三）基于"多目标决策的国家公园入口社区生态旅游规划方法"
设计

1.流程安排

完整的"多目标决策的国家公园入口社区生态旅游规划方法"包括图1
中的五个流程。具体步骤如下。

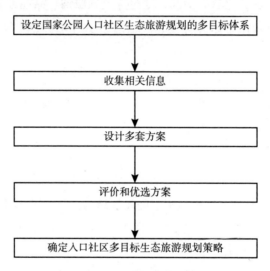

**图1　基于多目标决策的国家公园入口社区
生态旅游规划方法流程**

（1）设定国家公园入口社区生态旅游规划的多目标体系

入口社区的规划是以多目标为导向的，不同的目标既是入口社区规划方
向的指引，也是入口社区规划成效的检验标准。合理地设定多目标体系，无
疑是展开入口社区规划的重要前提和基础。依据上文中的相关论述，已经将
入口社区多目标体系构建完成。

（2）收集相关信息

尽可能系统地收集当地相关资料，包括旅游统计信息、社区居民信息、
入口社区资源信息等。

（3）设计多套方案

依据对不同利益相关群体的调查和分析，确定目标间不同权重组合，得到不同情景的综合适宜性分析。采用专家小组参与技术，确定因子权重，确定权重时使用层次分析法，先使用1~9的潜在连续尺度，就某一目标因素的两两相对重要性，然后，通过求矩阵的特征矢量和最大特征值，得到矩阵的权重。由此可以得出不同的利益相关群体对入口社区未来发展的看法，并据此得到多套方案。

层次分析法的评价指标体系包括目标层、准则层、子准则层三个递接层次，如图2所示。每个层级之间相互影响，最终反映出目标层的结果。

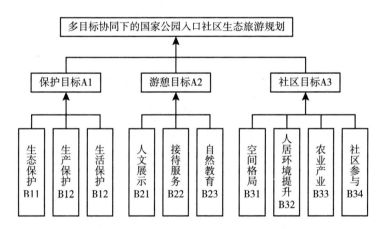

图2　入口社区生态旅游规划递接层次结构

构造判断矩阵并赋值。以判断矩阵为基础，分别调查和分析国家公园入口社区五类主要利益相关群体的意见，分别为环保人士、旅游研究人员及旅游企业管理者、当地社区居民、相关管理部门管理者和游客。对比及分析具体的评价指标，采集60多位专家所提出的相关意见，并计算得出与之相应的多目标间的权重组合，得到不同情景的综合适宜性分析。

（4）评价和优选方案

将建立多目标的层次结构模型构造判断矩阵进行计算，求得各目标与方案的权重关系，再结合我国国家公园入口社区的实际情况，选出最优的

方案。

（5）确定入口社区多目标生态旅游规划策略

通过优选出的方案，设计能涵盖保护与发展结合的多目标体系的国家公园入口社区生态旅游规划策略。

2. 方案评价及优选结果

在对入口社区五类主要利益相关者群体调查和分析的基础上，得出了五种主要利益相关群体对入口社区未来发展的情景和认识，并计算得出与之相对应的五种方案目标间的权重组合，如表1所示。

表1　主要利益相关群体调查结果权重组合

目标权重组合	保护目标	游憩目标	社区目标	利益相关群体	对应的方案
权重组合一	0.5409	0.1258	0.3333	环保人士	方案一
权重组合二	0.3619	0.4811	0.1570	旅游研究人员及旅游企业管理者	方案二
权重组合三	0.2038	0.2213	0.5749	当地社区居民	方案三
权重组合四	0.3492	0.3187	0.3322	相关管理部门管理者	方案四
权重组合五	0.2927	0.4638	0.2435	游客	方案五

从表1可以看出，方案一入口社区的保护目标被突出强调，方案二和方案五入口社区的游憩目标被突出强调，方案三入口社区的社区目标被突出强调，方案四入口社区的保护目标、游憩目标和社区目标被同等重视，是社区协调发展方案。

方案四也是最符合我国国家公园及入口社区目标、生态文明建设要求、乡村振兴策略的最优选方案。在该方案中，三个目标没有哪一个单一目标被特别地突出强调，权重分别为0.3492、0.3187、0.3322。受到同等重视的同时，在权重上还是有细微的区别，保护目标权重略高，体现出入口社区应该遵循"坚持保护第一"的原则，随后是社区目标和游憩目标。集结了10名相关管理部门管理者的评价打分结果，如表2所示。

表 2　优选方案打分结果集结数据

	一级指标矩阵集结结果	二级指标矩阵集结结果
保护目标 A1	0.3492	—
游憩目标 A2	0.3187	—
社区目标 A3	0.3322	—
生态保护 B11	—	0.5095
生产保护 B12	—	0.2228
生活保护 B13	—	0.2578
人文展示 B21	—	0.3714
接待服务 B22	—	0.3100
自然教育 B23	—	0.3187
空间格局 B31	—	0.2364
人居环境提升 B32	—	0.3154
农业产业 B33	—	0.2304
社区参与 B34	—	0.2177

注："—"表示此处无数据。

从相关管理部门管理者一级指标矩阵集结结果可以看出，相关管理部门管理者对于入口社区的发展也是结合了我国国家公园的基本情况和我国当前的基本国情的，入口社区的合理规划是在实现社区生态资源保护的前提下，提升入口社区发展条件和游憩功能。从二级指标矩阵集结结果中也可看出，生态保护是排在首位的，相关管理部门管理者认为生态空间的保护是基础条件，游憩产品的构建和社区的合理发展必须依托于自然教育、人文展示、人居环境提升、空间格局规划等重要的内容，而这些重要内容的发展与挖掘需要以入口社区良好的生态环境条件为基础，只有在坚持保护第一的原则下，才能更好地、可持续地增强社区的生命力。

三 多目标协同下的国家公园入口社区
生态旅游规划策略探讨

（一）保护目标下的入口社区生态旅游规划策略

1. 保护山水格局，修复社区生态环境

国家公园入口社区生态环境优美、自然资源丰富，社区的发展与周边的自然资源息息相关。随着社区的发展，社区周边的生态环境遭到一定程度破坏。例如社区周边树木被砍伐，社区居民生产生活对自然环境造成污染，社区周边基础设施建设等产生的垃圾堆积等。因此在社区开发和建设中，坚持绿色发展，实现生态环境保护优先和开发要适度，在保护社区山水格局的同时，修复社区内已被破坏的环境。同时，以山、水、林、湖、草等为对象，制定相关的保护策略，不断提高地方社区的生态素质，将生态意识通过具体生活生产规则形成乡规民约，通过道德的约束作用促使村民养成良好的生态生活习惯。

2. 维护聚落形态，修补社区传统风貌

聚落空间是原住居民经过百年的习惯依托自然生活形成的产物，主要包括社区整体空间形态、街巷空间、传统建筑、历史环境要素等方面。① 保护入口社区传统聚落空间形态包括整体空间形态的完整性、街巷空间的连续性和传统格局的真实性，保护传统的社区空间各要素串联性，不破坏社区的整体格局和整体风貌。通过对入口社区现状建筑的分析，对入口社区的建筑进行分类评价，然后进行有针对性的修复，提升社区居民居住环境，还原社区传统风貌。坚持"保护文化遗产、延续传统文脉、永续合理利用"的原则，针对入口社区的各项历史文化要素进行有针对性的保护与维护。②

---

① 段晓梅：《云南省江城县城子三寨传统村落保护与发展规划研究》，科学出版社，2014。
② 施润：《历史文化村落的地域文化表征及营建规律比较研究》，硕士学位论文，昆明理工大学，2015。

3. 保护生产空间，保存社区传统产业

入口社区优秀的传统文化根植于社区居民悠久的生产活动中，生产空间也成为地方民族文化延续的空间。保护入口社区的生产空间，包括保护入口社区的手工作坊、农田景观、传统技艺、民族服饰、民俗文化及种植技艺等各类非物质文化，保存其历史特征、空间载体和社会基础，实现活态传承。

（二）社区目标下的入口社区生态旅游规划策略

1. 强化土地合理利用，构建社区振兴格局

加强对社区土地资源的合理利用与管理，协调好社区建设与社区生态资源安全之间的关系。通过国家约束性规范，约束社区居民自建房以及乡村产业发展的土地利用，以保证生态红线、耕地红线不突破。重塑入口社区空间，优化社区发展的"骨架"，有序指导入口社区的发展。突出点线面的结合，合理布局生产力要素，合理组织入口社区分区，促进社区发展和管理，培育带动社区协同发展的增长极。通过发展结构的合理构建，扩大原有的优势，改进原有的劣势，形成特色鲜明的功能分区。

2. 强化传统产业，推进社区产业兴旺

入口社区具有独特的农业资源和文化资源，充分挖掘农业的多种功能和价值，实现入口社区资源的综合利用。坚持落实"宜农则农、宜林则林、宜果则果"的原则，大力推进农业结构调整，实施优势农产品的区域布局，提升优质经济作物、现代畜牧业的比例。加速发展优势突出、特色鲜明的农产品生产基地，以特色产业为主导整合优势资源推进村庄整体经济发展。发展绿色种植业、养殖业循环经济，促进农业发展和生态保护相协调，最大限度地发挥种养循环经济效益，促进社区产业兴旺。

3. 推动基础设施建设，提供社区发展保障

统筹推进综合交通、给排水、电力电信、环卫等基础设施建设，建立健全入口社区发展基础，构建系统完备、高效实用、智能环保、安全可靠的现代化基础设施体系，为入口社区高质量发展提供强有力支撑和保障。

4. 提升社区宜居水平，建成门户美好家园

加强入口社区主要街巷空间的设计，着重美化社区主要景观节点的环境，社区内房前屋后绿化美化，形成具有辨识度的村庄形象。以社区居民的习惯为基础，重点对广场、公房等社区内公共活动空间进行设计，结合地方历史文化资源，提炼景观要素，突出入口社区的历史文脉和特色。发掘传统民居的建筑形式，结合当代社区居民的新需求，规划具有地域性的建筑形式和风格引导准则，规范社区居民建房形式，形成统一、多样、独具特色的建筑形式和风貌。通过对入口社区细节的把控，提升入口社区宜居水平，建成入口社区门户美好家园。

5. 推动社区组织规划，加强社区参与

在生态保护优先的前提下引导社区居民就业，加强入口社区管理人员管理水平和专业素质，借助国家公园发展的契机，认真进行入口社区生态旅游发展规划与发展，通过生态旅游，缓解保护与发展的矛盾，推进人与自然和谐共生。培育一支优秀的人才队伍，加强社区居民参与生态旅游和社区参与的能力，加强社区居民的职业道德教育和业务技能，提高社区居民保护环境的意识和服务意识，实现入口社区生态旅游的绿色蓬勃发展。

（三）游憩目标下的入口社区生态旅游规划策略

1. 推动旅游市场分析，了解市场需求

深耕入口社区周边市场，通过问卷和访谈的形式，了解入口社区及国家公园的旅游市场，积极拓展周边客源地市场。具体分析游客需求，了解其出行方式、出行时间、旅游产品、旅游项目等，总结不同游客的喜好，有针对性地提出生态旅游策略。

2. 构建入口社区产品体系，打造地方特色旅游项目

着力探索具有自身特色的生态旅游产品，充分展现该区域的自然和人文特征。打造具有地方特色的旅游项目，增强游客参与感，重视可观赏、可参与、可互动、可体验的社区旅游项目，提升游客游赏的满意度。

3.完善社区旅游服务设施，补齐服务设施短板

在进行生态旅游规划与建设时，必须具备完善的旅游服务设施。强化入口社区作为国家公园接待区域的旅游服务设施配置，统筹布置住宿、餐饮等旅游服务体系，使入口社区既能有效地结合国家公园游客需求，又与周边社区错位发展。

四 结语

国家公园的保护与周边社区的发展一直以来都是国内外学者关注的焦点问题，一方面，国家公园入口社区毗邻国家公园，拥有丰富的自然资源，具有较高的保护价值；另一方面，入口社区蕴含丰富的人文资源，且该地区经济落后，产业发展受限，居民有着改善生活条件与发展经济的强烈需求。因此，探寻入口社区保护与发展的生态旅游规划方法具有十分重要的意义。本文以多目标协同下的国家公园入口社区生态旅游规划作为研究重点，采用多目标决策的方法，对入口社区各类利益相关群体进行调查，优化了国家公园入口社区生态旅游规划框架，探索出一条具有现实意义的入口社区生态旅游规划的新思路。

游憩规制与特许经营

Recreation Regulation and Concession

G.18
国家公园特许经营范围界定
与体系构建

陈涵子　吴承照*

摘　要： 我国国家公园特许经营范围不统一，与别国国家公园"concession"
相比，或是与我国自然保护地原有特许经营范围相比，存在范围扩
大化现象。究其原因，是没有紧扣"特许经营"的原本内涵，而
将其内涵扩大成了"经由特别许可的商业经营"。与新内涵对应
的广义国家公园特许经营体系包括三类特许经营，分别有不同目
的：提供国家公园公共产品和服务；提供国家公园其他产品和服
务；实现国家公园品牌标识等无形资源的价值。我国国家公园特
许经营涉及商业访客服务项目、自然资源直接利用活动、基础设
施和公用事业项目、国家公园品牌标识等无形资源的使用，应该

---

* 陈涵子，博士，常州大学美术与设计学院讲师，研究方向为国家公园与自然保护地规划与管
理；吴承照，博士，同济大学建筑与城市规划学院教授，博士生导师，国家公园与自然保护
地规划研究中心主任，研究方向为国家公园规划与管理、风景园林学理论与方法、景观与旅
游规划设计。

对各种特许经营项目进行分类管理。

关键词： 自然保护地 国家公园 特许权 商业访客服务 资源利用

自党的十八届三中全会提出"建立国家公园体制"以来，"特许经营"成为国家公园领域的高频词。2018 年 7 月，中央编办公布的"三定"方案明确了国家林业和草原局（国家公园管理局）的主要职责之一是"负责国家公园设立、规划、建设和特许经营等工作"。2019 年 4 月，中共中央办公厅、国务院办公厅印发的《关于统筹推进自然资源资产产权制度改革的指导意见》第 8 条提出"健全自然保护地内自然资源资产特许经营权等制度"。可见，特许经营不仅是国家公园管理机构的重要负责事项，也是国家公园等自然保护地自然资源资产化运作的重要方式。

2021 年 10 月，我国首批国家公园正式设立，就目前情况来看，各个国家公园特许经营的范围并不统一，学界对国家公园特许经营范围的理解也不一致。国家公园特许经营范围的清晰界定与体系构建，不仅是国家公园开展实践工作之当下迫切需要的，也是我国建立"统一、规范、高效"的国家公园体制的长远要求。

一 国家公园特许经营范围表述

（一）国家公园法规（规章）的相关表述

我国首批设立的国家公园和国家公园体制试点大多已经正式公布了管理条例（办法），有些还专门针对特许经营制定了管理办法。这些条例、办法既有地方性法规，也有地方政府规章，现行法规（规章）关于特许经营范围的表述差别较大（见表1）。

表1　我国国家公园法规（规章）有关特许经营及其范围的条款

名称		法规(规章)	相关条款
正式设立的国家公园	三江源国家公园	《三江源国家公园条例（试行）》（2017年6月发布）	第四十九条　三江源国家公园建立特许经营制度,明确特许经营内容和项目,国家公园管理机构的特许经营收入仅限于生态保护和民生改善。
		《三江源国家公园经营性项目特许经营管理办法（试行）》（2017年10月发布）	第三条　三江源国家公园内中藏药开发利用、有机畜产品及其加工产业、文化产业、支撑生态体验和环境教育服务业等领域营利性项目特许经营活动,适用本办法。三江源国家公园园区内和支撑服务区的能源、交通运输、水利、环境保护、市政工程等基础设施和公用事业的特许经营参照国家及我省有关规定执行。
	武夷山国家公园	《武夷山国家公园条例（试行）》（2017年11月发布）	第十六条　武夷山国家公园实行特许经营制度。国家公园管理机构对涉及资源环境管理与利用的营利性项目行使特许经营权。 医疗、通讯、绿化、环境卫生、保安和基础设施维护等公共服务类项目不纳入国家公园特许经营范围。禁止以特许经营名义将公益性项目和经营项目整体转让、垄断经营。
		《武夷山国家公园特许经营管理暂行办法》（2020年6月印发）	第四条　将九曲溪竹筏游览、环保观光车、漂流等项目纳入特许经营范围,实行目录管理……目录清单由武夷山国家公园管理局会同所在地县（市、区）人民政府研究提出,经武夷山国家公园体制试点工作联席会议审定后,由武夷山国家公园管理局向社会公布。
	大熊猫国家公园	《大熊猫国家公园管理办法（试行）》（2020年9月发布）	第三十一条　建立特许经营制度,对特许经营活动的准入和审批、经营项目许可,签订特许经营合同以及收益监督与评价制定具体管理办法。
		《大熊猫国家公园特许经营管理办法（试行）》（2020年9月发布）	第三条　大熊猫国家公园特许经营范围包括餐饮、住宿、生态旅游、低碳交通、文化体育、森林康养、商品销售等及其他服务领域。使用大熊猫国家公园品牌及标识开展生产经营活动属于特许经营管理范畴。 大熊猫国家公园范围内的宗教活动、原住民自发开展的非商业性节庆祭祀活动、由国家公园管理机构或中小学校等举办的公益性自然教育、科学研究、生态保护和治理、环境卫生整治、基础设施维修养护及改扩建、公共医疗服务、原住民开展传统的生产经营活动（除利用现有房屋开展餐饮、住宿、商品销售等经营活动外）,不列为大熊猫国家公园特许经营项目。

名称		法规（规章）	相关条款
正式设立的国家公园	海南热带雨林国家公园	《海南热带雨林国家公园条例（试行）》（2020年9月发布）	第四十条　海南热带雨林国家公园一般控制区内的经营性项目实行特许经营制度。具体管理办法另行制定。
		《海南热带雨林国家公园特许经营管理办法》（2020年12月发布）	第七条　海南热带雨林国家公园一般控制区内可以开展下列符合海南热带雨林国家公园总体规划和专项规划的特许经营项目：(一)建设、运营经营服务设施；(二)销售商品；(三)租赁设备或者场地；(四)提供住宿、餐饮、游憩导览、解说；(五)经营户外运动项目或者商业拍摄、商业演艺活动等文化体育服务；(六)提供生态旅游和体验、森林康养、休闲度假服务；(七)提供生态科普、自然教育服务；(八)提供旅游运输服务；(九)生产、销售载有海南热带雨林国家公园标识的产品；(十)其他实行特许经营的项目。 第八条　海南热带雨林国家公园内的宗教活动、原住居民开展的种养等传统生产活动以及国家和省人民政府规定的不实行特许经营的其他经营活动，不列为特许经营项目。
其他	钱江源国家公园	《钱江源国家公园特许经营管理办法(试行)》（2020年10月印发）	第二条　本办法适用于钱江源国家公园内开展的服务访客的特许经营活动（如餐饮、住宿、交通服务、特色商品和纪念品销售、自然教育、研学旅游、游憩、漂流、节庆活动、体育赛事、商业拍摄等），以及其他可能的资源合理利用活动（如特色农产品开发、水产养殖、中蜂养殖、生物基因产业等）。

注：①表中所有国家公园的特许经营都包含商业访客服务，覆盖吃住行游购娱各个环节，但都没有区分这些服务是否具有公共产品和服务的性质。

②有些国家公园特许经营涵盖了自然资源的直接利用活动，但衡量标准不同。例如，三江源国家公园和武夷山国家公园强调资源利用活动的"营利性"，而钱江源国家公园关注的是资源利用的"合理性"。

③对是否将国家公园范围内的基础设施和公用事业项目纳入特许经营范围态度不一。例如，三江源国家公园持肯定态度，但规定这类特许经营参照国家及省有关规定，武夷山国家公园和大熊猫国家公园则明确排除了这类项目。

④有些国家公园还将特许经营范围扩大到了国家公园品牌标识的使用。例如，大熊猫国家公园、海南热带雨林国家公园规定，使用其品牌标识进行生产经营和销售属于特许经营。

（二）学界有关国家公园特许经营范围的表述

我国学者对国家公园特许经营范围的表述也不尽相同，有的认为特许经营仅限于访客服务，有的认为自然资源的直接利用也可以采用特许经营方式开展，有的将特许经营笼统地概括为国家公园范围内的"商业经营活动"（见表2）。学界和法规（规章）有关特许经营范围的表述不一致，这种混乱状态不仅妨碍国家公园的科学管理，也阻碍"统一、规范、高效"的国家公园体制的建立。

表2　部分学者对国家公园特许经营范围的表述

学者（年份）	相关表述
张海霞（2018）	为提高公众游憩体验质量，由政府经过竞争程序优选受许人，依法授权其在政府管控下开展规定期限、性质、范围和数量的非资源消耗性经营活动。[1]
刘翔宇等（2018）	公园管理机构之外的组织或个人通过租约、执照、地役权或许可等形式在国家公园内开展的商业经营活动。[2]
陈涵子、吴承照（2019）	国家公园特许经营不仅包括旅游特许经营，还包括符合保护管理目标的资源的其他特许经营利用方式。[3]
陈朋、张朝枝（2019）	目的是为访客提供更好的体验和弥补国家公园运营成本，类型有：公共设施、安保设施、体育设施、文化设施、交通运输设施、商业设施和旅游住宿接待设施及服务。[4]
赵智聪等（2020）	特许经营……为国家公园单位提供食宿及游憩服务，是国家公园商业服务的一种形式，而商业服务也只是所有访客服务的一部分。[5]

[1]　张海霞：《中国国家公园特许经营机制研究》，中国环境出版集团，2018。
[2]　刘翔宇、谢屹、杨桂红：《美国国家公园特许经营制度分析与启示》，《世界林业研究》2018年第5期。
[3]　陈涵子、吴承照：《社区参与国家公园特许经营的模式比较》，《中国城市林业》2019年第4期。
[4]　陈朋、张朝枝：《国家公园的特许经营：国际比较与借鉴》，《北京林业大学学报（社会科学版）》2019年第1期。
[5]　赵智聪、王沛、许婵：《美国国家公园系统特许经营管理及其启示》，《环境保护》2020年第8期。

学者(年份)	相关表述
耿松涛等 （2021）	在国家公园内开展非资源消耗性活动,为访客提供生态体验服务、环境保护教育、观赏科考自然等活动。[1]
侯圣贺 （2022）	由政府经过竞争程序选择经营者,依法授权其在国家公园内开展规定范围和数量的非资源消耗性活动……授权其在园内特定区域利用自然资源开展经营活动。[2]
宋增明 （2022）	政府经过竞争程序优选受许人,依法授权其在国家公园内开展规定期限、性质、范围和数量的非资源消耗性经营活动。[3]

二 国家公园特许经营范围比较

我国国家公园事业处于起步阶段,体制机制尚不健全,作为国家公园保护与利用的焦点之一,特许经营范围混乱的问题不容小觑。为了更好地梳理现有范围,有必要将其与国际上的相近概念以及我国的既有概念进行比较。

（一）与别国国家公园"concession"范围比较

国际上,国家公园"concession"是与我国国家公园特许经营相近的概念。该词源于拉丁语的"concessio""concedere"（意为"迁就、妥协"）,既指授予的"特许权",也指"特许"行为,字面没有"经营"的含义,也不必然与"经营"挂钩。[4] 我国学者最早将欧美等国公用事业领域的

---

① 耿松涛、张鸿霞、严荣:《我国国家公园特许经营分析与运营模式选择》,《林业资源管理》2021年第5期。
② 侯圣贺:《国家公园特许经营合同的法律基础》,《甘肃理论学刊》2022年第1期。
③ 宋增明:《特许经营,带你深度亲近国家公园》,《森林与人类》2022年第2期。
④ 《牛津字典》对 concession 的解释是"the right to use land or other property for a specified purpose, granted by a government, company, or other controlling body" 和 "the action of conceding or granting something"。

"concession" 意译为"特许经营",是为了引入"政府将某项公共事务的经营委托给社会资本行使"①的理念,这样的翻译虽未采用词语的原义,但比较方便理解陌生概念。

到了国家公园语境中,大多仍然按照公用事业领域约定俗成的译法,将"concession"译为"特许经营"。而实际上,国家公园"concession"某些情况不适合翻译成"特许经营",我国国家公园特许经营和别国国家公园concession的范围也不相同(见图1)。

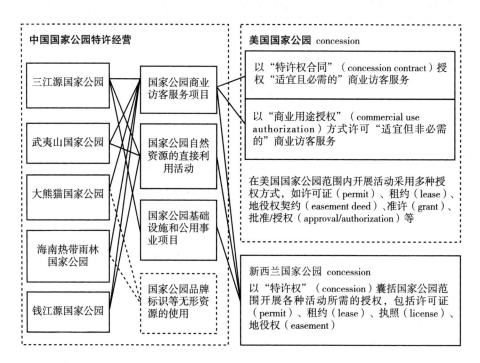

图1 中国国家公园特许经营与美国、新西兰国家公园 concession 的范围比较

第一,目前,我国国家公园特许经营项目总体上涉及四个类别,即国家公园商业访客服务项目、国家公园自然资源的直接利用活动、国家公园基础设施和公用事业项目、国家公园品牌标识等无形资源的使用。

---

① 景婉博:《国外特许经营的演变及其理论基础》,《经济研究参考》2016 年第 15 期。

第二，美国国家公园将商业访客服务分为"适宜且必需的"和"适宜但非必需的"两类，前者采用"特许权合同"（concession contract）授权，后者采用"商业用途授权"（commercial use authorization）方式许可，国家公园范围内开展其他活动则采用"concession"以外的多种授权方式。① "concession"针对的"适宜且必需的"商业访客服务具有公共产品和服务性质，所以沿用我国公用事业领域的译法将其翻译为"特许经营"是可以理解的。

第三，新西兰国家公园 concession 是指在国家公园范围内开展各种活动所需的多种特许权，包括许可证（permit）、租约（lease）、执照（license）、地役权（easement）。② 这与联合国开发计划署对自然保护地 concession 的定义③是一致的。这里的"concession"面向的是国家公园范围内允许开展的各种活动，不仅仅是商业经营项目；面向的是各种目的的活动，不局限于提供公共产品和服务，因此不再适合翻译为"特许经营"，只适合从其原义译为"特许权"。

由此可见，目前我国国家公园特许经营范围远大于美国国家公园 concession 范围；我国某些国家公园特许经营涵盖国家公园品牌标识等无形资源的使用，就这点而言，其范围也超出了新西兰国家公园 concession 范围。不过，新西兰国家公园 concession 不局限于商业经营项目，因此是一个更大的概念。

（二）与自然保护地原本特许经营范围比较

与"特许经营"一词对应的英文词语不仅有"concession"，还有"franchise"，二者性质不同。前者是基于行政许可的政府特许经营，用于提供公共产品和服务，属于政府和社会资本合作（PPP）的一种形式④；后者

① 见《美国国家公园管理局管理政策》第 8 章、第 10 章（NPS Management Policies 2006 Chapter8，Chapter10）。

② 新西兰《保护法》第一部分 释义（Conservation Act 1987 Part 1 Interpretation）。

③ 〔新西兰〕A. Thompson、P. J. Massyn、J. Pendry 等：《自然保护地旅游特许经营管理指南》，吴承照、陈涵子译，科学出版社，2018。

④ 《国家发展改革委关于开展政府和社会资本合作的指导意见》将政府和社会资本合作（PPP）模式定义为"政府为增强公共产品和服务供给能力、提高供给效率，通过特许经营、购买服务、股权合作等方式，与社会资本建立的利益共享、风险分担及长期合作关系"（发改投资〔2014〕2724 号）。

以商标、技术等经营资源的授权使用为核心，属于商业特许经营①。

我国在进入国家公园时代之前，风景名胜区等自然保护地就有特许经营，其"政府特许经营"的内涵非常明确。例如，黄进指出，"风景名胜区特许经营是政府特许经营的一种形式……是一种行政许可行为"②；张晓认为，特许经营是"政府……通过市场竞争机制选择某项公共产品或服务的投资者或经营者"③；刘一宁和李文军认为"自然保护区旅游特许经营的特许人是政府或政府机构，特许标的是公共资源的经营权，因此其应该属于政府特许经营的范畴"④。

如今，我国国家公园特许经营的范围明显超出了自然保护地原有的"提供公共产品和服务"的政府特许经营的范围——从前文列出的法规（规章）条文看，并没有区分商业访客服务是否具有公共产品和服务的性质；"营利性""合理性"这些限定词也并未将国家公园自然资源的直接利用活动限定为提供公共产品和服务；而授权其他主体使用国家公园品牌标识等无形资源进行经营，则属于"授权经营"，虽然与"商业特许经营"有相似之处，却与"政府特许经营"完全是两回事。

三 国家公园特许经营体系构建

（一）与新内涵对应的广义特许经营体系

无论是与美国、新西兰国家公园 concession 相比，还是与我国自然保护

---

① 《商业特许经营管理条例》（中华人民共和国国务院令第 485 号）第三条将商业特许经营定义为"拥有注册商标、企业标志、专利、专有技术等经营资源的企业（即特许人），以合同形式将其拥有的经营资源许可给其他经营者使用（即被特许人），被特许人按照合同约定在统一的经营模式下开展经营，并向特许人支付特许经营费用的经营活动。"

② 黄进：《论风景名胜区特许经营合同》，《旅游学刊》2005 年第 4 期。

③ 张晓：《对风景名胜区和自然保护区实行特许经营的讨论》，《中国园林》2006 年第 8 期。

④ 刘一宁、李文军：《地方政府主导下自然保护区旅游特许经营的一个案例研究》，《北京大学学报（自然科学版）》2009 年第 3 期。

地原有的特许经营相比，我国国家公园特许经营都存在范围扩大化现象。究其原因，是没有按照"特许经营"的原本内涵来确定范围，而是按照字面意思将其内涵扩大成了"经由特别许可的商业经营"。

我国基础设施和公用事业领域的"特许经营"和风景名胜区等自然保护地的"特许经营"都属于提供公共产品和服务的"政府特许经营"，如果将国家公园特许经营从"政府特许经营"扩大到"经由特别许可的商业经营"，就需要建立与新内涵对应的特许经营体系。为了方便区分，本文将"经由特别许可的商业经营"称为"广义特许经营"，将"政府特许经营"称为"狭义特许经营"。

建立广义特许经营体系，需明确以下几点：（1）国家公园管理机构以外的主体在国家公园开展任何活动都需要事先获得"特许权"，商业经营所需的特许经营权只是其中一种，国家公园特许权和特许经营制度是国家公园资源利用监管制度的组成部分。（2）特许经营无论如何扩大范围，也只能涵盖国家公园的"营利性"项目，无法囊括所有资源利用活动，还有相当一部分国家公园活动是非营利性的。（3）就"营利性"的特许经营活动而言，目的不同、对象不同，特许的类型与规则也随之不同（见图2）。

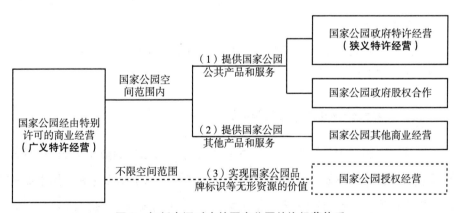

图2　与新内涵对应的国家公园特许经营体系

其一，第一种类型是"特许"社会资本方参与提供国家公园公共产品和服务（原本应当由政府负责提供），同时"特许"该活动在国家公园范围

内开展。理论上，我国政府与社会资本合作主要有三种方式，即政府特许经营、政府股权合作、政府购买服务。政府特许经营和政府股权合作都是使用者付费，可以用于商业经营项目。政府购买服务则由政府付费，免费向公众提供，故不属于商业经营。

其二，第二种类型是"特许"社会资本方在国家公园范围内开展其他商业经营活动，提供国家公园其他产品和服务。

其三，第三种类型是为了实现国家公园无形资源的价值，授权其他主体使用国家公园品牌标识等无形资源进行商业经营，类似于市场经济中的"商业特许经营"，但一来授权主体不是企业，二来不要求被授权人在统一的经营模式下开展经营，所以不是真正的"商业特许经营"，而是普通的"授权经营"。

三种类型存在诸多差异。从空间范围来看，前两种类型用于国家公园范围内的特许经营项目，第三种类型授权的是无形资源的使用权，所以不受国家公园空间范围的限制。从特许人身份来看，第一种类型的特许人既是管理者，也是项目的合作者；第二种类型，国家公园管理机构与社会资本之间没有合作关系，仅以国家公园生态系统管理者的身份对项目进行许可和管理，以确保其不会违背国家公园保护管理目标；第三种类型，授权人在授权过程中行使的是无形资源的所有者权利，与前两种类型中特许人行使的生态系统管理者权力不同。

（二）国家公园现有特许经营项目解析

目前，我国国家公园特许经营最常见的是国家公园商业访客服务项目，也涉及国家公园自然资源的直接利用活动、国家公园基础设施和公用事业项目，以及国家公园品牌标识等无形资源的使用（见表3）。随着认知发展和资源利用水平的提高，国家公园特许经营必将从旅游走向更广阔的领域，[①]

---

① 章锦河、苏杨、钟林生等：《国家公园科学保护与生态旅游高质量发展——理论思考与创新实践》，《中国生态旅游》2022年第2期。

因为提供游憩机会只是国家公园的一种功能，未来国家公园将发挥更加强大的复合功能。

表3 我国国家公园现有特许经营项目解析

			国家公园空间范围内					空间不限
			国家公园商业访客服务项目		国家公园自然资源的直接利用活动		国家公园基础设施和公用事业项目	国家公园品牌标识等无形资源使用
			适宜且必需的	适宜但非必需的	提供公共产品和服务	提供其他产品和服务		
管理者（合作者）	政府与社会资本合作	政府特许经营	●		●		●	
		政府股权合作	◎		◎		◎	
管理者	国家公园范围内其他商业经营活动			▲		▲		
所有者	授权经营							□

注：表中"●""◎"分别表示政府特许经营、政府股权合作（提供国家公园公共产品和服务），"▲"表示国家公园范围内其他商业经营活动（提供国家公园其他产品和服务），"□"表示授权其他主体使用国家公园品牌标识等无形资源进行商业经营。

国家公园商业访客服务项目中"适宜且必需的"访客服务（例如，国家公园基础性的餐饮、交通等）具有公共产品和服务的性质，采用政府与社会资本合作的方式（主要为政府特许经营，不排除政府股权合作）提供，对应特许经营体系中的第一种类型。国家公园访客服务中"适宜但非必需的"访客服务不具有公共产品和服务的性质（例如，直升机观光、私人向导等），由社会资本遵循市场法则提供，对应特许经营体系中的第二种类型。

与商业访客服务类似，国家公园自然资源的直接利用活动既有可能是提供公共产品和服务的商业经营（例如，不违背保护管理目标前提下利用国家公园水力资源发电等），也有可能是提供其他产品和服务的商业经营（例

如，利用国家公园草场资源生产肉奶产品等），两者分别对应特许经营体系中的第一、二种类型。

国家公园基础设施和公用事业的目的就是提供公共产品和服务（例如，国家公园范围内的供暖服务等），所以只对应特许经营体系的第一种类型。国家公园品牌标识等无形资源的授权经营则单独属于第三种类型。

四 结语

我国国家公园特许经营范围不统一、扩大化的根本原因是没有以"特许经营"原本内涵来确定范围，而是将其内涵扩大成了"经由特别许可的商业经营"，使不同国家公园有了各自演绎的空间。为了改变这种混乱现象，亟须构建起与新内涵对应的广义国家公园特许经营体系。特许目的不同、国家公园产品和服务性质不同，特许方式和流程、定价机制、监管内容、利益协调机制等随之不同，所以应该以特许目的、产品服务性质为标准，对国家公园范围内的特许经营项目进行分类，以不同规则进行管理。

需要说明的是，与国家公园范围内基于行政许可的特许经营不同，国家公园品牌标识等无形资源的"授权经营"本质上是一般的民事许可，既不是"政府特许经营"，也算不上"商业特许经营"，而且也不受国家公园范围限制。考虑到我国一些国家公园已将其作为特许经营写入管理办法，所以本文姑且将其作为第三种类型纳入广义特许经营体系，但实践中需要注意与另外两种类型进行区别。

G.19

风景名胜区的得失评价
与中国国家公园未来发展方向

王爱华 张海霞 刘 忆*

摘 要： 经过40年的发展，我国风景名胜区对战略性保护我国自然文化景观发挥了重要作用。风景名胜区管理过程中出现的公益性机制扭曲、国家所有权虚置、经营体制不完善、规划与监管体系不健全等问题，主要归因于系统性的公共规制失灵，严重影响业态升级。当前，在我国以国家公园为主体的自然保护地体系建设过程中，应充分借鉴风景名胜区上述管理经验和教训，坚持国家利益主导、全面公益性基本价值取向；坚持法治建设为先，实现国家代表性资源战略性保护；坚持绿色发展，建立科学高效的特许经营机制；推动全民参与，生态监管和市场监管双管齐下。

关键词： 风景名胜区 国家公园 全民公益性 战略性保护 绿色发展

我国最初的风景园林管理从建设部门的城市园林管理中分化而出。[①] 作为城市绿地管理的一部分，风景名胜区归口管理部门为建设部门。原建设部门将风景名胜区定义为"国家依法设立的自然和文化遗产保护区域，以自

---

* 王爱华，博士，生态环境部对外合作与交流中心副主任专家，高级工程师，研究方向为国家公园与自然保护地管理和政策，生物多样性公约履约和政策；张海霞，浙江工商大学旅游与规划学院教授，研究方向为国家公园与旅游规制；刘忆，浙江工商大学旅游与城乡规划学院硕士研究生，研究方向为国家公园生态旅游。

① 赵智聪、杨锐：《中国风景名胜区制度起源研究》，《中国园林》2019年第3期；严国泰、宋霖：《风景名胜区发展40年再认识》，《中国园林》2019年第3期。

然景观为基础，自然与文化融为一体，具有生态保护、文化传承、审美启智、科学研究、旅游休闲、区域促进等综合功能及生态、科学、文化、美学等综合价值"①。由此可见，我国风景名胜区的功能定位具有复合性特征，即：①保护生态、生物多样性与自然环境、文化遗产；②发展休闲观光旅游和文化旅游；③开展科研和文化教育活动；④促进风景名胜区所在区域经济和社会发展。②

我国的风景名胜区制度在进行顶层设计的初期就关注到了风景名胜区与国际上国家公园概念的区别与联系。我国的风景名胜区与外国的国家公园同样缘起于风景资源保护，1999年出台的《风景名胜区规划规范》（GB50298-1999）中提出"海外的国家公园相当于国家级风景区"，得到了一批学者的支持。③ 也有学者认为中国风景名胜区与西方国家公园概念不同，应考虑主导价值取向、资源管理体制、产权关系等方面的差异。④

长期以来，我国发展形成了一套由国家重点风景名胜区、国家湿地公园、国家森林公园、国家地质公园等构成的自然遗产地体系，分别由住建、林业、环境、旅游、国土、水利等相关部门开展自然资源资产归口管理（见图1），多头分割管理在一定程度上造成了过度开发、保护不力、遗产资源品质下滑、管理缺位等问题。⑤ 2017年后，我国推进了国家公园体制建设，风景名胜区与其他类型自然保护地的区别日渐明晰，被确定为与国家公园不同的保护地类型。

---

① 住房和城乡建设部：《中国风景名胜区事业发展公报（1982~2012）》，2012。
② 李经龙、张小林、郑淑婧：《中国国家公园的旅游发展》，《地理与地理信息科学》2007年第2期。
③ 孟宪民：《美国国家公园体系的管理经验——兼谈对中国风景名胜区的启示》，《世界林业研究》2007年第1期；谢凝高：《名山·风景·遗产：谢凝高文集》，中华书局，2011。
④ 张海霞：《国家公园的旅游规制研究》，中国旅游出版社，2012。
⑤ 张海霞、汪宇明：《基于旅游发展价值取向转移的旅游规制创新刍议》，《旅游学刊》2009年第4期。

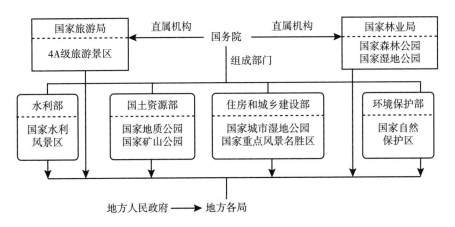

图1 自然保护地体系改革前我国自然遗产地的行政管理架构

资料来源：张海霞《国家公园的旅游规制研究》，中国旅游出版社，2012。

一 我国风景名胜区建设的成就

1982 年，我国正式建立风景名胜区制度，截至 2017 年底，设立了 9 批共计 244 处国家级风景名胜区（2005 年前称为"国家重点风景名胜区"），面积约 10.66 万平方千米；各省级人民政府共批准设立省级风景名胜区 807 处，面积约 11.74 万平方千米，两者总面积达到 22.4 万平方千米，形成了具有中国特色的风景区管理体系和国家风景名胜区法律制度，对我国代表性自然文化景观的保护起到了积极的作用，[①] 并取得了以下成就。

（一）高品质资源的战略性保护

1. 坚持国家遗产资源的战略性保护，风景名胜区是世界遗产地的孵化载体

建设部门将风景名胜区划分为历史圣地类、山岳类、岩洞类、江河类、湖泊类、海滨海岛类、特殊地貌类、城市风景类、生物景观类、壁画石窟

---

① 《我国风景名胜区事业发展蓬勃向上》，http://www.forestry.gov.cn/zrbh/1475/20190114/155844829237302.html。

类、纪念地类、陵寝类、民俗风情类及其他类 14 个类型，按照国家级重点风景名胜区和省级风景名胜区实施分级分类管理，成功保护了我国最珍贵的、战略性的自然和文化遗产，为世界遗产事业发展提供了载体和平台。风景名胜区的资源组合度高、类型丰富，具有国家代表性的景观尤其多，我国 56 个世界遗产地中有 32 处为国家级风景名胜区，约占我国世界遗产地总量的 57.14%。且绝大多数国家级风景名胜区（约 7.87 万平方千米）被列入了《中国生物多样性保护战略与行动计划（2011—2030 年）》中的生物多样性保护优先区域。联合国教科文组织还将武夷山（1987）、西双版纳（1993）、九寨沟（1997）、黄龙（2000）、五大连池（2003）、井冈山（2012）、黄山（2018）7 个国家级风景名胜区列入"世界生物圈保护区"。

2. 坚持多元价值实现，风景名胜区是最具中国适应性的遗产地实践

我国风景名胜区的价值具有多元化特征，不仅拥有生态、科学、美学、历史文化等多维度的本底价值，还充分体现出科研、教育、旅游、实物产出等方面的直接利用价值和促进产业发展、社会进步等衍生价值，这种多元价值使其成为我国各类遗产保护地中保护管理最复杂、功能最综合的法定保护区。需着重指出的是，在我国传统的自然与文化遗产保护事业中，文化和遗产被看作相对立的保护对象，而风景名胜区则十分重视文化与自然遗产的和谐统一，整体保护自然生态环境与人文环境，这是对中华文明和全球文明传承的重大贡献，更是当前我国建立以国家公园为主体的自然保护地体系中值得借鉴的历史经验。在我国国家自然和文化遗产保护体系中，风景名胜区占据重要位置，与自然保护区、文物保护单位/历史文化名城并列为国家三大法定遗产保护地。

（二）多层级的法律保障体系

1. 依法治理起步早、立法层级高

1985 年国务院出台《风景名胜区管理暂行条例》，以 16 条规定明确了风景名胜区的定义、资源属性、规划体系、规划内容及保护管理方法和建设路径，风景名胜区是我国最早出台单行条例的自然遗产地。目前，各类自然遗产地（包括国家公园）也仅国家级自然保护区（1994 年）有国务院专项条

例作为保障。国家森林公园、国家地质公园、国家水利风景区、国家 A 级旅游景区等多停留在部门规章等较低的立法层次上，缺少强法保障（见表1）。

表 1 中国各类国家级自然遗产地相关法律法规规章

遗产地类型	相关法律、法规、规章依据
国家级自然保护区	国务院：《自然保护区条例》(1994；2017)
	国家土地管理局、国家环境保护局：《自然保护区土地管理办法》(1995)
	国家环境保护总局：《国家级自然保护区监督检查办法》(2006；2017；2019)
国家重点风景名胜区	国务院：《风景名胜区管理暂行条例》(1985)，《风景名胜区条例》(2006；2016)
	建设部：《国家重点风景名胜区总体规划编制报批管理规定》(2003)，《国家重点风景名胜区审查办法》(2004)
	国家质量技术监督局标准化司：《风景名胜区规划规范》国家标准(1999)[1]
国家级森林公园	国家林业局：《森林公园管理办法》(1994；2011；2016)，《国家级森林公园设立、撤销、合并、改变经营范围或者变更隶属关系审批管理办法》(2005)
国家湿地公园	国务院办公厅：《关于加强湿地保护管理的通知》(2004)
	国家林业局：《关于加强对湿地和野生动植物保护管理情况实施监督的通知》(2004)
国家地质公园	地质矿产部(国土资源部前身)：《地质遗迹保护管理规定》(1995)
	国土资源部：《古生物化石保护条例》(2010；2019)
国家城市湿地公园	建设部：《国家城市湿地公园管理办法(试行)》(2005)[2]，《城市湿地公园规划设计导则(试行)》(2005)[3]
国家水利风景区	水利部：《水利风景区管理办法》(2004)，《水利风景区评价标准》(2004；2013)，《水利旅游项目管理办法》(2006)
国家矿山公园	地质矿产部(国土资源部前身)：《地质遗迹保护管理规定》(1995)
国家 A 级旅游景区	国家旅游局：《旅游景区质量等级评定管理办法》(2005)[4]，《旅游安全管理暂行办法》(1990)[5]

注：

1. 住房城乡建设部 2018 年 9 月批准《风景名胜区总体规划标准》为国家标准，编号为 GB/T50298-2018，自 2019 年 3 月 1 日起实施。原国家标准《风景名胜区规划规范》（GB50298-1999）同时废止。

2. 住建部印发《城市湿地公园管理办法》（建城〔2017〕222 号），《国家城市湿地公园管理办法（试行）》（建城〔2005〕16 号）同时废止。

3. 住房和城乡建设部制定《城市湿地公园设计导则》（2017 年 10 月），《城市湿地公园规划设计导则（试行）》（建城〔2005〕97 号）同时废止。

4. 国家旅游局已废止 2005 年版《旅游景区质量等级评定管理办法》，相关规定已被 2012 年版《旅游景区质量等级管理办法》取代。

5. 《旅游安全管理办法》已经 2016 年 9 月 7 日国家旅游局第 11 次局长办公会议审议通过，现予公布，自 2016 年 12 月 1 日起施行。国家旅游局 1990 年 2 月 20 日发布的《旅游安全管理暂行办法》同时废止。

2.法律法规标准齐备、法律保障体系相对完善

我国风景名胜区形成了以《风景名胜区管理暂行条例》为中心的包括国家标准、管理办法，涉及设立、规划、监督等内容的法律制度体系（见表2）。相对于其他各类国家级自然遗产地的法律法规建设仍未成体系，风景名胜区已经历了从依法立园阶段（1982～1992年）、规范管理阶段（1993~2006年）到理性规制阶段（2007年至今），风景名胜区的法律保障体系不断完善。

表2 我国风景名胜区法律保障体系

阶段	年份	法律法规
依法立园阶段 （1982~1992年）	1985	《风景名胜区管理暂行条例》
	1987	《风景名胜区管理暂行条例实施办法》
规范管理阶段 （1993~2006年）	1993	《风景名胜区建设管理规定》
	1999	《风景名胜区规划规范》（GB50198-1999）
	2006	《风景名胜区条例》
理性规制阶段 （2007年至今）	2007	《国家级风景名胜区监管信息系统建设管理办法(试行)》
	2018	《风景名胜区详细规划标准》（GB/51294-2018）
	2018	《风景名胜区总体规划标准》（GB/50298-2018）

（三）高质量低投入的成长模式

1.严格数量规制，保持理性稳定增长

依法设置科学的遴选机制，严格对风景名胜区的数量规制，风景名胜区数量稳定增长，从1982年第一批44处，到2017年第九批新增19处，年均增量缓慢下降（见图2）。有序稳定的数量增长，本质上符合保护我国最高品质风景名胜资源的科学规律和建设目标，确保了风景名胜区的资源价值维持在相对高的水平。相对而言，国家级自然保护区从2000年的155处增长到2019年474处，增长了2.06倍；国家级森林公园从2000年的344处增长到2020年的901处，增长了1.62倍；国家地质公园从2001年

的 11 处增长到 2020 年的 218 个地公园，增长了 18.82 倍。①数量规制的失序，遗产地数量的急剧扩大是导致保护能力跟不上，遗产地保护质量下滑的重要原因。

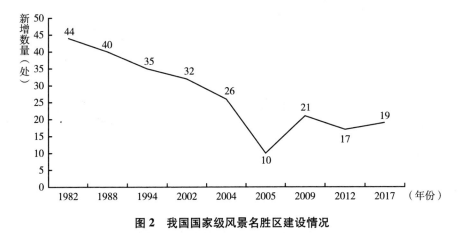

图 2 我国国家级风景名胜区建设情况

资料来源：根据住房与城乡建设部官网历年数据整理。

2. 严格进入规制，遗产地与遗产资源分布保持了空间一致性

风景名胜区凭借建设部门规划管理的优势，以国土空间用途管制的基础形式实现了对风景名胜区资源的有效管控。我国多数其他类型保护地建设存在与经济发展的正相关关系，存在集聚分布，譬如国家森林公园、国家地质公园。②越是经济发达地区，保护地数量越多，与实际的自然资源本底不符。而大量研究表明，我国国家级风景名胜区空间上多分布在地表水域周边、植被种类丰富、古代交通可达性较好的区域，与当代经济发展水平没有关系。③我国风景名胜区的空间布局严格遵循了资源禀赋等自然特征，并非经济社会发展等其他变量影响的结果。

---

① 根据住房与城乡建设部官网历年数据整理。

② 朱里莹、徐姗、兰思仁：《中国国家级保护地空间分布特征及对国家公园布局建设的启示》，《地理研究》2017 年第 2 期。

③ 吴佳雨：《国家级风景名胜区空间分布特征》，《地理研究》2014 年第 9 期。

3.严格质量规制,建立部际联审与科学监管机制

2007 年,建设部召开部际联席会议,审议已完成规划编制的国家级风景名胜区总体规划,对不符合《风景名胜区条例》规划内容的风景名胜区总体规划进行严格审理,限期整改。此后,风景名胜区总体规划部际联席会议审议成为常态化的工作机制,对促进和提升风景名胜区总体规划质量起到了重要作用。2007 年,建设部发布了《关于印发〈国家级风景名胜区监管信息系统建设管理办法(试行)〉的通知》,旨在通过遥感技术与地理信息技术的分析研究方法,对风景名胜资源的保护与利用状态进行动态监测,检查国家级风景名胜区的规划实施、资源保护、土地变异、工程建设和地形地貌等方面的变化情况。利用高科技遥感监管信息系统,为风景名胜区的保护管理提供了科学技术保障。[①]

4.引入市场化机制,探索低财政投入的高质量发展模式

在维护风景名胜资源品质与风景名胜区运行维护的双重目标下,在公共财政投入严重不足的情况下,风景名胜区多选择了门票经济模式,甚至将自然资源资产进行资本化配置。虽然以相对较低的公共财政投入保护了我国最优秀的自然和文化遗产资源,但风景名胜区市场化的问题自 21 世纪第 1 个10 年起就引起了全社会的广泛讨论和思考。

二 我国风景名胜区建设存在的问题与归因

(一)公益性价值扭曲引起消费主义

1.缺乏稳定持续的财政资金,导致旅游经济依赖

我国风景名胜区的资金来源分为三部分:建设部拨款、地方政府财政收入和风景名胜区经营筹资。实际上多数风景名胜区是自负盈亏的单位。本应免费或低费供给,但因中央财政投入有限,地方政府又面临 GDP 考

---

① 严国泰、宋霖:《风景名胜区发展 40 年再认识》,《中国园林》2019 年第 3 期。

核压力，出现了风景名胜区属地政府集体追求风景名胜区旅游经济价值的现象。一方面资金匮乏，拨款无法满足资源保护和基础设施维护需求；另一方面缺乏监管和约束，经营收入也无法投入到风景资源保护之中，导致2000年初风景名胜区普遍陷入严重的人工化、商业化、城市化。[①] 一些地方出现不合理安排重大基础设施建设、随意侵占穿越风景名胜区的现象，对生态环境和遗产价值造成严重破坏。一些风景名胜区没有妥善处理好与城市建设、村镇发展的关系，侵占景区用地、破坏景观风貌等问题不同程度地存在。

2. 门票涨价违背公益性，交叉补贴影响业态升级

2004年以来，在国内旅游市场上刮起了"门票涨价"风，风景名胜区普遍性涨价（见表3）。门票不应当被视为风景名胜区公共物品价值的表达，它应具有公益性[②]、调节性和非成本性[③]。但我国风景名胜区和世界遗产的门票相对人均GDP为0.9%，美国为0.05%，加拿大为0.01%，可见中国百姓为享受"公共资源"要支出比其他国家人民高很多的代价，这与中国的经济发展水平和人民普遍不富裕的情况极不相符。[④] 在《风景名胜区条例》未出台前，门票收入多进入经营公司营收中，通过门票收入对落后业态的经营性项目实行交叉补贴，影响了业态升级。虽然设置听证机制来确保门票价格调整的科学性，但往往是逢听证必涨，与风景名胜区的公益性渐行渐远。[⑤]

---

① 李如生：《美国国家公园与中国风景名胜区比较研究》，博士学位论文，北京林业大学，2005。

② 系指利用门票作为价格杠杆调节参观流量，以保护景观资源。

③ 指门票不作为开发、保护、管理资源的依据，只能根据国民平均收入水平，避免"贵族化"。

④ 张晓：《对风景名胜区和自然保护区实行特许经营的讨论》，《中国园林》2006年第8期；陈朋、张朝枝：《国家公园门票定价：国际比较与分析》，《资源科学》2018年第12期。

⑤ 陈耀华、陈康琳：《国家公园的公益性内涵及中国风景名胜区的公益性提升对策研究》，《中国园林》2018年第7期。

表3　代表性国家级风景名胜区门票价格变化

单位：元

名称	批次（审批日期）	1990年	1995年	2000年	2005年	2010年	2015年	2020年
八达岭—十三陵	第一批（1982.11.8）	0.5	15	35	40	45	45	45
五台山	第一批（1982.11.8）	—	—	—	90	168	145	135
防川	第四批（2002.5.17）	—	—	—	20	20	80	70
五大连池	第一批（1982.11.8）	—	—	—	135	190	240	240
杭州西湖	第一批（1982.11.8）	—	—	171	0	0	0	0
普陀山	第一批（1982.11.8）	6.2	35	119	130	160	160	160
黄山	第一批（1982.11.8）	40	60	80	200	230	230	190
武夷山	第一批（1982.11.8）	—	—	111	110	140	140	140
庐山	第一批（1982.11.8）	—	—	51	135	180	180	160
三清山	第二批（1988.8.1）	—	—	40	100	150	150	120
泰山	第一批（1982.11.8）	—	—	62	100	125	125	115
洛阳龙门石窟	第一批（1982.11.8）	—	—	45	80	120	120	90
武当山	第一批（1982.11.8）	—	—	70	110	110	140	130
武陵源	第二批（1988.8.1）	—	—	160	245	245	245	225
丹霞山	第二批（1988.8.1）	—	—	65	100	100	150	100
桂林漓江	第一批（1982.11.8）	—	—	150	210	210	210	215
峨眉山	第一批（1982.11.8）	2	20	60	120	150	185	160
黄果树	第一批（1982.11.8）	—	—	—	150	180	160	160
华山	第一批（1982.11.8）	—	—	60	100	100	180	180
麦积山	第一批（1982.11.8）	—	—	—	70	70	120	80
天山天池	第一批（1982.11.8）	—	—	—	60	100	125	155
青海湖	第三批（1994.1.10）	—	—	20	50	100	100	90

注："—"表示此处无数据。

资料来源：各风景名胜区官网、省市级统计公报及期刊等公开资料。

3. 资源保护与旅游发展位序扭曲，滋生景区消费主义

各级政府在风景名胜区管理中普遍出现"重盈利，轻保护"的价值取向，甚至在风景名胜区申报时也表现出"忽略保护突出普遍价值的核心内容"，"过分看重地区经济发展和社会效益的追求"的动机。① 有学者指出，

① 李文华、闵庆文、孙业红：《自然与文化遗产保护中几个问题的探讨》，《地理研究》2006年第4期。

这与政府对遗产保护与利用的认识水平不断变化有关，21世纪初中国风景名胜区出现的情况，与美国20世纪50~60年代国家公园面临的问题类似①，旅游基础设施快速增长、旅游消费设施与项目盲目上马、体验质量下滑。②本应当"山上游，山下住"的游程设计，在消费主义改造下，变成了"山上游、山上住"，风景名胜区的消费主义盛行。当服务访客的多样化、炫耀式消费需求成为风景名胜区的项目靶向，自然公德、社会公德等价值秩序下移，国民认同与骄傲感培育任重道远。也有学者将这一现象归因于"中央领导对自然遗产文化重要性认识不到位，地方政府对资源保护和可持续发展重要性认识不到位，企业对自然文化遗产的价值认识不到位"③。加之一些风景名胜区过于注重旅游营销，忽视公益科普宣传，导致全社会对风景名胜区的性质和作用缺乏全面客观认识。事实上，西湖模式的出现对风景名胜区旅游发展的启示是，"高门票高回报"并非遗产地的必须之路，回归到公益性价值、业态升级、国民价值观培育方是正确道路。④

（二）国家所有权虚置引致多重失序

1. 国家所有权与属地管理模式下的代理人合法性问题

我国实施了国家级—省级—县级分级管理体系，所在县市具有属地管理权，激发了地方参与遗产地建设的积极性。由于科层管理体系，当地政府作为国有资产全权代理人的身份行使国家所有权时，缺乏明确法律赋权和监督控制机制保障，往往会出现代理人在县市政府、省政府之间的不稳定转移，

---

① 周年兴、黄震方在研究中指出：美国在20世纪50~60年代经历了国内旅游大规模增长的阶段，修建大规模的游憩设施，严重破坏了国家公园内的视觉完整性和自然原野状态，这一情况在70年代环保运动的兴起、原野法和环境保护法的颁布后才得到遏制。参见周年兴、黄震方《国家公园运动的教训、趋势及其启示》，《山地学报》2006年第6期。
② 周年兴、黄震方：《国家公园运动的教训、趋势及其启示》，《山地学报》2006年第6期。
③ 杨锐：《中国自然文化遗产管理现状分析》，《中国园林》2003年第9期。
④ 徐嵩龄：《西湖模式的意义及其对中国遗产地经济学的启示》，《旅游学刊》2013年第2期；张海霞：《中国国家公园特许经营机制研究》，中国环境出版集团，2018。

如九寨沟风景名胜区。[①] 国家所有权虚置，导致管理主体在各级政府、企业、居民等多主体利益关系中缺乏公平治理能力，不利于所有权人（国家）对国有自然资源资产的有效管理，更不利于国有自然资源的保值增值，甚至出现权力腐败和国有资产流失。[②]

2. 营利性经营的资源权益公平性问题

国有风景资源权益本质上是所有权、经营权、收益权、享用权的配置关系。[③] 理论上，如果国有风景资源选择非营利性管理则不存在收益权问题。但实际上为提高风景资源经营效率、吸引社会资本参与，政府更多采用营利性经营，故而容易出现以下问题：一是全民享用权难以得到首要保障，全民享用权现状与风景资源的公益性不匹配；二是由于自然资源资产国家所有权的虚置和监管机制的缺乏，地方政府实施的经营权委托或许可过程缺乏合法性、公平性，最终造成政府、经营者、居民等多主体利益受损，尤其是国家所有和集体所有等多种产权形式并存的风景名胜区居民生计转化问题一直未受到关注；三是经营权与收益权分配缺乏法律依据，对社会资本缺乏有效激励，譬如政府裁量的有偿使用费远远低于资源本身的价值，开发商付出的成本在短时间内即可收回，甚至是资源的无偿开发和利用，因而丧失了在经济上对经营者的内在激励。

3. 风景名胜区出让潮与上市风导致的国有资产流失问题

20 世纪 90 年代出现"风景名胜区股票上市"，黄山、峨眉山等风景名胜区上市引发一股风景区经营权转让风潮。2001 年九寨沟、三星堆、四姑娘山等景区经营权出让。在大量风景名胜区卷入市场化运营浪潮的背景下，出现门票价格一路攀升以及监管不力导致的环境质量下降等问题。国家级风景名胜区作为遗产资源，是属于全民族的、国家的乃至全人类的，任何部门

---

① 杨振之、马治鸾、陈谨：《我国风景资源产权及其管理的法律问题——兼论西部民族地区风景资源管理》，《旅游学刊》2002 年第 4 期。

② 刘旺、张文忠：《对构建旅游资源产权制度的探讨》，《旅游学刊》2002 年第 4 期。

③ 徐嵩龄：《怎样认识风景资源的旅游经营——评"风景名胜区股票上市"论争》，《旅游学刊》2000 年第 3 期。

无权把管辖范围内的这部分财富仅仅当作本地区、本部门的经济资产去处理，套用企业或商业经营的模式、管理方式去处理遗产事业发展问题。如果这样做，将会偏离正确方向，一旦蔓延，将会造成无可挽回的损失。风景名胜区经营权出让潮有导致人工化、商业化和城市化的野外游乐园和"吃喝玩乐综合体"的危险，不仅严重破坏了世界遗产的真实性和完整性，更违背了风景名胜区的社会公益性质。因此，国家级风景名胜区参与"上市"经营既不是开发和利用风景资源的必然途径，也不是一种好的方式，它隐含着公权剥夺和经营风险。

针对风景名胜区的出让潮、上市风问题：一方面，我国叫停了风景名胜区核心资源资产上市，2000年国务院办公厅出台的《关于加强和改进城乡规划工作的通知》和2002年国务院出台的《关于加强城乡规划监督管理的通知》，明文规定风景名胜资源是不可再生的国家资源，严禁以任何名义任何方式变相出让，也不得在景区内设立各类度假区、开发区等；另一方面，开始对经营主体的收入结构规制调控，《风景名胜区条例》规定，进入风景名胜区的门票由风景名胜区管理机构负责出售，门票收入和风景名胜区资源有偿使用费实行收支两条线管理，景区门票不能再作为上市公司的收入。目前我国依托风景名胜区资产的上市公司（见图3），虽然门票收入被剥离出上市公司收入，但风景名胜区的有形和无形资产被企业在政府规制（产权规制、质量规制、监督规制等）不完善的情况下实现了市场增值，也是一种国有资产流失。

（三）经营机制不完善妨碍业态升级

进入21世纪，国内有学者认识到风景名胜资源存在自然垄断、资源不可分割以及外部性等特征，[1] 部分学者主张中国遗产地的开发和保护工作完全由政府部门来独立承担并不现实，企业资本介入遗产地的开发与经营是不可避免的结果，遗产资源的市场化开发是实现经济发展过程中环境代价最小

---

[1] 张昕竹：《论风景名胜区的政府规制》，《中国园林》2002年第2期。

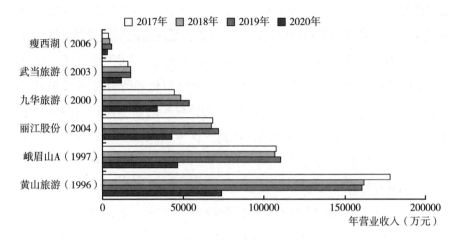

图 3 我国依托风景名胜区资产的上市公司经营情况

的一种现实选择，而经营权转让机制则是中国社会主义市场经济发展到一定
阶段的必然趋向。[①] 有些学者则对此观点持反对态度，认为经营权转让后的
市场化经营模式会造成资源配置的不规范和扭曲现象，进而导致遗产类景区
的保护与开发的双重目标难以实现，所以经营主体的变更应当慎之又慎。[②]
我国风景名胜区经营权转让存在以下问题。

1. 伪特许经营：经营性项目的扩大造成公权剥夺与垄断风险

首先，将自然资源国家公产等同于自然资源国家私产，扩大特许经营项
目的内涵。[③] 狭义的特许经营主要面向国有自然资源私产，其优先权低于公
众自由使用、公众习惯使用、一般许可使用等自然资源使用形态。[④] 其次，

---

① 魏小安：《关于旅游景区经营公司进入股票市场问题的初步讨论》，《旅游调研》1999 年
第 10 期；张凌云：《关于旅游景区公司上市争议的几个问题》，《旅游学刊》2000 年第
3 期。

② 郑易生：《企业拥有主导经营权危及景区保护》，《经济研究参考》2002 年第 71 期；徐嵩
龄：《中国遗产旅游业的经营制度选择——兼评"四权分离与制衡"主张》，《旅游学刊》
2003 年第 4 期。

③ 马俊驹：《国家所有权的基本理论和立法结构探讨》，《中国法学》2011 年第 4 期。

④ 欧阳君君：《自然资源特许使用适用范围的限制及其标准》，《河南财经政法大学学报》
2016 年第 1 期。

我国风景名胜区内一般同时存在几类赋权状态的资源，当不同资源利用方式冲突时，会出现以下问题：一是将遗产地整体转让经营，一刀切公产私产均纳入许可经营范畴，产生垄断经营；二是由特许经营者向公众征收进入费（公众自由使用），如门票特许本质是通过门票市场化对公众自由使用权（享有权）的剥夺；三是试图转让原住居民传统利用权（公众习惯使用）。以上自然资源公产使用权的市场化行为，一定程度上都是对公众基本权利的损害，也变相扩大了自然资源特许经营的范畴。

2. 体制机制障碍：偏离公正—效率目标

一是特许经营中的政府"合法性危机"。当地方政府作为风景名胜区经营性项目许可的合法主体时，从管理体制上来说，容易导致风景名胜区经营性项目泛滥，从而引发政府的合法性危机。二是维持社会正义性上的政府功能相对缺位。风景名胜区资源经营权整体转让、垄断性经营后，经营主体往往对自然资源资产形成圈占，从而导致风景名胜区管理机构和地方政府在续约谈判中能力下降，譬如神农架、香格里拉普达措都存在这个问题，与美国国家公园管理局在四家公司形成垄断性经营后面临的谈判能力下降情况类似，最终表现的结果是政府在维护居民、访客等社会群体权益的社会功能上出现缺位。三是资金机制未实现公平、公开。目前风景名胜区特许经营补贴政策、收支情况等信息公开程度低，特许经营使用费定价规则不确定，服务和产品定价规则不清晰等，导致了特许经营机制存在偏离公正—效率目标的情况。

3. 法律关系不清晰：利益相关者权益缺保障

我国《行政诉讼法》将特许经营协议的履行、变更、解除纠纷划入了行政诉讼受案范围，而财政部印发的《政府和社会资本合作模式操作指南（试行）》则规定政府和社会投资人是平等的民事法律关系。同为公私合作，行政赔偿与民事诉讼、仲裁中的违约损害赔偿原则和结果大不相同。我国风景名胜区特许经营合同常见为20~30年的长期合同，且存在回避退出机制、风险保障不明确等问题，政府、企业及社区居民等利益相关者权益保障不足。

4. 业态更新动力不足：经营性项目缺乏创新

虽有 40 年的发展经验，我国风景名胜区依托高质量风景名胜区资源开展了低投入的成长模式，实现了较好的资本积累，但经营性项目仍停留在观光体验、住宿、交通等初级产品开发阶段，经营性项目类型高度集中且高度雷同，附加值较高的教育科普类、生态体验类、文化创意类等业态却发展缓慢，产品和服务质量较低。

（四）规划与监管体系不健全难善治

1. 风景名胜区规划制度不完善

风景名胜区规划存在编制时间长、报批滞后或期满一直未修编等问题，也存在缺乏规划科学性和合理性、规划权威性不够等现象。邬艳丽等及王应临研究调查发现，我国 39.2% 的国家级风景名胜区存在规划滞后，有的风景名胜区设立 20 多年，却未依法完成总体规划的编制和报批工作，42.5% 的国家级风景名胜区缺少详细规划。[①]

2. 风景名胜区规划忽视社区权益

国家级风景名胜区居民人口众多，甚至人口密度高于省域空间的平均密度，社区参与问题不可忽视。2000 年以前，我国风景名胜区规划并未关注社区问题。2000 年我国颁布《风景名胜区规划规范》规定，"凡含有居民点的风景名胜区，应编制居民点调控规划"，但以搬迁或衰减为主要措施，导致社区居民参与动力不足，甚至出现抵制情绪，加之风景名胜区管理机构不具有行政执法权，多年来规划实施效果并不理想。

3. 定损、赔偿、执法管理体制不健全

近年来，风景名胜区资源与环境损害事件屡屡发生，如江西上饶三清山巨蟒峰攀爬事件、甘肃张掖丹霞地质公园游客肆意踩踏七彩丹霞岩体事件等。管理体制的现存问题主要是生态资源环境损害的违法成本低，已有的追责惩

---

① 邬艳丽、贺琼：《国家级风景名胜区保护与管理问题研究与制度建议》，《中国园林》2016年第 8 期；王应临：《基于多重价值识别的风景名胜区社区规划研究》，博士学位论文，清华大学，2014。

罚力度过小，破坏后的追责和诉讼机制不健全，资源环境价值损害评估方法和标准不明确等。这些问题在现实运营中给风景名胜区带来了巨大的资源环境损害和经济损失。黄和平等运用旅行费用估值法和条件价值法对三清山巨蟒峰攀爬事件的旅游资源价值损害进行评估，评估该事件对巨蟒峰旅游价值的损害不应低于1190万元。[①] 主观评价为主的方法具有局限性，但可以为管理主体解决定损、赔偿、执法和管理提供一种思路。另外，法律责任规定过于原则，导致对违法行为的处罚力度不强，可操作性较低，给执法工作带来困难。

（五）问题归因：公共规制失灵

我国风景名胜区出现以上问题的根源在于公共规制失灵，一方面，公共产权不清晰叠加多头分割管理，所有权、管理权、经营权、收益权、享有权关系更加复杂难解，导致所有权主体虚置、经营权不规范、收益权法无可依、公众享有权被选择性遗漏等，产权规制失灵隐藏着潜在的社会风险。[②]另一方面，风景名胜区建设的伦理价值偏移，公益性价值目标及其实现路径不清，缺失面向公众的教育规制措施，缺乏强制性价格规制措施，以及标签化的经营与产品质量规制，操作困难的宣示性环境规制[③]，静态不利于激励的管理体制等等，风景名胜区存在系统性的规制失灵。

三　中国国家公园的未来发展方向

（一）国家利益主导，坚持全民公益性基本价值取向

以落实公益性的资金保障机制为前提，依法建立稳定持续的中央、地方

---

① 黄和平、王智鹏、林文凯：《风景名胜区旅游资源价值损害评估——以三清山巨蟒峰为例》，《旅游学刊》2020年第9期。

② 徐嵩龄、刘宇、钱薏红等：《西湖模式的意义及其对中国遗产旅游经济学的启示》，《旅游学刊》2013年第2期。

③ 如《风景名胜区条例》中的"商业广告""大型游乐活动""自然状态""其他活动"这些词均有一定模糊性，难以操作。

财政投入机制。首要的是，保障各级财政投入，以满足国家公园保护资金需求，避免出现风景名胜区对门票收入的高度依赖问题，合理设定国家公园门票价格。建立稳定的社会捐赠、特许经营等机制，拓展资金来源渠道，从而弥补财政资金不足的问题。

以服务公益性的规划调控机制为手段，避免过度利用国家公园自然资源资产，导致消费主义倾向。坚持国家公园规划的权威性、规范性和科学性，坚持国家公园公益性的基本原则，建立国家公园规划实施的定期评估制度，建立并完善规划实施和资源保护状况年度报告制度，加强动态监测，加大对违规行为的查处力度。

以建构国民认同感培育的公益教育机制为抓手，全面树立国家公园的全民公益性、生态保护优先等形象。① 推进国家公园公益宣传，提高全社会对国家公园的了解、认识、理解和支持，使国家公园成为我国培养国民认同感和自豪感，增强民族认同，促进民族团结，建设生态文明、推进建立美丽中国的标志性成果。

（二）法治建设为先，实现国家代表性资源战略性保护

加快建构高层级国家公园法律保障体系。尽快推进《国家公园法》《自然保护地法》出台，确保专门法层次的法律保障，构建以《国家公园法》为主，辅之以国家公园管理条例、国家公园建设标准、国家公园规划标准等多层次的法律体系，推进国家公园地方性法规建设，推进"一园一法"，实现有法可依、执法必严、违法必究。

依法破解自然资源资产国家所有权虚置问题。建议借鉴国有企业资产管理和国外自然资源资产管理的实践，制定专门的自然资源资产管理法，或者《国家公园法》及相关法律中设置专条，或者国务院制定行政法规，通过立法明确国家公园自然资源资产相关主体之间的关系、职责边界，明确自然资

---

① 孙琨、钟林生：《国家公园公益化管理国外相关研究及启示》，《地理科学进展》2021 年第 2 期。

源与属地关系的制度和机制。[①]

实施国家代表性遗产资源的分类科学保护。保护国家公园生态系统、自然与文化遗产，加强科学研究，保护自然生态系统的原真性、完整性。推进代表性遗产资源的分类保护，实现严格保护、整体保护、系统保护，探索建立具有活力的公众参与机制，提高代表性遗产资源的国民认同度。

实施严格的国家公园质量规制。根据生态系统和各类遗产资源的国家代表性、生态重要性、管理可行性等指标进行准入评估与评价，严格控制国家公园总量，建立系统化、动态化的监督、警示、退出机制，严禁国家公园标签化，坚定不移地走高质量发展之路。

建立国际联动的开放性共享机制。借鉴风景名胜区建设经验，本着开放共享的原则，加强与国际社会联动，继续履行《保护世界文化和自然遗产公约》《生物多样性公约》等国际公约，举办承办具有全球影响力的国际会议或活动，以国家公园为载体向全球展示我国遗产保护成果，发挥我国作为全球生态文明的参与者、贡献者甚至引领者的作用，构建全球生态文明的中国话语体系。

建立科学、规范、高效的国家公园规划体系。坚持规划先行，建立由总体规划、专项规划及相关配套规划构成的规划体系，实现规划编制、审批与监督的规范化管理。[②] 坚持人与自然和谐统一，国家公园规划与国家公园管理目标的一致性，严禁以旅游规划取代国家公园游憩规划、严禁以村镇规划取代国家公园社区发展规划，保护社区发展权益，摒弃"一刀切"的"搬迁式"社区规划理念和杜绝逃避社会责任的"天窗现象"。

（三）绿色发展，建立科学高效的特许经营机制

坚持依法特许，完善国家公园特许经营法律保障体系。开展"最严格

① 陈静、陈丽萍、郭志京：《自然资源资产国家所有权实现方式探讨》，《中国土地》2020 年第 1 期。
② 杨锐、庄优波、赵智聪：《国家公园规划》，中国建筑工业出版社，2020。

保护"下的国家公园特许经营活动，坚持生态保护和绿色发展。[①] 推进《自然保护地法》《国家公园法》等相关立法中增设特许经营专条，明确代表国家统一行使全民所有自然资源资产所有者职责，成立全国自然资源资产所有权人委员会，出台全国层面和各个国家公园的特许经营管理办法。

正确认识我国国情，建设中国特色国家公园特许经营类型体系。充分认识到我国国家公园内人口众多、人地关系复杂的现状，在国家公园内开展特许经营活动，应在公众进入、设施更新等方面具有明确的公益性价值，并有利于原住居民的生存与发展。构建由一般许可、活动许可、品牌授权构成的中国特色的国家公园特许经营类型体系。编制国家公园特许经营分类操作指南，通过品牌增值体系促进国家公园与周边社区共同体的形成，彰显人与自然和谐共生的中国智慧。

兼顾公平效率，有效管理和控制国家公园垄断性经营。科学设置与市场相适应的招投标规则，吸引社会资本通过公平的竞争优选程序，在国家公园内为公众提供质量高、品质优的商业类服务。在国家公园内，禁止出现滥用市场支配地位的垄断性经营行为。在招投标过程中，同等条件下，特别法人、解决国家公园原住居民和周边居民就业有突出贡献的营利法人、非营利法人及其组成的联合体享有优先权；原有特许经营受让人履约情况良好者，优先享有续约权。

推进业态引导，实现国家公园高品质商业服务供给。鼓励和激励生态友好型示范项目和商业模式；限制或淘汰落后商业业态类型。推行国家公园特许经营商业服务"白名单制度"，促进国家公园经营利用活动更加生态化、多样化，推进业态升级。

强化公共规章制度，建设精准有序的经营管理体系。编制特许经营项目规划，实施严格特许经营项目数量控制，全面实施对国家公园特许经营项目的进入（退出）规制；依法建立科学的特许经营产品与服务价格机制；价

---

① 张海霞、苏杨：《特许经营："最严格保护"下的科学发展方式》，《光明日报》2021 年 8月 7 日；马克平：《国家公园首先是自然保护基地》，《生物多样性》2016 年第 4 期；吴承照：《国家公园是保护性绿色发展模式》，《旅游学刊》2018 年第 8 期。

格规制、合同规制、环境规制、教育规制，在国家层面建设我国国家公园特许经营信息管理工作平台。

实现周边友好，促进国家公园品牌增值与共同体建设。坚持生态为民，探讨国家公园—周边友好发展机制，加快树立国家公园有形资产、无形资产管理理念，加强国家公园品牌资产管理，严禁品牌国家公园资源资产流失。以特许经营为抓手，推动国家公园与周边区域生态产品品牌共建，推动生态产品国际互认，促进中国国家公园品牌增值，全民共筑国家公园共同体。

（四）全员参与，生态监管和市场监管双管齐下

建立国家公园大数据监管服务系统。接入保护管理、维护管理、资金管理、经营管理、投诉管理等数据，建立基于区块链技术的国家公园大数据监管服务系统，推动实时追溯、实时监管，实现生态监管、市场监管一体化、现代化。

推进国家公园第三方动态评估机制。加强对国家公园生态系统状况、自然与文化遗产资源保护、生态文明制度执行情况、绿色发展等方面的评价，建立第三方评估制度。同时，鼓励第三方机构研究并构建国家公园建设指数、国家公园发展指数，广泛吸收全社会意见，以这些"指数"作为"晴雨表"，从而实时、动态化地引导国家公园科学发展。

建立广泛且常态化的国家公园社会监督机制。推动国家公园实施年报制度，通过法律法规向社会公众公开国家公园生态保护、自然与文化遗产保护与利用等信息，建立常态化的举报制度和权益保障机制，保障社会公众的知情权、监督权，国家公园得以接受各种形式的常态化监督。

建立完善的国家公园自然资源资产损害赔偿机制。依法建立国家公园资源资产损害评估与流程，建立健全各类损害的定损机制、赔偿机制，坚持国家利益主导、提高违法成本等原则和降低事件发生成本的目标，将协商机制和全民参与监督机制纳入国家公园资源资产的保护中，加速目标实现。

G . 20
祁连山国家公园（青海片区）
人文资源分布及评价

陈晓良　侯光良　周加才让　于瑶　赵文晶　杨洁*

摘　要： 祁连山国家公园（青海片区）作为文化交流和多民族汇聚的重
要区域，历史文化悠久，人文资源丰富且珍贵，如何有效保护
和开发至关重要。为此，依据前期的文献资料收集和实地调查
工作，系统整理了公园片区内人文资源（非物质文化、物质文
化、红色文化、公共文化设施）的赋存情况。在此基础上，运
用模糊综合评价法对公园片区内的人文资源进行了定量评价，
并提出了科学开发、合理利用，建立健全保障制度，发挥资源
优势、促进经济发展，全民参与、全面动员的人文资源开发利
用建议。

关键词： 人文资源　模糊综合评价　祁连山国家公园

人文资源是人类活动的产物，也是先辈们遗留给子孙后代的重要宝贵财

---

* 陈晓良，理学博士，青海民族大学旅游学院讲师，主要研究方向为文化旅游；侯光良，博
士，青海师范大学地理科学学院教授、博士生导师，主要研究方向为全球变化与人类活动；
周加才让，祁连山国家公园青海服务保障中心工作人员，主要研究方向为国家公园生态文
化、自然教育、社区发展等；于瑶，厦门大学理学学士，祁连山国家公园青海服务保障中心
助理工程师，主要研究方向为祁连山国家公园自然教育和生态文化发展；赵文晶，西北民族
大学文学学士，祁连山国家公园青海服务保障中心技术员，主要研究方向为祁连山国家公园
生态文化发展；杨洁，河北大学理学学士，祁连山国家公园青海服务保障中心技术员，主要
研究方向为祁连山国家公园自然教育发展。

富，其具有历史性、艺术性、文化性和科学研究价值。我国著名学者费孝通先生指出，人文资源的出现与人类活动密不可分，人类活动是人文资源产生的基础。①

祁连山国家公园（青海片区）作为欧亚大陆史前东西方文化交流的重要区域，是甘青史前文化区即河西走廊和青藏高原东北部的重要交界地带，也是"一带一路"经济圈的重要组成部分，区域内呈现多民族文化交融的景观特征，具有独特的历史文化遗迹等，蕴含着丰富的文化价值和内涵。尽管如此，目前为止对公园片区内的人文资源进行系统梳理并对其进行总体评价方面的成果较为缺乏，其文化内涵仍未得到充分发掘。基于此，本文采用文献资料收集和实地调查相结合的方法，系统梳理了公园片区内人文资源的赋存情况。在此基础上，运用模糊综合评价法，尝试对公园片区内人文资源进行评价，以期为祁连山国家公园（青海片区）人文资源的开发利用提供参考。

一　区域概况

祁连山国家公园地处青藏、蒙新、黄土三大高原交会地带，跨越甘青两省，是我国第一、二阶梯分界线。地理坐标介于 94°50′~103°00′E，36°45′~39°48′N，东北部与甘肃省的酒泉、张掖、武威等地区接壤，西与青海省海西蒙古藏族自治州的乌兰县相邻。祁连山国家公园的总面积 5.02 万平方千米，其中，青海片区面积 1.58 万平方千米，占总面积的 31.5%。行政区划范围包括海北藏族自治州的门源县、祁连县、海晏县、刚察县，海西藏族自治州的天峻县、德令哈市。园区人口由藏族、汉族、回族、蒙古族、土族、撒拉族、裕固族等多民族共同组成，其中藏族占总人口数的 60% 左右，形成"大杂居、小聚居"的分布格局。

---

① 转引自邓伟海《人文资源的利用与旅游业的发展》，《沿海企业与科技》2007 年第 4 期。

二 祁连山国家公园（青海片区）人文资源的分布

（一）非物质文化资源

通过前期资料收集和实地调查工作，公园片区内包含有国家级、省级、州级、县级非物质类文化遗产项目 56 项。类型上，涵盖传统技艺，传统美术，传统体育、游艺与杂技，传统戏剧，传统音乐，民间文学和民俗七大类；数量上，传统技艺类有 22 项，传统美术类有 6 项，传统体育、游艺与杂技类有 3 项，传统戏剧类有 3 项，传统音乐类有 8 项，民间文学类有 3 项，民俗类有 11 项。空间上，门源县分布非遗项目 30 项，占 53.57%，数量分布最多。祁连县分布非遗项目 15 项，占 26.79%，位居第二。天峻县分布非遗项目 11 项，占 19.64%，分布数量最少，整体呈不均匀分布。

（二）物质文化资源

公园片区内保存的物质类文化资源类型丰富，涵盖古遗址、古建筑、古墓葬、石窟寺及石刻和近现代重要史迹及代表性建筑等五种主要类型，共计 41 处。其中，古遗址有 28 处，是片区公园内数量最多、类型最为丰富的物种文化遗产；古建筑其次，有 7 处；古墓葬、近现代重要史迹及代表性建筑、石窟寺及石刻各 2 处。从物质文化遗产被列入的保护等级数量来看，仅市、县级别的文物保护单位便有 6 处，而省级文物保护单位更有 6 处。

按照空间分布特征，可将公园片区大致划分为东、中、西三段区域，整体呈现西段稀疏、中段呈带状分布、东段团聚分布的空间分布模式；公园片区的东段有古遗址、古建筑集中分布，西段仅分布有 1 处古墓葬。从县域分布看，调查发现大部分物质文化遗产坐落在祁连县境内，其数量占到公园片区内总量的 58.54%，包括 19 处古遗址、3 处古建筑、2 处近现代重要史迹及代表性建筑等；门源县物质文化遗产的数量有 15 处，包括 9 处古遗址、4 处古建筑、1 处石窟寺及石刻、1 处古墓葬。

（三）红色文化资源

红色文化即中国共产党领导中国人民在革命战争时期所进行的革命活动及其结果所代表的先进文化。通过对公园片区内及邻近区域的红色文化资源进行系统整理，发现烈士陵园 2 处，纪念堂馆 1 处及军事斗争 9 处（见表1）、烈士名录 5 份、革命烈士及人物传记若干。

表1　祁连山国家公园红色文化资源

名称	所在地	所属大类	所属小类	等级	保护现状
祁连县烈士公祭奠园	祁连县	红色建筑	烈士陵园	省级	好
门源县革命烈士陵园	门源县	红色建筑	烈士陵园	其他	好
门源回族自治县泉口镇旱台民兵连连史馆	门源县	红色建筑	纪念馆	其他	好
西路军左支队转战祁连行军路线	祁连县	红色事件	军事斗争	其他	较好
祁连县黄番寺战斗遗迹	祁连县	红色事件	军事斗争	其他	一般
峨堡景阳岭红色遗迹	祁连县	红色事件	军事斗争	其他	一般
俄博会见	祁连县	红色事件	统战工作	其他	一般
祁连县野牛沟乡油葫芦河战斗遗迹	祁连县	红色事件	军事斗争	其他	一般
门源"十月匪乱"及平息情况	门源县	红色事件	军事斗争	其他	一般
门源回族自治县泉口镇	门源县	红色事件	军事斗争	其他	一般
旱台村磨尔沟战斗遗迹	门源县	红色事件	军事斗争	其他	一般
门源县阴田乡前河滩战斗遗迹	门源县	红色事件	军事斗争	其他	一般
门源回族自治县浩门河战斗遗迹	门源县	红色事件	军事斗争	其他	一般

（四）公共文化资源

针对前期公园片区核心区与边缘区（包括门源县、祁连县、天峻县、德令哈市）的公共文化设施的调查表明，该区域仅分布有村级综合性文化服务中心（以下公共文化设施仅指村级综合性文化服务中心），而未见科技馆、纪念馆、剧院、体育场馆、青少年宫、美术馆、文化活动中心、电影院、文化馆、老年人活动中心等公共文化设施。在空间分布上，公园片

区内公共文化设施呈现东部密集分布的点状特征，中部地区沿河谷地区呈线状分布，西部地区没有公共文化设施的分布。

三　祁连山国家公园（青海片区）人文资源的评价

（一）评价方法

模糊数学最早于 1965 年由美国控制论学者扎德创立，是一门运用数学方法研究和处理具有"模糊性"现象的数学。[1] 模糊综合评价是模糊数学方法体系的重要内容之一，一般可分为构建评价指标、单因子的满意度打分、因子重要性排序以及计算模糊评价向量等步骤。[2] 该方法主要依据的是模糊数学的"模糊集合"概念，利用模糊变换原理和最大隶属度原则，[3] 考虑与被评价事物相关的各个因素或主要因素所做的综合评价。

模糊综合评价方法的基本步骤如下:[4] 首先设因素集合 U = ｛ u1，u2，…，un ｝，根据专家经验或个人的主观经验判断，确定评价指标的权重系数，即 U 上的模糊子集 A。一般记作 A =（a1，a2，…，an），其中 ai 为第 i 个因素 ui 所对应的权重系数。评语集合 V = ｛ v1，v2，…，vm ｝，按照评价决策的实际需要，通常将评价等级标准分为"好"、"较好"、"一般"、"较差"和"差"五个等级。其次，由不同专家成员依据已确定的评价等级标准依次对各个指标进行评价，计算出每一个评价等级在五个等级中的隶属度（百分比），这样即可得出各指标要素的评价决策矩阵 R。如下所示:

---

① 佟玉权：《旅游资源的模糊性及其评价》，《桂林旅游高等专科学校学报》1998 年第 2 期。
② 张纯、柴彦威：《北京城市老年人社区满意度研究——基于模糊评价法的分析》，《人文地理》2013 年第 4 期。
③ 陈慧琳：《人文地理》，科学出版社，2001。
④ 汪清蓉、李凡：《古村落综合价值的定量评价方法及实证研究》，《旅游学刊》2006 年第 1 期。

$$R = \begin{bmatrix} B_1 & B_2 & B_3 & B_4 & B_5 \\ N_1 & N_2 & N_3 & N_4 & N_5 \\ M_1 & M_2 & M_3 & M_4 & M_5 \\ S_1 & S_2 & S_3 & S_4 & S_5 \\ P_1 & P_2 & P_3 & P_4 & P_5 \end{bmatrix}$$

式中：B，N，M，S，P 分别代表不同的评价指标。

再次，利用合成运算法则将各评价指标的权重系数（A）和评价决策矩阵 R，进行合成运算，即可得到：

$$B = A \times R$$

$$\begin{bmatrix} a_1 & a_2 & a_3 & a_4 & a_5 \end{bmatrix} \times \begin{bmatrix} B_1 & B_2 & B_3 & B_4 & B_5 \\ N_1 & N_2 & N_3 & N_4 & N_5 \\ M_1 & M_2 & M_3 & M_4 & M_5 \\ S_1 & S_2 & S_3 & S_4 & S_5 \\ P_1 & P_2 & P_3 & P_4 & P_5 \end{bmatrix}$$

$$= \begin{bmatrix} b_1 & b_2 & b_3 & b_4 & b_5 \end{bmatrix}$$

最后，需将主观评价的语义学标度（好、较好、一般、较差、差）进行量化，依次赋值 5 分、4 分、3 分、2 分、1 分，分别记作 c1、c2、c3、c4、c5。通过加权求和，则可得到人文资源的综合评价得分。

$$V = (b1 \times c1) + (b2 \times c2) + (b3 \times c3) + (b4 \times c4) + (b5 \times c5)$$

（二）评价过程

1. 非物质文化资源的评价

根据有关学者非物质文化资源的评价指标，[①] 结合非物质文化资源的特点，选取公园片区内适合非物质文化资源的评价指标，构建了非物质文化资源评价的指标体系（见图 1）。

构建评价指标体系后，邀请十位相关领域专家确定历史文化价值、艺术

---

① 顾金孚、王显成：《非物质文化遗产旅游资源价值评价体系初探》，《资源开发与市场》 2008 年第 9 期。

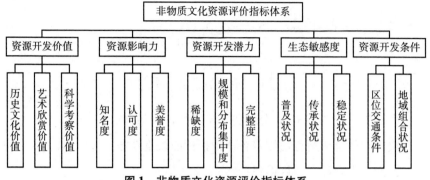

图1 非物质文化资源评价指标体系

欣赏价值、科学考察价值、知名度、认可度、美誉度、稀缺度、规模和分布集中度、完整度、普及状况、传承状况、稳定状况、区位交通条件、地域组合状况14个要素指标的权重系数。同时，专家需按照"好""较好""一般""较差"和"差"五个等级进行评语评价，以确定各指标等级的隶属度（见表2）。

表2 非物质文化资源评价指标权重和隶属度

目标层	准则层	指标层	权重	隶属度				
				好	较好	一般	较差	差
非物质文化资源	资源开发价值	历史文化价值	0.18	0.3	0.6	0.1	0	0
		艺术欣赏价值	0.13	0.5	0.3	0.2	0	0
		科学考察价值	0.07	0.2	0.2	0.5	0.1	0
	资源影响力	知名度	0.04	0	0.3	0.7	0	0
		认可度	0.02	0	0.3	0.6	0.1	0
		美誉度	0.03	0	0.5	0.4	0.1	0
	资源开发潜力	稀缺度	0.05	0.3	0.4	0	0.2	0.1
		规模和分布集中度	0.11	0.3	0.3	0.4	0	0
		完整度	0.03	0.3	0.2	0.2	0.2	0.1
	生态敏感度	普及状况	0.04	0	0	0.6	0.3	0.1
		传承状况	0.13	0.1	0.4	0.3	0.2	0
		稳定状况	0.01	0	0.3	0.7	0	0
	资源开发条件	区位交通条件	0.04	0.1	0.4	0.4	0	0.1
		地域组合状况	0.12	0.3	0.3	0.4	0	0

由各子集中二级因子权重和隶属度，根据内积法计算公式 B1 = A1×R1，进行矩阵计算。计算过程和结果如下：

$$[0.18 \quad 0.13 \quad 0.07 \quad 0.04 \quad 0.02 \quad 0.03 \quad 0.05 \quad 0.11 \quad 0.03 \quad 0.04 \quad 0.13 \quad 0.01 \quad 0.04 \quad 0.12] \times \begin{bmatrix} 0.3 & 0.6 & 0.1 & 0 & 0 \\ 0.5 & 0.3 & 0.2 & 0 & 0 \\ 0.2 & 0.2 & 0.5 & 0.1 & 0 \\ 0 & 0.3 & 0.7 & 0 & 0 \\ 0 & 0.3 & 0.6 & 0.1 & 0 \\ 0 & 0.5 & 0.4 & 0.1 & 0 \\ 0.3 & 0.4 & 0 & 0.2 & 0.1 \\ 0.3 & 0.3 & 0.4 & 0 & 0 \\ 0.2 & 0.3 & 0.2 & 0.2 & 0.1 \\ 0 & 0 & 0.6 & 0.3 & 0 \\ 0.1 & 0.4 & 0.3 & 0.2 & 0 \\ 0 & 0.3 & 0.7 & 0 & 0 \\ 0.1 & 0.4 & 0.4 & 0 & 0.1 \\ 0.3 & 0.3 & 0.4 & 0 & 0 \end{bmatrix}$$

= [0.065 \quad 0.108 \quad 0.048 \quad 0.026 \quad 0.005]

根据指标层权重系数（A1）和综合评价矩阵的值（R1）进行模糊变换的合成运算，得出非物质文化资源的综合评价结果（B1）为：[0.065 0.108 0.048 0.026 0.005]。为了便于计算，将主观评价的语义学标度（好、较好、一般、较差、差）进行量化，依次将这五个评价等级赋值为5分、4分、3分、2分、1分。最后，运用综合评价的结果（B1）乘以相对应的评语等级分值，求出公园片区内非物质文化资源的综合分值为0.958。计算如下：（0.065×5）+（0.108×4）+（0.048×3）+（0.026×2）+（0.005×1）= 0.325+0.432+0.144+0.052+0.005 = 0.958。

2.物质文化资源的评价

参照有关学者物质类文化资源的评价指标，[1] 结合物质文化资源的特点，选取公园片区内适合物质文化资源的评价指标，构建了物质文化资源评价指标体系（见图2）。

---

[1] 沈俊翔、甘永洪、魏林超：《漳州市芗城区古街文化景观评价与保护》，《闽台文化研究》2014年第3期。

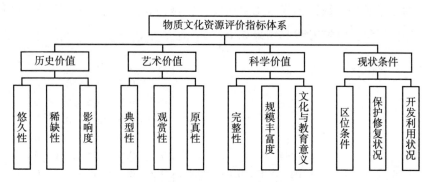

图 2　物质文化资源评价指标体系

建立评价指标体系后，邀请十位相关领域专家确定了物质文化资源悠久性、稀缺性、影响度、典型性、观赏性、原真性、完整性、规模丰富度、文化与教育意义、区位条件、保护修复状况、开发利用状况 12 个要素指标的权重系数。同时，专家需按照"好"、"较好"、"一般"、"较差"和"差"五个等级进行评语评价，以确定各指标等级的隶属度（见表3）。

表 3　物质文化资源评价指标权重和隶属度

目标层	准则层	指标层	权重	隶属度				
				好	较好	一般	较差	差
物质文化资源	历史价值	悠久性	0.2	0.3	0.2	0.1	0.1	0.3
		稀缺性	0.1	0.1	0.5	0.4	0	0
		影响度	0.15	0	0.3	0.5	0.2	0
	艺术价值	典型性	0.05	0.2	0.3	0.5	0	0
		观赏性	0.05	0	0.2	0.6	0.2	0
		原真性	0.15	0.3	0.4	0.1	0.1	0.1
	科学价值	完整性	0.03	0.1	0.5	0.3	0.1	0
		规模丰富度	0.04	0	0.2	0.6	0.1	0.1
		文化与教育意义	0.01	0.1	0.6	0.2	0	0.1
	现状条件	区位条件	0.02	0	0.1	0.6	0.3	0
		保护修复状况	0.15	0	0.3	0.6	0.1	0
		开发利用状况	0.05	0	0	0.4	0.5	0.1

由各子集中二级因子权重和隶属度，根据内积法计算公式 B2＝A2×R2，进行矩阵计算。计算过程和结果如下：

$$[0.2 \quad 0.1 \quad 0.15 \quad 0.05 \quad 0.05 \quad 0.15 \quad 0.03 \quad 0.04 \quad 0.01 \quad 0.02 \quad 0.15 \quad 0.05] \times \begin{bmatrix} 0.3 & 0.2 & 0.1 & 0.1 & 0.3 \\ 0.1 & 0.5 & 0.4 & 0 & 0 \\ 0 & 0.3 & 0.5 & 0.2 & 0 \\ 0.2 & 0.3 & 0.5 & 0 & 0 \\ 0 & 0.2 & 0.6 & 0.2 & 0 \\ 0.3 & 0.4 & 0.1 & 0.1 & 0.1 \\ 0.1 & 0.5 & 0.3 & 0.1 & 0 \\ 0 & 0.2 & 0.6 & 0 & 0.1 \\ 0.1 & 0.6 & 0.2 & 0 & 0.1 \\ 0 & 0.1 & 0.6 & 0.3 & 0 \\ 0 & 0.3 & 0.6 & 0.1 & 0 \\ 0 & 0 & 0.4 & 0.5 & 0.1 \end{bmatrix}$$

$$= [0.045 \quad 0.045 \quad 0.09 \quad 0.03 \quad 0.02]$$

根据指标层权重系数（A2）和综合评价矩阵的值（R2）进行模糊变换的合成运算，得出物质文化资源的综合评价结果（B2）为：[0.045 0.045 0.09 0.03 0.02]。为了便于计算，将主观评价的语义学标度（好、较好、一般、较差、差）进行量化，依次将这五个评价等级赋值为 5 分、4 分、3 分、2 分、1 分。最后，运用综合评价的结果（B2）乘以相对应的评语等级分值，求出公园片区内物质文化资源的综合分值为 0.755。计算如下：（0.045×5）＋（0.045×4）＋（0.09×3）＋（0.03×2）＋（0.02×1）＝0.225＋0.18＋0.27＋0.06＋0.02＝0.755。

3.红色文化资源的评价

依据现有国内文献资料[①]和红色文化资源特点，选取了公园片区内适合红色文化资源的评价指标，构建了红色文化资源评价指标体系（见图3）。

建立评价指标体系后，邀请十位相关领域专家确定历史文化价值、社会情感价值、资源经济价值、资源的完整度和丰富度、知名度和影响力、美誉度和

[①] 黄莉、袁莹、周芷秀等：《长汀红色文化旅游资源评价及应用研究》，《武夷学院学报》2022 年第 1 期。

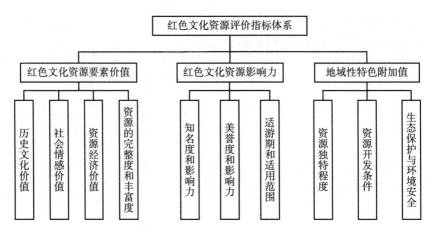

图 3 红色文化资源评价指标体系

影响力、适游期和适用范围、资源独特程度、资源开发条件、生态保护与环境安全 10 个要素指标的权重系数。同时，专家按照"好"、"较好"、"一般"、"较差"和"差"五个等级进行评语评价，以确定各指标等级的隶属度（见表4）。

表 4 红色文化资源评价指标权重和隶属度

目标层	准则层	指标层	权重	隶属度				
				好	较好	一般	较差	差
红色文化资源	资源要素价值	历史文化价值	0.12	0.7	0.3	0	0	0
		社会情感价值	0.13	0.6	0.2	0.2	0	0
		资源经济价值	0.10	0.3	0.4	0.2	0.1	0
		资源的完整度和丰富度	0.10	0	0.6	0.2	0.2	0
	资源影响力	知名度和影响力	0.09	0.2	0.3	0.5	0	0
		美誉度和影响力	0.09	0.1	0.4	0.5	0	0
		适游期和适用范围	0.09	0.1	0.5	0.2	0.2	0
	地域性特色附加值	资源独特程度	0.09	0.1	0.5	0.4	0	0
		资源开发条件	0.08	0.1	0.5	0.2	0.2	0
		生态保护与环境安全	0.11	0.3	0.5	0.2	0	0

由各子集中二级因子权重和隶属度，根据内积法计算公式 B3 = A3×R3，进行矩阵计算。计算过程和结果如下：

$$[0.12 \quad 0.13 \quad 0.10 \quad 0.10 \quad 0.09 \\ 0.09 \quad 0.09 \quad 0.09 \quad 0.08 \quad 0.11] \times \begin{bmatrix} 0.7 & 0.3 & 0 & 0 & 0 \\ 0.6 & 0.2 & 0.2 & 0 & 0 \\ 0.3 & 0.4 & 0.2 & 0.1 & 0 \\ 0 & 0.6 & 0.2 & 0.2 & 0 \\ 0.2 & 0.3 & 0.5 & 0 & 0 \\ 0.1 & 0.4 & 0.5 & 0 & 0 \\ 0.1 & 0.5 & 0.2 & 0.2 & 0 \\ 0.1 & 0.5 & 0.4 & 0 & 0 \\ 0.1 & 0.5 & 0.2 & 0.2 & 0 \\ 0.3 & 0.5 & 0.2 & 0 & 0 \end{bmatrix}$$

$$= [0.084 \quad 0.06 \quad 0.045 \quad 0.02 \quad 0]$$

根据指标层权重系数（A3）和综合评价矩阵的值（R3）进行模糊变换的合成运算，得出红色文化资源的综合评价结果（B3）为：[0.084　0.06　0.045　0.02　0]。为了便于计算，将主观评价的语义学标度（好、较好、一般、较差、差）进行量化，依次将这五个评价等级赋值为5分、4分、3分、2分、1分。最后，运用综合评价的结果（B3）乘以相对应的评语等级分值，求出公园片区内红色文化资源的综合分值为0.835。计算如下：（0.084×5）+（0.06×4）+（0.045×3）+（0.02×2）+0 = 0.42 + 0.24 + 0.135 + 0.04 + 0 = 0.835。

4. 公共文化资源的评价

依据有关学者公共文化设施资源的评价指标，[①] 结合公共文化资源的特点，选取公园片区适合公共文化资源的评价指标，构建了公共文化资源评价指标体系（见图4）。

建立评价指标体系后，邀请十位相关领域专家确定公共文化资源配套设施、服务水平、利用状况、资金和技术、组织管理、社会参与、社会效果、政府投入8个要素指标的权重系数。同时，专家需按照"好"、"较好"、"一般"、"较差"和"差"五个等级进行评语评价，以确定各指标等级的隶属度（见表5）。

---

① 吴雄韬、周伟：《衡阳市公共文化服务能力的综合评价》，《衡阳师范学院学报》2014年第6期。

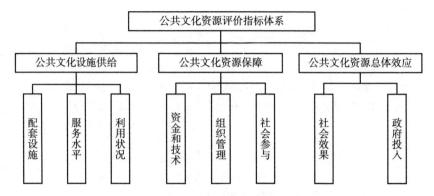

图 4　公共文化资源评价指标体系

表 5　公共文化资源评价指标的权重和隶属度

目标层	准则层	指标层	权重	隶属度				
				好	较好	一般	较差	差
公共文化资源	公共文化设施供给	配套设施	0.2	0.2	0.3	0.2	0.2	0.1
		服务水平	0.15	0.3	0.3	0.3	0.1	0
		利用状况	0.15	0.1	0.3	0.3	0.2	0.1
	公共文化资源保障	资金和技术	0.05	0.2	0.3	0.5	0	0
		组织管理	0.15	0.1	0.4	0.3	0.2	0.2
		社会参与	0.2	0.1	0.2	0.3	0.2	0.2
	公共文化资源总体效应	社会效果	0.05	0.1	0.5	0.2	0.1	0.1
		政府投入	0.05	0.4	0.5	0.1	0	0

由各子集中二级因子权重和隶属度，根据内积法计算公式 B4 = A4×R4，进行矩阵计算。计算过程和结果如下：

$$[0.2 \quad 0.15 \quad 0.15 \quad 0.05 \quad 0.15 \quad 0.2 \quad 0.05 \quad 0.05] \times \begin{bmatrix} 0.2 & 0.3 & 0.2 & 0.2 & 0.1 \\ 0.3 & 0.3 & 0.3 & 0.1 & 0 \\ 0.1 & 0.3 & 0.3 & 0.2 & 0.1 \\ 0.2 & 0.3 & 0.5 & 0 & 0 \\ 0.1 & 0.4 & 0.3 & 0.2 & 0.1 \\ 0.1 & 0.2 & 0.3 & 0.2 & 0.2 \\ 0.1 & 0.5 & 0.2 & 0.1 & 0.1 \\ 0.4 & 0.5 & 0.1 & 0 & 0 \end{bmatrix}$$

$$= [0.045 \quad 0.06 \quad 0.045 \quad 0.04 \quad 0.02]$$

根据指标层权重系数（A4）和综合评价矩阵的值（R4）进行模糊变换的合成运算，得出公共文化资源的综合评价结果（B4）为：[0.045　0.06　0.045　0.04　0.02]。为了便于计算，将主观评价的语义学标度（好、较好、一般、较差、差）进行量化，依次将这五个评价等级赋值为5分、4分、3分、2分、1分。最后，运用综合评价的结果（B4）乘以相对应的评语等级分值，求出公园片区内公共文化资源的综合分值为0.7。计算如下：

$$(0.045×5) + (0.06×4) + (0.045×3) + (0.04×2) + (0.02×1) = 0.225+0.24+0.135+0.08+0.02=0.7。$$

（三）评价结果

根据专家打分法的综合利用，运用模糊综合评价模型的计算原理对祁连山国家公园（青海片区）人文资源进行综合评价，制定了人文资源的测评等级表（见表6）。非物质文化资源的模糊评价结果 B1 = [0.065　0.108　0.048　0.026　0.005]，综合得分为0.958，对应测评等级中的结果是"好"。从专家打分的各评价因子权重前五排序结果看，历史文化价值>艺术欣赏价值=传承状况>地域组合状况>规模和分布集中度，表明公园片区内的民俗、传统技艺等资源价值是园内开发中最关键的内容。物质文化资源的模糊评价结果 B2 = [0.045　0.045　0.09　0.03　0.02]，综合得分为0.755，对应测评等级中的结果是"较好"。评价指标体系中权重前五排序为：悠久性>影响度=原真性=保护修复状况>稀缺性。红色文化资源的模糊评价结果 B3 = [0.084　0.06　0.045　0.02　0]，综合得分为0.835，对应测评等级中的结果是"好"。评价指标体系中权重前五排序为：社会情感价值>历史文化价值>生态保护与环境安全>资源经济价值、资源的完整度和丰富度。公共文化资源的模糊评价结果 B4 = [0.045　0.06　0.045　0.04　0.02]，综合得分为0.7，对应测评等级中的结果是"较好"。评价指标体系中权重前五排序为：配套设施=社会参与>服务水平=利用状况=组织管理。

结合祁连山国家公园（青海片区）人文资源综合得分来看，非物质文化资源（0.958）>红色文化资源（0.835）>物质文化资源（0.755）>公共文化资源（0.7）。上述结果为今后祁连山国家公园（青海片区）有步骤、有重点地开发和保护人文资源提供了参考依据，从而有助于促进和推动地区人文资源的健康发展。

表6 祁连山国家公园（青海片区）人文资源测评等级

等级	好	较好	一般	较差	差
分值范围	1.0~0.8	0.8~0.6	0.6~0.4	0.4~0.2	0.2~0

四 祁连山国家公园（青海片区）人文资源的开发

（一）科学开发，合理利用

祁连山国家公园（青海片区）内人文资源丰富多样，需多措并举地保护和利用好这些人文资源。在实施开发前，必须做好总体规划与设计，遵循在优先保护的条件下进行合理适度的开发的原则。第一，注重系统性保护。要深入挖掘各类人文资源内部间的联系，进行系统整合，促使保护与开发良性互动、协调发展。第二，重视多样性保护。文化在不同的时空尺度下所呈现的形式不同，从而产生了某种人类群体文化的独特性和多样性，故应当以多样化的形式加强保护。第三，循序渐进地进行开发。人文资源涉及的开发领域面广，内容庞杂，在进行资源开发利用时，应当做好长期规划开发的准备，坚持科学规划、逐步实施、分步推进、长期坚持的原则。

（二）建立健全保障制度

建立科学合理的相关制度和规范体系，能有效地激励人们的行为，实现资源的合理配置及社会的可持续发展。① 在对祁连山国家公园（青海片区）

---

① 张新友：《新疆多民族地区非物质文化遗产旅游资源评价》，《贵州民族研究》2018年第10期。

人文资源开发利用时，要采用适合当地发展实际的保护开发模式，激发当地民众的保护热情，以此提升其文化自信和文化自觉，同时调动民众的积极性，最终达到经济效益和社会效益双赢的目标。

（三）发挥资源优势，促进经济发展

当地部门在注意挖掘和保护人文资源的同时，应充分利用人文资源的优势，发展文化旅游。考虑与文化旅游发展相结合，开辟文化旅游专线，让人文资源"活起来"，将资源优势变为经济优势，振兴地方经济。

（四）全民参与，全面动员

针对祁连山国家公园（青海片区）人文资源进行开发利用时，需要当地社区居民发挥自己的智慧，参与到保护和开发的过程中来，这样能够更好地将人民群众的利益和合理诉求通过合理的渠道传递给政府，使政府能够制定出更为科学合理、符合民意的各项政策，也能更好地推动政策的有效执行，提高执行力度，同时也能够更好地保护中华传统文化的多样性。

G.21
钱江源国家公园游憩机会
供给与需求研究

李 健 窦 宇*

摘 要： 为公众提供高质量的游憩机会是国家公园的主要功能之一。以钱江源国家公园为例，构建其游憩机会谱，并结合问卷调查法、内容分析法对钱江源国家公园游憩机会需求进行研究。研究表明：基于丰富的自然资源，钱江源国家公园具备较强的游憩机会供给能力；钱江源国家公园能够在游憩资源、游憩场所和游憩活动等方面为人们提供较好的游憩机会；钱江源国家公园在接待服务方面存在一定漏损。研究对钱江源国家公园游憩机会的利用等提出了相应的发展建议：兼顾市场细分，创新服务模式；坚持生态共营，丰富产品结构；完善基础设施，提升服务水平。

关键词： 国家公园 游憩机会供给 钱江源

一 前言

在当代社会经济高速发展的过程中，人们更加关注高品质的游憩活动和差异化的游憩体验。国土的游憩规划需要关注国民的游憩，坚持生态文明建设理念，遵从人地和谐的思想。① 国家公园作为一种大型自然生态区域，发挥着其独

---

* 李健，博士，浙江农林大学风景园林与建筑学院副教授、硕士生导师，研究方向是公园、游憩与旅游；窦宇，浙江农林大学风景园林与建筑学院旅游管理专业硕士研究生，研究方向为生态旅游。

① 李健、杨明：《国土空间规划时代的游憩规划思考》，《旅游学刊》2021年第3期。

特的生态系统服务功能，可以满足人们日益高涨的精神或者情感层面的游憩需求。

国家公园拥有丰富的自然景观和独特的人文景观。随着国家公园体制建设的推动，越来越多的人拥有了更加丰富的生态体验机会，也证明了国家公园具有极高的游憩价值。在国外，欧美国家一直在提倡国家公园中游憩活动的开展，这对其他国家关于国家公园的游憩发展及管理模式产生了很大的影响。[①] 2013 年我国首次提出"建立国家公园体制"，2017 年正式颁布《建立国家公园体制总体方案》，明确了国家公园的首要功能是对自然生态系统的保护，但同时兼具游憩、科教利用的功能。[②]

本研究从国家公园合理发挥游憩功能出发，以钱江源国家公园为区域对象，在游憩机会谱理论和旅游供需均衡理论的基础上，分析了钱江源国家公园游憩机会的具体供给与需求，并以此为基础总结其供需现状，以期为日后国家公园游憩利用的完善提供借鉴。

二 研究进展

（一）国家公园的游憩机会与游憩管理

国家公园是指为了保护具有国家代表性的自然景观、野生动植物、特殊生态系统而建立的大型自然生态区域。[③] 国家公园的游憩机会被定义为：一些物理、生物、社会和管理条件赋予国家公园的价值后，管理者通过将这些条件结合到一起，为游憩者提供他们想要的体验和活动。因此，游憩机会是管理行动的产物。[④] 由于国家公园的资源保护和游憩利用一直存在争论，游

---

① 张玉钧、薛冰洁：《国家公园开展生态旅游和游憩活动的适宜性探讨》，《旅游学刊》2018 年第 8 期。
② 吴星星：《基于 ROS 理论的祁连山国家公园天祝片区游憩管理研究》，硕士学位论文，西北师范大学，2021。
③ 虞虎、陈田、钟林生等：《钱江源国家公园体制试点区功能分区研究》，《资源科学》2017 年第 1 期。
④ 刘文娟：《黑河流域游憩机会谱——兼论祁连山国家公园游憩开发》，硕士学位论文，兰州大学，2021。

憩管理也自然成为学界研究的重要问题，相关的研究主要集中在以下四个方面（见表1）。

表1 国家公园游憩管理的主要研究方向

序号	研究方向	代表作者	运用理论或模型
1	资源管理研究	Oishi①	ROS 理论
2	游客管理研究	Manning②、德莱维尔③	游客体验与资源保护（VERP）理论
		Susan et al. ④	游客影响管理模型（VIM）
		Baktiono et al. ⑤	旅游最优管理模型（TOMM）
3	游憩环境管理研究	LaPage⑥	游憩承载量（RCC）
		Ashley⑦	游客行为管理过程（VAMP）
4	游憩服务管理研究	张玉钧⑧	游憩服务设施管理
		张玉钧、薛冰洁⑨	游憩活动管理
		王辉等⑩	解说与教育服务管理
		贾倩等⑪	特许经营管理

① Y. Oishi, "Toward the Improvement of Trail Classification in National Parks Using the Recreation Opportunity Spectrum Approach," *Environmental Management* 6 (2013): 1126-1136.

② Robert Manning, "Visitor Experience and Resource Protection: a Framework for Managing the Carrying Capacity of National Parks," *Journal of Park and Recreation Administration* 1 (2001).

③ 〔美〕摩尔·德莱维尔:《户外游憩——自然资源游憩机会的供给与管理》，李健译，南开大学出版社，2012。

④ Susan A. Moore, Amanda J. Smith, N. David, "Newsome: Environmental Performance Reporting for Natural Area Tourism: Contributions by Visitor Impact Management Frameworks and Their Indicators," *Journal of Sustainable Tourism* 11 (2003): 348-375.

⑤ R. Baktiono, W. Wahyudiono, E. Setiawan et al., "Optimization of Integrated Management Model of Tourism Industry on Culinary Business in Kenjeran Tourism Region Surabaya," *International Journal of Entrepreneurship And Business Development* 1 (2018): 98-119.

⑥ Wilbur F. LaPage, "Some Sociological Aspects of Forest Recreation," *Journal of Forestry* 1 (1963): 32-36.

⑦ R. Ashley, "The Visitor Activity Management Process and National Historic Parks and Sites-serving the Visitor," *Recreation Research Review* 14 (1989): 41-44.

⑧ 张玉钧:《国家公园游憩规划》，《林业建设》2018 年第 5 期。

⑨ 张玉钧、薛冰洁:《国家公园开展生态旅游和游憩活动的适宜性探讨》，《旅游学刊》2018 年第 8 期。

⑩ 王辉、张佳琛、刘小宇等:《美国国家公园的解说与教育服务研究——以西奥多·罗斯福国家公园为例》，《旅游学刊》2016 年第 5 期。

⑪ 贾倩、郑月宁、张玉钧:《国家公园游憩管理机制研究》，《风景园林》2017 年第 7 期。

（二）旅游供给与需求研究

旅游供给是指在一定时期内，旅游经营者愿意且能够按照一定的价格向旅游市场提供旅游产品的数量，其中包括旅游资源、旅游设施和旅游服务等；而旅游需求则是在一定时间和价格水平下，旅游者能够购买的旅游产品数量。[1] 通过对国内外文献的梳理，可以发现对于旅游供求方面的研究主要集中在如何构造精致的需求模型用以预测市场经济活动。[2] 而"游憩"和"旅游"两个概念在特征和行为方面存在交叉现象，因此旅游供给与需求的概念在一定程度上也适用于游憩。[3] 对于国家公园的游憩供给与需求方面的研究相对较少，学者们更多的是将国家公园的游憩看作生态系统的服务，以此研究国家公园的游憩供给与需求情况。[4]

三　研究方法和数据来源

（一）研究方法

1. 空间分析法

利用遥感卫星数据和 GIS 技术对钱江源国家公园的土地利用类型、功能分区和交通可达性进行分析，评估其游憩机会供给能力。

2. 问卷调查法

根据研究内容设计问卷，向调查对象发放问卷，收集问卷调查结果作为研究的基础数据。本研究通过对到访过钱江源国家公园的访客进行问卷调查，根据统计结果分析其满意度及游憩需求，得出相关结论。

---

① 王大悟、魏小安：《新编旅游经济学》，上海人民出版社，2000。
② 厉新建：《旅游供求理论再认识》，《北京第二外国语学院学报》2000 年第 1 期。
③ 吴星星：《基于 ROS 理论的祁连山国家公园天祝片区游憩管理研究》，硕士学位论文，西北师范大学，2021。
④ 张玉钧、薛冰洁：《国家公园开展生态旅游和游憩活动的适宜性探讨》，《旅游学刊》2018 年第 8 期。

3. 内容分析法

内容分析法是指将不同的符号内容转换成系统的数据资料，再结合定性、定量的方法，由表征意义推断出其内涵深层意义的过程的方法。内容分析法可以将语言表达的内容转化为数量表示，分析的内容包括文本、图片、语音等。本研究通过相关旅游网站抓取关于钱江源国家公园的评论作为网络文本，进行网络文本的分析。

（二）数据来源

本研究涉及的钱江源国家公园的土地类型矢量数据、游憩项目点、自然资源分布及相关地理空间数据来源于实地调研、钱江源国家公园体制试点方案、开化县相关政府部门网站、中国地理空间数据云网站（http：//www. gscloud. cn/）、中科院资源环境科学与数据中心数据平台（http：//www. resdc. cn）。

四　钱江源国家公园的游憩机会供给

（一）研究区概况

2016 年，在国家发改委正式批复相关实施方案后，钱江源国家公园成为国家公园体制试点之一。钱江源国家公园位于浙江省衢州市开化县，处于安徽、江西和浙江的交界处，总面积约为 251.9 平方千米。水文条件方面，区域内有两大水系，分别是古田山水系和钱塘江水系，流经地区森林茂密，生态环境极为优越，且富含多种矿物质。地形地貌特征明显，具备各类断层、阶地和峡谷等地质地貌景观，科学展示价值极高。根据《钱江源国家公园体制试点区试点实施方案》等规划方案，试点区被分为传统利用区、游憩展示区、生态保育区和核心保护区。[1] 区

---

① 虞虎、陈田、钟林生等：《钱江源国家公园体制试点区功能分区研究》，《资源科学》2017年第 1 期。

域的划分兼顾了钱江源国家公园的生态资源保护和社区产业发展，成为国家公园体制试点的一大亮点。

（二）钱江源国家公园游憩机会供给能力研究

1. 游憩机会供给能力分析

可达性是游憩机会供给能力的重要衡量指标之一。距离道路更近的地区基础设施建设也更加完善，可达性也更高，因此能提供的游憩活动开展能力也就更强。[①] 根据 2020 年钱江源国家公园土地类型分布情况，对 5 类土地利用类型的相关数据进行统计。结合相关文献，运用德尔菲法建立钱江源国家公园土地类型构成及得分表（见表2），向17位领域内的专家进行征询，得到了土地类型游憩机会供给能力的平均得分。由表2可知，林地、草地、水域的得分相对较高，自然资源丰富，更适合人们在公园内开展游憩活动，因此游憩机会供给能力相对较高。耕地、居民用地得分相对较低，这些土地用于农业生产和基础设施的建设，很难进行游憩活动的开展，游憩机会的供给能力也相对较低。

表2 钱江源国家公园土地类型构成及得分

土地类型	面积（平方千米）	得分
林地	223.84	8.56
耕地	18.94	5.32
草地	6.55	7.81
水域	2.07	6.27
居民用地	0.50	3.94

注：因划分标准不同，本表土地类型的面积之和与总面积数据不一致。
资料来源：面积数据来源于中科院资源环境科学与数据中心数据平台。

我国森林游憩在规划开发中将景区划分为保护区、游览区、生活区等区域进行分区管理，有助于统筹森林游憩的规划开发，并能保证游憩活动被限

---

① 李方正、宗鹏歌：《基于多源大数据的城市公园游憩使用和规划应对研究进展》，《风景园林》2021年第1期。

制在保护区的边缘地带。①

根据《钱江源国家公园体制试点区试点实施方案》等规划方案，试点区按照保护程度由低到高被分为传统利用区、游憩展示区、生态保育区和核心保护区（见表3）。

在钱江源国家公园内，67.86%的区域（生态保育区和核心保护区）出于生态保护的原因不能开展游憩活动，而只能进行一定的科教利用，游憩机会供给能力低。占比为28.78%的传统利用区具有一定的地域特色，在保护的前提下，可以进行与农业生产文化相关的游憩活动，具备一定的游憩机会供给能力。游憩展示区只占3.36%，面积占比最小，但是该区域是钱江源国家公园中游憩景点最为集中的区域（见表3）；此外，居民区多分布在此功能区，因此其游憩机会供给能力较大。

表3 钱江源国家公园功能分区情况

功能分区	面积（km²）	占比（%）	保护目标
传统利用区	72.50	28.78	在保护的前提下进行农林类文化活动的开展
核心保护区	33.91	13.46	区域内水系的动植物资源、生态环境
游憩展示区	8.46	3.36	科教利用、休闲游憩
生态保育区	137.03	54.40	强化保护和自然恢复

2. 游憩机会谱的构建

游憩机会谱（ROS）是美国林务局在20世纪70年代末提出的，作为一个游憩资源规划框架，游憩机会谱着重考虑为游客特定的游憩体验而进行游憩环境的管理，为满足游客的游憩体验而提供多样化的游憩机会。② 游憩机会谱通过指标对游憩机会等级进行区分，按照一定的标准对确定的指标进行量化的测量，以此判断游憩环境的游憩机会供给能力。利用游憩机会谱可以

---

① 张苪铭、李健、刘慧梅：《中美森林游憩政策比较》，《林业资源管理》2012年第6期。

② R. N. Clark，G. H. Stankey，"The Recreation Opportunity Spectrum: A Framework for Planning, Management and Research," USA: USDA Pacific Northweat Forest and Range Experiment Station, 1979.

对游憩资源进行规划，为游憩体验匹配相应的游憩机会。因此，构建钱江源国家公园的游憩机会谱对于其游憩机会供给能力的研究具有十分重要的作用。

对于钱江源国家公园游憩机会谱构建主要从两个方面研究，一是公园内部生态系统的自然属性所能提供的游憩机会，如上述的土地类型和功能分区的游憩机会供给能力研究；二是对于交通可达性的研究。因此，钱江源国家公园的自然属性游憩机会供给能力与交通可达性二者共同构成了对区域内游憩机会供给能力的评估。基于上述研究，将钱江源国家公园五种土地类型、四种功能分区的游憩机会供给能力结合交通可达性对于游憩机会供给能力的影响，进行综合考量，利用 ArcGIS 空间叠加分析交叉制图，最终得到钱江源国家公园游憩机会谱，并将钱江源国家公园分成五个不同等级的游憩环境。

游憩机会供给能力的评估，实质上就是评估自然资源条件优越且能开展游憩活动，并易于到达的地点。在钱江源国家公园五个等级的游憩环境中，自然原始型和半自然原始型的自然环境优越但是未被开发，以保护为主，不进行游憩活动的开展，游憩机会供给能力低；自然保护型自然资源丰富，且存在小规模的建设用地，因此在保护的前提下可以进行科教利用，游憩机会供给能力较低；保护游憩型基础设施较少，可以进行小规模的观光、游憩活动，具备一定的游憩机会供给能力；自然游憩型则设施完善，交通可达性较高，可以进行游憩活动的开展，游憩机会供给能力最高。

（三）钱江源国家公园的游憩机会供给现状

1. 游憩资源供给

钱江源国家公园区域内峰峦叠嶂、瀑布成群，除了山水尽有的自然风光之外，其人文旅游资源也非常丰富。[①] 位于区域内的四个乡镇共同组成了钱

---

① 宋义富、金学余：《江南旅游新去处——钱江源国家森林公园》，《森林与人类》2002 年第10 期。

江源国家公园的壮丽景观，同时这四个乡镇也拥有含有自身特色的休闲游憩资源（见表4）。

表4　钱江源国家公园各乡镇主要游憩资源

镇　乡	游憩资源
苏庄镇	舞草龙、跳马灯、满山歌、古佛节、保苗节等民间传统活动； 点将台、凌云寺、姜家祠、宋朝窑址等古迹； 古田山、苏庄银杏、吴越古樟树等自然资源； 国家公园科普馆等
齐溪镇	中山古村、枫桥头古村等古村风貌； 钱江源源头、莲花塘、莲花溪、大峡谷等自然景点； 钱江源国家森林公园、养生小镇； 3A景区村开展乡村休闲游憩活动
何田乡	渔业养殖极具特色； 建立了"何田鱼文化博物馆"； 搭建山村美食体验项目
长虹乡	闽浙赣省委旧址、红军烈士纪念馆等红色旅游胜地； 4A级景区衢州七彩长虹旅游景区； 江南布达拉宫、台回山、高田村古村落

2. 游憩场所供给

游憩机会是指在游憩环境中参与游憩活动而获得游憩体验的可能性。[①] 游憩场所承载着游憩环境，所以游憩场所的提供十分重要，不同的标准也影响着游憩机会的供给和游客的游憩体验。国家质量监督检验检疫总局发布的《旅游景区质量等级的划分与评定》与浙江省发布的《浙江省A级景区村庄服务与管理指南》对游憩场所的完善发挥着积极的作用。

通过实地调研，结合政府网站相关数据，对钱江源国家公园涉及的4个乡镇所涵盖的已进行评级的旅游景区、A级景区村庄和较为知名的游憩场所进行了梳理。由表5可知，钱江源国家公园涉及的4个乡镇涵盖一个自然保护区、1个4A级景区、2个3A级景区和15个3A级景区村，其他知名的游憩场所还包括1个红色胜地和2个水利工程。

---

① 崔庆江、赵敏燕、唐甜甜等：《基于国家公园生态体验机会谱系的公众体验意向评估研究——以大熊猫国家公园为例》，《生态经济》2021年第7期。

表5 钱江源国家公园各乡镇主要游憩场所统计情况

区域	游憩场所	备注	区域	游憩场所	备注
苏庄镇	古田山国家级自然保护区	自然保护区	齐溪镇	钱江源国家森林公园	3A级景区
	东山水库	水利工程		齐溪水库	水利工程
	唐头村	3A级景区村		九溪龙门	3A级景区
	古田村	3A级景区村		丰盈坦村	3A级景区村
长虹乡	七彩长虹	4A级景区		齐溪村	3A级景区村
	闽浙赣省委旧址	红色胜地		龙门村	3A级景区村
	北源村	3A级景区村		里秧田村	3A级景区村
	星河村	3A级景区村		仁宗坑村	3A级景区村
	桃源村	3A级景区村	何田乡	禾丰村	3A级景区村
	真子坑村	3A级景区村		田畈村	3A级景区村
	库坑村	3A级景区村		柴家村	3A级景区村

资料来源：浙江省文化和旅游厅。

3. 游憩活动

游憩机会的供给除了游憩资源、游憩场所外，还体现在游客所能进行的游憩活动上。因而，在游憩场所调查的基础上，调查到访钱江源国家公园的游客（本次调研有效人数共计240人）所开展的主要游憩活动，得到了相关的统计结果，如表6所示。

表6 钱江源国家公园主要游憩活动

主要游憩活动	人数	有效占比（%）	主要游憩活动	人数	有效占比（%）
自然风景观光	208	86.67	购买纪念品	17	7.08
徒步登山	160	66.67	购买特产	15	6.25
呼吸新鲜空气	144	60.00	野生观测	9	3.75
拍照摄影	102	42.50	品尝茶叶	8	3.33
漂流	98	40.83	科普活动	8	3.33
户外攀爬	94	39.17	研学活动	8	3.33
农家乐	67	27.92	节庆活动	5	2.08
户外定向越野	39	16.25	其他	4	1.67
垂钓	21	8.75	—	—	—

注："—"表示此处无数据。

从主要的游憩活动来看，前往钱江源国家公园的游客主要进行的游憩活动是自然风景观光，占比高达 86.67%；徒步登山和呼吸新鲜空气也是主要的游憩活动，占比均超过半数；拍照摄影及漂流同样是游客们喜爱的活动，占比达四成。从上述分析可知，游客进行的游憩活动多与自然风景相关，这是由钱江源国家公园的自然生态条件所导致的。

综上所述，钱江源国家公园的游憩资源供给充足，涵盖自然景观和人文景观；游憩场所众多，拥有多处 A 级景区及景区村；游憩活动主要集中体现在自然风景观光、徒步登山和呼吸新鲜空气上。

五　钱江源国家公园的游憩需求

（一）研究设计

基于问卷调查及线上网络文本两方面的数据对游客满意度以及游客对于钱江源国家公园的形象感知等方面进行分析。问卷调查方面收集到有效问卷 240 份，网络文本主要是通过软件对国内认知度较高的几个旅游网站抓取关于钱江源国家公园的游客评论，共获得 555 条有效评价。

通过 SPSS 软件对问卷数据进行统计，对游客满意度进行分析，以了解钱江源国家公园的到访游客的需求。利用网络文本分析法，通过 ROST CM6 软件对获取的网络文本数据进行处理，从高频词、游客情感、社会语义网络三个方面了解游客对钱江源国家公园的感知评价，从而了解游客满意和不满意的地方，以促进公园日后更好地满足游客的游憩需求。

（二）研究结果分析

1. 游客满意度分析

根据 Vroom 的期望理论，当旅游体验超出期望时就会形成满意度。根据问卷数据统计结果得到钱江源国家公园游客总体满意度（见表 7），由表 7 可以得知，90% 的游客认为游憩消费与游憩体验相匹配，92.34% 的游客认为游憩体验与期望相匹配，因此游客的总体满意度较高。

表 7 钱江源国家公园样本游客总体满意度

单位：%

消费与体验匹配度	占比	体验与期望匹配度	占比
很值得	5.42	远超预期	2.45
值得	51.25	比预期稍好	43.48
一般	33.33	符合预期	46.41
不值得	10.00	失望	7.66
很不值得	—	很失望	—

注："—"表示此处无数据。

分要素来看评估游客的满意度，从表 8 中可以看出六要素满意度分析结果。在旅游"六要素"中，此次统计游客最满意的是游览，随后依次是购物、娱乐、餐饮、住宿和交通。这表明钱江源国家公园丰富的自然资源、游憩活动开展情况得到了游客的认可，而餐饮、住宿和交通等方面需要进一步加强。在实地调查中，餐饮卫生状况和就餐环境相对较差，存在一定的脏乱问题，交通方面便捷程度相对较差，部分路段仍处于修建中，不利于自驾游。公园标识也不完善，我们在调查中还多次遇到游客问路的情况。

表 8 钱江源国家公园各类满意度

满意度类别	平均值	标准差	满意度类别	平均值	标准差
游览	4.68	0.732	餐饮	4.49	0.876
购物	4.58	0.756	住宿	3.95	1.078
娱乐	4.56	0.791	交通	3.88	0.932

2.高频词分析

利用 ROST CM6 软件对评论文本分词后进行词频分析，得到词频前 50 位的高频词，如表 9 所示。通过对前 50 位的高频词分析可知，对于钱江源国家公园的评价多为名词、动词和形容词。名词中"空气""景区""风景""瀑布""钱江源"等提及的频次较高；形容词体现了游客对钱江源国

家公园的形象感知，其中"清新""值得""优美""好玩"等词出现频次较高，说明了游客对钱江源以赞美为主；动词中"爬山""旅游""服务""避暑""建议"出现频次高，体现了游客的出游动机以及关注点。"瀑布""钱江源""古田山""大峡谷"等景点提及较多，游客给出了"值得""好玩""美丽"等评价，表明这些景点被游客关注到。"空气清新""景色美丽""溪水清澈"等词说明了大部分游客偏好于钱江源国家公园的自然景观。

表 9 钱江源国家公园网络评价前 50 位高频词

标签词	词频	标签词	词频	标签词	词频	标签词	词频	标签词	词频
空气	142	源头	54	天然	31	莲花	25	开发	20
景区	113	森林	52	钱江	30	好玩	24	清澈	20
风景	101	国家公园	52	农家乐	27	浙江	24	山上	20
瀑布	94	大峡谷	50	夏天	27	服务	23	原生态	20
钱江源	90	清新	46	钱塘江	27	设施	22	时间	20
古田山	76	自然	46	值得	27	避暑	22	方便	19
环境	74	爬山	42	一路	26	保护	22	建议	19
开化	70	值得一去	38	旅游	26	下次	21	原始	19
景点	69	适合	37	油菜花	25	上山	21	门票	18
景色	65	小时	36	优美	25	古田	21	壮观	18

3.游客情感分析

通过 ROST CM6 软件对获取的评价文本进行情感分析，已了解游客对于钱江源国家公园的情感态度和形象认知。由表 10 可知，游客整体满意度较高，中性情绪及消极情绪相对较少。积极情绪主要体现在游客对于钱江源国家公园中的自然游憩资源方面，比如"生态环境好""古木参天""天然氧吧""瀑布壮观"等。但是，通过对其消极情绪感知词的分析统计，"服务设施少""基础设施陈旧""交通不便""服务态度差""游览内容不丰富"等词语反映了游客在这些方面的不满。

表 10　钱江源国家公园游客情感分析

情绪类型	评价数量	比例（%）	分段	评价数量	比例（%）
积极情绪	440	79.28	一般	160	36.36
			中度	143	32.50
			高度	137	31.14
中性情绪	45	8.11	—	—	—
消极情绪	70	12.61	一般	51	72.86
			中度	15	21.43
			高度	4	5.71

说明："—"表示此处无数据。

4. 社会语义网络分析

通过 ROST CM6 软件对处理后的有效评论文本进行社会语义网络分析，得到其共现矩阵词表，利用 Gephi 软件对词表进行可视化处理，得到其语义网络关系图（见图 1）。

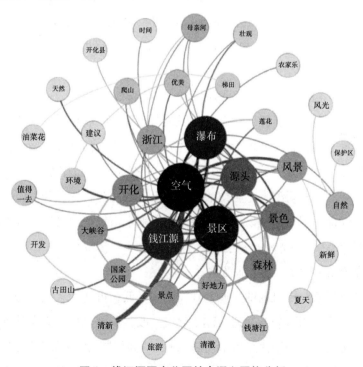

图 1　钱江源国家公园社会语义网络分析

由图1可知，"空气""景区""钱江源""瀑布"等词位于核心位置，是游客评价文本体系中的中心词，其评论多围绕这些词展开。其中"浙江—开化—钱江源——国家公园"反映了地理位置；"国家公园—钱江源—国家公园—大峡谷—瀑布"连线体现了钱江源国家公园对于游客的主要吸引物；"源头—空气—清新""森林—风景—优美""大峡谷—瀑布—壮观"三条连线表明了游客的游憩体验；"景区—建议—时间"连线说明钱江源国家公园内还存在一些问题需要改进。

（三）发展建议

1. 兼顾市场细分，创新服务模式

在制定价格时兼顾以低水平消费群体和离退休人员，保证各级消费水平群体都能找到适合自身的游憩体验机会。同时需要明确市场主体定位，加大个性化服务力度，创新服务模式。统筹城乡发展，在园内游憩开发机会较少的情况下，考虑将部分游憩机会供给转移至国家公园周围城乡区域，做到园内园外协调发展，以维持"公益性"与"保护性"的平衡。

2. 坚持生态共营，丰富产品结构

在可持续发展的前提下，有效利用现有资源来发展乡村、康养、生态旅游。发掘园内具备高游憩供给能力地区的文化内涵，促进文旅融合，发展多样化的游憩产品体系。钱江源国家公园现有的游憩产品体系多集中在夏秋季，因此可以开发新型春冬游憩活动。以生态教育为目标，开发园内生态系统的科普教育功能。坚持以生态旅游为核心来丰富钱江源国家公园的游憩活动和游憩产品结构。

3. 完善基础设施，提升服务水平

钱江源国家公园目前的交通基础设施水平低，可达性较差，需要完善交通设施，加速与周边公共交通一体化建设，改善周围机场、火车站到国家公园的乘车路线，增加国家公园的可进入性。同时加强配套服务设施的建设，兼顾游客感知力强的吃、住、行、游、购、娱等方面，满足其游憩需求，如

交通设施、景观游憩设施、公共管理设施、公共服务实施、餐饮住宿设施、急救援助设施、灾害预防设施等。

六 结语

国家公园游憩机会的利用与普通旅游景区的项目开发存在显著的差异，需要在保护的前提下，结合配套的生态文明体制建设，促进国家公园游憩功能的发挥，满足人们日益增长的精神需求。钱江源国家公园游憩资源丰富，具备较强的游憩机会供给能力，但是在交通、食宿接待服务、游憩产品结构、基础设施建设等方面还存在一定的问题，并不能很好地满足游客的游憩需求。因此，需要进行进一步的探索，在生态保护的前提下利用好钱江源国家公园的游憩机会，更好地满足人们的游憩需求，在"保护"和"发展"之间找到平衡，推动国家公园的建设与共享。

G.22

国家公园生态旅游的共生主体、利益关系与利益实现方式

——以武夷山国家公园为例[*]

薛瑞 张海霞 周寅[**]

摘 要： 生态旅游是国家公园的主要功能。国家公园发展生态旅游涉及复杂的利益主体关系，本研究基于共生理论，以武夷山国家公园为例，分析探讨国家公园旅游发展中旅游相关者的诉求及其关系，研究发现：国家公园生态旅游利益主体在保护生态与人文资源，发展高质量的生态旅游上表现出共同的利益诉求；国家公园生态旅游利益主体权利矩阵失衡，在竞争博弈与合作博弈中易形成利益同盟和对抗；政府、企业、居民、国家公园管理局、经营者五大利益主体倾向于选择不同的利益实现方式。

关键词： 国家公园 武夷山 共生理论 生态旅游

国家公园是兼顾生态保护与旅游可持续发展的积极的人为空间建构，生态保护与旅游开发的平衡问题是国家公园研究的关键问题。[①] 2013年党的十

---

[*] 基金项目：国家社会科学基金（NO.20BGL151）。

[**] 薛瑞，浙江工商大学旅游与城乡规划学院硕士研究生，研究方向为国家公园生态旅游；张海霞，浙江工商大学旅游与城乡规划学院教授、硕士生导师，研究方向为国家公园与旅游规制；周寅，浙江工商大学旅游与城乡规划学院硕士研究生，研究方向为国家公园特许经营。

[①] Warwick Frost, C. Michael Hall, *Tourism and National Parks：International Perspectives on Development, Histories and Change* (London：Routledge, 2012).

八届三中全会首次提出"建立国家公园体制"，2021年我国第一批国家公园正式设立。与其他国家不同的是，我国大多数国家公园存在人口密集、自然资源权属复杂、土地权属复杂、原住居民规模大且分布不均、民族构成多样等结构性矛盾与限制性条件。[①] 国家公园不仅是重要的自然资源风景区、生态保护地，也是生态旅游的重要空间载体，国家公园生态旅游可以通过调整各利益主体的共生关系和模式，达到一个稳定互惠的状态。为此，本研究面向实现国家公园生态旅游健康发展的现实需求，从核心利益相关者的视角出发，分析生态旅游核心利益相关者的利益诉求关系与矛盾冲突，探讨国家公园生态旅游利益共生机制和发展策略。

一 国内外研究进展

共生研究起源于生物学，随着研究与实践深入发展，Stringer等首次将共生理论引入到旅游研究中，提出以人为本可以达到旅游研究和社会心理的共生。[②] Vikeny通过分析Svalbard的旅游管理机构与政策法规、旅游人口状况和旅游变迁等，提出管理机构、旅游业、经营者、研究者和旅游者五者的互惠共生模式；[③] Dimitrios认为，在国家公园生态旅游发展过程中只有政府、特许经营企业、社区居民和游客等主体利益得到合理的协调，国家公园的可持续发展才能得到保证。[④] 我国学者王维艳等运用共生理论界定了泸沽湖景区的核心利益相关者，对其共生关系、模式和不同层级的共生博弈框架进行

---

① 杨锐：《论中国国家公园体制建设的六项特征》，《环境保护》2019年第1期；苏杨、王蕾：《中国国家公园体制试点的相关概念、政策背景和技术难点》，《环境保护》2015年第14期。

② P. F. Stringer, P. L. Pearce, "Toward a Symbiosis of Social Psychology and Tourism Studies," *Annals of Tourism* 1 (1984): 5-17.

③ A. Vikeny, "Tourism, Research, and Governance on Svalbard: A Symbiotic Relationship," *The Polar Record* 4 (2011): 335-347.

④ D. Dimitrios, "Stakeholder Ecotourism Management: Exchanges, Coordination's and Adaptations," *Journal of Ecotourism* 3 (2018): 203-205.

了模型建构。① 徐虹等利用共生理论构建了国家或政府、企业、游客之间的"红心钻石"利益协调机制模型和"三角"互动利益协调机制模型。② 王金伟和王士君对黑色旅游的共生模式进行了研究。③ 王红宝等分析了田园综合体核心利益相关者诉求和共生机制，将共生理论应用于旅游领域，主要用于研究宏观上的区域竞合问题、中观上的产业发展问题以及微观上的利益相关者协调问题。④

　　运用共生理论进行自然保护区或国家公园的研究还未成为专家们关注的焦点，借助共生理论在国家公园管理局、社区居民、地方政府、旅游企业、游客之间建立公平参与的利益分配机制等，从而促进形成互惠、稳定的共生关系，是国家公园生态旅游可持续发展中不可回避的一个课题。

二　研究方法与数据收集

（一）案例区概况

　　武夷山国家公园坐落于福建省北部，地理坐标为 117°24′13″~117°59′19″E，27°31′20″~27°55′49″N，总面积 1001.41 平方千米，空间范围共涉及武夷山市、光泽县、建阳区及邵武市 4 个县（市、区）的 9 个乡镇（街道），29 个行政村，2 个林场，1 个农场，1 个水库。

　　武夷山国家公园范围内共有 739 户、3352 人，主要分布在一般控制区，

---

　① 王维艳、林锦屏、沈琼：《跨界民族文化景区核心利益相关者的共生整合机制——以泸沽湖景区为例》，《地理研究》2007 年第 4 期。

　② 徐虹、李筱东、吴珊珊：《基于共生理论的体育旅游开发及其利益协调机制研究》，《旅游论坛》2008 年第 5 期。

　③ 王金伟、王士君：《黑色旅游发展动力机制及"共生"模式研究——以汶川 8.0 级地震后的四川为例》，《经济地理》2010 年第 2 期。

　④ 王红宝、杨建朝、李美羽：《乡村振兴战略背景下田园综合体核心利益相关者共生机制研究》，《农业经济》2019 年第 10 期。

这部分社区居民也是武夷山国家公园的核心利益相关者。其中，星村镇的人口多达 2201 人，占公园内居民人数的 65.7%，其余村落分散且人口较少，故研究以星村镇的桐木村、红星村、星村村为调研对象。

武夷山国家公园内及周边社区产业较为单一，以茶叶生产为主，毛竹次之。国家公园内现有民宿 79 家；酒店 5 家：国有企业 4 家、私营企业 1 家，从业人员 251 人；餐饮企业 11 家；旅游景区 8 个，其中 5A 级景区 1 个（武夷山风景名胜区）、4A 级景区 1 个（大安源景区）、3A 级景区 3 个（武夷源景区、玉龙谷景区、青龙瀑布景区），未评等级景区 3 个（森林公园、十八寨景区、龙川景区），从业人员共 1623 人。其中，武夷山风景名胜区为国家公园范围内的主景区，九曲溪竹筏、观光车、漂流三个项目实施了特许经营。① 目前国家公园范围内的八大景区均与旅游开发公司签订了长达四五十年的合同，旅游公司大多为大型国企，占地面积较大，经营方式资本化，合同的协议期长，且签订主体是市政府或者村镇政府，所以武夷山国家公园管理局难以收回景区经营权和管理权，无法完成自然资源统一管理。

（二）研究方法

根据张玉钧等、刘伟玮等学者观点②，本研究将国家公园生态旅游的核心利益主体确定为国家公园管理局、地方政府、旅游企业、社区居民和游客，即主要调研对象。本研究在处理数据时，针对问卷和访谈等不同类型的资料采取量化和定性分析相结合的方法。运用 Nvivo12.0 Plus 质性分析软件编码处理座谈和访谈记录等文本资料；用 SPSS 软件定量分析收集来的居民和游客问卷数据，进行统计性描述、信效度分析、配对样本 T 检验等。所有数据共同探究国家公园生态旅游核心利益相关者的利益诉求和冲

---

① 张海霞：《中国国家公园特许经营机制研究》，中国环境出版集团，2018。
② 张玉钧、徐亚丹、贾倩：《国家公园生态旅游利益相关者协作关系研究——以仙居国家公园公盂园区为例》，《旅游科学》2017 年第 3 期；刘伟玮、李爽、付梦娣等：《基于利益相关者理论的国家公园协调机制研究》，《生态经济》2019 年第 12 期。

突，为共生机制分析提供进一步的数据和资料支撑。具体的调查方法如表1所示。

表1　各利益相关者调查方法汇总

利益相关者	问卷	结构化访谈	座谈会	文献政策研究
国家公园管理局	—	—	√	√
地方政府	—	—	√	√
旅游企业	—	√	—	—
社区居民	√	√	—	—
游客	√	—	—	—

注："—"表示此处无数据。

问卷和访谈提纲设计主要参考钟林生、张玉钧、唐仲霞等学者的研究成果进行居民和游客的问卷编制，两者问卷均包括受试者基本信息（性别、民族、年龄、职业、文化程度和收入等）、利益诉求（维度与题项如表2所示）和态度与行为三大部分。利益诉求量表采用 Likert 5 级量表法。对武夷山国家公园管理局、武夷山市政府以开座谈会的形式，对旅游企业进行访谈提纲的设计，主要包括受访者的单位（个人）基本信息、利益诉求及实现方式、现有利益冲突和矛盾等，采用结构化访谈的方式。

（三）数据发放与收集

笔者于 2021 年 5 月赴武夷山国家公园进行了为期一周的实地考察，在武夷山国家级自然保护区的入口及景区内部针对外来游客发放问卷 132 份，回收有效问卷 119 份，有效率为 90.2%；在桐木村、南源岭村和红星村针对当地居民发放 111 份问卷，回收有效问卷 105 份，有效率为 94.6%。对旅游企业进行深入访谈，共访谈 10 位旅游经营者及从业人员，最终获得近 4 万字访谈记录文本。

表 2 居民和游客利益诉求维度与题项构成

被试	利益维度	具体题项	被试者	利益维度	具体题项
居民	经济利益	增加就业机会	游客	旅游体验	企业经营规范,服务质量高
		提高收入,收益分配			交通通信等基础设施完善
		获得旅游经营优先权			自然环境好,观赏价值高
		如需搬迁,妥善安置与征地补偿			生态知识科普教育
	社会利益	改善道路水电等基础设施			愉悦身心,释放压力
		提高医教文卫等生活水平			各类体验项目丰富有趣
		生活安静,不被打扰		社会文化利益	民风民俗等文化元素丰富
		生态环境良好,污染少			与当地居民建立友谊
	文化利益	保护本地民风民俗			治安良好,民风淳朴
		促进文化交流			旅游产品富有特色
		丰富社区文娱生活		经济利益	国家公园门票价格合理
		村民关系与社会治安良好			国家公园食宿价格合理
	政治利益	对生态旅游发展有知情权			国家公园交通费用合理
		对生态旅游发展有参与权			特产、纪念品物有所值
		对生态旅游发展有决策权		消费者权利	自主选择,公平交易
		土地所有权得到保障			人身安全得到保障
	—	—			投诉求偿得到保障
					清楚产品和服务的实情

注:"—"表示此处无数据。

(四)信度与效度检验

1. 信度检验

利用 SPSS 26.0 对居民和游客的问卷进行信度分析,以检测各数据内部是否具有一致性,数值越大,表明测量指标的可信度越高。关于居民利益诉求维度和问卷整体正反向感知的 Cronbach's Alpha 分别为 0.947、0.916、0.883、0.886、0.810>0.7,关于游客利益诉求维度和问卷整体正反向感知的 Cronbach's Alpha 分别为 0.924、0.945、0.902、0.907、0.931>0.7,数据内部一致性高。对于"项已删除的 Alpha 系数",分析项被删除后信度系数均小于变量整体的 α 系数,所以说明项均应保留,调查数据信度水平良好,

数据分析可靠可信。

为验证访谈和座谈数据的理论饱和，本研究将武夷山国家公园管理局、武夷山市政府和旅游企业的座谈会和访谈资料进行编码，把政府部门文件、新闻报道和文献等相关资料用于验证利益诉求内容是否饱和，检验发现未编码资料对理论构建的贡献较小，未出现新的节点要素，因此认为利益诉求基本实现饱和，停止收集调研。对编码信度的检验采用 Boyatzis 提出的信度计算公式，计算平均相互度和信度 [见公式（1）和（2）] 进行检验，其中 M 为不同编码成员归类相同的编码数，Ni 是第 i 个编码成员，n 为编码人员。由全程参与调研的两位研究生进行独立开放性编码，计算国家公园管理局、政府和旅游企业的平均相互度分别为 0.91、0.82、0.88>0.7，信度分别为 0.95、0.90、0.94>0.7，均满足要求，说明分析结果具有较高的可信度。

$$平均相互度 = \frac{2M}{N1+N2} \qquad\qquad 公式（1）$$

$$信度 = \frac{n×平均相互度}{[1+(n-1)×平均相互度]} \qquad\qquad 公式（2）$$

2. 效度检验

居民问卷总量表 KMO 值为 0.816>0.7，Bartlett 球形检验与显著性水平满足条件，问卷结构效度较好。居民问卷题项总共包括 16 个因子，最终提取了 4 个因子，总体解释力度达到了 80.107%（见表3），表明主成分分析法提取因子的结果较为合理。

表3　居民问卷的整体解释的变异数提取结果（主成分分析法）

成分	初始特征值			提取因子载荷平方和			旋转因子载荷平方和		
	总计	方差百分比（%）	累计（%）	总计	方差百分比（%）	累计（%）	总计	方差百分比（%）	累计（%）
1	4.613	28.833	28.833	4.613	28.833	28.833	3.534	22.088	22.088
2	3.547	22.169	51.002	3.547	22.169	51.002	3.235	20.219	42.307
3	2.675	16.72	67.722	2.675	16.72	67.722	3.039	18.995	61.303
4	1.982	12.385	80.107	1.982	12.385	80.107	3.009	18.805	80.107
5	0.567	3.541	83.648	—	—	—	—	—	—
6	0.423	2.643	86.291	—	—	—	—	—	—

成分	初始特征值			提取因子载荷平方和			旋转因子载荷平方和		
	总计	方差百分比（%）	累计（%）	总计	方差百分比（%）	累计（%）	总计	方差百分比（%）	累计（%）
7	0.37	2.31	88.601	—	—	—	—	—	—
8	0.311	1.944	90.546	—	—	—	—	—	—
9	0.283	1.768	92.313	—	—	—	—	—	—
10	0.258	1.61	93.923	—	—	—	—	—	—
11	0.209	1.309	95.232	—	—	—	—	—	—
12	0.205	1.283	96.515	—	—	—	—	—	—
13	0.173	1.08	97.594	—	—	—	—	—	—
14	0.15	0.94	98.534	—	—	—	—	—	—
15	0.13	0.812	99.346	—	—	—	—	—	—
16	0.105	0.654	100	—	—	—	—	—	—

注："—"表示此处无数据。

旋转后的因子矩阵中负荷越大，表明该因子特质数量越多，变量效度越佳。本研究旋转出来的4个因子分别是：经济利益、社会利益、文化利益、政治利益（见表4），且题项因子载荷都高于0.8，表明量表的收敛效度较高。

表4 居民问卷的探索性因子分析结果

变量	测量题项	成分			
		1	2	3	4
经济利益	JJ2	0.95	—	—	—
	JJ4	0.938	—	—	—
	JJ1	0.921	—	—	—
	JJ3	0.921	—	—	—
社会利益	SH2	—	0.899	—	—
	SH1	—	0.899	—	—
	SH4	—	0.878	—	—
	SH3	—	0.815	—	—
文化利益	WH2	—	—	0.89	—
	WH3	—	—	0.872	—
	WH4	—	—	0.822	—
	WH1	—	—	0.815	—

变量	测量题项	成分			
		1	2	3	4
政治利益	PB2	—	—	—	0.88
	PB4	—	—	—	0.875
	PB3	—	—	—	0.843
	PB1	—	—	—	0.828

注:"—"表示此处无数据。

游客问卷总量表 KMO 值为 0.865>0.7,问卷结构效度较好。本研究的调查问卷题项总共包括 18 个因子,最终提取的因子总共有 4 个,总体解释力度达到了 77.314%>50%(如表 5 所示),表明因子提取结果较合理,变量理想。

表 5　游客问卷的整体解释的变异数提取结果

成分	初始特征值			提取因子载荷平方和			旋转因子载荷平方和		
	总计	方差百分比(%)	累计(%)	总计	方差百分比(%)	累计(%)	总计	方差百分比(%)	累计(%)
1	7.543	41.906	41.906	7.543	41.906	41.906	4.227	23.481	23.481
2	2.917	16.204	58.111	2.917	16.204	58.111	3.236	17.976	41.457
3	1.941	10.783	68.894	1.941	10.783	68.894	3.229	17.94	59.397
4	1.516	8.42	77.314	1.516	8.42	77.314	3.225	17.917	77.314
5	0.698	3.878	81.192	—	—	—	—	—	—
6	0.519	2.881	84.073	—	—	—	—	—	—
7	0.417	2.316	86.389	—	—	—	—	—	—
8	0.336	1.866	88.255	—	—	—	—	—	—
9	0.322	1.791	90.046	—	—	—	—	—	—
10	0.279	1.551	91.597	—	—	—	—	—	—
11	0.272	1.513	93.109	—	—	—	—	—	—
12	0.26	1.445	94.554	—	—	—	—	—	—
13	0.225	1.251	95.805	—	—	—	—	—	—
14	0.208	1.157	96.962	—	—	—	—	—	—
15	0.183	1.016	97.978	—	—	—	—	—	—
16	0.145	0.806	98.784	—	—	—	—	—	—
17	0.115	0.638	99.422	—	—	—	—	—	—
18	0.104	0.578	100	—	—	—	—	—	—

注:"—"表示此处无数据。

旋转出来的 4 个因子分别是旅游体验、社会文化利益、经济利益、消费者权利，所对应的旋转因子载荷都在 0.6 以上（见表 6），量表的收敛效度较高。

表 6　游客问卷的探索性因子分析结果

变量	测量题项	成分			
		1	2	3	4
旅游体验	TY3	0.880	—	—	—
	TY1	0.864	—	—	—
	TY5	0.824	—	—	—
	TY2	0.805	—	—	—
	TY6	0.698	—	—	—
	TY4	0.658	—	—	—
社会文化利益	SW2	—	0.923	—	—
	SW1	—	0.916	—	—
	SW3	—	0.872	—	—
	SW4	—	0.814	—	—
经济利益	XF3	—	—	0.854	—
	XF4	—	—	0.848	—
	XF1	—	—	0.84	—
	XF2	—	—	0.807	—
消费者权利	JJ3	—	—	—	0.849
	JJ1	—	—	—	0.83
	JJ2	—	—	—	0.805
	JJ4	—	—	—	0.743

注："—"表示此处无数据。

从探索性因子看，居民问卷测量变量的标准化因子载荷均大于 0.6，组合信度 CR 的值都大于 0.8，并且 AVE 大于 0.5，游客问卷测量变量的标准化因子载荷均大于 0.6，CR 大于 0.9，AVE 大于 0.5，都具有较好的收敛效度。运用 AMOS22.0 对数据的区分效度进行检验，表中各潜变量之间的相关系数都小于 AVE 的平方根，表明各变量之间既具有显著的相关性，也有良

好的区分效度。通过以上分析，居民和游客的问卷量表拥有良好的信效度，各变量内部一致性较好，可以进行下一步分析。

三 研究发现

（一）利益主体共同诉求

武夷山国家公园生态旅游主要利益相关者虽然存在矛盾，但也存在不同的利益诉求共同点（见表7）。例如地方政府与国家公园管理局之间有共同利益诉求，两者首要利益诉求都希望对旅游企业进行良好的监督管理，同时都需要保障居民权益；旅游企业与地方政府两者间也存在相同的利益诉求，均想优化基础设施和促进旅游高质量发展；社区居民和游客都希望生态环境良好、增加文化交流。由此，也可以找到国家公园管理局、地方政府、社区居民、旅游企业与游客的共同利益诉求，即有效保护武夷山国家公园生态旅游高质量发展和生态与人文资源。

表7 利益主体利益诉求分类

利益主体	利益诉求	主要诉求点
国家公园管理局	第一利益诉求：政治利益和生态利益	管理体制改革、旅游企业监督管理、强化要素保障、强化生态保护力度和水平
	第二利益诉求：经济利益和社会文化利益	促进产业发展、品牌管理、提高收入、保障居民权益、带动周边社区发展
地方政府	第一利益诉求：经济利益和社会文化利益	旅游辐射、旅游企业管理、旅游高质量发展、优化产业结构、人才、社会组织合作
	第二利益诉求：生态利益和政治利益	提升居民环境保护理念、平衡生态保护和旅游发展、政策指导、政府部门内部协调
社区居民	第一利益诉求：经济利益	增加就业机会、提高收入、收益分配、获得旅游经营优先权、妥善安置与征地补偿
	第二利益诉求：社会利益、社会文化利益	改善基础设施、提高生活水平、生活安静、生态环境良好、保护本地民风民俗、促进文化交流、村民关系与社会治安良好
	第三利益诉求：政治利益	对生态旅游发展有知情权、参与权、决策权、土地所有权得到保障

利益主体	利益诉求	主要诉求点
旅游企业	第一利益诉求：经济利益和政治利益	优化竞争环境和基础设施、增加游客量、提升目的地知名度、发展企业经济利益
	第二利益诉求：社会利益和生态利益	提供居民就业机会、承担社会效益、保护生态环境
游客	第一利益诉求：旅游体验诉求、社会文化诉求	服务质量高、交通通信等基础设施完善、自然环境好、民风淳朴、愉悦身心
	第二利益诉求：经济利益、消费者权利	物价合理、公平交易、投诉有效

（二）利益主体合作博弈

进一步分析可以得出，部分利益主体因共同利益相同可以合作以谋求更多利益，但有可能损害其他主体的权益或者破坏整体利益关系，根据Freeman 的权利—利益矩阵，构建武夷山国家公园生态旅游核心利益相关者的权利—利益矩阵，然后对其进行合作博弈分析（见图 1）。

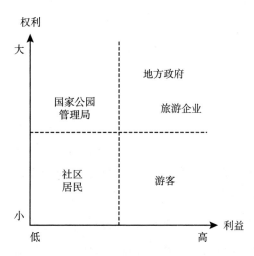

图 1　武夷山国家公园生态旅游核心利益相关者权利—利益现状矩阵

319

1. 地方政府与旅游企业：利益合谋，主要目标一致

武夷山市政府与几家大型旅游国企在生态旅游发展中的最大利益诉求均包括经济利益，且两者都处在高利益、高权利（高影响力）的矩阵象限，二者在很大程度上具有利益同质性，所以两者易于形成利益同盟，即所谓政府管制俘虏，共同提高经济收益，同时可能联合抗衡国家公园管理局的严格管理，市政府为旅游企业提供基础设施建设与旅游宣传，企业则为政府提供税收与利益分配。这也是武夷山市政府缺乏对旅游企业破坏性经营行为进行管制的重要原因。

2. 国家公园管理局与地方政府合作博弈：利益对调，职能貌合神离

依据我国目前的国家公园发展要求，武夷山国家公园管理局的首要目标是保护生态和获得政治权利，其次是发展经济与社会文化，而武夷山市政府的利益诉求则刚好相反，发展经济与社会文化永远是主要目标，保护生态和获得政治权利相对不重要，这就造成了两者职能的差异。当地政府的职能应为协调国家公园管理局管理国家公园，但因为目标不一致导致无法真正合作，加之与旅游企业的利益关系，政府更容易选择与企业捆绑，获得直接利益，边缘化政治利益。所以国家公园管理局处于权利较大但收益较小的矩阵象限中。

3. 社区居民：弱势主体，利益难以保障

我国大部分国家公园处于经济不发达的地区，居民主要为依赖自然资源生存的农牧民，武夷山国家公园也一样，故社区居民作为国家公园生态旅游的参与者，普遍存在经济利益得不到保障的情况，虽然村集体等是原住居民代言人，但他们在股权结构中对旅游企业经营、管理、利润分配等几乎没有发言权，是"沉默的"利益主体。社区居民牺牲了原属于自己的农田等生计资源，却得不到合理的补偿，所以容易跟旅游企业和当地政府产生利益争夺，以维护原有权益。

基于上述分析，正是由于武夷山国家公园生态旅游主要利益相关者之间存在相同的利益诉求与相互冲突，他们之间存在共生可能。只有找到各利益主体的利益共生平衡点，形成最佳的互利共生模式，才能有效促进国家公园生态旅游的高质量发展。

（三）共生主体现有相互关系

当前武夷山国家公园生态旅游利益相关者之间的共生模式并不是对称互惠一体化下的共生。武夷山国家公园先后经历了风景名胜区、世界遗产地到国家公园的保护地类型转变，据《武夷山国家公园条例（试行）》规定，生态旅游要实行特许经营模式，即国家公园管理局对关于国家公园各类资源利用与环境管理的营利性项目执行特许经营权，严禁各方主体以特许经营的名义将经营项目或公益项目垄断经营、整体转让。但是由于历史遗留问题，武夷山国家公园内的旅游经营权仍属于武夷山旅游（集团）有限公司，国家公园管理局没有特许经营权，特别是风景名胜区的实际经营权，主要职责是生态保护和社区发展。武夷山国家公园各类利益相关者的现有利益关系如图 2 所示。

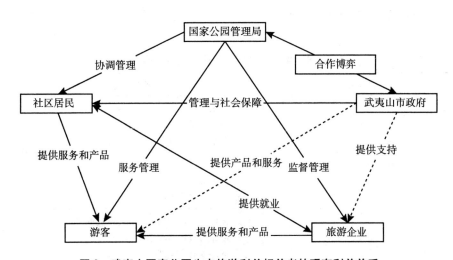

图 2 武夷山国家公园生态旅游利益相关者的现有利益关系

因此，目前武夷山国家公园利益相关者形成了国家公园管理局与社区居民保护、地方政府与旅游企业盈利的权责利非对称五元结构：国家公园管理局负责多方利益主体的协调管理与整个国家公园的生态人文资源保护，但是难以获得旅游收入分红；社区居民的正当权益得不到保障，生产活动被限

制，话语权弱，共享共建国家公园的主人翁意识和热情降低；原有企业经营内容和范围受限，同时因为国企垄断经营，其他民间资本无法进入；以上导致游客的游览参观感受无法达到最佳，缺乏深度生态体验。

（四）共生主体利益实现方式

通过调查问卷与访谈等形式总结了五类核心利益共生主体的利益诉求实现方式，如表8所示。由此不难看出各利益相关者之间存在共同利益诉求，也存在共同诉求实现方式，但是在生态旅游发展过程中，多方利益主体不会永远和平相处，也会产生矛盾冲突等消极事件。当地居民会选择向国家公园管理局和各级政府反映需求，游客会向国家公园管理局和消费者协会投诉，这种行为一旦出现，给国家公园管理局和当地政府带来的管理压力会大大增加，严重的甚至会影响武夷山国家公园的形象，对其发展带来负面影响。

表8　共生主体利益诉求实现方式偏好

利益主体	实现方式偏好
国家公园管理局	1. 寻求政府合作与财政支持 2. 专家技术支持 3. 制定相关制度
当地政府	1. 提供扶持和鼓励措施 2. 招商引资 3. 制定相关法规和制度
社区居民	1. 积极与管理部门沟通并反馈意见 2. 依靠村镇集体合作社 3. 依靠政府有关部门
旅游企业	1. 依靠政府和旅游组织管理机构 2. 提高自身竞争水平 3. 与其他利益相关者进行协商
游客	1. 积极与相关服务企业沟通 2. 向国家公园管理部门投诉 3. 向当地消费者协会投诉

四 研究结论与启示

（一）研究结论

本研究以武夷山国家公园为例，引入共生理论分析核心利益相关者的利益诉求差异及重点利益冲突，探讨国家公园生态旅游共生利益实现方式。通过研究发现：（1）生物学共生理论和生态位理论可以用于探讨国家公园生态旅游发展过程中出现的利益冲突问题。（2）国家公园生态旅游利益主体在保护生态与人文资源，发展高质量的生态旅游方面表现出共同的利益诉求。（3）国家公园生态旅游利益主体权利—利益矩阵失衡，存在竞争博弈与合作博弈，权利、利益地位不对等，容易形成利益同盟和对抗。

（二）主要启示

国家公园生态旅游利益主体诉求异中有同，且矛盾类型多样，形成不同的权利—利益矩阵和博弈格局，为此，基于国家公园管理局统一管理、当地政府协调管控、社区居民参与收益、旅游企业开发经营、游客体验评价的生态位图，结合我国国家公园的发展实际，构建社区友好型利益分配机制、权责一体型利益协调机制、特许经营型利益补偿机制、共言共商型利益表达机制及约束监督型利益保障机制来共同作用，探讨国家公园生态旅游利益共生机制，真正实现国家公园利益共同体十分必要。

G.23

特许经营：有限有序竞争
基础上的保护手段

——以广东南岭国家公园为例

赵鑫蕊 冯 钰*

摘 要： 特许经营是国家公园统筹实现"最严格的保护"和"绿水青山就是金山银山"的主要手段，能在"生态保护第一"的前提下确保"全民公益性"并发挥市场在资源配置中的高效作用。特许经营首先是国家公园体制的基础制度；然后是国家公园内及周边的发展制度，更是国家公园内及周边的保护制度。本报告以南岭国家公园的太平洞村社区共建项目为例，介绍了"有限有序竞争"的特许经营制度既使之前旅游景区的开发乱象得到规范，又使保护、科研、教育、游憩等方面的服务得到填补和改善，并最终形成"共抓大保护"的局面。

关键词： 特许经营 有限有序竞争 南岭国家公园

一 特许经营的内涵

国家公园特许经营也是 2020 年国家公园体制试点验收的"规定动作"，

---

* 赵鑫蕊，国务院发展研究中心管理世界杂志社助理研究员，研究方向为国家公园和自然保护地管理政策；冯钰，北京师范大学政府管理学院行政管理专业硕士研究生，研究方向是国家公园和生物多样性保护政策。

但大多数国家公园体制试点区并未按照符合国际惯例的特许经营要求来规范既有产业、安排原住居民社区的绿色发展，也没有真正建立能解决现实问题的特许经营制度，以致传统利用方式仍然与国家公园"最严格的保护"要求有冲突而所谓特许经营也只是"新瓶装旧酒"。[①] 特许经营首先是国家公园体制的基础制度；然后是国家公园内及周边的发展制度（在保护的前提下突破资源和人地关系约束，实现国家公园多元共治的价值共创、生态产品价值的永续转化）；还是国家公园内及周边的保护制度。

（一）特许经营——国家公园体制的基础制度

特许经营机制是国家公园引入社会和市场力量参与生态保护、落实"管经分离"、建立资金保障长效机制的重要方式。特许经营是国家公园统筹实现"最严格的保护"和"绿水青山就是金山银山"的主要手段。《建立国家公园体制总体方案》明确"建立社区共管机制"，"完善社会参与机制。鼓励当地居民或其举办的企业参与国家公园内特许经营项目"；《关于建立以国家公园为主体的自然保护地体系的指导意见》明确"扶持和规范原住居民从事环境友好型经营活动"，"建立健全特许经营制度，鼓励原住居民参与特许经营活动，探索自然资源所有者参与特许经营收益分配机制"；《关于统一规范国家公园管理机构设置的指导意见》明确国家公园管理机构的主要职责，包括"……承担特许经营管理、社会参与管理、宣传推介等工作"。截至 2022 年 5 月，正式设立的第一批国家公园均着手编制特许经营的专项规划，除东北虎豹国家公园外均已制定特许经营管理（暂行）办法/条例；第一批试点的十个国家公园中，除南山国家公园试点外也都开展了特许经营的相关制度建设。目前积极创建的各个国家公园也都在积极开展特许经营的相关工作，如广东南岭国家公园在原住居民社区共建试点实施方案研究项目中专门开展特许经营机制研究，通过特许经营为当地社区带来惠益，

---

① 张海霞、付森瑜、苏杨：《建设国家公园特许经营制度　实现"最严格的保护"和"绿水青山就是金山银山"的统一》，《发展研究》2021 年第 12 期。

让原住民通过成为国家公园的利益共同体进而成为"共抓大保护"的生命共同体。

（二）特许经营——国家公园体制的发展制度

特许经营是国家公园内及周边的发展制度，能在"生态保护第一"的前提下确保"全民公益性"并发挥市场在资源配置中的高效作用。在国家公园既有产业与最严格保护存在冲突的背景下，如何统筹"最严格的保护"和"绿水青山就是金山银山"，这是国家公园能否真正建成和生态文明能否真正形成的关键，也是特许经营的最终目标。特许经营能够实现保护与发展的内在统一，尤其是将自然资源资产特许经营与品牌特许经营相结合，既包括国家公园内的非基本公共服务/产品，也包括国家公园内外品牌授权（许可）。① 自然资源资产特许经营是以生态和自然资源保护为前提，为提高公众认识、亲近自然、利用自然的总体水平，政府授权受许人在规定期限、规定地点，依托自然资源资产开展规定经营行为的过程；品牌特许经营则是以契约方式允许国家公园内的经营者（既包括特许经营企业，也包括国家公园内的原住居民）在一定时期和地域范围内，在符合品牌标准的基础上使用国家公园品牌（商标）进行经营的方式。因此，科学的特许经营制度能有效破解国家公园及相关自然保护地因资源垄断性经营、外部不经济性及信息不对称而导致的产品与服务质量低等问题，更可以通过市场竞争机制的引入，有利于发现优质经营者、培育特色品牌，形成中国特色的国家公园特许经营制度。

（三）特许经营——国家公园体制的保护制度

特许经营从本质上说是一种促进"共抓大保护"的保护制度，是在保护的前提下突破资源和人地关系约束，实现国家公园多元共治的价值共创、

---

① 张海霞、黄梦蝶：《特许经营：一种生态旅游高质量发展的商业模式》，《旅游学刊》2021年第9期。

生态产品价值的永续转化的制度保障。2019 年中共中央办公厅、国务院办公厅发布的《关于建立以国家公园为主体的自然保护地体系的指导意见》提出要"鼓励原住居民参与特许经营活动，探索自然资源所有者参与特许经营收益分配机制"，使特许经营成为构建多元共治体制机制的有效途径，能够推动形成"生态保护、民生改善、绿色发展、社会稳定和谐"的利益共同体。国家公园的特许经营可以扩大保护主体。商业特许经营形式的品牌体系，可以把国家公园的保护要求扩展到国家公园周边，使绿色发展产生的保护效果扩大到园区外。特许经营更是市场化生态补偿手段。市场资本的参与丰富了国家公园建设的资金渠道，不仅可以调整国家公园内及周边社区的经济结构，还可以拓宽原住居民的增收渠道；同时通过"惠益共享"机制，使原住居民多劳多得、优劳优得。除生态旅游外，国家公园品牌体系的其他产品（农副产品）也能得到明显增值，从而对原住居民的生态保护的间接成本予以补偿。

二　特许经营的"有限有序竞争"

自然资源资产特许经营属于政府特许经营，是以生态和自然资源保护为前提，为提高公众认识、亲近自然、利用自然的总体水平，政府授权受许人在规定期限、规定地点，依托自然资源资产开展规定经营行为的过程。[1] 竞争性出让是我国自然资源使用特许的主要实施方式。[2] 具体表现在：国家公园特许经营权需通过依法竞争的程序方可授予；对特许经营项目实施严格的数量控制，并保证经营权的排他性等。

特许经营的有限竞争首先是区别于垄断经营。[3] 实施特许经营制度，将

---

① 皖婷：《我国公共景区特许经营制度改革研究》，硕士学位论文，华东师范大学，2011。
② 欧阳君君：《论我国自然资源使用特许的实施方式及其改革》，《云南大学学报（法学版）》2016 年第 1 期。
③ 魏艳：《论公用事业特许经营权人的选择——以我国城市供水行业为例》，《西部法学评论》2012 年第 4 期。

本应由政府方提供的公共产品/公共服务授权给社会资本方经营，本身就带有打破国家垄断、促进其市场化发展的目的及效果。政府采用竞争方式依法授予社会资本方在一定期限及范围内投资、建设、运营基础设施及公用事业的权利，并承担一定的义务，该等权利是具有排他性的，约定的时间及范围内，政府方不得赋予除社会资本方以外的第三方同等权利。其次，特许经营也不是市场机制的完全竞争，政府通过管理制度对特许经营行为进行合理限制。如社会资本方的选定需要通过竞争方式及竞争性程序（如公开招标等）；涉及公共产品/公共服务价格的，政府方有权参与价格的制定；社会资本方的特许经营权需要受到政府方的一定程度的监管，社会资本方严重违反特许经营协议的约定时，政府方有权收回该等特许经营权等。①

特许经营的有限竞争，也衍生出特许经营中的"白名单"制度，即特许经营以正面准入清单的方式加强产业发展的监管和引导。根据"生态优先，绿色发展""规范高效，创新模式""分步实施，精准有序""社区参与，公开公正"的基本原则，在规定地点开展规定类型、规定数量、规定范围的特许经营项目。参考《绿色产业指导目录（2019年版）》（以下简称"《目录》"），国家公园的特许经营产业包括生态环境产业（包括生态农业）、基础设施绿色升级和绿色服务三大产业类目，并根据生态产业的实际情况对《目录》进行了拓展延伸，如国家公园的"住宿、餐饮"是以上三大类的集成，为方便分析将其归口于绿色服务；新增文创设计、文化展示、节庆体验、摄影等产业业态。需要说明的是：表1中给出的特许经营产业类目需要在最终规划中与空间、产业规模等相结合，根据各个区域细化的保护需求确定可发展产业类目，根据具体区域的建筑用地面积、环境容量、季节游客量等信息确定产业的预期规模，从而形成既符合空间管控要求又能带动绿色发展的特许经营产业体系。

---

① 闫颜、陈叙图、王群等：《我国国家公园特许经营法律规制研究》，《林业建设》2021年第2期。

表1 国家公园特许经营类目

特许经营类型	绿色产业大类	亚类	基本类型
A. 自然资源资产或固定资产经营利用	AA 生态环境产业（包括生态农业）	AAA 绿色有机加工	利用国家公园产出的农产品进行规模化加工
		AAB 林下种植和林下养殖产业	林下种植（粮食、油料作物、药材、食用菌、蔬菜）；林下养殖（家禽、放牧等）
		AAC 森林旅游和康养产业	农业观光项目；农业体验项目；特色村旅游项目；滨水活动项目（如垂钓点）；水上活动项目；山地运动项目；特色生态导览项目；科普教育项目；其他不影响自然生态环境可持续性的游憩体验活动
		AAD 其他	企业、组织或个人在公园内开展节庆、摄影、采风等活动颁发的进入许可，其他未含的符合国家公园管理目标和相关法律法规的经营性项目
	AB 基础设施绿色升级	ABA 绿色交通	园区自行车；园区电瓶车；其他园内必要且对资源环境不造成负面影响的非基本公共交通工具租赁
		ABB 建筑节能与绿色建筑	基础设施生态改造；绿色建筑的设计和建造；低能耗建筑的设计和建造；可再生能源应用系统的设计和建造等
	AC 绿色服务	ACA 餐饮	大众餐饮点；特色农家乐餐饮
		ACB 住宿	民宿；酒店；营地
		ACC 文创产品	利用国家公园的文化资源进行产品设计及加工
		ACD 依托既有基础设施的商品销售	旅游商店（经营范围主要限定为土特产品、民间工艺品、文创商品、旅游图书及音像制品等旅游纪念品）；旅游驿站（经营范围主要限定为生活用品、食品、饮料、户外用品等）；综合旅游商店（含以上两类经营范围）

　　在我国以自然保护地为主体的景区内，通常有索道、宾馆、餐馆、水电站、风电站等经营业态，但基本上不是以规范的特许经营方式进行的，不仅服务难尽如人意，[①] 企业在获得经营权后的镶嵌式发展还对生态保护和社区

---

① 李如生：《美国国家公园与中国风景名胜区比较研究》，博士学位论文，北京林业大学，2005；张晓：《对风景名胜区和自然保护区实行特许经营的讨论》，《中国园林》2006年第8期。

绿色发展带来了不利的影响。编制《国家公园特许经营管理办法》《国家公园特许经营专项规划》，严格落实合同管理机制、资金机制、监管机制和风险防控机制。即明确特许经营的项目准入清单、实施计划（含空间布局、数量控制、特许方式、项目可行性分析、年度实施计划）、运行管理（招投标管理、合同管理、收支与价格管理、社会协调）、监督管理（项目质量技术标准、内部监督机制、外部监督机制）、品牌增值体系管理（产业引导体系规划、生态产品质量标准体系规划、生态产品认证计划、品牌授权与推广计划）和保障措施（含规章制度、风险防控、人才保障）。

在"有限有序竞争"的特许经营制度下，国家公园以规范的特许经营制度进行相关经营活动，既使之前旅游景区的开发乱象得到规范，又使保护、科研、教育、游憩等方面的服务得到填补和改善，还在品牌增值体系下重构国家公园管理机构与基层地方政府、社区的关系，从而形成"共抓大保护"的局面。

三　广东南岭国家公园的探索与实践

正在创建的广东南岭国家公园脱胎于粤北生态特别保护区，地理上位于南岭山脉的几何中心，是国家重点生态功能区，拥有保存完整的亚热带常绿阔叶林森林生态系统，生物多样性丰富，濒危物种富集。由于地处改革开放前沿阵地的广东省，南岭国家公园范围内景区开发强度较高，社区居民生计对于生态资源的强依赖状态始终存在。因此，广东南岭国家公园高度重视特许经营工作，以期通过特许经营规范现有和未来产业，形成多元共治的"共抓大保护"格局。

（一）背景——非特许经营难以平衡保护与发展的矛盾

南岭国家公园地处粤北地区，总体上经济欠发达，连州市、英德市、乳源县直到 2020 年才与全国同步脱贫。国家公园范围内及周边社区的产业以农业为主，工业以小水电为主，旅游业仍处于初级阶段。具体来说，农业包括粮食、果蔬、经济林和茶叶种植；旅游业以传统观光和农家乐为主，主要集中在乳源大峡谷、第一峰、潭岭天湖等区域，专业合作社和龙头企业的组织作用基本未体现。除外出打工外，社区居民大多数仍以第一产业或形式粗放的第三产业（大众观光旅游产业）为主要收入来源，收入结构单一且效益低、增收渠道狭窄，要增收主要依靠外延式扩大再生产，而生产用地规模和强度的扩大又必然与保护形成冲突。

广东南岭国家公园内的社区多处在"深山老林"，交通条件不佳，经济发展成本高，打卡式旅游和初级农产品销售都有天然的壁垒。南岭国家公园建立以后，传统农业发展模式、大众观光旅游发展将逐渐受限制，小水电等与国家公园管控要求相悖的产业将逐步退出，国家公园内原住居民的经济收益结构将会产生巨大改变。但当地社区居民的发展思路仍停留在单一的扩大规模上，农业生产方式较为粗犷，观光服务"小散乱"问题严重；原住居民多有"扩大茶园、砍伐经济林、建设农家乐"等的诉求，国家公园周边的农庄和民宿多为农户自发改建，无整体规划设计，缺乏旅游管理机制，片面追求游客数量，低端无序发展现象大大增加了生态负担。原住居民社区没有从生态保护中获益，原住居民不能主导产业却要求公平分配。即便是广东省，相对贫困社区所占的比例仍然很高，村民年人均可支配收入不到 2 万元。国家公园的保护需求与社区传统的发展方式存在冲突，村民的发展诉求长期因严格保护而受到限制，可能出现"阳奉阴违"行为，如带领"驴友"非法穿越保护区等。

（二）实践——太平洞村的社区共建案例

太平洞村地处清远市阳山县秤架瑶族乡北部，距秤架瑶族乡政府约 35 千米，离阳山县城约 81 千米，离清远市中心约 196 千米。

1. 太平洞村的资源条件

太平洞村地处原南岭国家级自然保护区和南岭森林公园范围内，受生态保护政策、高山地形等因素制约，以传统种植业为主，产业结构单一。农作物主要有水稻、食用菌、马铃薯等，第二产业以小型水力发电站为主，第三产业主要是依托广东第一峰旅游景区①，发展农家乐和接待服务，村内近一半农户开展农家乐经营，约有 200 个民宿床位。茶产业是太平洞村的主要扶贫产业，2006 年经广东省扶贫办介绍引入第一峰云雾茶厂②，由于万亩茶园扶贫计划受到严格管制而没有形成既定生产规模，目前有 3000 亩茶山，无论从销售量还是销售价格上都没有形成对村庄的业态升级带动力。村内现有三处食用菌种植基地，分别位于上洞村、下洞村和南木村。有两处蝴蝶兰种植基地，为外来企业在村内租地种植，分别在上洞村和太平洞自然村内。依据《广东南岭国家公园生态教育与自然体验专项规划》，计划在太平洞村茶园和兰花基地创建开放式生态体验社区。

2. "有限有序"下的准入"白名单"

太平洞村毗邻秤架研学教育基地，规划定位为南岭智慧研学体验区、开放式生态体验社区、瑶族民俗民族风情乡村休闲旅游区，拟建设生态科普教育游径、自然学校等。太平洞村未来要逐步退出小水电等项目，逐步形成以生态资源、南粤古驿道遗址为依托，以茶叶、瑶族风情为特色，形成农旅融合、以旅促农、带动社区的发展模式。根据国家公园产业准入目录，并结合太平洞村的实际情况，太平洞村的产业"白名单"落地方案见表 2。

3. 特许经营项目设置和布局

太平洞村重点布局一批生态农业和生态旅游业项目，具体的项目设计方案如下。

---

① 根据中央环保督查意见，第一峰景区已经关闭，南岭片区的农家乐经营情况逐渐变差，部分社区居民收入呈断崖式下降。

② 经广东省政府牵线，2008 年初，第一峰云雾茶厂与阳山县秤架乡太平洞村村委会签订 10000 亩土地承包合同，开始种植单丛、台湾乌龙等名优茶品种，至 2016 年底已发展至 3000 亩，已投资 3000 多万元，近年研究创造出创新型乌龙茶的加工技术，如"粤北黑美人茶叶生产技术""白美人加工技术""铁皮石斛叶子茶加工技术"，并制出相应的创新茶叶产品。

表 2　太平洞村产业"白名单"落地方案

特许经营类型	绿色产业大类	亚类	策划项目清单	拟建地点
A. 自然资源资产或固定资产经营利用	AA 生态环境产业（包括生态农业）	AAA 绿色有机加工	特色观光农业（高山茶）园	檐梨坪自然村、上洞自然村、太平洞自然村、南木自然村
			生态茶园茶厂项目	檐梨坪自然村、上洞自然村、太平洞自然村和南木自然村
			兰草种植示范园	上洞自然村、下洞自然村和南木自然村
		AAB 林下种植和林下养殖产业	—	—
		AAC 森林旅游和康养产业	生态教育游径	以檐梨坪自然村、南木自然村为起点，向国家公园的一般控制区和核心保护区延伸
			珍稀树种科普教育基地	现村域范围内，生态教育游径沿途，在国家公园一般控制区及核心区的珍稀树木周边
			古驿道文化走廊	沿秤架古驿道文化线路，形成太平洞古驿道文化走廊
		AAD 其他	—	—
	AB 基础设施绿色升级	ABA 绿色交通	—	—
		ABB 建筑节能与绿色建筑	—	—
	AC 绿色服务	ACA 餐饮	特色农家乐餐饮	南木自然村、檐梨坪自然村、太平洞自然村
		ACB 住宿	民宿	南木自然村、檐梨坪自然村、太平洞自然村
		ACC 文创产品	—	—
		ACD 依托既有基础设施的商品销售	旅游综合商店	南木自然村、檐梨坪自然村、太平洞自然村、上洞自然村、下洞自然村
B. 品牌授权类	BA 技术产品认证和推广	BAA 标识授权	生态民宿认证	南木自然村、檐梨坪自然村、太平洞自然村
		BAB 绿色认证授权	茶品质升级项目	南木自然村、檐梨坪自然村、太平洞自然村、上洞自然村、下洞自然村

注："—"表示此处无数据。

（1）生态农业项目

生态茶园茶厂项目。规范建设檔梨坪、上洞、南木村内的五处高山茶种植基地，以特许经营方式规范茶园、茶厂的经营行为。经南岭国家公园管理局审定当前经营行为不对生态保护造成负面影响的情况下，在当前经营合同期内继续履行原合同条款；在合同结束后由国家公园管理局、茶厂经营方、太平洞村村委会、集体代表等共同协商新一轮特许经营协议。

茶品质升级项目。鼓励第一峰云雾茶厂与周边茶农建立合作关系，由茶厂制定《第一峰茶叶质量标准》和《第一峰茶叶等级划分标准》并报南岭国家公园管理局和市场监督局备案，引导周围个体茶农逐渐按照标准提升茶叶质量。茶厂在取得"南岭国家公园品牌"特许授权后，可以使用品牌商标进行宣传销售，可以在"南岭国家公园"官方平台上推广销售茶叶及相关制品。[1]

兰草种植示范园。优化现有上洞村、下洞村和南木村的兰花种植基地，拓展兰花种植种类，在种植基地内拓展兰花主题体验区。依托村内现存传统瑶族民居举办兰花科普展览和宣教活动，增加兰花展示平台，打造开放式生态体验社区。

（2）生态旅游项目

建设生态教育游径和珍稀树种科普教育基地。围绕村内及周围特色生态资源，以生态科普为出发点，打造以珍稀动植物、自然景观为主的生态教育游径和野外环境教育点。以各自然村为节点，随形就势，增强国家公园的可进入性和重要景观景点的连通性，提升访客的观光体验度，对道路进行串联性建设及改造。兼顾游径的游览趣味性和生态友好性，增设回廊和休憩凉亭，增设护栏、缓冲带等安全设施。利用周边的伯乐树、南方红豆杉、华南锥、华南五针松等珍稀生物景观资源，打造太平洞珍稀树种科普教育基地。

古驿道文化走廊。利用村内及周边的秤架古驿道，合理规划古驿道修缮

---

① 目前南岭国家公园产品品牌体系正在建设中。

线路，利用古驿道南北串联景观资源。合理设置古驿道配套设施，根据需求设置必需的指引标志、宣教标识和防护设备设施。组织策划文化、旅游等相关活动，形成太平洞古驿道文化走廊，带动村域范围内文化、旅游、生态、农业等产业的发展。

特色观光农业建设。根据地理环境、资源分布、农业景观等条件，各自然村的农业主要包括以森林山地、生态涵养、民族特色旅游和休闲度假为特色的农业专业合作社、家庭农场、农家乐等，加强农业观光（兰花展览观光）、农事体验（茶叶采摘、制作体验）、瑶族手工艺品、特色农副产品（兰花加工品）等的产品和业态的开发和发展。

升级民宿的服务。规范现有民宿的经营，现有民宿必须进行生态化改造后才能获得特许经营授权，必须保证原材料（食材、建筑材料）和服务人员本地化（不低于90%）。通过"南岭国家公园"认证和品牌使用授权等形式引导现有民宿进行科普类项目，在太平洞茶园和兰花基地、开放式生态体验社区建设中，民宿可作为基础单元融入其中，可以提供茶园和兰花基地的导览服务，亦可在民宿中开展生态体验类项目和课程。

4. 社区居民的利益共享机制

当地社区既可以成立企业/合作社直接竞标特许经营项目，在国家公园内开展经营活动。如外来企业在集体土地上开展特色经营，在特许经营合同中必须明确提供带动社区的具体方案，可采取与原住居民社区组建合资公司的方式，促进原住居民社区和外来企业的合作交流。外来企业需在特许经营所在地注册公司，并将日常运营机构设在所在地。涉及的各社区各自成立合作社并分别与资方签署持股协议，并在协议中明确双方职责、权利和义务。合资公司的管理人员将直接雇用当地农民或城镇居民，包括自然体验活动在内的国家公园产品和商品，其服务人员、服务内容、原材料等由合作社来组织和采购。当地原住居民既可以通过参与公司经营服务获得工资收入，又可以通过合作社年底分红，其中表现优异的团队和个人还能够在员工激励方案中获益。

四　讨论

国家公园体制试点是生态文明体制建设的重要抓手，生态文明既强调"最严格的保护"，也强调"绿水青山就是金山银山"。特许经营是国家公园统筹实现"最严格的保护"和"绿水青山就是金山银山"的主要手段，能在"生态保护第一"的前提下确保"全民公益性"并发挥市场在资源配置中的高效作用。

国家公园特许经营不是景区承包，更不是公园总包，是在国家公园管理局监管下的、有市场竞争的规范经营，是对现有经营关系的规范与升级。规范指的是依据相关制度法规，对现有经营产业项目进行筛选，不符合生态保护要求的产业予以清退，可以保留的项目则按照特许经营的要求予以规范；重构现有治理结构和利益分配结构，现有产业业态都必须经过改造并重构与社区的关系，不能新瓶装旧酒。升级则是以消费端市场升级为导向，通过吸纳社会资本、品牌授权引导、政策扶持等方式，丰富产业业态、优化产业结构，实现生态产品的价值增值。

G.24
国家公园特许经营机制的
地方性实践：三江源的案例

夏保国　邓　毅　万旭生*

摘　要： 我国国家公园如何实施特许经营是当前迫切需要解决的问题。三江源国家公园在特许经营试点过程中，探索出特许经营共生发展的创新模式。该模式将特许经营视为一种保护机制，将严格保护、牧民普惠和经济发展融为一个共生整体目标，并渗透到特许经营多元主体角色之中，最终孕育出 NGO 特许模式和企业主导模式等共生合作组织模式。通过三江源案例，进一步凝练出国家公园特许经营共生发展机制。该机制能够有效避免在传统自然保护地的特许经营过程中，多元主体的独立目标协同机制所导致的发展失衡"痼疾"；能够促进国家公园人与自然更高层次的和谐发展。

关键词： 三江源国家公园　特许经营　共生模式

　　自然是社会的建构，社区支持是地方生态保护的中坚力量。[①] 国家公园的机制会促使国家公园区域旧有的人地生产生活关系的解构，导致国家公园

---

* 夏保国，博士，湖北经济学院旅游与酒店管理学院副教授，湖北经济学院国家公园 IP 研究团队成员，研究方向为国家公园的特许经营机制；邓毅，博士，湖北经济学院旅游与酒店管理学院院长、教授，湖北经济学院国家公园 IP 研究团队负责人，硕士生导师，研究方向为国家公园财政与事权的划分；万旭生，北京市天恒可持续发展研究所所长、研究员，研究方向为国家公园机制创新。

① 朱竑、钱俊希、陈晓亮：《地方与认同：欧美人文地理学对地方的再认识》，《人文地理》2010 年第 6 期。

社区传统生计模式承受巨大压力，在一定程度上存在激化新的人地矛盾的潜在风险。因此，中共中央办公厅、国务院办公厅2019年印发的《关于建立以国家公园为主体的自然保护地体系的指导意见》指出，在国家公园内可以通过特许经营管理方式开展经营性项目，以推动国家公园社区传统生计模式向有利于严格保护的新的人地生产生活关系方向重构。区别于一般意义上的特许经营，国家公园特许经营是在严格生态环境保护和政府管控前提下，在规定的期限、范围和数量约束下特许相关主体开展的生态体验、环境教育等非资源消耗性经营服务活动。[①] 它具有生态环境优先、规范性和弱经济性等特点。目前，我国国家公园特许经营活动尚处于谨慎探索阶段。三江源国家公园率先在园区内开展了特许经营试点活动，并且在实践过程中形成了多元共生发展的创新模式，为其他国家公园在严格保护基础上实施特许经营活动提供了借鉴。

依据中央对三江源国家公园特许经营"先行先试"的指示，三江源国家公园管理局对特许经营机制进行了大胆尝试和谨慎探索。首先，三江源国家公园管理局迅速开展广泛调研，组织人员和专家力量开展三江源国家公园特许经营机制的政策设计。在第一时间完成了《三江源国家公园产业发展和特许经营专项规划》以及与其相关的《三江源国家公园生态保护专项规划》《三江源国家公园管理规划》《三江源国家公园社区发展和基础设施专项规划》《三江源国家公园生态体验和环境教育专项规划》等专项规划。其次，2019~2020年，三江源国家公园率先在园区开展了特许经营试点工作，在一年的时间里实现了昂赛乡"山水自然"生态体验特许经营项目、"云享自然"生态体验特许经营项目、"漂流中国"生态体验特许经营项目等的落地。在不考虑新冠肺炎疫情的影响下，三个试点项目在环境保护、社区普惠和经济效益方面均取得了良好效果。以昂赛乡生态体验特许经营项目为例，该项目在2019年共接待了国内外98支自然体验团队共302人次，为社区创造101万元收益。项目收益45%归属接待家

---

① 张海霞：《中国国家公园特许经营机制研究》，中国环境出版集团，2018。

庭、45%纳入社区基金（社区全民共享）、10%纳入昂赛区域生态保护基金，用于反哺该区域的生态。

一 国家公园特许经营的本质与理论基础

（一）特许经营是一种保护机制

根据自身基础条件和特点，三江源国家公园在特许经营方面演化出共生发展的特许经营创新模式。该模式的核心是将特许经营作为一种生态保护的机制，要求通过特许经营给当地社区提供具有严格保护色彩的新型生计手段以替代对生态有直接和间接影响的传统农牧生计方式，实现对当地社区更高层次的内部赋能。最终缓解由国家公园的政策对当地社区传统生产生活所造成的生计压力。

共生发展的特许经营模式依托于三江源国家公园以自然神信仰为核心的环境伦理文化推动该地域特许经营形成人与自然统一的共生发展目标观，即以严格保护为基础，将政府政治目标、社区发展目标和企业经济目标融为一体，围绕特许经营项目建构新型的政府、生态、产业和社区的命运共同体，实现多方利益主体的整体发展。在三江源表现为将生态保护属性和牧民普惠属性融入特许经营经济目标之中，并与之成为不可分割的整体。在此基础上，三江源国家公园管理局以严格保护为中心，提出了以"正面清单"和游客容量控制为核心的特许经营发展的政策前置条件，推动政府、企业、牧民和游客等多方利益主体初步形成保护与普惠内化的特许激励机制，最终孕育出政府、牧民和企业等多方协同参与的共生合作组织模式（NGO 特许模式和企业主导模式）。

三江源国家公园特许经营共生发展模式，是中央关于国家公园体制"两个统一行使""两山论""命运共同体论"在特许经营机制探索的具体体现。相比将特许经营经济目标、保护目标和地区普惠目标分而治之的传统做法，上述模式能够有效实现保护、经济和民生的整体可持续发展，破除了过去这三个方面以独立目标形式协同发展造成的动态失衡局面（见图1）。

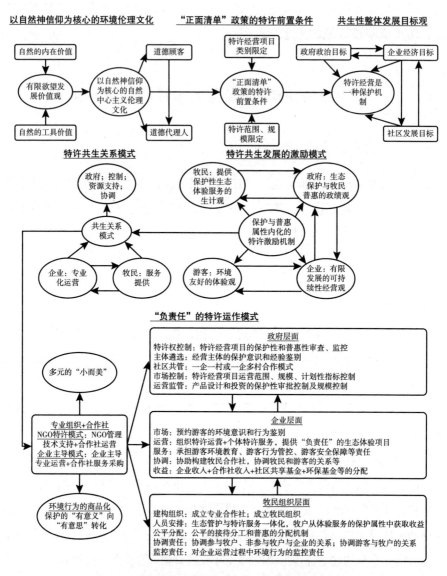

图1 三江源国家公园特许经营共生发展的实践路径

（二）自然神信仰与环境伦理文化

受藏传佛教文化的影响，三江源国家公园园区的藏民闲适的生活状态、恬静的生存方式和对自然的虔诚宗教信仰，体现了对个人欲望的节制和对生态天赋权利的尊重。在他们的生活中，有着对圣山、圣水、圣湖、圣河的崇拜，有着回归自然的天葬、水葬等宗教习俗的安排，也有着将作为生产工具服役多年的牦牛放生等对生命敬重的行为。正如杂多县一位负责澜沧江源园区的管理人员所说的那样，深处园区游牧的藏民在千百年来的人地和谐互动过程中，已经成为园区内自然生态链条中不可或缺的一部分，自然演化的有限生产生活方式是园区稳定生态系统的重要环节，是彰显人与自然生命共同体的重要角色。

三江源国家公园已经形成了以藏传佛教为代表、以自然神信仰为核心的自然中心主义环境伦理文化。该文化以宗教的形式传达出自然亦是"道德顾客"，人作为自然的"道德代理人"保证在对待人与自然的关系上做出道德的行为。也就是说，道德行为不仅存在于人与人之间的关系中，还由于自然天赋的内在价值，道德行为也存在于人与自然之间。由于自然不能向人类主张自己的道德诉求，这就需要人承担自然"道德代理人"的角色替行道德的行为。三江源国家公园的环境伦理文化为以严格保护为中心的特许经营项目提供了环境知识和价值保证。

二　国家公园特许经营的前置条件与基本目标

（一）"正面清单"共生发展政策的特许前置条件

相较"负面清单"而言，三江源国家公园管理局在遵循保护第一、合理开发、永续利用的原则基础上，制定了更为严格的特许经营"正面清单"共生发展政策。该政策成为三江源国家公园特许经营项目试点的前置条件。

三江源国家公园特许经营"正面清单"共生发展政策按照生态环境的条件将国家公园涉及区域严格划分为产业禁止发展区、产业限制发展区和产业聚集发展区，并对各区对应的生态资源清晰界定了禁止开发类资源、限制开发类资源和允许开发类资源，进一步确定禁止类产业、限制类产业和鼓励

类产业。在此基础上，三江源国家公园按照保护优先的要求，确定了特许经营项目的清单和约束发展要求。项目清单主要包括四大类：园区特许经营项目（包括有机畜产品及加工、生态体验和环境教育、中藏药资源开发利用、文化产业）；草原经营权特许经营；国家公园品牌特许经营；非营利性社会事业活动特许经营。要求对每一类特许经营项目实行最严格的产业准入管理，对经营范围、规模、时段和强度进行严格控制，并对每一类特许经营项目设计了严格的产业准入指标体系。为了确保特许经营项目运行过程的"保护第一"和社区普惠的责任得到有效落实，"正面清单"政策还明确界定了公园管理局、园区管委会、特许经营企业、社区、第三方监管机构和市场六方组织管理权限和责任。

（二）共生发展的整体目标观

习近平总书记提出的"两山论"，不仅仅是从时延的角度说保护好"绿水青山"会带来经济发展层面的"金山银山"，更是在说依托于"绿水青山"的典型代表性，对其保护的行为本身具有"金山银山"的价值溢出效应，就是说环境行为本身可以商品化。习近平总书记的"两山论"为人与自然共生发展的整体目标观提供了深刻解释。三江源国家公园特许经营共生发展的整体目标观表现为将生态严格保护目标和牧民普惠目标整体融入特许经营经济目标之中，让三者成为不可分割的部分，实现特许经营的每一分钱的收益均体现保护属性和普惠属性。三江源国家公园共生发展的整体目标推动政府、生态、产业和牧区等多方形成和谐共生发展的新形态。该新形态是在自然形成的传统人地和谐关系基础上主动有为的结果。它源于自然的和谐共生，但高于自然的和谐共生，表现为一种新型的人地共同发展的关系结构。

具体而言，三江源国家公园在国家"两个统一行使"的原则指导下，确定了"政府引导、管经分离、多方参与"的特许经营要求。在特许经营的平台上，无论是政府、企业、牧民、游客等参与主体均承担了保护、普惠、经济发展的多元角色。如政府选择的特许经营主体主要负责人均有自然环境公益组织或国家公园体制研究的背景；"云享自然"项目运营方将特许经营直接定位为"特许经营就是一种保护手段"。参与提供服务的牧户既是服务的提供者，也是园区负责保护的管护员。除特许费用外的特许经营实体的经营性收入分配也分为四个部分：企业收入、合作社收入、环保基金和社区共享基金。就生态体验和环境教育而言，特许经营项目形成的商品构成基本上涵盖了行前的环境教育、自然体验活动的环境影响行为约束以及捡拾垃圾等环境公益行为。这在一定程度上体现了保护行为即自然体验商品的特色。共生发展的整体目标观避免了将环境保护、普惠性扶贫、社区经济发展割裂开来的目标协同所带来的较高行政成本和协同效率低下等问题，解决了三方独立发展导致的顾此失彼而形成的较高补救成本的不良循环。同时也在一定程度上有助于降低国家公园发展特许经营的顾虑（见图2）。

图2　三江源国家公园特许经营的共生性整体发展目标路径

三　国家公园特许经营的共生模式

有别于传统的侧重竞争、制衡和监管的紧张关系结构，三江源国家公园围绕特许经营项目形成了涉及政府、企业和牧民三方一体的共生关系模式。该模式表现为在共生发展目标的指导下，以严格保护为中心，政府、企业、社区等不同利益主体形成新型的相互依赖、相互补充、相互支持的共生合作关系结构。（1）政府一方面主要对企业与牧民社区特许经营合作的环境责任和普惠责任进行强有力的控制和监督；另一方面，为企业与牧民社区特许经营合作进行赋能，提供支持、协调和帮扶。（2）特许经营企业围绕打造以"保护第一"为核心的生态体验品，一方面引入外部专业市场和专业特许经营管理的支持力量，并通过技能培训和协助成立合作社形式的牧民组织为社区赋能；另一方面将现代经营生计治理模式通过与社区传统生计治理模式对话，促进社区两种生计治理模式的更高层次的融合。（3）牧民社区则在政府和企业的支持、帮扶下通过特许经营实现传统生计模式向以"保护第一"为核心的新型、现代、高效的生计模式转型。该关系结构相比自然形成的三江源国家公园人地共生关系模式而言，是在政府引导下不同利益主体主动建构的结果。在实现更好地保护生态的同时，能够显著提高社区牧民生活水平。从经济学的角度来看，该共生关系模式是一种典型的帕累托改进，源于自然但高于自然。如图3所示。

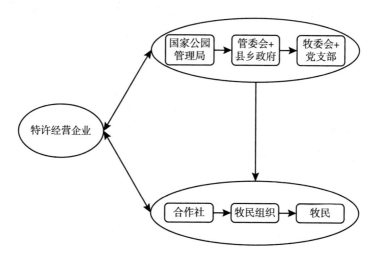

图3 三江源国家公园特许经营共生关系模式

以昂赛乡生态体验特许经营项目为例，公益组织山水自然保护中心的中心任务是开展科考、环境教育、专业自然观察实现对自然的保护公益责任。早期进入园区的科考、专业自然观察等人员的交通、食宿、向导等接待服务在安排上存在很大的不便利，并且会耗费他们很大的精力。有了以合作社为主体的特许经营实体后，给他们的工作提供了很大便利。这进一步激发了他们主动为合作社提供专业性管理支持的动力。合作社从以保护为主要责任的非营利性组织那里获得了市场和管理支持，不仅获得了经济利益，同时更深刻地认识到生态保护给他们带来的实际利益。

（一）专业组织+合作社

就特许运作层面而言，三江源国家公园特许经营项目在目前的试点初期阶段，形成了 NGO 特许模式和企业主导模式两种形式。这两种模式以"专业组织+牧民合作社"形式，通过引入专业性的市场、资源和先进的特许经营管理技能实现对生态环境和社区的赋能，通过引入现代的特许经营治理模式促进当地社区传统生计模式向更有利于生态保护、更有利于牧民增收的新型生计模式转化。

（二）NGO 特许模式

该模式典型的代表是昂赛乡生态体验特许经营项目。其结构为非营利性生态保护公益组织（如山水自然保护中心）负责提供特许经营项目的具有严格保护特质的专业技术支持，牧民合作社负责具体的运营。非营利性生态保护公益组织利用自身的生态保护专业性和广泛的对外联系，为牧民合作社的特许经营提供具有环境保护和教育的生态体验市场接洽、产品设计和服务项目策划、指导牧民向导合规地带领游客在园区的生态体验活动、联系外来专家进行保护性体验服务专业技能培训、协调游客与牧民之间的关系等管理技术支持。NGO 组织不直接介入特许经营项目的运营，不参与特许经营项目的收益分配，提供的专业管理技术支持属于其公益活动的一部分。牧民合作社承担组织牧民提供服务，组织执行游客生态体验活动，监督特许经营企业、牧民、游客的环境行为。特许经营收益由牧民合作社按"参与牧户劳务费+社区共享基金+环保基金"机制分别以 45%、45%、10%的比例分配。

（三）企业主导模式

该模式的代表是"云享自然"项目和"漂流中国"项目。园区引入的商业主体全面主导特许经营项目的运营工作，负责合规地规划、设计和运营具有严格保护属性的生态体验项目，负责承担主体运营的责任，负责向牧民

合作社采购服务，主导特许经营收益在"企业收入+合作社收入+社区共享基金+环保基金"中的分配，并承担协助成立合作社、提供技能培训等向社区赋能的责任。牧民合作社主要负责组织牧民提供服务，协调牧民之间、牧民与游客之间的关系，监督各方的环境责任等。

四　国家公园特许经营"负责任"共生模式的特征

（一）多元的"小而美"

三江源国家公园特许经营项目的运作还体现出多元的"小而美"的特点。特许经营项目单体规模不大，在运作过程中能够很好地将保护与经济发展统合起来，能够通过多元发展的特许合作模式实现最大程度的普惠，能够针对有限游客特点设计出充满保护色彩的个性化体验活动项目。按照集中式战略的逻辑，三江源国家公园"小而美"的特许经营项目运营集中在小众的利基市场，长期的运营有助于它们深度接触和熟悉本地生态环境和市场环境，积累严格保护、普惠和经济发展统一运作的更为专业的经验，促进多元灵活的保护和普惠价值向精品生态商品内在属性的转化，带给具有环境保护意识的游客更为专业和丰富的生态体验。另外，"小而美"的特许经营项目在执行的过程中能够最大化地控制经营行为和游客行为对环境的影响，能限制资本追逐高额利润的内在无序扩张的动机，避免单一规模发展导致特许经营企业持续的无序投资、市场无限扩容所造成的环境影响难以控制的局面。

（二）环境行为的商品化

三江源国家公园特许经营项目"小而美"的特点进一步促成了保护行为体验的商品化，形成了把保护和普惠行为本身打造成特定生态体验商品的特点。并且为未来将保护和普惠由"有意义"的生态体验商品做成"有意思"的生态体验商品奠定坚实基础。在公园特许经营项目运营过程中，特许经营主体高度重视保护和普惠在体验活动过程中的统合。在游客活动安排上，行前重视游客环境意识鉴别和环境教育，行中安排生态环保的参观和环境讲解以及入园后生态体验过程中的游客环境行为引导，行后组织游客在园区开展垃圾清理回收活动等。这些都是三江源国家公园特许经营项目在将保护行为本身转化为体验价值的有益探索。

（三）政府主动引导与监管

三江源国家公园行政部门的政府引导与监管主要体现在特许权控制、特许经营项目主体遴选、社区共管、市场控制和运营监管等方面。（1）特许权控制层面，负责特许经营项目的保护性和普惠性合规审查及监控。（2）在主体遴选上，负责对特许经营主体的保护意识和经验的特质进行鉴别和审查。（3）在合作模式的组织上，引导特许经营企业以一企一村或一企多村建立普惠性的社区共管经营机制。（4）在市场控制上，政府负责根据严格环境保护的要求，对特许经营项目运营范围、规模进行合规控制；按照生态承载力要求提供市场计划性指标控制。（5）在特许经营企业的运营监管上，负责对特许经营主体的产品设计和投资进行保护性审批控制及规模控制；负责对特许经营主体经营的市场行为和环境行为监控。

（四）企业的"负责任"运营

特许经营企业"负责任"运营主要体现在市场、运营、服务、协调和收益等方面。（1）就市场而言，三江源国家公园特许经营项目运营企业注重对预约游客的环境意识和行为鉴别，确保具有环境保护特质的游客入园；负责根据政府计划性市场指标限额和团队规模要求，积极对接市场，开拓针对终端消费者的C端市场和针对渠道消费者的B端市场。（2）运营层面，特许经营企业提供"负责任"的生态体验项目，依托国家公园管理局授予的特许经营权在合规的空间范围、时段开展特许运营，并通过培训、持证上岗等方式实施类似的个体服务特许模式。该模式有助于接待牧户形成持续的专业接待经验和对所承担的接待服务项目进行持续的专业性投资。（3）服务方面，特

许经营企业在生态体验活动开展过程中，承担了游客环境教育、游客行为管控和游客安全保障等主体责任。（4）协调方面，特许经营企业协助相关政府部门构建与其对接的牧民合作社，协调牧民和游客的关系等。（5）收益方面，负责按照政策规定和合约安排，对企业收入、合作社收入、社区共享基金和环保基金等进行公平合理的分配。

（五）牧民组织的参与与协调

牧民组织积极参与特许经营活动，并且在牧民和特许经营企业之间的协调上承担桥梁作用，具体表现为建构组织、人员安排、公平分配、协调责任和监控责任等方面。（1）就建构组织而言，在政府和企业的协助下，社区成立与特许经营实体对接的牧民合作社，并成立由合作社日常管理的牧民组织。（2）在人员安排上，实施接待牧户在生态管护和特许服务提供上的一体化，并从提供的体验服务的保护属性中获取收益。（3）就公平分配而言，牧民组织做到了按照牧户不同的接待基础优势特点和接待要求，在社区牧户中进行公平的接待分工，并在参与牧户、非参与牧户、生态保护上实施普惠的分配机制。（4）在协调责任方面，牧民组织需要协调参与牧户、非参与牧户与企业的关系，协调游客与牧户的关系。（5）就监控责任而言，牧民组织承担了对企业运营过程中环境行为的监控责任。

五 我国国家公园特许经营共生发展机制的讨论

近年来，中国政府在以国家公园为代表的生态文明建设方面高度重视人与自然共生发展。党的十九大报告提出"我们要建设的现代化是人与自然和谐共生的现代化"；2022年国家林业和草原局发布的《国家公园管理暂行办法》将"保护重要自然生态系统的原真性和完整性，维护生物多样性和生态安全，促进人与自然和谐共生"作为国家公园建设的基本原则。

从生态环境学的视角看，共生反映的是多元统一的价值目标指导下的人与自然之间的动态平衡和相互依赖关系。① 共生单元、共生环境和共生模式是共生关系的三个要素，三者的交互影响是共生发展的基本动力。② 依据共生理论的逻辑，三江源国家公园特许经营试点的案例进一步可凝练出我国国家公园特许经营的共生发展机制，如图4所示。

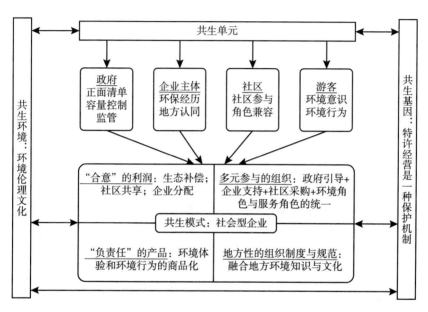

图4　国家公园特许经营共生发展机制

国家公园特许经营的共生发展首先需要将严格保护、社区发展、经济效益等多元价值目标统一为一个整体，形成"特许经营是一种保护机制"的价值目标并将其作为国家公园特许经营的"共生基因"。其次，将特许经营的"共生基因""编辑"到共生单元中，通过共生单元专业化的分工实现特许经营良性运转。政府通过正面清单、容量控制等政策机制引导和监管实体的特许经营行为。企业主体具有环境保护的经历，并且在地方认同的基础上对国家公园社区的发展持有同情态度。社区成员积极参与特许经营活动，并

---

① 吴飞驰：《关于共生理念的思考》，《哲学动态》2000年第6期。
② 袁纯清：《共生理论——兼论小型经济》，经济科学出版社，1998。

且兼容国家公园管护员和特许经营服务提供者等多元角色。游客需具备基本的环境意识，并乐于参与国家公园的环境行为活动。再次，在国家公园特许经营共生单元互动过程中形成社会型企业的共生模式。特许经营企业在追求"合意"利润目标指导下，通过多元参与的组织形式和融合地方环境知识及文化的制度与规范，形成并向游客提供"负责任"的特许经营产品。特许经营企业运营的过程充分体现了主动承担环境责任和社会责任的特点。最后，以环境伦理文化为核心的共生环境为国家公园特许经营的"共生基因"、共生单元和共生模式提供地方性环境知识和价值认同，同时"共生基因"、共生单元和共生模式为特许经营的共生环境提供良性反馈。

依据新区域主义地方发展的逻辑，传统自然保护地的特许经营建立在政府、社区、市场主体等多元主体共同参与的基础上，并且通过不同利益主体目标相互竞争与制衡的协同机制来推动特许经营活动。[①] 但由于信息不对称，政府的监管成本和纠偏成本过高，导致自然保护地的特许经营行为在严格保护和经济发展的两极之间发生周期性"摆动"。特许经营政策效应的现实表现是"一管就死，一放就乱"。这正是目前我国国家公园行政单位在生态体验和环境教育的特许经营试点上采取审慎态度的主要原因。国家公园特许经营共生发展机制将特许经营视为一种保护机制，将多元主体的目标融合为一个整体目标，并将其渗透到共生环境、共生单元和特许经营共生模式中，建构出社会型特许经营企业组织形态，能够有效避免新区域主义指导下的自然保护地特许经营无法解决的问题，在一定程度上为我国国家公园开展特许经营活动提供理论和实践借鉴。

① 殷为华：《新区域主义理论：中国区域规划新视角》，东南大学出版社，2012。

国家公园建设模式及实践

Construction Mode and Practice of National Parks

开创中国国家公园体制建设之先河

——三江源国家公园体制建设经验

三江源国家公园管理局

摘 要： 三江源国家公园自 2015 年开展体制试点以来，一直秉持生态文明思想，先行先试、积极探索，组织实施了一系列原创性改革，在创新管理体制、提升治理水平、坚持保护优先、强化数据采集、加强宣传教育、建设美丽家园、推动共建共享七个方面取得了较大成效，圆满完成了各项试点任务与目标，形成了"一面旗帜引领、一个部门管理、一种类型整合、一套制度治理、一户一岗管护、一体系统监测、一支队伍执法、一众力量推动、一种精神支撑""九个一"的三江源模式，为其他国家公园的建设发展提供了一条借鉴国际经验、符合国情省情、具有中国特色、彰显三江源特点的国家公园体制创新之路。

关键词： 三江源国家公园 体制创新 园区治理

三江源位于青海省南部，地处世界"第三极"青藏高原腹地，是长江、黄河、澜沧江的源头，平均海拔 4500 米以上，被誉为"中华水塔"，素有"高寒生物自然种质资源库"之称，是国家重要生态安全屏障，生态系统服务功能、自然禀赋、生物多样性具有全国乃至全球意义的保护价值。2015 年 12 月 9 日，习近平总书记主持召开中央全面深化改革领导小组第十九次会议，审议通过了《三江源国家公园体制试点方案》。2016 年 3 月 5 日，中共中央办公厅、国务院办公厅正式印发《三江源国家公园体制试点方案》，明确三江源国家公园的总体格局为"一园三区"，"一园"即三江源国家公园，"三区"为长江源（可可西里）、黄河源、澜沧江源 3 个园区，涉及 12 个乡镇，53 个村，17211 户牧民、72074 人。2021 年青海省全面完成了体制试点任务。2021 年 10 月 12 日，习近平总书记在联合国《生物多样性公约》第十五次缔约方大会领导人峰会上宣布，中国正式设立三江源等第一批国家公园。国务院下发了《关于同意设立三江源国家公园的批复》和《三江源国家公园设立方案》，将黄河源约古宗列及长江源格拉丹东、当曲区域纳入正式设立的三江源国家公园范围，区划面积由 12.31 万平方千米增加到 19.07 万平方千米，东至玛多县黄河乡、西接羌塘高原、南以唐古拉山为界、北以东昆仑山脉为界。涉及治多县、曲麻莱县、杂多县、玛多县、格尔木市 5 县（市）15 个乡镇以及青海省行政区划内、唐古拉山以北西藏自治区实际使用管理的相关区域，园区各功能分区间的整体性、联通性、协调性将进一步得到增强。三江源地区生态保护的系统性、完整性、联通性全面增强，生态环境质量持续提升，生态功能不断增强，三江源头再现千湖美景，"中华水塔"更加坚固丰沛。

一　做法和成效

三江源国家公园体制试点作为我国生态文明建设的一项系统工程、文明工程、基石工程，作为党中央顶层设计和青海省"摸着石头过河"的一项综合改革实践，没有现成模式可资借鉴，没有成熟经验可以照搬，探索的艰辛和挑战不言而喻。青海积极探索实践，组织实施了一系列原创性改革，圆满完成各项试点任务，顺利实现正式设园目标，探索走出了一条借鉴国际经验、符合国情省情、具有中国特色、彰显三江源特点的国家公园体制创新之路。

（一）创新管理体制，有效破解"九龙治水"困局

青海省成立了由省委书记、省长任双组长的领导小组，从省到县建立起了分工明确、上下畅通、运转高效、执行有力的领导机制，及时制定印发《关于实施〈三江源国家公园体制试点方案〉的部署意见》，提出 8 个方面、31 项重点工作任务，形成了三江源国家公园建设的任务书、时间表、路线图。根据《三江源国家公园体制试点方案》要求，从现有编制中调整划转409 个编制，成立三江源国家公园管理局，组建省、州、县、乡、村五级综合管理实体，实现生态系统全要素保护和一体化管理，有效解决了管理体制不顺、权责不清、管理不到位和多头管理等问题。（1）形成了分工明确、协调联动，纵向贯通、横向融合的共建机制。三江源国家公园属中央事权，委托省级人民政府代管的模式。三江源国家公园管理局作为省政府派出机构，对三江源生态和自然资源资产实行一体化、垂直型、集中高效统一管理保护，一名副局长兼任玉树州委常委、副州长，玉树州、果洛州分别成立了三江源国家公园体制试点领导小组，治多、曲麻莱、玛多、杂多 4 县县委、县政府主要领导和管委会专职副书记、专职副主任交叉任职，制定了与玉树州、果洛州联席协调会议议事规则，有效调动了管理局和地方两个方面的积极性。（2）组建成立三江源国有自然资源资产管理局和管理分局。积极探索自然资源资产集中统一管理的有效实现途径，完成自然资源资产确权登记前期工作，为实现国家公园范围内自然资源资产管理、国土空间用途管制"两个统一行使"和自然资源资产国家所有、全民共享、世代传承奠定了体制基础。（3）对园区所在 4 县乡进行大部门制改革。整合林业、国土、环保、水利、农牧等部门的生态保护管理和执法职责，设立生态环境和自然资源管理局（副县级）、资源环境执法局（副县级），整合林业站、草原工作

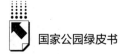
站、水土保持站、湿地保护站等,设立生态保护站(正科级),对国家公园范围内的 12 个乡镇政府加挂保护管理站牌子,增加国家公园相关管理职责,全面实现集中统一高效的保护管理和执法,有效解决了"九龙治水"和执法"碎片化"问题。(4)正式设园后,我们根据国务院《关于同意设立三江源国家公园的批复》和中央编委《关于统一规范国家公园管理机构设置的指导意见》,结合青海省实际,研究起草了《三江源国家公园管理机构设置方案(建议稿)》,以青海省委编委的名义已报中央编办审批,拟实行省政府与国家林业和草原局(国家公园管理局)双重领导,以省政府为主的管理体制。同时建立由国家林业和草原局(国家公园管理局)负责同志和青海省、西藏自治区政府负责同志为召集人的局省联席会议机制,下设由国家林业和草原局(国家公园管理局)相关单位、专员办以及青海省、西藏自治区相关职能部门、国家公园管理机构和地方政府组成的协调推进组,明确局省(区)各方责任,形成齐抓共管的工作合力,2021 年 12 月 2 日和 2022 年 6 月 2 日两次召开局省联席会议,三方共同推进三江源国家公园高质量建设。

(二)提升治理水平,搭建国家公园"四梁八柱"

制度建设具有根本性、全局性、稳定性和长期性。按照符合中央要求、呈现中国特色的原则,经国务院同意,国家发展改革委公布了我国第一个国家公园规划——《三江源国家公园总体规划》,为其他国家公园规划编制积累经验、提供示范。在党的十九届三中全会上,中央政治局所作的工作报告还专门提到公布实施《三江源国家公园总体规划》一事。在推进实施总体规划的基础上,编制完成了生态保护规划、生态体验和环境教育规划、产业发展和特许经营规划、社区发展和基础设施建设规划以及管理规划 5 个专项规划。2022 年,根据国务院批复的《三江源国家公园设立方案》,对总体规划进行了修编,并开展了勘界立标。青海省颁布施行了我国第一个由地方立法的国家公园法律——《三江源国家公园条例(试行)》,明确了管理体制、机构设置、运行机制、职能职责、行政执法,为国家层面开展国家公园立法探索了路子、积累了经验。制定印发了科研科普、生态管护公益岗位、特许经营、预算管理等13个管理办法，形成了1+N政策制度体系。成立了"三江源国家公园标准化技术委员会"，制定发布了管理规范和技术标准指南、标准体系导则、形象标志、标准术语以及生态管护规范、生态圈栏建设规范等地方标准，有效支撑了国家公园建设管理标准需要。

（三）坚持保护优先，持续筑牢生态安全屏障

针对三江源国家公园内原有6类15个保护地人为分割、各自为政、条块管理、互不融通的体制弊端，坚持保护优先、自然恢复为主，遵循生态保护内在规律，尊重三江源生态系统特点，按照山水林田湖草沙冰一体化管理保护的原则，对三江源国家公园范围内的自然保护区、国际和国家重要湿地、重要饮用水源地保护区、水产种质资源保护区、风景名胜区、自然遗产地等各类保护地进行功能重组、优化组合。可可西里申遗成功，成为我国第51处世界遗产。强化自然资源资产管理，以"国土三调"为基础，全面查清了三江源国家公园范围内林地、草地、湿地等自然资源权属、分布、面积等状况，统一收集整理三江源国家公园自然资源数据。以落实"主张所有、行使权利、履行义务、承担责任、落实权益"的所有者责任为主线，启动实施三江源国家公园全民所有自然资源资产所有权委托代理机制试点，积极构建归属清晰、权责明确、保护严格、流转顺畅、监管有效的自然资源资产产权制度。加大生态保护修复工程建设，青海在三江源生态保护和建设一期、二期工程的基础上，累计投入70亿元，先后实施了一系列园区基础设施建设项目和生态保护修复项目。建立和完善三江源地区人类活动遗迹动态监管平台、人类活动台账，实行人类活动月报告制度。对矿业权和水电站进行了摸底排查，编制完成了《三江源祁连山等自然保护区矿业权退出补偿工作方案》《玛多县黄河源水电站拆除工程实施方案》，对所有51处矿业权进行了注销，推动了生态修复成效明显好转。国家发展改革委生态成效阶段性综合评估报告显示：三江源区主要保护对象都得到了更好的保护和修复，生态环境质量得以提升，生态功能得以巩固，水源涵养量年均增幅6%以

上，草地覆盖率、产草量分别比 10 年前提高了 11%、30% 以上。野生动物种群明显增多，藏羚羊由 20 世纪 80 年代的不足 2 万只恢复到 7 万多只。生态系统宏观结构总体好转，草地退化趋势继续逆转，生态系统水源涵养和流域水供给能力基本保持稳定，空气质量和地表水水质稳中向好。

（四）强化数据采集，生态环境监测网络日益完善

认真贯彻习近平总书记视察青海时提出的"保护生态环境首先要摸清家底、掌握动态，要把建好用好生态环境监测网络这项基础工作做好"①的重要指示精神，与中国航天科技集团、中国三大电信运营商等建立战略合作关系，加强与省直部门数据共享，构建生态大数据云平台和生态大数据可视化平台，建立自然资源资产管理系统、生态管护人员管理系统、行政执法系统、项目管理系统、生态价值评估展示与分析系统，并与"青海生态之窗"实时观测数据共享，实现了应用大数据技术提升三江源国家公园建设管理水平。开展重点湖泊生态综合监测应用系统建设，综合运用国产卫星"通导遥"等现代化技术手段，在索南达杰保护站实现周边近 600 平方千米"可见光+热成像"24 小时全方位视频远程监控和数据的稳定传输，高标准、高质量完成可可西里工程应急生态环境动态监测、治理工作，有效化解了盐湖漫溢风险，同时也为动态了解野生动物种群现状、变化和栖息地状况提供了技术支撑。开展三江源自然资源和野生动物资源本底调查，建立资源本底数据平台，发布自然资源本底白皮书，完成《三江源国家公园野生动物本底调查工作报告》，首次形成三江源国家公园陆生脊椎动物物种名录。精细绘制藏羚羊、棕熊、野牦牛、岩羊、雪豹、盘羊、狼、藏狐、藏野驴、藏原羚等优势兽类物种分布图及猎隼、金雕、胡兀鹫、鹗、黑颈鹤、大鵟、白肩雕等优势鸟类物种分布图，为科学保护野生动物提供最基础数据。

（五）加强宣传教育，用心擦亮大美青海靓丽名片

三江源是青海的、中国的，也是世界的。在第一届国家公园论坛上形成

---

① 陈善荣：《保护生态环境要摸清家底掌握动态》，《环境与生活》2019 年第 6 期。

的《西宁共识》极大提升了三江源国家公园国际知名度，进一步促进了青海走向世界，为参与共同保护地球美丽家园，维护全球生态安全作出贡献。积极在外交部青海全球推介活动、新中国成立70周年、北京世界园艺博览会、"世界环境日"等舞台宣传推广三江源，三江源日益成为青海的亮丽名片和对外开放的金字招牌。多次协调组织人民日报、新华社、中央电视台等省内外主流媒体联合开展"三江源国家公园全国媒体行"等大型采访活动，其中澎湃新闻网采写的《海拔四千米之上｜极致体验·三江源国家公园重磅实景互动H5》获得第29届中国新闻奖一等奖，引起全社会热烈反响。创建三江源国家公园影视作品、文创产品、公益广告等载体，高质量完成多部纪录片和广告片的摄制、播出，其中《中华水塔》荣获第23届中国纪录片"年度十佳"和年度最佳摄像奖，2019年斑头雁直播活动被中央文明办、生态环境部评为"美丽中国·我是行动者"主题实践活动"十佳公众参与案例"。2020年，为配合三江源国家公园正式设立工作，出版发行《源启中国——三江源国家公园诞生记》，摄制反映三江源自然风貌、生物多样性、人文历史等大型纪录片《三江源》《三江源国家公园》，在中央电视台、青海卫视连续播出，并申报全国"五个一工程"奖。启动中宣部安排的纪录片《人类的记忆——中国的世界遗产之可可西里》、大型全媒体直播活动《澜湄源》摄制工作。按年编制《三江源国家公园公报》，并以青海省政府名义组织召开新闻发布会，及时向社会发布三江源国家公园建设情况。统筹推进解说手册、自然科普大全、珍稀物种专辑、生态文化专辑等系列共计27种自然教育图书。建立"舆情监测综合服务平台"，认真开展每日舆情监测，分析舆情风险。

（六）建设美丽家园，充分释放国家公园红利

积极探索生态保护和民生改善共赢之路，将生态保护与牧民充分参与、精准脱贫、增收致富相结合，多措并举实施生态保护设施建设、发展生态畜牧业，实现了生态、生活、生产"三生"共赢的良好局面。创新建立"一户一岗"生态管护公益岗位机制，1.72万名牧民持证上岗，年人均增收

2.16 万元。① 实施草原奖补政策，保障园区牧民收入。制定出台了三江源国家公园野生动物与家畜争食草场损失补偿试点实施方案、资金管理办法、绩效管理办法，逐步缓解人、畜、野生动物之间矛盾。在园区 53 个行政村成立村级生态保护专业协会，发挥村级社区生态管护主体和前哨作用，促进了减贫就业，牧民从生态利用者变为守护者，成为民众参与保护、分享成果的成功案例。开设"三江源生态班"，招收三江源地区农牧民子弟在西宁第一职业学校开展中职学历教育，在园区内外开展民族手工艺品加工、民间艺术技能等公益培训，极大提升了农牧民综合素质。坚持草原承包经营基本经济制度不变，积极发展生态畜牧业合作社，引导扶持牧民群众以投资入股、劳务合作等多种形式，开展家庭宾馆、牧家乐、民族文化演艺、交通保障、餐饮服务等经营活动，使群众获得稳定长期收益。与实施乡村振兴战略相结合，加强对园区牧民转产转业研究，加快发展澜沧江源园区昂赛雪豹观察自然体验等特许经营项目，科学合理测算 24 个生态体验项目生态访客容量，加快探索生态产品价值实现路径，使群众获得稳定长期收益，真正把绿水青山就是金山银山的理念扎根在三江源。

（七）推动共建共享，大力提升社会参与度

坚持"全民共建共享"理念，统筹各类资源优势，建立科技联合攻关机制，与中国科学院合作组建中国科学院三江源国家公园研究院，同复旦大学达成了省校合作共建三江源国家公园人居健康研究院意向，积极配合第二次青藏高原综合科考工作，加强与长江水利委员会合作，为"守护好世界上最后一方净土"提供科技支撑。与长江三峡集团签订《三峡集团公益基金会捐赠青海省可可西里保护站供电设施协议书》，捐赠项目资金共计 5000 万元，有效解决了可可西里各管护站用电问题。与中国农业银行青海省分行联合举办"情系三江源　关爱守护者"公益捐赠活动，为生态管护员捐赠

---

① 信长星：《学习贯彻习近平生态文明思想坚决扛起生态保护重大政治责任》，《学习时报》2022 年 6 月 8 日。

18000 套价值 1000 万元的防寒服。加大人才培养引进力度，柔性引进生态创新创业团队和紧缺专业人才、聘用生态保护高级专业人才，为三江源国家公园提供智力支持。加强生态保护合作，与三江流域省份和新疆、西藏、甘肃、云南等建立生态保护协作共建共享机制。与中国科学院、中国国际工程咨询有限公司、中国航天科技集团有限公司、世界自然基金会等组织建立战略合作关系。有序推进国际合作交流，加入中国"人与生物圈计划"国家委员会，成为全国第 175 个成员单位。与全国友协文化交流部签署战略合作框架协议，通过"走出去""请进来"两条途径，与美国、加拿大、澳大利亚、俄罗斯、德国、瑞士、日本、韩国、斯里兰卡、南非、印尼、柬埔寨、古巴等 15 个国家近百名大使、议员、专家及友好人士磋谈生态文明改革和国家公园发展。与美国黄石、加拿大班夫等国家公园正式签署合作交流协议，与巴基斯坦国家公园在线上签署缔结友好国家公园意向书，与厄瓜多尔、智利国家公园签署生态保护合作交流框架协议，围绕生态保护正式建立姊妹友好关系，分享国家公园建设管理经验，共同推进生态文明建设。积极参加在埃及举办的《生物多样性公约》第十四次缔约方大会，向世界展示三江源国家公园形象。

二　经验启示

三江源国家公园体制建设以来，认真贯彻习近平总书记"用积极的行动和作为，探索生态文明建设好的经验，谱写美丽中国青海新篇章"① 重要指示精神，先行先试，积极探索，形成了"一面旗帜引领、一个部门管理、一种类型整合、一套制度治理、一户一岗管护、一体系统监测、一支队伍执法、一众力量推动、一种精神支撑""九个一"的三江源模式。（1）一面旗帜引领。坚持以习近平生态文明思想为引领，坚持绿水青山就是金山银山理念，深入实施生态治理修复工程，不断提升三江源生态价值、品牌价值，走出了

① 《国家公园：谱写美丽中国青海新篇章》，https://www.sohu.com/a/118684360_115496。

一条生产发展、生活富裕、生态良好的文明发展之路。（2）一个部门管理。整合园区生态保护管理、自然资源执法职责，实施大部门制改革，形成以管理局为龙头、管委会为支撑、保护站为基点、辐射到村的新管理体制，实现生态环境国土空间管制和自然资源统一执法，"九龙治水"顽症得到有效根治。（3）一种类型整合。按照山水林田湖草一体化管理保护的原则，整合优化保护地，启动范围和功能分区优化方案编制工作，注销退出全部矿业权，推动自然生态系统的完整性、原真性和生物多样性得到最严格保护。（4）一套制度治理。坚持用最严密法治保护生态环境，加快制度创新，强化制度执行。坚持规划先行，印发总体规划和专项规划；推进依法治园，颁布《三江源国家公园条例（试行）》，配套出台相关管理办法。强化标准化建设，制定相关管理规范和技术标准指南，国家公园建设治理能力水平持续提升。（5）一户一岗管护。建立生态管护公益岗位机制，推动牧民从生态利用者转变为生态守护者，成为农牧区振兴的政策宣传员、民情调查员、矛盾调解员、生态监测员，保护了生态环境、改善了民生福祉、推动了牧区发展、促进了民族团结、维护了社会稳定。（6）一体系统监测。加强与中国航天科技集团、中国三大电信运营商及省直相关部门合作，综合运用"通导遥"等现代化技术手段，建成大数据中心和覆盖三江源地区重点生态区域"天空地一体化"监测网络体系。（7）一支队伍执法。将三江源自然保护区森林公安整体划归三江源国家公园管理局，各园区管委会设立资源环境执法局，实现生态环境国土空间管制和自然资源统一执法，形成了管理局执法监督处（森林公安局）、资源环境执法局、森林公安派出所权责明确、严格执法、监管有效的三级联动执法机制。（8）一众力量推动。在国家公园内行政村成立生态保护专业协会，与众多知名高校和科研机构建立科技联合攻关机制，广泛吸引知名企业和非政府组织积极融入，建立志愿者招募、培训管理等机制，加强与国际知名国家公园合作，群众主动保护、社会广泛参与、各方积极投入，"全民共建共享"的氛围日益浓厚。（9）一种精神支撑。坚持以团结、奉献、敬业、勇毅为核心的可可西里坚守精神培根铸魂，着力打造一支扎根高天厚土的铁军。以可可西里巡山队员为原型，打造的"可可西里坚守精神"精品党课，入选了中宣部"优秀理论宣讲报告"。

国家公园建设是我国生态文明建设的一个伟大创举。实践证明，体制试点方向正确、路径清晰、措施得力，取得了丰硕的实践成果、制度成果、改革成果、惠民成果。五年的实践也使我们深刻体会到：建设中国特色的国家公园，第一，必须坚持政治引领。国家公园体制试点是以习近平同志为核心的党中央确定的重大改革举措，必须深入贯彻习近平生态文明思想，全面加强党的领导，增强"四个意识"、坚定"四个自信"、做到"两个维护"，紧紧围绕统筹推进"五位一体"总体布局和协调推进"四个全面"战略布局，牢固树立新发展理念，确保国家公园建设始终沿着正确的方向前进。第二，必须坚持系统治理。人与自然是生命共同体，必须加强顶层设计，加强前瞻性思考、全局性谋划、战略性布局，坚持生态保护优先，服务高质量发展，保障高品质生活，实行山水林田湖草系统治理、系统集成、系统推进，提升治理体系和治理能力现代化水平，推动生态生产生活良性循环发展。第三，必须坚持创新体制。改革创新是推动生态文明建设的动力源泉，国家公园体制试点作为全新探索，必须坚持改革思维，强化创新意识，统筹当前和长远、保护和发展、一域和全局，破立结合、以立为主，破除"九龙治水"的体制机制障碍，建立统一管理、科学规范、多方参与、协同高效，以国家公园为主体的自然保护地体系。第四，必须坚持共建共享。全民共享、世代传承是自然保护地建设管理的根本宗旨，建设国家公园必须坚持以人民为中心的发展思想，秉持人类命运共同体理念，统筹国内国际两个大局，建立党委领导、政府主导、社会协同、公众参与的多元推进机制，推动共建共治共享美丽世界。第五，必须坚持科技支撑。科技是引领高质量发展的第一动力，实现国家公园战略目标必须充分应用现代科技和信息化手段，以生态保护关键技术、生态过程和变化机理以及生态监测等为主攻方向，强化基础研究，强化重点攻关，强化人才培养，搭建科研信息共享平台，推动智慧建园，建立中国特色、开放合作的国家公园科技支撑体系。

下一步，我们按照习近平总书记"在建立以国家公园为主体的自然保

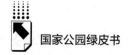

护地体系上走在前头""保护好青海生态环境，是'国之大者'"① 的重大要求，对标对表《国务院关于同意设立三江源国家公园的批复》和《三江源国家公园设立方案》集成高效地加快工作步伐，努力把三江源国家公园建设成为国家所有、保护第一、全民共享、世代传承的国家公园典范，为构建中国特色的以国家公园为主体的自然保护地体系、推进美丽中国建设作出贡献。

---

① 《努力在以国家公园为主体的自然保护地体系建设上走在前头》，http：//www. qinghai. gov. cn/zwgk/system/2022/06/05/010410516. shtml。

G.26
虎豹归林　和谐共生
——东北虎豹国家公园建设经验

东北虎豹国家公园管理局

摘　要： 2016年东北虎豹国家公园体制试点成立，在探索国家公园体制建设过程中积累了诸多可供参考的经验。公园在重大决策、政策制定、工作推进各个环节中兼顾各方利益、共建共享，在创新体制机制、履行管理职责、实施保护修复、构建支撑保障、推进转型发展、引导社会参与等多个方面不断耕耘，既解决了生态保护问题，又解决了当地群众的生计发展问题，完成了由"人进虎退"到"虎进人退"的嬗变，实现了"百姓得实惠、地方得发展、国家得生态"的目标。

关键词： 东北虎豹国家公园　和谐共生　园区治理

2016年12月5日，习近平总书记主持召开中央全面深化改革领导小组第三十次会议，审议通过《东北虎豹国家公园体制试点方案》。2017年1月，中共中央办公厅、国务院办公厅联合印发试点方案，正式开启东北虎豹国家公园体制试点和东北虎豹国家公园健全国家自然资源资产管理体制试点。通过5年建设，东北虎豹国家公园首创跨省统一行使全民所有自然资源资产所有权模式，实现中央垂直管理和中央直接事权。自然生态系统得到整体保护和修复，支撑保障体系逐步建立，森林蓄积量由2.12亿立方米增加到2.23亿方米。野生东北虎、东北豹种群数量稳定增长，监测到野生东北虎幼虎10只、种群数量50只以上，野生东北豹幼豹7只、种群数量60

只以上，达到了生态改善、虎豹归山的效果。试点区林区职工收入大幅增长，延边州长白山森工集团在岗职工年平均工资由 2016 年的 38407 元提高到 2020 年的 62096 元，林区民生明显改善。东北虎豹国家公园完成了由"人进虎退"到"虎进人退"的嬗变，习近平生态文明思想在东北虎豹国家公园落地生根。2021 年 9 月 30 日，国务院批准《东北虎豹国家公园设立方案》。同年 10 月 12 日，国家主席习近平在《生物多样性公约》第十五次缔约方大会领导人峰会上宣布中国正式设立东北虎豹等第一批国家公园。

一 做法和成效

（一）创新体制机制

1. 挂牌设立管理机构

严格遵循试点方案要求，依托国家林业和草原局驻长春森林资源监督专员办事处挂牌设立东北虎豹国家公园管理局。会同吉林、黑龙江两省政府在 3 个地方林业局和 7 个森工企业局挂牌设立 10 个分局（珲春市局、汪清县局、东宁市局、珲春局、汪清局、天桥岭局、大兴沟局、绥阳局、穆棱局、东京城局）。管理局与各分局签订了工作目标责任状，制定管理制度，明确试点任务，初步构建了"三级"管理的体制框架。

2. 建立央地协调机制

按照"央地共建"原则，国家林业和草原局与吉林、黑龙江两省政府建立局省联席会议机制，组建协调推进组和工作专班，落实党中央、国务院重大决策部署，研究解决重大问题。东北虎豹国家公园管理局与吉林、黑龙江两省主管部门及相关地方政府建立常态化沟通协调机制，多渠道多形式协调解决疑难问题。牡丹江市、延边州和各县（市）政府成立领导小组和工作专班，健全组织体系，强化统筹协调。相关县（市）政府成立专项工作组，各分局成立领导小组，调整内部机构设置和人员分工，安排专人专职具体执行。形成层层推进，央地共建共管的协调机制。

3. 整合各类自然保护地

制定各类自然保护地管理机构整合方案，各保护地与各分局管理机构实行两块牌子、一套人马体制，原管理机构职能与新挂牌的各分局职能合并。对区划到东北虎豹国家公园外的原有自然保护地进行科学评估，不具备自然保护地条件的，调整出自然保护地范围，为地方政府预留发展空间。

4. 开展联合执法

依托地方各级政府，按照属地管理原则，整合国家公园区域内执法资源，建立公园综合执法体系。以县市森林公安为主体，充分发挥各森工局森保大队、工商行政、市场监管等部门的执法作用，开展联合执法，查处相关违法案件。与吉林、黑龙江两省检察院、法院建立协调机制，与林区检察院、法院建立联席工作制度，严厉打击破坏自然资源的违法行为。

（二）履行管理职责

1. 开展确权登记

开展 4 次本底调查，形成本底数据，配合自然资源部门开展确权登记，将东北虎豹国家公园规划范围内自然资源资产权属划转东北虎豹国家公园管理局。按照国家林业和草原局要求，启动实施东北虎豹国家公园勘界工作。

2. 明确中央事权

在中央编办指导下，协调吉林、黑龙江两省，明确程序和方法，按照"三个统一行使"要求，承接两省涉及国土、水利、林业等 7 个部门 42 项职责，梳理形成 1612 项行政职能清单，明确了中央事权事项。

3. 履行所有者职责

在东北虎豹国家公园管理局组建政务服务中心，对涉及东北虎豹国家公园自然资源资产的事项，创新建立"由虎豹局出具前置意见再由地方相关职能部门进行审批"的前置审核工作机制，初步实现代表中央政府履行所有者职责。按照自然资源部和国家林业和草原局相关工作部署要求，认真做好东北虎豹国家公园全民所有自然资源资产所有者权委托代理机制试点相关工作。

（三）实施保护修复

1.强化旗舰物种保护

全面建立网格化包保体系，层层签订责任状，将管护责任落实到山头地块。常态化开展全覆盖式反盗猎巡护和清山清套，定期开展专项打击行动。截至2021年底，共开展清山清套、打击乱捕滥猎专项行动66次，出动巡护人员18.55万人次，清理猎捕工具3.61万套，猎套遇见率较试点前降低97.67%，累计查处各类案件875起，拆除围栏930千米，各类违法行为得到有效遏制。

2.修复栖息地

全面停止国家公园范围内经营性种养殖业和采矿探矿的行政审批，制定了矿业权退出方案，注销退出113宗矿业权。严格规范生产经营活动，清理违法违规活动点位514个，实施退耕、退参还林2243.21公顷，有效恢复森林植被。

3.建设野生动物廊道

委托专家团队，精确识别虎豹扩散通道和廊道，编制廊道修复规划、人工林近自然改造等栖息地修复方案，清除围栏、围网，消除对动物迁移扩散的阻碍，保障虎豹向内陆扩散。

4.完善野生动物救护体系

组织开展"疫源疫病清除""非洲猪瘟防控"等专项行动，挂牌设立野生动物救护中心2处，建设野生动物救护基地4处。编制《东北虎豹国家公园东北虎、东北豹突发事件应急预案（试行）》，组建专业技术团队，规范处置流程。妥善处置虎豹被困等突发事件5起，成功救治放归虎豹等野生动物200余只。

5.缓解人兽冲突

印发《野生动物造成人身财产损害补偿办法》，明确补偿标准和补偿程序。落实补偿资金，在吉林片区共受理野生动物损害案件4433件，补偿金额561.75万元。建立野生动物损害保险机制，保险公司按最高5倍保费资金额度进行补偿。建立健全预警体系，在抵边村屯开展震动光纤、电子围栏、红外监控等主动预警防控技术试点，向当地居民发布主动预警400余次，提升人虎冲突主动防控能力。

（四）构建支撑保障

1. 强化资金保障

将东北虎豹国家公园体制试点区建设、管理和运行等所需资金纳入中央财政支出范围。在中央财政通过现有渠道加大支持力度的基础上，国家林业和草原局协调国家发展改革委、财政部通过中央财政预算内投资和国家公园补助资金等加大财政支持力度。2017年以来，累计安排中央资金12.59亿元。

2. 强化法治保障

在国家林业和草原局领导下，虎豹局制定《东北虎豹国家公园管理办法（报批稿）》《东北虎豹国家公园国有自然资源资产有偿使用管理办法》《东北虎豹国家公园野生动物造成损失补偿办法（征求意见稿）》《东北虎豹国家公园项目建设日常监管实施办法》等办法制度34项，制定《栖息地修复专项规划》《特许经营专项规划》《勘界技术规范》等规划标准体系18项，各分局同步制定配套规章制度168项，为科学保护、依法保护、规范保护提供了法治保障。

3. 强化科技保障

投资4.66亿元，采用全新的"互联网+生态"的信息化、智能化管理模式，建设了覆盖近万平方千米的天地空一体化监测体系，实现对野生东北虎豹及其栖息地实时监测。截至2021年底，已获取4000余次东北虎、东北豹影像，100多万次梅花鹿等野生动物活动影像和其他自然资源监测数据。挂牌设立东北虎豹国家公园研究院、东北虎豹监测与研究中心等科研机构，初步建成了东北虎豹科研和监测体系，为国家公园管理和生物多样性保护提供了科技支撑。

4. 强化决策保障

充分发挥各界专家智囊团作用，吸收动物保护、生态治理、项目资金、政策法规、发展战略等领域国内外知名专家 100 余人，组建东北虎豹国家公园专家智库，参与决策咨询、项目论证、评审验收等各个环节，切实提升科学决策水平。

（五）推进转型发展

1. 调整规划和政策

积极回应地方诉求，协调吉林、黑龙江两省政府取消了公园范围内三个县市的 GDP 考核。适度调整总体规划，将原试点区内的永久基本农田 34760 公顷不划入国家公园，剩余零散分布的 1370 公顷基本农田继续按照耕地管理，允许正常耕种。原试点区内的人工商品林 7573 公顷不划入国家公园，剩余人工商品林 3978 公顷，其中核心保护区 2382 公顷转为公益林管理，纳入生态补偿范围，一般控制区 1596 公顷允许依法开展必要的抚育、择伐、树种更新等活动。原试点区内的 60 宗矿业权划出国家公园，为县域经济发展留出了发展空间。

2. 探索实行特许经营

按照国家公园体制试点关于探索实行特许经营管理，制定国家公园特许管理地方性法规，确定经营内容和项目的要求，坚持以自然资源、人文资源及生态系统等保护为前提，委托编制特许经营专规和可持续利用专规，并与东北虎豹国家公园范围内各地方政府和森工企业对接，充分发挥优质生态系统资源的作用，推动产业绿色转型发展。

3. 实施生态补偿

制定《东北虎豹国家公园体制试点区集体耕地租赁试点方案》，依托中央对地方重点生态功能区转移支付、特许经营费、社会捐赠等渠道资金，采取租赁的方式，针对虎豹潜在栖息地的集体耕地（不含基本农田）实施退耕还林、退耕还湿、耕种弃收及退耕撂荒工程，在加强虎豹保护、丰富野生动物群落基础上，强化对非全民所有自然资源资产的规范管理。制定了

《东北虎豹国家公园体制试点区集体林地生态补偿实施方案》，计划以 30 元/亩·年为基数，对核心区和一般控制区集体林地进行补偿，既保证林农收益，又实现对公园内所有土地的统一管理。

4. 设置公益岗位

制定《生态管护员公益岗位管理办法》和《社会服务公益岗位管理办法》，统筹推进国家公园建设和生态扶贫工作。汪清县优先安排建档立卡贫困户 2090 人从事森林管护，人均年增收 1 万元，实现了生态保护和精准脱贫的双赢。将珲春、东宁 444 户抵边村民按照"一户一岗"设置生态管护岗位，每户每年增加 1 万元收益。

5. 开展生态体验

编制了自然教育和科普宣教实施方案，规划了生态体验线路，充分利用公园生态文化、民俗文化、红色文化等旅游资源，开展生态体验和自然教育，转移安置富余职工，带动原住居民增收致富。在珲春市和穆棱市建设 2 座中国东北虎豹博物馆，在汪清县城和东宁市绥阳镇建设 2 处科普展览馆，配套在周边乡镇建设 3 个入口社区 3 个访客中心，与地方生态旅游规划充分融合，建设具有林区和地方特色的生态小镇，为开展生态体验和生态教育准备了比较完善的基础设施。

6. 发展替代产业

坚持绿色发展理念，以东北虎豹保护为核心，扶持社区居民发展替代生计，研究制定产业转型政策和方案。出台了《延边州政府关于推动东北虎豹国家公园范围产业转型发展的实施意见》《关于推动东北虎豹国家公园区域黄牛转型发展的指导意见（试行）》《黑木耳产业发展提质增效项目实施方案》等文件，以自然村为单元建设黄牛集中养殖小区 23 个，规划圈养黄牛 5000 头。完成 40 个黑木耳示范项目选址。组织制定了《东北虎豹国家公园抵边示范村建设方案》，对 9 个边境村屯重点围绕乡村产业发展、基础设施建设、村容村貌改善、乡风文明及乡村治理等方面开展示范创建，鼓励发展黑木耳、养蜂、中药材种植以及乡村旅游、农家乐等生态体验项目，推进原住居民因虎豹转型，因转型致富。

7. 优化能源供给结构

协调吉林、黑龙江两省财政厅、林业和草原局安排财政项目资金，积极推进农村生活能源结构改造。珲春市局在 2 个乡镇 8 个村屯实施分布式光伏电站项目，汪清分局对 15 个保护站实施电代煤能源改造，最大限度降低对森林资源的破坏。

（六）引导社会参与

1. 加大宣传力度

有效运用官方网站和微信公众号等网络新媒体，加强与主流媒体合作，通过开展"世界老虎日""东北虎豹国家公园建设发展论坛"等活动广泛宣传两项试点改革精神和国家公园价值。试点期间，累计在中央及省市媒体刊发播发相关报道 141 万余条（含转载），为两项试点改革营造了良好舆论氛围。

2. 加强自然教育

积极协调延边州和牡丹江市在原有的 15 个建成景区开展生态体验和环境教育，年参与生态体验人数约 80 余万人次，良好的生态环境成为最大的民生福祉。

3. 搭建志愿者服务平台

建立健全志愿服务机制，制定志愿者管理办法，完善志愿者招募、注册、培训制度，向全球发布志愿者招募公告，吸引社会各界参与国家公园建设。

4. 建立交流合作机制

落实 2019 年 6 月 5 日习近平主席访问莫斯科时与俄罗斯总统普京达成的共识，与俄罗斯豹之乡国家公园制订 2019~2021 年联合行动计划，建立沟通合作机制，联合举办中俄巡护员竞技赛，交流虎豹监测数据和保护管理经验。与野生生物保护学会（WCS）、自然资源保护协会（NRDC）等国际组织合作开展保护地友好项目，不断推动虎豹保护国际交流合作，向世界展示中国生态文明建设成效和野生动物保护负责任大国形象。加强与大专院校和科研机构的合作，与中国军事医学科学院兽医研究所、北京师范大学、东北林业大学、吉林大学等院校科研单位签订战略合作协议，引进先进保护理念和科研监测手段，着力提升虎豹公园建设的国际化水平。

二　创新经验

（一）创新中央垂管体制，构建央地协同机制

通过试点建设，东北虎豹国家公园基本建立了"管理局—管理分局"两级管理体制，在国家林业和草原局设立东北虎豹国家公园管理局，实行以国家林业和草原局为主，与吉林、黑龙江两省人民政府双重管理的体制。下一步，将按照中央编办安排，按照中央垂管、央地协同、购买服务思路，建立健全两级垂直管理体制，统筹协调中央直接行使全民所有自然资源资产所有者职责和充分发挥地方管理力量的关系。

通过创新管理体制机制，基本完成了对各类自然保护地管理机构、生态功能等的整合重组，打破了生态治理条块分割、部门分治格局，对山水林田湖草实行整体保护、系统修复、综合治理，确立了以国家林业和草原局为管理主体、以中央垂管为主线、以地方各级政府和部门为协同的纵向到底、横向衔接、多方联动的体制机制，实现了由一个部门跨省统一行使全民所有自然资源资产所有者职责、国土空间用途管制职责和综合执法职责，实现统一规范高效管理。

（二）创新工作方式方法，依法履行中央事权

通过试点建设，初步完成确权登记任务，上收了中央事权。探索推进行政职能法律授权，组建政务服务中心，对涉及东北虎豹国家公园自然资源资产的事项，创新建立"由虎豹局出具前置意见再由地方相关职能部门进行审批"的前置审核工作机制，初步实现代表中央政府履行规划区全民所有自然资源资产所有者职责。

通过上收中央事权，划清了各类自然资源资产全民所有与集体所有之间的边界。规划区原属于地方人民政府及相关部门行使的涉及土地、森林、山岭、草地、水流、湿地、野生动植物、水生生物、矿产等各类国有自然资源的所有者权利和职责，包括占有、使用、收益和处分，资源调查、清产核资，编制国有自然资源资产保护利用规划，国有自然资源资产开发利用和经营管理，有偿使用收益征缴等职责分离出来，由东北虎豹国家公园管理局统一集中行使。地方政府继续行使规划区内经济社会发展综合协调、公共服务、社会管理和市场监管等职责，不再行使国有自然资源资产所有者职责。有效解决了全民所有自然资源资产所有权边界模糊、所有权人不到位、权益不落实、所有者和监管者职责不清等问题，为健全国家自然资源资产管理体制改革积累了可复制可推广的经验，也为下一步以国家公园为独立生态空间的全民所有自然资源资产所有权委托代理机制试点工作奠定了坚实基础。

（三）开展跨国保护合作，展示负责任大国形象

2019 年 6 月 5 日，在中俄建交 70 周年之际，习近平主席和普京总统在莫斯科签署《中华人民共和国和俄罗斯联邦关于发展新时代全面战略协作伙伴关系的联合声明》，其中就加强东北虎豹保护合作达成共识，极大推动了中俄保护东北虎豹国际合作交流。为落实《联合声明》有关精神，东北虎豹国家公园与俄罗斯豹之乡国家公园签署了关于虎豹保护合作的谅解备忘录，并建立姊妹国家公园关系，制订 2019 ~ 2021 年联合行动计划，建立密切的友好合作关系。试点以来，两个姊妹公园共开展合作互访 3次，每年联合开展巡护员竞技赛和"全球老虎日"宣传活动，共享科研监测数据，探讨跨境保护合作事宜等。

通过跨国保护合作，东北虎豹国家公园快速掌握了虎豹跨国迁徙的规律，打通了野生动物迁徙的国际通道，学习了国外先进的保护管理理念，也增强了建好东北虎豹国家公园的信心和决心。同时，通过两个公园的互访与宣传，世界了解了中国保护生物多样性、建设生态文明、共建人类命运共同

体的决心和魄力，中国展示了负责任大国的形象，树立了野生动物跨国保护国际合作的典范。

（四）创新科研监测体系，打造智慧国家公园

通过试点建设，东北虎豹国家公园创新建设了覆盖近万平方千米的天地空一体化监测网络体系。该系统综合运用人工智能、云存储、物联网、大数据等现代科技，融合振动光纤、红外探测等主动防御技术，组建了科研监测、数据分析、决策指挥、巡护管理的四合一平台，是目前全球监测范围最大、功能最全的自然保护地监测系统。

系统的投入运行，使无线信号覆盖东北虎豹国家公园每一个角落，天上卫星遥感、空中无人机巡查、地上无线相机和巡护终端遥控探头等互联互通，可实现对国家公园内水文、气象、土壤、生物等自然资源的实时监测和野生动物生存状况的全面跟踪。既承担数据综合分析和决策指挥功能，又可以实现对巡护员的全程调度、绩效管理和对村民的主动预警，达到了监测、评估、管理、预警的科学化、精准化、智能化，改变了过去"巡护靠走、记录靠手、通信靠吼"的落后状况，为融合国家林业和草原局智慧感知系统，打造智慧国家公园提供了样板，积累了经验。

（五）营造共建共享格局，推动实现转型发展

通过试点建设，东北虎豹国家公园积极推动人员身份转换，统筹使用现有扶持政策，并加大政策上争力度，发挥公益岗位"四两拨千斤"作用，把资源利用者变成资源管护者，既有效解决试点区内林农就业增收难题，又为国家公园建设增强了力量；推动传统产业转型，帮助地方政府整合扶贫资金集中使用，发挥资金最大效能，建设黄牛集中圈养基地，实现公园内黄牛下山，打造了"国家公园+地方政府+龙头企业+养殖户"的产业发展模式；推动发展方式转变，取消了地方政府 GDP 考核指标，依托木耳、葡萄、蓝莓、桑黄、蜂蜜、山野菜、中草药等资源优势，引进国内知名企业，发展产业集群，带动壮大了林区经济；坚持品牌化发展战略，用好国家公园金字招

牌，与地方发展战略充分融合，开展生态旅游和生态体验，突出绿色生态品质，打造东北虎豹国家公园标识产品，全面提升产品附加值，带动老百姓增收致富。

通过产业转型，东北虎豹国家公园有效贯彻落实了"绿水青山就是金山银山"的发展理念，在重大决策、政策制定、工作推进各个环节中，兼顾各方利益，共建共享，既解决了生态保护问题，又解决了当地群众的生计发展问题，初步构建了"生态产业化、产业生态化"的生态经济体系，实现了"百姓得实惠、地方得发展、国家得生态"的目标。

G.27

丹霞奇景　多彩南山

——南山国家公园建设经验

摘　要： 南山国家公园体制试点区于 2016 年设立，在体制建设与探索阶段，公园以重要自然生态系统和珍贵文化遗产的保护为重点，不断夯实工作基础，在理顺管理体制机制、生态保护修复、矛盾冲突解决等方面取得了明显成效，如期完成了体制试点工作任务。未来将全面加强评估整改，完善国家公园申报设立条件，全力推进正式设立国家公园、高质量建设国家公园，围绕国家公园制度体系、自然生态系统保护修复、社区共管和协调发展、支撑保障措施、宣传教育与交流合作等方面展开深入研究，形成一个可复制、可推广的国家公园体制管理模式。

关键词： 南山国家公园　丹霞奇景　生态保护

南山国家公园体制试点区自 2016 年 7 月批复设立以来，在国家林业和草原局等相关部委的精心指导下，在湖南省委、省政府的正确领导下，在各级各部门的共同努力下，对标对表国家公园自然生态系统最重要、自然景观最独特、自然遗产最精华、生物多样性最富集的特点推进国家公园建设，围绕加强重要自然生态系统和珍贵文化遗产的保护，积极探索可复制、可推广的国家公园体制管理模式，在理顺管理体制机制、生态保护修复、矛盾冲突解决等方面取得了明显成效，现将相关情况简要介绍如下。

一 总体情况

（一）基本情况

南山国家公园体制试点区于 2016 年 7 月经中央深改领导小组同意、国家发改委批复设立，是湖南省唯一、全国首批 10 个国家公园体制试点区之一，主要由湖南南山国家级风景名胜区、湖南金童山国家级自然保护区、湖南两江峡谷国家森林公园、湖南白云湖国家湿地公园四个国家级保护地和部分具有保护价值的区域（十里平坦、十万古田等）整合而成，包括我国南岭西部的越城岭和武陵—雪峰山南端，长江和珠江流域的源头、分水岭和水源涵养地，东亚—澳大利西亚国际候鸟重要迁徙通道，生态系统相对完整，生物多样性极其丰富，保存有完整的中亚热带低海拔常绿阔叶林、南方最大高山台地草地草甸，是我国南岭山地区域特征的代表。

自试点开展以来，在湖南省委、省政府的正确领导下，在各级各部门的共同努力下，截至 2020 年 9 月，试点基本结束，试点实施方案规定的任务全面完成，并通过了国家林业和草原局（国家公园管理局）组织的第三方实地评估验收。专家组评估认为，南山国家公园体制试点工作推进顺利，取得了较好的生态和社会效益，同时也指出存在空间范围不合理等方面的不足。对此，湖南省委、省政府高度重视，高位推动，湖南省政府 3 次召开专题会议，研究南山国家公园管理体制理顺、范围调整等重大事项。湖南省林业局、南山国家公园管理局及市县两级人民政府对照评估验收问题，靶向整改，补短强弱。目前，管理体制已理顺至湖南省人民政府垂直管理，具体由湖南省林业局管理，同时对照中央编委《关于统一规范国家公园管理机构设置的指导意见》规定，提出了南山国家公园管理机构设置基本方案；试点区在整合优化后的基础上，将黄桑、新宁舜皇山、东安舜皇山 3 个国家级自然保护区和黄桑省级风景名胜区、崀山风景名胜区部分区域，以及各自然保护地之间的连接区域整合纳入，总面积达到 1315.40 平方千米。目前试点评估验收整改任务已全面完成，符合《国家公园设立规范》，同时南山国家公园范围和分区论证于 2020 年 5 月 26 日顺利通过国家林业和草原局组织的专家评审，正着手准备省级人民政府文件、设立方案、管理机构设置方案、矛盾冲突处置方案、综合科学考察报告、社会影响评价报告、符合性认定报告、宣传片等报批材料并上报国家林业和草原局，待正式批复设立南山国家公园。

（二）核心价值

经范围调整后，南山国家公园的核心价值大幅度提升，具体如下。

1. 是全球生物多样性热点区域和南岭生物多样性优先保护区，中国西南山地与南岭山系之间的关键生态走廊

南山地处全球 36 处生物多样性热点地区"中国西南山地区"，是东亚—澳大利西亚鸟类迁飞路线的重要通道，是中国生物多样性最富集的 4 个热点区之一，横跨武陵山地常绿阔叶林、长江南岸丘陵盆地常绿阔叶林两大生态地理区，集中体现了东西南北动植物交汇的地带性与过渡性特征，是亚热带常绿阔叶林、常绿落叶阔叶混交林、针叶林三大生态系统的典型代表。区域有云豹、林麝、黄腹角雉、中华穿山甲等国家一级保护动物 9 种、二级 68 种，是珍稀濒危保护动物重要栖息地；有国家一级保护植物银杉、资源冷杉、南方红豆杉、银杏 4 种，二级 73 种，是全球分布海拔最低的银杉种群和资源冷杉的模式标本产地，是古老生物的避难所。

2. 是我国南方重要水源涵养区和生态屏障

南山国家公园位于我国重点生态功能区"南岭山地森林及生物多样性生态功能区"，是长江流域和珠江流域的分水岭，也是珠江流域的西江水系和长江流域的沅江水系、资江水系、湘江水系的水源涵养区，流域面积涉及 6 省（区）、60 万平方千米，覆盖人口近 2 亿，是我国南方重要的水源涵养区和南方丘陵山地带重要的生态屏障。

3. 是中国丹霞典型代表和民族精神文化传承地

南山国家公园的崀山是中国丹霞世界自然遗产地的典型代表，是世界上

壮年期发育最好最完整的密集峰丛峰林型丹霞地貌的模式地和典型代表，是中国丹霞唯一拥有从幼年期、壮年期、老年期完整发育阶段的区域，"崀山六绝"堪称旷世奇景，具有极强的震撼力和国际影响力。老山界是当年红军长征所翻越的第一座高山和毛泽东《长征》诗词、陆定一《老山界》等重要文学作品的诞生地，黄桑上堡侗寨被列入中国世界文化遗产预备名录。南山国家公园位于我国南岭民族走廊与苗疆民族走廊的交会地带，是舜文化传承地、中国巫文化起源地和娥皇女英爱情故事的发源地。

二 南山国家公园创建工作推进情况

自南山国家公园体制试点批复以来，在国家林业和草原局的指导下，在湖南省委、省政府正确领导下，在湖南省发改委、湖南省林业局等省直部门和邵阳市委市政府的组织下，主要做了以下工作。

（一）夯实工作基础，如期完成体制试点工作任务

1. 构建了统一的管理体制

主要做到了两个统一：（1）统一组织管理。2017 年 6 月，湖南省编委下达《关于湖南南山国家公园体制试点机构设置方案的批复》（湘编复字〔2017〕5 号），批复设立湖南南山国家公园管理局（以下简称"南山管理局"）。2017 年 10 月，南山管理局经湖南省人民政府批准授牌成立，为公益一类事业单位，由省人民政府垂直管理，委托邵阳市人民政府管理，暂不确定机构级别，核定局长 1 名（副厅级），副局长 2 名（正处级），实行管理局—片区两级管理，内设综合处、规划发展处、生态保护处、自然资源管理处 4 个副处级内设机构，下设南山风景名胜区管理处（副处级）、两江峡谷森林公园管理处（副处级）、金童山自然保护区管理处（正科级）、白云湖湿地公园管理处（正科级）和综合执法支队（副处级）5 个事业单位，共核定全额拨款事业编制 116 名（局机关 20 名、下属事业单位 96 名），现实际到岗到位 97 名。（2）统一行政执法。2019 年 3 月湖南省人民政府印发

了《湖南南山国家公园管理局行政权力清单（试行）》，将省市县有关行政许可、行政执法、行政处罚等197项行政权力集中授予南山管理局，强化了试点区履职法制支撑，开创事业单位权力清单机制先河。同时，南山管理局会同城步县人民政府成立了联合执法小组，由南山管理局统一行使行政执法。

2. 推进了持续的产业发展

制定《南山国家公园产业指导目录（试行）》，明确了鼓励类、限制类及禁止类三类产业目录，并配套出台了《南山国家公园特许经营管理办法（试行）》，各产业严格按照产业指导目录进行特许经营。主要以四大主导产业，即奶牛养殖产业、果蔬茶种植产业、林业产业以及旅游产业等，形成第一、第三产业为主的产业结构。其中奶牛养殖产业立足南山品牌优势，于2019年4月与当地奶业龙头企业南山牧业公司签订《特许经营协议书》，按20万元/年特许经营收费标准，授权其实施"企业+基地+农户"奶业特许经营模式。果蔬茶种植产业重点以苗香梨、猕猴桃、青钱柳、百香果、油茶、峒茶、脆枣、天麻和七叶一枝花等作为特色农业项目。其中最具有特色的是城步峒茶。"世界峒茶在中国、中国峒茶在城步"，城步峒茶产地位于中国茶叶发源地，有世界最古老的茶树，以其独特的生态环境、特有的性状、优异的茶叶品质，被确定为湖南省茶叶四大地方种群之一，已被载入"中国茶典""中国古茶树"丛书。城步峒茶是我国的一个地域性茶种，城步峒茶的开发是对南山国家公园建设进行植被复绿工程的最佳项目，现已与湖南农业大学、湖南省农科院茶叶研究所、邵阳市农科院进行科研技术合作，建成了"城步峒茶良种选育无性繁殖基地""城步峒茶原生品系选育繁殖科研基地"。计划以"公司+科研+电商+合作社+农户"的现代农业产业化联合体模式对城步峒茶在适宜区进行统一规划开发。林业产业主要为养蜂产业，南山国家公园独特的自然资源，是中华土蜂养殖的天然蜂场，经相关专家调研考察，区域内具有生产高端蜂蜜的自然条件，各乡镇组织农户成立养蜂合作社，以"公司+合作联社+合作社+基地+农户+电子商务"为一体的发展模式推动产业发展。旅游产业主要依托自然资源，以生态游憩和乡村

休闲度假产业为主，包含餐饮、住宿以及农副产品销售等，目前已将湖南南山国家公园游憩特许经营权进行公开招标，并确定中标人，下一步将借助社会资本，引进专业团队进行运营，进一步打造南山国家公园品牌，发展乡村休闲、森林康养以及南山国家公园文创产业。

3. 实施了有序的生态搬迁

南山国家公园核心保护区共有 235 户 1086 人，现已协同地方政府，结合扶贫搬迁完成 207 户 940 人。主要采取以货币补偿为主的搬迁方式，通过对住户原房屋进行资产评估并补偿老百姓，老百姓用所得房款进行自建房或由政府统一建房，老百姓进行购买，移民户原有的生产生活资料仍为其所有。生态搬迁资金均从省统筹资金中列支。在生态搬迁具体实施过程中，地方政府与南山管理局思想高度统一，协同配合，以共同成立项目建设指挥部的形式，建立联动工作机制，共同完成生态搬迁工作。同时，为切实减少南山国家公园建设与原住居民生产生活的矛盾冲突问题和推动社区建设，第一，将原住居民集中居住区通过"开天窗"的方式将居民集中分布区域调出国家公园范围；第二，加大生态补偿力度，通过集体林地租赁流转、野生动物致害补偿、生态公益岗位等机制，让原住居民获得国家公园建设生态红利，南山国家公园范围内居民平均收入水平远高于范围外居民；第三，完善生产生活基础设施，提高社区居民的获得感，试点期间省统筹资金共安排1500 万元用于生态扶贫，以改善试点区所辖各村（居）基础设施。

4. 创新了严格的保护制度

主要创新了五项制度。一是创新了自然资源资产管理制度。编制了《自然资源统一确权登记办法（试行）》，率先完成自然资源部的自然资源确权登记试点工作。二是创新了集体林地管理制度。积极实施集体林权"三权分置"试点改革，通过补充划定国家级公益林和采取政府"租赁"途径，实行"专职管护"，提高公益林补偿标准，实现了国家公园管理机构对集体林地的统一管理。三是创新了产业引导管理制度。编制了产业准入负面清单，矿业、风电、小水电等产业项目有序退出。四是创新了生态效益补偿制度。湖南省政府出台了《关于建立湖南南山国家公园体制试点区生态补偿机制的实施意见》，建立起涵盖资源保护、科研监测、民生保障等内容的生态补偿制度，林地流转农户年人均增收 1000 余元。五是改革公益林管护制度，实行公益林护林员、森林防火巡山员、林业有害生物测报员"三员合一"，提升了管护效率。

5. 实施了有效的保护措施

主要做到五个"严"。一是严格日常巡护。出台管理办法，按照"分片分区、包干定责、轮班值守"原则，建立了"下属事业单位职工+生态巡护员+综合执法支队+执法大队"四位一体巡护机制。二是严厉专项打击。试点以来开展了"绿剑专项打击行动" 6 次，野生动植物专项行动 13 次，办理野生动植物等行政案件 42 件、刑事案件 25 件，抓获犯罪嫌疑人 43 人，刑事拘留 23 人，收缴非法所得 23 万元，放生收缴的野生蛇类 1000 余条，收缴野生动物 30 公斤，猎具 15 件，严厉打击了试点区范围内破坏生态环境的违法行为，立案率、破案率达 100%。三是严格分区管控。严格禁止核心保护区人为活动，实行核心保护区封禁管理全覆盖，通过设卡设障、巡护巡查等措施，对核心保护区实行永久性封禁管理，封禁效果明显。四是严格联防联治。会同城步县建立森林火灾联动应急机制，安装了防火应急系统，确保了试点区零火灾；建立跨区域协管机制，与广西壮族自治区龙胜县签订了《关于加强湘桂边界生态环境保护的战略合作框架协议》，明确珍稀野生动植物保护、案件联合查办等 15 项合作机制。五是严格生态修复。通过退出采矿权、退牧、退出网箱养鱼等方式，自然恢复面积 819.13 公顷，同时实行边坡修复、草山修复、野生动物生境廊道等必要的人工辅助修复，总计修复面积 138.85 公顷。

6. 建立了全面的监管体系

主要建立了"四个体系"。一是建立了法规规划体系。经湖南省建立国家公园体制试点领导小组（以下简称省试点领导小组）研究同意，由邵阳市政府出台了《南山国家公园总体规划（2018—2025 年）》和《南山国家公园管理办法》。二是建立了生态监测体系。初步构建了"天地空"监测、保护站保护、重点路段监控、林间巡护的立体监测体系。三是建立了生态环

境整治体系。开展了农村违法建房、风电项目等清理整治，实施了十万古田禁牧和核心保护区全面封禁，试点区自然植被覆盖率由 90.6% 提升至92.3%。四是建立了科研监测体系。建立我国南方第一个国家级草原生态系统定位观测研究站，建设了 8 座生态监测保护站，与中南林业科技大学、中国科学院、邵阳学院、湖南省林科院等建立了科研合作机制。

7. 强化了保障体系建设

主要强化"五个"保障。第一，强化资金保障。根据《湖南省人民政府办公厅关于建立湖南南山国家公园体制试点区生态补偿机制的实施意见》（湘政办发〔2018〕28 号）规定，南山国家公园体制试点创建的资金来源分为五大类：一是中央对地方重点生态功能区转移支付资金，中央财政用于文化旅游提升工程，"三农"、林业、节能环保、生态补偿等方面的专项或预算内基建资金，中央支持国家公园创建的其他资金。二是按"明确任务、渠道不乱、用途不变、分口安排、优先保障"的原则，从省级现代农业发展专项、森林营造与资源保护专项、农村水电增效扩容专项、湘西开发专项、国土整治与测绘地理信息专项、地质环境保护专项、交通发展专项、旅游专项、扶贫专项、文物保护专项等各种省级安排部分资金，以及省财政预算新增安排部分资金，统筹用于支持南山国家公园生态补偿。三是市县财政用于交通、能源、"三农"、节能环保、生态补偿方面的资金。四是政策允许的国内各种贷款、国际融资贷款、提供配套服务的特许经营机构缴纳的特许经营费等。五是社会捐赠等其他资金。试点期间，省财政从省试点领导小组各成员单位统筹 2.45 亿元用于南山国家公园建设，试点以来湖南省累计统筹安排资金 8.15 亿元用于开展相关工作（其中中央 1.51 亿元，省财政5.63 亿元，市县 1.01 亿元），经省试点领导小组批准，由南山管理局统筹使用，同时，省财政承担了省级发证 4 座采矿权退出补偿金 1660 万元，邵阳市财政承担了十里平坦退出补偿金 5000 万元以及市级发证矿权退出补偿。南山管理局出台《南山国家公园建设多元化资金保障制度（试行）》，建立了"政府主导、社会参与、市场运作"多元化资金保障机制；建立了生态保护基金，已接受社会捐赠 420 万元。目前，省财政正在开展进一步加强南山国家公园建设政策及资金支持的调研，待完成调研后，向湖南省人民政府报告，建立省财政支持南山国家公园建设长效保障机制。第二，强化人才保障。完成了保护地人员整合，实施统筹调配、人才引进等机制，实现了管理机构人员及时到岗到位，人员编制基本满足了实际工作需要。第三，强化设施保障。完成了体制试点区勘界定标，新建和完善了监测保护站、巡护道路、森林有害生物防治设施、野生动物收容救护点等。第四，强化科普教育保障。建立了自然教育基地4个、宣教中心1座，年接待游客1万余人次。同时，结合湿地日、爱鸟周、主题党日等主题活动，开展自然教育体验活动32批3万余人次。第五，强化宣传保障。开通了公园网站、微信公众号、微博，累计访问18万余人次。制作了宣传片、专题片、纪录片和画册，参加了国家公园"十全十美"摄影展，累计报送信息768条、刊发稿件298篇。

（二）全面加强评估整改，完善国家公园申报设立条件

根据国家公园申报设立的要求和标准，需要完成2020年试点实地评估问题整改，并编制完成《湖南南山国家公园设立方案》《南山国家公园机构设置方案》和《南山国家公园矛盾问题处置方案》上报国家林业和草原局。对此，湖南省林业局、邵阳市委市政府、南山管理局等各级各部门坚持以问题为导向，认真履职，查漏补缺，补短强弱，采取切实行动，全面加强评估整改，全力加强试点后续工作推进，进一步夯实了申报设立国家公园的基础。

1. 强化组织领导，落实整改责任

（1）坚持高位推动。湖南省委、省政府高度重视南山国家公园评估验收问题整改工作，主要领导均赴实地开展调研考察，时任省委书记许达哲、省长毛伟明、时任常务副省长谢建辉、副省长陈文浩多次听取汇报，主持召开3次专题会议研究。时任省委书记许达哲明确指示：要按国家要求确保建成国家公园。2021年6月25日，省长毛伟明主持召开省政府专题会议，研究调整优化范围和理顺管理体制机制等工作，明确将邵阳的原城步体制试点区、绥宁黄桑、新宁舜皇山、东安舜皇山等3个国家级自然保护区及其连接带纳入优化范围，行政区域扩大到邵阳、永州2市4县。2022年3月，省长

毛伟明、副省长王一鸥再次分别组织召开专题会议，强调要坚决落实习近平总书记关于"逐步将生态系统最重要、自然景观最独特、自然遗产最精华、生物多样性最富集的区域纳入国家公园体系"①的重要指示，进一步明确将崀山世界遗产地纳入南山国家公园申报范围。2022 年 4 月 24 日，王一鸥副省长带队赴国家林业和草原局衔接工作，并当面向国家林业和草原局局长关志鸥呈交毛伟明省长关于争取早日设立南山国家公园的亲笔信。

（2）抓好责任落实。边抓问题整改边推进设立工作，根据湖南省政府专题会议要求，省试点领导小组办公室下发了设立工作任务清单，分解了工作责任。省委组织部、省委编办已依照程序初步完成了由省直管、具体由省林业局管理的工作机制，省林业局和省委编办就管理机构设置问题进行了研究。新纳入范围的市、县政府均召开常务会议，落实省政府专题会议要求，配合做好南山国家公园范围调整优化的各项工作。2022 年，湖南省委省政府将南山国家公园建设工作纳入了林长制责任清单的重要内容加以推进，在省市县三级党委政府形成了高度共识。

2. 明确重点任务，落实整改措施

（1）以提升价值为基础，科学整改。一方面，重点提升区内核心资源价值。组织了国家林业和草原局中南调查规划设计院和北京林业大学专家对十万古田进行了实地考察，提炼了十万古田六大生态价值：天然动植物基因库；具有世界保护价值的截叶箭竹泥炭沼泽；十万古田"巨型苔藓"对泥炭藓的形成、生长研究具有重要价值；泥炭沉积具有重要的科学研究价值；巨大的水源涵养价值；湖南省鸟（红嘴相思鸟）的集中栖居地。目前正与北京林业大学、湖南省林业规划院合作就十万古田价值开展进一步研究。另一方面，全面提升公园整体核心价值。从 2020 年 6 月开始，在三次实地调研和多次召开座谈会听取地方及专家意见的基础上，将武陵—雪峰山脉的黄桑国家级自然保护区、南岭山系的越城岭、湘江流域和珠江流域的水源涵养

① 《国家公园 生态之窗》，http://stdaily.com/cehua/Apr14th/202204/8046f9837fe74883ac42d7527201ad9f.shtml。

区、重点保护的野生动植物栖息地和生境、"中国丹霞"崀山世界自然遗产及其生态廊道等具有国家代表性价值的区域划入南山国家公园范围。委托国家林业和草原局林产设计院牵头，国家林业和草原局规划院等单位参与，编制完成了南山国家公园科学考察及符合性认定报告、社会影响评价报告、设立方案并通过了中国工程院张守攻院士为组长的专家组评审，并提炼了南山国家公园的核心价值。2021年10月及2022年1月，中科院生态环境中心欧阳志云主任、国家公园研究院唐小平院长带队赴试点区开展实地调研，深入考察核心资源，既充分肯定了南山国家公园调整优化范围的国家代表性和核心价值，又与地方政府进行探讨交流，对南山国家公园设立工作提出了实用性、有针对性的建议。目前，南山国家公园范围和分区论证于2022年5月26日顺利通过国家林业和草原局组织的专家评审。

（2）以理顺管理体制为重点，着力整改。2021年6月25日湖南省政府专题会议明确，要"进一步理顺职责关系，厘清管理机构和地方政府事权，充分调动各方面的工作积极性主动性，构建主体明确、责任清晰的协同管理机制，将南山国家公园管理局由'省人民政府垂直管理，委托邵阳市人民政府管理'调整为'省人民政府管理，具体由省林业局管理'"。2021年12月，湖南省委研究任命湖南省林业局党组成员王明旭为南山管理局局长。南山管理局机关已按省政府专题会议要求由城步县搬迁至邵阳市办公。同时，参照第一批国家公园设立程序，在国务院批复设立方案后，再完成机构组建等工作。目前，省政府正在积极推进争取国务院批复设立，设立后的南山国家公园管理机构也将在原体制试点机构基础上，进一步整合完善设立到位。根据中央编委《印发〈关于统一规范国家公园管理机构设置的指导意见〉的通知》（中编委发〔2020〕6号）及中央编办有关答复意见精神及国家公园设立工作要求，湖南省林业局在对南山管理局和新纳入区域自然保护地管理机构充分调研的基础上，初步拟定了《南山国家公园管理机构设置建议》并上报国家林业和草原局。湖南省委编办将按照中央编委《意见》等文件精神，深入研究湖南省国家公园管理体制机制、机构设置、编制配备等有关事项，及时了解南山国家公园体制试点动态及设立进展情况，待中央

正式批复湖南省设立南山国家公园后，及时跟进做好机构编制有关工作和服务，并按程序以湖南省委编委名义向中央编办上报南山国家公园管理机构设置方案。

（3）以处置矛盾冲突为关键，持续整改。在保护地整合优化工作成果基础上，多次组织对仍保留在调整优化后的南山国家公园范围内的基本农田、集体人工商品林、小水电、人口密集区、矿权等矛盾冲突和历史遗留问题进行再次梳理调查，多轮下发数据，多次组织开展实地勘察，并提出《南山国家公园矛盾处置清单》，得到了国家林业和草原局的肯定。

（4）以深化试点成果为根本，巩固整改。及时报请省试点领导小组办公室提请湖南省政府研究同意将权力清单的试行期延长，市、县也已按要求延长权力责任清单，确保了执法工作的正常履职；启动总体规划编制，委托国家林业和草原局林产院编制范围优化调整后的总体规划，目前已完成大纲草案；持续开展生态系统及环境质量监测，2021 年南山国家公园森林、湿地、草地生态系统持续稳定，水质、噪声、土壤稳定在二类及以上标准，空气质量排湖南省第一。新拍摄到林麝、小灵猫、白颈长尾雉、黄腹角雉等国家一级重点保护动物，黑熊、勺鸡、豹猫、白鹇等国家二级重点保护动物珍贵影像资料，新发现全球新物种直颚突蛉蛾，植物新种虾脊兰，生物多样性日益丰富；加大宣传力度，制定了"走进国家公园，感受国之大者"宣传工作方案，同时将与中央电视台"美丽中华行"合作拍摄纪录片及宣传片；在湖南省自然资源厅、湖南省林业局的指导下，编制了全民所有自然资源资产委托代理试点实施工作方案并获自然资源部批复，目前正按试点实施工作方案有序推进；以南山国家公园各片区为单位，积极争取申报国家重点区域生态保护和修复工程建设试点项目，将试点区范围内的符合要求的野生动植物栖息地、退化人工林、退化草地 11 万亩修复任务面积纳入工程建设项目中，申报资金额度 3000 万元，同时新纳入三个县申报了国家"十四五"文化保护传承工程，申报项目 7 个，申报金额为 1.1 亿元。

（5）以争取国家设立为方向，提升整改。为做好南山国家公园申报设立工作，区域内 2 市、4 县政府均调整完善了南山国家公园工作领导小组，成立了工作专班，明确了工作任务，强化工作的协调推进。省试点领导小组办公室（省林业局）从相应自然保护地管理机构抽调专人与省局保护地处组建了"南山国家公园设立工作专班"，全面推动南山国家公园设立各项工作。形成了"省林业局抓总、南山局抓落实、市县抓配合、新纳入保护地管理机构抓具体"的工作格局，树立工作"一盘棋"思想，统筹各方资源，提高工作效能，形成持久合力，高标准做好各项工作。

三　下一步的工作重点

（一）全力推进正式设立国家公园

目前南山国家公园范围和分区论证于 2022 年 5 月 26 日顺利通过国家林业和草原局组织的专家评审，下一步将做好向中央深改委、国家林业和草原局汇报和对接国家专家组，争取支持和指导，全力以赴争取南山国家公园早日批复正式设立。

（二）高质量建设国家公园

根据南山国家公园建设 2022 年重点工作清单要求，着力抓好以下五个方面。

1. 完善国家公园制度体系

在争取设立的同时，同步推进总体规划编制、管理机构组建、勘界立标等工作；严格按自然资源部批复《湖南省全民所有自然资源资产所有权委托代理机制试点实施总体方案》开展试点工作，制定生态保护、自然教育、科学研究等各领域的制度办法，为高质量推进国家公园建设提供制度保障；巩固推广行政执法成果，抓好省、市、县三级行政权力清单授权执法，探索建立国家公园生态保护司法法庭，巩固体制试点执法工作成效。

2. 加强自然生态系统保护修复

严格分区管控要求，推进山水林田湖草沙一体化保护和修复；配合做好国家发改委、湖南省发改委《零碳之路》纪录片拍摄，同时积极推进碳中

和国家公园建设，开展南山国家公园森林草原湿地碳储量、林分自然生长产生的碳汇及地类转化引起的碳变化量测算、统计、分析工作；实施南方丘陵山地带生态系统保护修复重大工程项目，抓实国家公园野生动植物栖息地、退化人工林、退化草地修复任务，实施好南山草甸生态系统修复（二期）和珍稀濒危植物专类园建设。

3. 推进社区共管和协调发展

巩固推广南山国家公园建设与脱贫攻坚相结合的成果，继续吸纳脱贫户为护林员；通过实施入口社区建设，安置生态移民，积极协调扩宽增收渠道，确保"搬得出、稳得住"；规范生态护林员管理，完善社区共管机制，完善特许经营管理办法；巩固推广风险保障成果，在与第三方保险机构继续签订《陆生野生动物致害责任保险项目服务协议》基础上，根据工作实际需要，将被保区域扩大至全域，探索将保险项目涵盖至森林防火、野生动物致害补偿、病虫害等多领域，将单项保险提升至综合保险。

4. 建立健全支撑保障措施

总结体制试点区集体林"三权分置"改革经验，推进生态补偿向保护地役权制度过渡，并分步骤实施至新纳入区域集体林地，真正实现国家公园全范围集体林地的统一管理；探索实施小水电生态电价机制，通过实施国家公园自然资源有偿使用，拓宽生态补偿等资金来源渠道；继续做好资金统筹工作，加强新纳入区域基础设施建设；健全南山国家公园生态保护基金运行和管理，吸引更多的社会资本和公益组织参与国家公园建设；依托已建成的5370平方米南山国家公园智慧中心主楼，2022年6月底前完成南山国家公园感知系统建设；推进"北斗+国家公园"风险管控平台和南山草原生态系统定位观测研究站建设，充分发挥南山国家公园研究院作用。

5. 加强宣传教育和交流合作

大力开展"走进国家公园、感受国之大者"系列主题宣传活动；建设好国家公园步道，向社会开放第一期步道，让更多人走进国家公园。建设国家公园生态学校，让国家公园建设理念走进校园。

G.28

生态美 百姓富

——武夷山国家公园福建片区经验

武夷山国家公园管理局

摘　要： 统筹协调生态保护与区域发展的关系是国家公园建设的任务之一，武夷山国家公园自设立以来背依优越的生态人文资源，在管理体制创新、生态保护理念、两山理论实践、保护与发展协调等方面做出了出色成绩，对于今后国家公园体制建设与实践具有借鉴意义。武夷山国家公园创建协同管理机制，实现了"两级管理、三级联动"的管理体制创新；坚持保护第一的生态理念，通过严格分区管控和制度建设巩固生态成效；通过多途径、多渠道、多举措、多层次的生态产品价值实现举措，谋求居民与生态和谐共生；兼顾自然与人文、保护与发展、全民与集体、科研与游憩，谱绘中国国家公园的精彩画卷。

关键词： 武夷山国家公园　生态保护　园区治理

武夷山国家公园福建片区作为典型的南方集体林区，集体土地比重大，集体林权占比高，区内传统的茶业、毛竹、旅游等产业对自然资源的依赖度较高，如何化解生态保护与区域发展这对矛盾，成为体制试点工作的核心任务之一。2016年6月，体制试点以来，武夷山国家公园不断完善管理体制、创新补偿机制、强化生态保护，有效破解保护与发展的矛盾，初步实现了"生态环境更加优美、绿色产业更加发达、村民生活更加富裕"的目标。2021年3月22日习近平总书记入闽考察时首先来到武夷山国家公园，并殷殷嘱托

"武夷山有着无与伦比的生态人文资源，是中华民族的骄傲，最重要的还是保护好"①。2021 年 9 月 30 日，国务院批复《武夷山国家公园设立方案》。2021年 10 月 12 日，国家主席习近平在《生物多样性公约》第十五次缔约方大会领导人峰会上宣布中国正式设立第一批国家公园，武夷山位列其中，为福建国家生态文明试验区建设增添了一张亮丽的名片，具有重要里程碑意义。

一 体制创新篇——建立统一规范高效的国家公园体制

通过优化、整合、创新，初步建成统一、规范、高效的国家公园管理体制，从根本上解决了政出多门、职能交叉、职责分割的弊端。

（一）创新"管理局—管理站"两级管理体制

坚持统一事权、分级管理，将由福建省林业局管理的福建武夷山国家级自然保护区管理局，和由武夷山市政府管理的武夷山景区管委会有关自然资源管理、生态保护、规划建设管控等职责，整合组建为由福建省政府垂直管理的武夷山国家公园管理局（正处级行政机构），下设执法支队和科研监测中心两个直属单位，创新建立"管理局—管理站"两级管理体系，打破行政管理"藩篱"，有效解决"九龙治水"问题，初步实现了机构整合和统一管理。在试点区涉及的 6 个主要乡镇（街道）分别设立国家公园管理站（正科级），作为管理局派出机构，履行辖区内国家公园相关资源保护与管理职责，站长由有关乡镇长兼任；相应成立 6 个执法大队，与管理站合署办公，人员实行统筹使用，形成管理局与属地政府分工合作、协同高效的管理模式，既解决了管理架构短腿问题，又有效整合地方政府资源和力量。

（二）创建责任清晰的协同管理机制

通过厘清管理局、所在地政府、省直有关部门权责，理顺职能，探索建

---

① 《在武夷山，人与自然和谐共生》，http://zqb.cyol.com/html/2022-06/07/nw. D110000zgqnb_20220607_8-02. htm。

立了以武夷山国家公园管理机构为主体，省直有关部门和南平市及有关县（市、区）、乡（镇、街道）政府协同管理，村民委员会协助参与，主体明确、责任清晰、相互配合的管理机制。其中，武夷山国家公园管理局统一履行国家公园范围内的各类自然资源、人文资源、自然环境及世界文化和自然遗产的保护与管理职责，负责国家公园范围内全民所有的自然资源资产的保护管理。南平市及武夷山市、建阳区、光泽县、邵武市政府负责履行国家公园范围内经济社会发展综合协调、公共服务、社会管理、市场监管、旅游服务等有关职责，做好国土空间管控、乡村规划实施、茶山整治和复绿，配合国家公园管理机构做好生态保护等工作。福建省发展改革、财政、自然资源、林业、公安等有关部门，按照各自职责做好国家公园保护、建设和管理的有关工作。国家公园内有关乡（镇、街道）协助履行国家公园保护和管理职责，加强生态管护，引导村民形成绿色环保的生产生活方式。

（三）健全"三级"联动的推进机制

实行省、市县、乡村三级联动，形成纵向到底、横向到边、上下联动的工作推进机制，协同推进试点工作任务，增强保护管理工作合力。

1.建立省级统筹联席会议机制

建立由常务副省长任总召集人、分管副省长任副总召集人，14个省直单位及南平、武夷山市政府主要负责人组成的体制试点工作联席会议，下设办公室，挂靠福建省林业局。联席会议各部门按照"统一领导、分工负责、密切协作、精干高效"的原则，通过联席会议、专题会议、现场调研办公等方式，统筹解决试点工作中的重大问题和体制机制障碍。

2.健全省市县协同推进落实机制

建立南平市政府与福建省林业局主要负责人季度协调会议制度，以及由南平市、4个县（市、区）分管负责人与武夷山国家公园管理局主要负责人组成的每月抓落实会议制度，研究落实省级联席会议议定事项，协调解决试点推进过程中出现的困难和问题，跟踪督促试点任务落实。

3.完善乡村联动共商共建机制

武夷山国家公园管理局与所在乡村就联合管护、资源管理、建设管控、社区发展等工作进行广泛深入协商；国家公园执法大队与所在乡（镇）、村建立联动工作机制，联合开展巡防巡护、环境整治、专项行动，共同推进试点区自然资源、人文资源和生态环境的保护管理。

（四）树立跨省协作融合管理样板

闽赣两省林业局成立联合保护委员会，由两省林业局局长共同担任主任，下设生态保护组、科研监测组、政策协调组，建立"一个目标、三个共同、五个联合"的协作管理模式，以推动武夷山生态系统的完整性保护为目标，落实共建、共管、共享等保护措施，加强联合保护、联合宣传、联合执法、联合科研、联合创建，探索跨行政区管理的有效途径。签订《黄岗山保护管理协议》，共建防灭火器材仓库，强化哨卡联合检查，严格落实进入黄岗山共管机制，共建巡护道路；双方互相开放宣教馆、博物馆等宣教设施，联合制定宣传设施升级改造方案，统一规范标识标牌设立，联合发行武夷山货币文化券；健全完善联防联动机制，联合开展野外联合执法巡护，加强"驴友"进山管制和劝阻，严厉打击偷猎盗猎、食用野生动物、非法采集重点保护植物等违法行为；联合举办"关注森林·探秘武夷"科考活动，建立健全科研数据、成果共享机制，相互开放国家定位观测研究站、科技综合实验楼等科研监测平台，共同建设智能视频监控系统项目，共享项目成果；召开两省跨行政区域自然保护地协作管理有效途径座谈会，探索跨省保护管理及整合模式，共同编制《跨省创建武夷山国家公园实施方案》，为推进跨省整合奠定坚实基础。

通过管理体制机制改革，武夷山国家公园实现了"三大转变"，即管理体制上，通过机构整合，建立"管理局—管理站"两级管理机构，实现了管理体制由分散、多头、低效管理向统一、垂直、高效管理转变；职责分工上，通过厘清管理局、所在地政府、省直有关部门权责，理顺职能，武夷山国家公园实现了管理职责由模糊不清、交叉重叠向权责清晰、协同配合转变；资源管护上，通过统一确权登记、统一保护管理、强化跨省协作，武夷山国家公园实现了资源管理由多层级、多主体向一体管理、联合管护转变，形成了以武夷山国家公园为主体，省直有关部门和南平市及有关县（市、区）、乡（镇、街道）政府协同，村民委员会协助参与，主体明确、责任清晰、相互配合的管理机制。

二　生态成效篇——打牢生态保护理念的基因底色

坚守保护第一原则，严格分区管控，坚持多措并举，建立管理智能化、管控严格化、修复科学化、责任明晰化的"四化"生态管护新模式。

（一）严格分区管控，守住生态底线

1.统一管理自然资源

出台自然资源统一确权登记实施方案，以国家公园为独立单元，开展自然资源统一确权登记，划清全民所有和集体所有之间的边界。与有关林权单位签订辖区内生态公益林、天然林和商品林管护协议，对试点区内的集体土地进行统一管控，统一管控的集体土地面积加上国有土地面积，占试点区总面积的91.30%。此外，对其余暂未签订管护协议的部分毛竹山、茶山，按照《武夷山国家公园条例（试行）》规定进行管控，基本实现自然资源全面管控。

2.分区管控生态系统

按照生态系统功能、保护目标和利用价值，将试点区划分为特别保护区、严格控制区、生态修复区和传统利用区四个功能区，实行差别化保护管理，除传统利用区允许原住居民开展适当的生产活动、建设必要的生产和生活设施外，特别保护区、严格控制区、生态修复区按照《武夷山国家公园条例（试行）》规定，严格保护管理，禁止人为破坏，有力遏制毁林开垦等破坏森林资源违法行为，维持了以常绿阔叶林为代表的顶级生物群落稳定，改善了生态系统结构功能，水土气各项指标达国

家一级优标准。2019年12月，根据中共中央办公厅、国务院办公厅《关于建立以国家公园为主体的自然保护地体系的指导意见》要求，将以上四个功能区衔接划分为核心保护区和一般控制区两个管控分区，并明确界限，勘界立标，实行差别化管理。

3.科学开展特许经营

出台《武夷山国家公园特许经营管理暂行办法》，遵循"保护优先，和谐发展"的原则，对九曲溪竹筏游览、环保观光车、漂流等涉及资源环境管理与利用的营利性服务项目实行特许经营制度，明确了特许经营活动的范围、组织方式、监督管理和法律责任等内容，为合理开发利用自然资源和人文资源，保障生态安全和公共权益，确立了法律规范。严格特许经营项目业态检查，督促特许经营者履行主体责任，推动生态效益、社会效益和经济效益协调发展。

（二）加强法制建设，推进依法治园

加快出台国家公园法规制度，编制实施总体规划和专项规划，实现了"一园一规"，确保改革于法有据、保护有法可依、建设有章可循。

1.出台一条例一办法

率先颁布施行《武夷山国家公园条例（试行）》，为依法推进国家公园保护、建设和管理，提供了法治保障。出台《武夷山国家公园特许经营管理暂行办法》，对涉及资源环境管理与利用等营利性服务项目实行特许经营制度。

2.编制一总规五专规

编制《武夷山国家公园总体规划》，优化国家公园范围，增强自然生态系统的联通性、完整性。编制保护、科研监测、科普教育、生态游憩、社区发展等五个专项规划，促进自然资源有效保护、文化有效传承、民生不断改善、社区共建共享。

3.制定十一制度十二标准

制定国家公园社会捐赠、志愿服务、社会监督、产业引导、资源保护等

11 项管理制度，为规范日常管理运行提供制度支撑。各项制度及运行情况的绩效评价工作于 2019 年 7 月经专家考核评价，符合规定要求，具有较强的科学性和可操作性。制定武夷山国家公园标准体系，包括国家公园管理、生态监测、生态保护修复、工程建设、社区发展、游憩设施建设管理、生物多样性监测、访客管理、自然资源调查、野生动物资源红外相机监测、重点保护植物监测、巡护管理等 12 个规范标准，其中野生动物资源红外相机监测和珍稀濒危野生植物监测等 2 项技术规范被批准为福建地方标准，为协调处理好生态保护与开发利用建立完善标准体系。

（三）坚持保护第一，强化保护管理

坚守保护第一原则，坚持多措并举，建立管理智能化、管控严格化、修复科学化、责任明晰化的"四化"生态管护新模式。

1. 管理智能化

开展航空摄影和森林资源二类调查，全面摸清自然资源现状，健全资源数字化档案，清晰界定生态保护、永久基本农田和城镇开发边界三条红线，形成了国家公园自然资源"一张图"。运用卫星遥感、视频监控等技术手段，建设智慧武夷山国家公园管理平台，建立集功能展示、预报预警和数据分析为一体的生态资源管理体系。

2. 管控严格化

组建武夷山国家公园森林公安分局和执法支队两支执法队伍，完善执法体系，集中行使由县级以上地方人民政府有关部门行使的资源环境方面的行政处罚权，严格规范林业执法行为；建立网格化管理机制，对山水林田湖草自然资源开展全要素、全天候巡查巡护。联合地方政府部门开展专项执法和整治行动，严厉打击毁林种茶等违法行为；加强执法和司法衔接协作，设立南平市驻武夷山国家公园检察官办公室、南平市中级人民法院武夷山国家公园巡回审判法庭，启动资源环境监督检查行动，实现案件快立、快侦、快诉、快审，严肃追责破坏生态资源违法行为。

3.修复科学化

制定重大林业有害生物灾害和森林火灾应急预案，落实林业灾害防控。出台生态茶园建设管理意见，实施化肥和农药减量、生态和有机农产品增量的"双减双增"工程，每年持续减少化肥农药用量10%以上，鼓励和引导茶企、茶农按标准建设生态茶园，累计建成生态茶园示范基地4000多亩。全面禁止试点区林木采伐，因地制宜开展退化林分生态修复，完成封山育林62.5万亩。

4.责任明晰化

建立领导干部离任审计制度，将审计结果作为党政领导干部考核、任免、奖惩的重要依据；推行自然生态系统保护成效考核评估制度，按照森林蓄积量、茶园面积变化率等11个指标对自然生态系统保护成效进行考核评估；确立破坏资源环境"黑名单"惩戒制度，对破坏生态资源违法行为的单位和个人实行制度约束。

武夷山国家公园通过集中高效的管理与执法，有效打击各类生态破坏行为，实现了"三个提升"：（1）管控举措提升，通过强化智能监控、分区管控、生态修复、责任追究四大措施，构建了管理智能化、管控严格化、修复科学化、责任明晰化的自然生态系统管理新模式。（2）执法效能提升，通过整合执法机构、集中行政处罚、推进联动执法、完善执法协作、规范执法行为，形成了"零容忍、全覆盖"的高压严打态势，执法威慑力显著提高，法制教育受众面明显扩大。（3）保护成效提升，国家公园山更绿了、水更清了，森林植被原真性、完整性得到加强，森林覆盖率达96.72%；生态环境质量稳中向好，适宜生境面积不断增加，生物多样性更加丰富，新发现雨神角蟾、福建天麻、武夷凤仙花、武夷山对叶兰等11个动植物物种；丹霞地貌景观、武夷大峡谷等重要自然景观和自然遗迹状态稳定，地表水、大气、森林土壤各项指标均达到国标Ⅰ类标准。

三 和谐共生篇——两山理论的生动实践

武夷山国家公园通过壮大绿色产业、加大生态补偿、优化社区规划建设、引导社区参与等，提高群众收入，提升生态环境，促进生态保护与社区发展相协调。

（一）多途径建立参与机制，社区居民转化为生态守护者

建立健全政府、企业、社会组织和公众共同参与国家公园保护管理的长效机制，鼓励社会各界共同参与国家公园建设，促进生态安全、管理规范、社区和谐。

1. 参与决策

通过函询、座谈会、听证会等形式，引导社区、居民、企业等利益相关方参与重要政策制定，确保科学、民主决策。

2. 参与经营

建立就业引导与培训机制，引导村民参与特许经营、资源保护、旅游服务。公开择优招聘生态管护员、哨卡工作人员 137 人，公开择优招聘竹筏工、环卫工、观光车驾驶员、绿地管护员等共 1300 余名。继续支持民营企业参与经营龙川瀑布等区内旅游景点。制定《武夷山国家公园管理局奖励性政策支持工作办法》，对配合国家公园保护的单位和个人予以奖励。

3. 参与监督

在国家公园网站设置局长信箱，并公布投诉、举报电话，聘请人大代表、政协委员、基层村干、群众代表等一批社会监督员，接受社会公众和新闻媒体监督，促进国家公园规范发展。

4. 参与服务

建立志愿服务机制，定期向社会公开招募志愿者，开展生态保护、综合服务、动植物普查、生态监测以及宣传教育等志愿服务活动。试点以来，组织开展野外科考、生物多样性保护、环保公益、马拉松、骑游、越野等志愿者服务 26 批 5000 多人次。

（二）多渠道完善生态补偿，让居民在生态保护中得实惠

武夷山国家公园通过完善生态保护补偿机制，支持社区居民参与特许经

营和保护管理，破解生态保护与社区发展、林农增收的矛盾，初步实现百姓富、生态美的有机统一。

1. 落实生态效益补偿

对试点区内133.70（按林地类别）万亩生态公益林，按照每年每亩26元的标准进行补偿（比区外多3元），从2020年开始，连续3年每年每亩增加2元。对5.41万亩天然乔木林，按生态公益林补偿标准给予停伐补助。

2. 开展重点区位商品林收储

在林农自愿的前提下，对重点区位商品林，通过赎买、租赁、生态补助等方式进行收储，收储林木参照生态公益林管理，缓解了林农权益与生态保护的矛盾。试点以来，已收储3866亩。

3. 创新森林景观补偿

对主景区内7.76万亩集体山林所有者实行补偿，补偿费随景点门票收入增长比例递增，试点以来，平均每年支付319万元，实现生态成果与旅游收益共享。

4. 探索经营管控补偿

对4.5万亩毛竹林实行经营管控，并给予一定补偿（每年每亩118～149.5元）；对1.08万亩集体人工商品林参照天然林停伐管护补助标准予以管控补偿。此外，出台《关于建立武夷山国家公园生态补偿机制的实施办法（试行）》，初步建立起以资金补偿为主，技术、实物等补偿为辅的生态补偿机制。

（三）多举措打造生态产业，注入国家公园品牌新动能

武夷山国家公园通过打造生态茶产业、生态旅游业、富民竹业，探索绿水青山变为金山银山的有效途径，促进生态保护与社区经济协调发展，形成了"用10%面积的发展，换取90%面积的保护"的管理模式。

1. 打造生态茶产业

发挥茶业龙头企业优势，通过"协会推动、企业联动、茶农参与"方式，建立"龙头企业+农户"的经营模式，形成品牌效应，促进从商品到名

品的升级。大力支持创办茶叶合作社，以"合作社+茶农+互联网"的运作模式，促进分散农户与市场紧密对接，实现标准化生产、规模化经营。大力开展生态茶园改造，推进茶—林、茶—草混交模式，提升茶叶品质；指导开展地理标志申报和绿色认证，推动试点区茶叶成为绿色环保无公害产品，提升茶产业经济效益，促进农户持续稳定增收。

2. 打造生态旅游业

结合美丽乡村建设，主动对接武夷山全域旅游布局，利用九曲溪上游生态漂流、青龙瀑布、十八寨等旅游资源，引导村民发展森林人家、民宿，大力发展乡村旅游、生态观光游和茶旅慢游，有效增加农民收入。

3. 打造富民竹业

组织科技下乡，引导竹农在现有规模下开展丰产毛竹培育，建立毛竹丰产培育示范基地 2237 亩。此外，大力推广林蜂、林药、林菌等特色林下种（养）业，拓宽社区村民增收渠道。

（四）多层次规范社区发展，建设绿色和谐新型社区

武夷山国家公园通过优化乡村建设规划、强化建设管控、开展乡村环境整治、实施生态移民搬迁，建立了"布局合理、规模适度、减量聚居、环境友好"的国家公园居民点体系，社区环境更加优美。

1. 优化乡村建设规划

委托专业院校编制桐木、坳头、黄村等村庄建设规划，规范建筑风格、环境景观和旅游配套设施等，继承和发扬原有民居风貌，保存传统建筑，确保与周围环境相协调。

2. 强化建设管控

严格控制开发利用强度，禁止建设与国家公园保护方向不一致的设施和项目。实行建设项目前置审核制度，落实建设审核、审批和监管责任，全力开展违建清查专项整治和"两违"打击工作，依法拆除"两违"建筑。

3. 开展乡村环境整治

实施环境综合整治项目 3 个，每年下达垃圾处理补助资金 125 万元，解

决居民聚集地生活污水和垃圾污染问题，建立卫生保洁长效机制，实现村容村貌整洁、生态环境优美。开展星桐公路改造，打造生态路、景观路，提升园内群众出行幸福指数。

4. 实施生态移民搬迁

出台国家公园生态移民安置办法，投入 351 万元完成大洲村牛水桥村民小组 11 户 49 人生态移民搬迁；开展南源岭旧村 70 户村民分步搬迁工程，引导搬迁户依托风景区和度假区发展民宿和餐饮业，真正实现"搬得出、留得住、发展好"。

武夷山国家公园通过体制改革，实现"三个更加"：（1）绿色产业更加发达，通过打造生态茶产业、生态旅游业、富民竹业，探索绿水青山变为金山银山的有效途径，促进生态保护与社区经济协调发展，形成了"用 10% 面积的发展，换取 90% 面积的保护"的管理模式。（2）社区环境更加优美，通过规范乡村建设、建设森林村庄、实施生态移民搬迁、改善社区环境卫生，建立"布局合理、规模适度、减量聚居、环境友好"的国家公园居民点体系。（3）农民生活更加富裕，通过完善生态保护补偿机制，支持社区居民参与特许经营和保护管理，破解生态保护与社区发展、林农增收的矛盾，增强社区群众获得感、幸福感，初步实现百姓富、生态美的有机统一。区内桐木、坳头两个完整行政村人均收入 2.36 万元、2.9 万元，分别比周边村高 0.64 万元和 0.73 万元。

四　深化谋新篇——谱绘最美国土的精彩画卷

立足新起点，武夷山国家公园管理局将围绕将武夷山国家公园建设成为文化和自然遗产世代传承、人与自然和谐共生的典范目标，以完善统一规范高效的管理体制为抓手，以强化武夷山自然生态系统和自然遗产保护为核心，突出自然和人文兼容、保护与发展兼备、全民和集体兼顾、科研和游憩兼具，进一步加强自然生态系统原真性、完整性保护，传承珍贵自然资源和优秀人文资源，促进人与自然和谐共生。

（一）突出自然和人文兼备，保护传承珍贵遗产

生态保护是武夷山国家公园的永恒主题，始终坚持生态保护第一，提升智能化管护水平，科学开展生态修复，聚焦林下套种、复种茶叶等生态破坏行为，通过巡护网格化、监管科技化、修复科学化等措施，把自然生态系统最重要、自然景观最独特、自然遗产最精华、生物多样性最富集的区域切实有效地保护起来。

1. 巡护网格化

完善生态资源网格化巡护机制，细化站（队）负责人—干部—管护员三级网格监管体系，按照定区域、定人员、定职责、定任务、定奖惩的"五定"管理机制，加强自然人文资源的全要素、全天候巡查巡护，及时发现和制止违法违规开垦茶山等破坏资源环境行为。

2. 监管智能化

完善"天空地"一体化综合监测体系，联合中科院开展卫星综合监测工作，通过实时监测、影像比对、图斑提取等方式，及时掌握茶园、竹林等自然资源变化情况，为保护管理提供决策参考。开展国家公园文物数字化及展示项目建设，推动文化遗产走进"云端"，完善国家公园文物资源数据库，促进治理能力现代化。

3. 修复科学化

建立生态红线管控制度，对重点生态区域实施封山育林、对茶山整治区域开展林分改造，建立森林结构稳定、生态功能强大、生态效益明显的森林植被体系。

（二）突出保护与发展兼容，促进绿色协调发展

牢记习近平总书记嘱托，深入贯彻新发展理念，在坚持生态保护第一前提下，积极探索绿水青山转化成金山银山的有效途径，通过落实生态补偿机制、引导绿色产业发展、规范社区建设，推动生态保护、绿色发展、民生改善相统一。

1. 补偿制度化

严格落实《关于建立武夷山国家公园生态补偿机制的实施办法（试行）》，适时提高生态公益林保护补偿、林权所有者补偿等补偿标准，不断增强社区村民获得感、归属感。

2. 产业特色化

持续开展生态茶园改造，引导和支持茶企、茶农按标准建设生态茶园，打造国家公园生态茶园示范基地；立足国家公园资源优势，引导社区村民发展民宿、森林人家等生态旅游业；创立茶、竹、蜂蜜等地理标志特色品牌，探索建立生态产品价值实现机制，推动国家公园百姓富、生态美有机统一。

3. 风貌协同化

组织实施"十四五"时期文化保护传承利用工程项目，加强民生项目和园区基础设施建设。配合属地政府科学编制乡村规划，统一建设风貌，推动社区人居环境改造提升，打造人与自然和谐共生的示范社区，促进国家公园社区建设与国家公园自然、人文环境相协调。

（三）突出全民和集体兼顾，强化资源统一管控

始终遵循山水林田湖草综合治理思路，严格实行分区管控，在履行好全民所有自然资源资产所有者职责的基础上，重点强化对集体所有自然资源的监管，实现自然资源统一管理。

1. 管控精细化

严格按照国务院批复的《武夷山国家公园设立方案》要求，实行分区管控。对核心保护区内的自然生态系统和自然资源实行最严格的保护，原则上禁止人为活动。一般控制区严格禁止开发性、生产性建设活动，仅允许对生态功能不造成破坏、符合管控要求的有限人为活动。

2. 措施多样化

在严格落实生态公益林、天然商品乔木林等管护要求的同时，加大商品林赎买资金投入力度，在林农自愿的前提下，力争做到应买尽买；巩固毛竹林地役权管理成果，逐步扩大毛竹林地役管理范围；对园内尚未纳入地役权

管理的集体所有毛竹林和茶山，进一步落实毛竹生产经营管理规定、茶园改造暂行规定，加大监管力度，确保科学经营、有效管控。

3. 经营特许化

依法依规对九曲溪竹筏游览、环保观光车、漂流实行特许经营管理，强化特许经营业态检查，督促落实特许经营者主体责任，保障生态安全和公共权益。

（四）突出科研和游憩兼具，传播国家公园理念

积极践行习近平生态文明思想，着眼于提升生态系统服务功能，按照科普全民化、交流国际化、游憩生态化，提升国家公园形象，激发自然保护意识，持续增强武夷山影响力。

1. 科普全民化

探索国家公园自然教育实践，开展"关注森林·探秘武夷"生态科考，探秘实况直播，直击科考现场，让更多民众"云上"参与国家公园生态科考。在中小学开展"捐一本书、上一堂课"科普进校园活动，在省内高校推广《走进武夷山国家公园》选修课。

2. 交流国际化

通过召开武夷山国家公园建设发展专家咨询交流会，加强与加拿大UBC大学、福建农林大学等国内外高校合作交流。加强与美国火山口湖国家公园等建立友好合作关系，在形象宣传、交流培训、科研合作等方面开展双向国际交流，提升国际影响力。

3. 游憩生态化

配合地方政府推进自然观光向生态游憩、森林康养转变，建设生态游憩导览解说系统和重点区域保护树种及珍稀树种标识系统，健全公益宣传标识标牌，提高公众生态保护意识。严格实施访客容量动态监测和环境容量控制，确保国家公园游赏适宜、运营可靠、生态平衡。会同地方政府进一步加大生态游憩宣传力度，广泛传播国家公园理念，共同讲好武夷山国家公园故事。

G.29

潮起钱江源

——钱江源国家公园体制试点建设经验

钱江源国家公园管理局

摘　要： 大体量的集体土地统一监管问题是自然保护地体制改革过程中面临的现实问题，钱江源国家公园体制试点区作为目前长江三角洲唯一的国家公园体制试点区，人口密度较大，集体所有土地占比高。在这一背景下，钱江源国家公园试点率先完成自然资源资产登记，开展集体林地地役权改革，积极探索农田地役权改革。同时，钱江源国家公园在创新管理体制、生态资源保护监管、推进自然教育、社区共建共享等方面也做出了卓越成效，实现了"管理一个口""资源一本账""监测一体化""研学一张网""建设一张图""社区一盘棋"，并总结了相关建设经验。

关键词： 钱江源国家公园　自然教育　社区共建共享

　　钱江源国家公园体制试点区位于浙江省衢州市开化县，地处浙江人民母亲河——钱塘江的源头，是目前长江三角洲唯一的国家公园体制试点区。这里经济相对发达、人口密度大、集体土地占比高，如何统筹推进统一规范高效管理体制机制建设和山水林田湖草综合治理，实现大面积集体土地的统一监管，有效推进跨省合作保护等等，所有这些，都是钱江源国家公园在体制试点过程中必须客观面对、有效破解的重大课题。

　　试点以来，钱江源国家公园管理局深入贯彻落实习近平生态文明思想，坚持生态保护第一、国家代表性、全民公益性，正确处理保护与发展、人与自然的关系，走出了一条富有浙江特色的国家公园创建之路，为经济发达、人口密集、集体林占比高区域建设国家公园提供了可复制、可推广的浙江经验。

试点建设过程中，钱江源国家公园管理局充分发挥浙江人干事创业激情和体制机制创新优势，致力于做好"加减乘除"四篇文章，着力推进国家公园体制试点各项任务落地生根、开花结果：（1）保护做加法，就是落实最严保护措施，通过持续开展"清源行动"，严厉打击各类破坏自然资源行为，建立自然资源保护长效机制；（2）项目做减法，就是严格执行项目前置审批制度，对原有不符合生态管控要求的项目建立逐步退出机制，减少不必要的人为活动对自然生态系统的干扰；（3）功能做乘法，就是在做好自然资源原真性、完整性保护的基础上，尽可能发挥国家公园的科学研究、自然教育以及游憩的功能；（4）环境做除法，就是逐步清除非自然状态的物质和行为，比如外来入侵物种，生活污水垃圾集中收集处理等，还自然以本来面目。

通过几年的努力，钱江源国家公园管理局已全面高质量完成国家公园体制试点的各项目标任务，在 2019 年 7 月和 2020 年 9 月由国家林业和草原局（国家公园管理局）委托开展的国家公园体制试点第三方评估中，钱江源国家公园体制试点任务完成情况在各试点区中均名列前茅。

一 创新体制机制，实现"管理一个口"

整合原有保护地管理机构，成立钱江源国家公园管理局（以下简称"钱江源管理局"），明确钱江源管理局由浙江省政府垂直管理、纳入省一级财政预算，由浙江省林业局代管。制定了钱江源管理局党组工作规则、局长办公会和局务会相关制度。同时，开化县政府和钱江源管理局建立每两月一次的例会制度，钱江源管理局副局长兼任县政府党组成员，县级有关部门和钱江源管理局常态化、制度化解决体制试点中遇到的问题，形成了"垂直管理、政区协同"的管理体制（见图 1）。

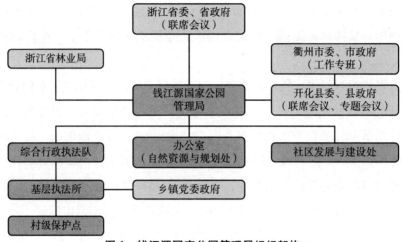

图 1　钱江源国家公园管理局组织架构

　　"垂直管理、政区协同"体制实行"1+3+X"架构，"1"即组建成立钱江源管理局。"3"即组建成立省、市、县三级协调领导小组，省级层面建立体制试点省政府联席会议制度，负责统筹协调试点工作的重大问题；市级层面成立体制试点工作专班，将体制试点工作列入全市15项重大攻坚任务之一；县级层面成立体制试点领导小组和咨询专家委员会，协调推进试点日常工作。"X"即建立一系列的管理制度，建立健全县级协同管理机制、权责清单、监管制度、生态监测评估机制和社会监督机制等管理制度，从根本上破解了自然保护地多头管理、职能分散、交叉重叠的碎片化问题，探索建立了统一规范的新体制新模式。新型管理体制在适应试点要求的同时也从根本上破解了"沼泽之困"与"方向之困"，为国家公园建立保护有力、协作高效的区政关系，提供了样板和示范。

二　坚持保护第一，实现"资源一本账"

（一）落实最严管护措施实现生态资源原真完整保护

1. 持续开展"清源"专项行动

结合实际管控需求和短板，每年调研确定"清源"专项行动主题，累计完成项目整治 8 个，叫停项目 4 个，处罚案件 18 件，救护野生动物 82 起 262 只，有力打击了各类破坏自然资源违法行为，社区居民保护野生动植物的意识不断提高。

2.创新设立野生动物保护机制

在开化县政府发布"全域禁猎"公告的基础上，钱江源管理局先后设立面向全县的"野生动物救助举报奖励办法"和"野生动物肇事保险"制度，充分调动广大干部群众保护野生动物的积极性和主动性，引导野生动物肇事赔偿由政府补偿开始向商业赔偿转变，缓解了野生动物保护和农民生产生活之间的损害赔偿矛盾，为野生动物撑起了一片晴朗天空。

3.建立健全自然资源保护利用与退出机制

国家公园范围内 9 座小水电实现分类处置，其中 5 座完成退出，4 座实行生态流量控制；政府出资 1.84 亿元完成水湖枫楼招商引资项目整体回购。

4.创新建立生态司法协作机制

联合衢州市检察院设立环境资源巡回法庭，探索跨部门、跨行政区域、钱塘江流域生态司法联动，并充分发挥环境资源巡回法庭和司法救助生态的作用，以法治理念推动生态保护。

（二）创新开展地役权改革实现集体自然资源有效监管

1.完成自然资源资产统一确权登记

按照自然资源部《国家公园自然资源统一确权登记实施方案》的部署要求，完成自然资源资产统一确权登记，建立自然资源信息数据库。

2.率先开展集体林地地役权改革

针对集体林占比较高的实际，2018 年率先开展了集体林地地役权改革，在不改变森林、林木、林地权属的基础上，先由农户或村民小组自行委托村民委员会代理、再由村民代表大会集体表决形成决议，明确约定双方权利义务（见图 2），钱江源管理局给予 48.2 元/亩/年的地役权补偿，实现占比达 80.7%的集体林地的统一监管。地役权补偿资金由省财政从省森林生态效益专项资金中列支，将随省公益林补偿资金的增长同步增长。通过地役权改

革，实现了试点区内重要自然资源的统一管理，也让属地农民真正从生态保护中获得红利，仅此一项每年就为原住居民增收 1300 余万元。

3. 探索开展农田地役权改革试点

2020 年 6 月，钱江源管理局深化地役权改革成果，启动了农村承包土地的地役权改革试点，在不改变土地权属的条件下，通过设立权利义务清单（见表 1），在限定生产主体行为的同时，钱江源管理局给予每年每亩 200 元的地役权补偿；同时，通过政府购买服务的方式，约定经营主体以不低于5.5 元/斤的价格收购稻谷，以不低于 10 元/斤的价格销售大米，钱江源管理局给予 2 元/斤的市场营销补贴，并允许使用钱江源国家公园相关标识，以此提高产品附加值，最终将产品销售推向市场。

地役权改革虽然没有改变土地权属，但钱江源管理局通过正负面清单制度，对村民、村集体在集体土地上的相关行为进行了规范，花小钱办大事，

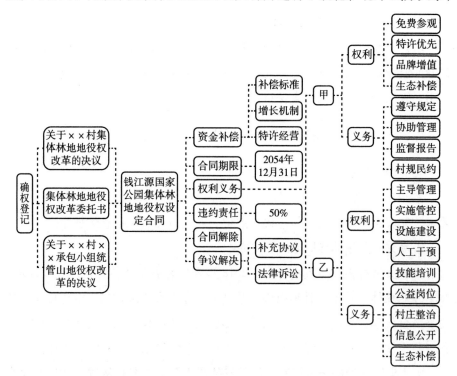

图 2　集体林地地役权改革流程和合同设定示意

在对国家公园范围内重要自然资源统一监管的同时，实现了全民所有自然资源资产在实际控制意义上的主体地位，为南方人口密集、集体林占比高的地区建设国家公园提供了可复制、可借鉴的重要经验。2021 年 9 月，在《生物多样性公约》第 15 次缔约方大会非政府组织平行论坛上，"钱江源国家公园集体土地地役权改革的探索实践"从全球 26 个国家 258 个案例中脱颖而出，入选 19 个"生物多样性 100+全球特别推荐案例"之一。

表 1 农田地役权改革权利义务清单

甲方(供役地人)		乙方(钱江源管理局)	
权利	义务	权利	义务
1. 土地所有权； 2. 合理补偿权； 3. 保留传统农耕文化； 4. 适度发展耕地景观、生态旅游、生态农业和环境教育； 5. 承包经营权流转； 6. 特许经营优先权	1. 不得改变土地使用性质； 2. 不得使用化肥、农药、除草剂，不得使用未经发酵处理的粪便作肥料； 3. 禁止焚烧秸秆和野外用火； 4. 不得捕捉进入耕地的野生动物； 5. 保持田园整洁，做到无农业投入品废弃包装物和长期积存垃圾； 6. 不擅自引入、投放、种植外来入侵物种； 7. 不违建大棚、栏舍等污染环境、破坏资源或者景观的生产设施； 8. 提倡休耕蓄水	1. 监督管理； 2. 科研监测； 3. 对土地流转、外来资本投资实施特许经营； 4. 对访客容量进行限制	1. 给予生态补偿； 2. 实施生态修复； 3. 改善农业生产设施； 4. 组织开展职业技能培训； 5. 推进品牌增值体系建设，提高产品附加值； 6. 协调落实农业政策性风险； 7. 制订特许经营计划，引导和鼓励相关产业发展

（三）推进跨区域合作实现更大范围自然资源整体保护

1. 创新协作保护模式

对照《钱江源国家公园体制试点区实施方案》要求"探索跨行政区域合作保护的路径"的试点任务，自下而上推进与毗邻的江西、安徽所辖三镇七村，以及安徽休宁岭南省级自然保护区跨区域合作保护协议签订，实现省际毗邻镇村合作保护模式全覆盖。

2. 建立跨区域司法协作

江西德兴、婺源，安徽休宁和浙江开化四地政法系统共同签署了《开

化宣言》，建立了护航国家公园生态安全五大机制。

3. 深化协作保护成果

2019 年建立了长虹乡霞川村与江西省婺源县东头村的跨省联合保护站；2020 年 8 月，钱江源管理局与江西省婺源县江湾镇签订了合作保护协议，以权属不变、属地管理为前提，配备巡护设备，共建巡护队伍，实现更加紧密的合作保护。筹备钱江源国家公园生态共建联盟，致力国家公园全域及周边区域更大范围自然生态系统原真性、完整性保护。

三 深化科研合作，实现"监测一体化"

（一）建立一体化监测体系

依托中科院植物所、动物所，浙江大学等科研力量，并与傅伯杰、魏辅文两位院士开展合作，建成森林动态样地监测、生物多样性与生态系统功能实验、网格化生物多样性综合监测、林冠生物多样性监测等四大国内一流、世界领先的森林生物多样性与气候变化响应学科前沿研究平台。通过遥感、林冠塔吊以及地面观测等新技术和新方法的应用，升级整合已建科研平台，建成"空天地"一体化生物多样性监测体系，实现对钱江源国家公园全境、重要生态系统以及关键物种的长期动态监测。2021 年 10 月，"浙江钱江源森林生物多样性野外科学观测研究站"经科技部批准，正式成为国家野外科学观测研究站。

（二）开展系列专项研究

"钱江源国家公园自然资源本底调查""钱江源国家公园生态修复专项规划""钱江源国家公园黑麂科学研究与保护项目""钱江源国家公园苔藓植物新记录类群研究"等 10 个专项课题验收结题；"生物多样性监测在数字钱江源中的可视化建设""地役权改革后农田土壤环境监测分析项目""莲花溪流域生态修复方案编制"等 13 项重点研究课题正在有序推进。

（三）科研成果不断丰富

在本底调查中共发现钱江源国家公园新记录物种 1401 种；2019 年 9 月，中国政府通过外交部向联合国可持续发展峰会递交的《地球大数据可持续发展目标报告》，其中陆地生物以钱江源国家公园为例；截至 2020 年底，基于钱江源国家公园的研究，已在世界生态学顶级期刊发表论文 349 篇，其中 270 篇被 SCI 收录（*Science* 2 篇）。

（四）旗舰物种研究取得突破

通过试点前后、域内与域外的生态系统健康发现，钱江源国家公园范围总体上的健康程度要明显优于域外区域，植被覆盖率持续增加，土壤侵蚀呈现减少趋势；通过红外相机监测数据评估，分析钱江源国家公园现有功能分区对黑麂栖息地保护的有效性结果表明，黑麂倾向于出现在森林较为原始和道路密度较低的区域，是保存较好的中亚热带森林生态系统的指示性物种。白颈长尾雉在钱江源国家公园范围内有较大面积的栖息地分布，适宜生境为 7907.67 公顷，较适宜生境为 9946.44 公顷，共占钱江源国家公园总面积的 70.85%。对比 2014~2021 年红外相机监测结果，发现黑麂与白颈长尾雉种群总体趋于稳定，野生动物栖息环境得到改善。

四　推进自然教育，实现"研学一张网"

（一）做特做精研学产品

依托地处"长三角"的区位优势，与世界自然基金会（WWF）开展合作，提炼环境教育资源、提升环境教育设施，重构环境教育解说体系，实施《钱江源国家公园环境教育专项规划》，完成标识标牌体系、人员解说培训、国家公园导览丛书等具体项目；完成钱江源国家公园 IP 衍生产品研发和"潮起钱江源""走进钱江源""视界钱江源"等丛书编撰，完成宣传片

《亚热带之窗》、科教片《共有的家园》、纪录片《多彩钱江源》拍摄；正式设立国家公园频道、国家公园网站、微信公众号，着力提升宣传平台的生态科普、教育宣传属性，营造国家公园体制试点的良好舆论宣传环境；"钱江源国家公园植物识别 App""钱江源国家公园数字标本馆"正式上线，开启人工智能科普宣教新模式。

（二）开展系列研学活动

钱江源国家公园范围内的 7 所小学开设了环境教育课程，成功举办"全国三亿青少年进森林研学教育活动"启动仪式，开展"万名青少年走进钱江源国家公园研学""小小公民科学家""小园丁·钱江源国家公园绿色守护行动"等一系列主题研学活动和"钱江源国家公园"杯马拉松等一批冠名赛事。2021 年 6 月，钱江源国家公园被全国关注森林执委会认定为全国首批 26 个"国家青少年自然教育绿色营地"之一；2022 年 4 月，钱江源国家公园体制试点区被全国科协认定为首批"全国科普教育基地"。

五　突出规划引领，实现"建设一张图"

（一）编制完善规划体系

2017 年 10 月，浙江省人民政府批复《钱江源国家公园体制试点区总体规划（2016—2025 年）》；2020 年初，根据中期评估反馈意见和"一园两区"建设架构，启动总体规划修编，同年 8 月，《钱江源—百山祖国家公园总体规划（2020—2025 年）》经浙江省政府同意发布实施。依据总体规划和发展目标，先后完成了《钱江源国家公园生态保护专项规划》《钱江源国家公园生物廊道专项规划》《钱江源国家公园生态修复专项规划》等编制与论证，确保试点建设依法依规。

（二）落实一批重点项目

完成了科普馆、基础管护体系、通信信息覆盖、巡护步道、水质监测站、远程宣教体系、珍稀植物园、栖息地生态修复等项目建设，推进了暗夜公园、中国清水鱼博物馆、社区环境治理等项目；2022 年 6 月，钱江源国家公园科普馆基本陈列展品荣膺浙江省第十六届（2021 年度）全省博物馆陈列展览"十大精品"项目。

（三）完善一批基础设施

建立"局—队—站—点"科学完善的四级管护体系，推进国家公园智慧化新基建建设，完成齐溪、何田、长虹、苏庄 4 个保护站（执法所）建设；建立 21 个村级保护点和 1 个跨省联合保护站；新建 1 中心 4 站点的指挥中心；完成 75 千米巡护步道、27 千米生物防火带提升、5 处水质监测站等工程建设；完成 1 套卫星防火预警、8 处高空云台、9 处对讲通信基站、15 处通信基站、32 处人脸车辆抓拍、96 处地面视频监控、276 处地面火情预警、600 处野外动物监测点等生态管护信息系统，为钱江源国家公园高质量发展、智慧化管理打下良好基础。

六　推动共建共享，实现"社区一盘棋"

（一）大力支持社区建设

坚持"原住居民为本"理念，先后安排约 6500 万元专项资金，深入开展村庄"环境整治、风貌提升"行动，一批村庄环境整治项目落地实施，有效改善了农村人居环境和乡村风貌。

（二）探索开展特许经营

出台《钱江源国家公园特许经营管理办法（试行）》，在齐溪镇里秧田村开展农副产品特许经营试点。

（三）完善社区扶持政策

开展"柴改气"试点，以绿色发展理念引领发展方式和群众生活生产

方式的转变；增设公益岗位，从原住居民中招聘104名专兼职巡护员，培训了一支百人农民科学家队伍，通过社区共管、共建、共享，致力打造命运共同体，实现人与自然和谐共生。

（四）打响国家公园品牌

引导绿色产业发展，成立了开化县钱江源国家公园绿色发展协会，完成"钱江源国家公园""鹏栖"集体商标注册，开展品牌增值体系研究，提升国家公园品牌价值和生态农产品附加值，进一步打通"两山"转化通道；配合县级相关部门开展国家公园龙顶茶、清水鱼、山茶油等产品标准体系建设，进一步健全生态产品价值实现机制。

附　　录

Appendix

G.30
中国国家公园建设大事记

　　说明： 本大事记以尽可能全面为原则编录，资料来源包括国家公园相关论文、国家林业和草原局（国家公园管理局、原国家林业局）官网、各国家公园（体制试点区）官网、其他相关网站，以下是具体说明。①本大事记包含的主要内容是：中共中央、国务院及其办公厅发文；国家林业和草原局关于国家公园体制建立和以国家公园为主体的自然保护地体系建立的重要行动；中央和全国层面的重要宣传行动；各国家公园（体制试点区）及试点单位的重要动态，通过网络能够检索到的各国家公园（体制试点区）管理相关条例/办法/试点方案/规划发布和挂牌揭牌事件信息。大事记共63条。②从内容主题来看，分为以下15类，以"【】"在每个事件开头标明（括号内为该类别的大事记数量）：文件（12）、试点方案（7）、中央议事（2）、挂牌揭牌（9）、督查处理（1）、法律法规（11）、规划（5）、机构调整（2）、会议（3）、宣传（3）、规范标准（2）、试点验收（1）、领导人视察（2）、合作（2）、正式设立（1）。由于标记目的是使读者尽快获取条目信息，故以精准提炼内容为主，未考虑不同类型所包含条目数量的均

衡性。③10 个国家公园（体制试点区）的标准名称统一为：东北虎豹、祁连山、大熊猫、三江源、海南热带雨林、武夷山、神农架、普达措、钱江源、南山。

2013年

【文件】2013 年 11 月 12 日中国共产党第十八届中央委员会第三次全体会议通过《中共中央关于全面深化改革若干重大问题的决定》，提出"建立国家公园体制"。

2015年

【文件】2015 年 1 月 20 日，国家发展和改革委员会同财政部、原国家林业局等 13 个部门联合印发《建立国家公园体制试点方案》，确定 9 个试点省份，启动国家公园体制试点工作。

【文件】2015 年 9 月 21 日，中共中央、国务院印发《生态文明体制改革总体方案》，在"建立国土空间保护制度"一节中，明确提出"建立国家公园体制"，并强调"加强对重要生态系统的保护和永续利用，改革各部门分头设置自然保护区、风景名胜区、文化自然遗产、地质公园、森林公园等的体制"，"保护自然生态和自然文化遗产原真性、完整性"。

【试点方案】2015 年 12 月，中央全面深化改革领导小组第十九次会议审议通过《三江源国家公园体制试点方案》。

2016年

【中央议事】2016 年 1 月，习近平总书记主持召开中央财经领导小组第十二次会议时强调："要着力建设国家公园，保护自然生态系统的原真性和完整性，给子孙后代留下一些自然遗产。"

【试点方案】2016 年 3 月，印发《三江源国家公园体制试点方案》。

【挂牌揭牌】2016 年 6 月，三江源国家公园管理局正式挂牌；9 月中央编办印发《关于青海省设立三江源国家公园管理局的批复》，试点期间管理局为正厅级行政单位，中央政府委托青海省政府直接管理。

【试点方案】2016 年 6 月，国家发展改革委批复同意《武夷山国家公园体制试点区试点实施方案》。

【挂牌揭牌】2016 年 11 月 17 日，神农架国家公园管理局挂牌成立；试点期间管理局为正处级事业单位，中央政府委托湖北省政府直接管理后，湖北省政府委托神农架林区代管。

2017年

【试点方案】2017 年 1 月，中共中央办公厅、国务院办公厅正式印发《东北虎豹国家公园体制试点方案》《大熊猫国家公园体制试点方案》。

【文件】2017 年 2 月 7 日，中共中央办公厅、国务院办公厅印发《关于划定并严守生态保护红线的若干意见》，要求划定生态保护红线，涵盖所有国家级、省级禁止开发区域（如自然保护区、风景名胜区），以及有必要严格保护的其他各类保护地等。

【督查处理】2017 年 2 月 12 日至 3 月 3 日，由党中央、国务院有关部门组成中央督查组，开展了关于甘肃祁连山局部生态破坏问题的专项督查，后中央政治局常委会会议听取督查情况汇报，对甘肃祁连山国家级自然保护区生态环境破坏典型案例进行了深刻剖析，并对有关责任人作出严肃处理；6 月 1 日中共中央办公厅、国务院办公厅印发《关于甘肃祁连山国家级自然保护区生态环境问题督查处理情况及其教训的通报》，要求各地区各部门坚决扛起生态文明建设的政治责任，切实把生态文明建设各项任务落到实处；7 月 20 日，中共中央办公厅、国务院办公厅就甘肃祁连山国家级自然保护区生态环境问题向社会公众发出通报。

【法律法规】2017 年 2 月 28 日，浙江省开化县委及县政府办公室印发

《钱江源国家公园体制试点区山水林田河管理办法》。

【文件】2017年3月，国务院政府工作报告提出出台国家公园体制总体方案。

【挂牌揭牌】2017年6月，武夷山国家公园管理局成立；试点期间管理局为正处级行政单位，中央政府委托福建省政府直接管理，由省林业局直接领导。

【试点方案】2017年6月，中央全面深化改革领导小组第三十次会议审议通过《祁连山国家公园体制试点方案》

【法律法规】2017年6月2日，青海省第十二届人民代表大会常务委员会第三十四次会议通过《三江源国家公园条例（试行）》，自2017年8月1日起正式施行。

【挂牌揭牌】2017年8月19日，东北虎豹国家公园管理局成立；试点期间管理局为正厅级事业单位，由中央政府直接管理。

【文件】2017年9月26日，中共中央办公厅和国务院办公厅印发《建立国家公园体制总体方案》，确认我国国家公园以国家利益为主导，坚持国家所有，具有国家象征，代表国家形象，彰显中华文明。同时，文件明确了体制建立的具体目标：到2020年，建立国家公园体制试点基本完成，整合设立一批国家公园，分级统一的管理体制基本建立，国家公园总体布局初步形成；到2030年，国家公园体制更加健全，分级统一的管理体制更加完善，保护管理效能明显提高。

【中央议事】2017年10月，党的十九大报告提出"建立以国家公园为主体的自然保护地体系"的要求，进一步明确国家公园体制在我国生态文明体制改革中的重要地位。

【挂牌揭牌】2017年10月13日，湖南南山国家公园管理局挂牌成立；试点期间管理局为正处级事业单位，中央政府委托湖南省政府直接管理后，湖南省政府委托邵阳市政府代管。

【试点方案】2017年11月，原国家林业局会同吉林、黑龙江两省印发《东北虎豹国家公园体制试点实施方案》，进一步明确试点目标要求和任务分工。

【法律法规】2017年11月24日，福建省第十二届人民代表大会常务委员会第三十二次会议通过《武夷山国家公园条例（试行）》，自2018年3月1日起施行。

【法律法规】2017年11月29日，湖北省第十二届人民代表大会常务委员会第三十一次会议通过《神农架国家公园保护条例》，自2018年5月1日起施行。

2018年

【规划】2018年1月12日，《三江源国家公园总体规划》正式印发。

【机构调整】2018年3月，根据第十三届全国人民代表大会第一次会议批准的国务院机构改革方案，组建国家林业和草原局。按照3月21日中共中央印发的《深化党和国家机构改革方案》，将原国家林业局的职责，原农业部的草原监督管理职责，以及原国土资源部、住房和城乡建设部、水利部、原农业部、原国家海洋局等部门的自然保护区、风景名胜区、自然遗产、地质公园等管理职责整合，组建国家林业和草原局，加挂国家公园管理局牌子，由自然资源部管理。主要负责监督管理森林、草原、湿地、荒漠和陆生野生动植物资源开发利用和保护，组织生态保护和修复，开展造林绿化工作，管理国家公园等各类自然保护地，旨在加大生态系统保护力度，统筹森林、草原、湿地、荒漠监督管理，加快建立以国家公园为主体的自然保护地体系，保障国家生态安全。4月10日，国家林业和草原局、国家公园管理局［以下简称"国家林草局（国家公园管理局）"］举行揭牌仪式。

【文件】2018年4月，中共中央、国务院印发《关于支持海南全面深化改革开放的指导意见》，提出研究设立热带雨林等国家公园。

【机构调整】2018年5月，国家发展改革委把指导国家公园体制试点的职能全部移交国家林草局（国家公园管理局）。

【会议】2018年8月14~15日，由国家林草局（国家公园管理局）主

办的国家公园国际研讨会在昆明召开。

【宣传】从2018年8月15日起，CCTV-4《远方的家》栏目开始播出《国家公园》（《国家自然保护地》），这是中央广播电视总台在"加快生态文明体制改革""建设美丽中国"的时代大背景下推出的大型系列特别节目，也是总台成立以来第一个有关"绿水青山就是金山银山"主旋律的节目。节目播出时间为每周一至周五17点15分，每集45分钟，每年一季（2019年推出了两季），截至2022年5月已播出六季。

【挂牌揭牌】2018年8月29日，普达措国家公园管理局正式挂牌；试点期间管理局为正处级事业单位，中央政府委托云南省政府直接管理后，云南省政府委托迪庆州政府代管。

【法律法规】2018年9月，十三届全国人大常委会将《国家公园法》列入立法计划。

【会议】2018年9月28日，由国家林草局（国家公园管理局）和甘肃省人民政府主办的第三届丝绸之路（敦煌）国际文化博览会"国家公园与生态文明建设"高端论坛在敦煌举办。会议集结了来自15个国家和组织的150名国内外嘉宾，共同探讨了国家公园与生态文明建设。

【挂牌揭牌】2018年10月30日，祁连山国家公园管理局、大熊猫国家公园管理局揭牌成立；试点期间均为正厅级行政单位，由中央政府与各省级政府共管，大熊猫国家公园涉及四川、陕西、甘肃三省，祁连山国家公园涉及甘肃和青海两省。

【规划】2018年12月6日，国家林业和草原局国家公园规划研究中心在国家林业和草原局昆明勘察设计院揭牌成立，成为国家林草局（国家公园管理局）专门致力于国家公园规划研究的专业机构。

2019年

【试点方案】2019年1月23日，中央全面深化改革委员会第六次会议审议通过《海南热带雨林国家公园体制试点方案》。

【规划】2019年2月27日，《国家公园空间布局方案》通过专家论证。

【挂牌揭牌】2019年4月1日，海南热带雨林国家公园管理局揭牌成立；试点期间管理局为正厅级行政单位，中央政府委托海南省政府直接管理。

【文件】2019年4月14日，中共中央办公厅和国务院办公厅印发《关于统筹推进自然资源资产产权制度改革的指导意见》，要求加快自然资源统一确权登记，重点推进国家公园等各类自然保护地等重要生态空间确权登记工作。同时，提出强化自然资源整体保护，对生态功能重要的公益性自然资源资产，要加快构建以国家公园为主体的自然保护地体系。为此，明确了国家公园范围内的全民所有自然资源资产所有权，由国务院自然资源主管部门行使或委托相关部门、省级政府代理行使。到条件成熟时，需要逐步过渡到国家公园内全民所有自然资源资产所有权由国务院自然资源主管部门直接行使。

【文件】2019年6月26日，中共中央办公厅和国务院办公厅印发《关于建立以国家公园为主体的自然保护地体系的指导意见》，明确了我国自然保护地以国家公园为主体、自然保护区为基础、各类自然公园为补充的分类系统，其中，国家公园是我国自然生态系统中最重要、自然景观最独特、自然遗产最精华、生物多样性最富集的部分，保护范围大，生态过程完整，具有全球价值、国家象征，国民认同度高。同时，文件提出实行自然保护地差别化管控，国家公园和自然保护区实行分区管控，原则上核心保护区内禁止人为活动，一般控制区内限制人为活动；自然公园原则上按一般控制区管理，限制人为活动。文件还明确了以国家公园为主体的自然保护地体系建立的三个阶段性目标任务：到2020年构建统一的自然保护地分类分级管理体制；到2025年初步建成以国家公园为主体的自然保护地体系；到2035年自然保护地规模和管理达到世界先进水平，全面建成中国特色自然保护地体系。

【挂牌揭牌】2019年7月2日，钱江源国家公园管理局揭牌成立；试点期间管理局为正处级行政单位，中央政府委托浙江省政府直接管理。

【会议】2019年8月19日，第一届国家公园论坛在青海西宁召开，习近平总书记致贺信指出："中国实行国家公园体制，目的是保持自然生态系

统的原真性和完整性，保护生物多样性，保护生态安全屏障，给子孙后代留下珍贵的自然资产。这是中国推进自然生态保护、建设美丽中国、促进人与自然和谐共生的一项重要举措。"

【文件】2019 年 11 月 1 日，中共中央办公厅和国务院办公厅印发《关于在国土空间规划中统筹划定落实三条控制线的指导意见》，要求按照生态功能划定生态保护红线，为此，需要对自然保护地进行调整优化，评估调整后的自然保护地应划入生态保护红线；自然保护地发生调整的，生态保护红线相应调整。同时，明确了自然保护地核心区允许的人为活动清单。

【规划】2019 年 12 月，福建省林业局、省发改委、省自然资源厅联合印发《武夷山国家公园总体规划及专项规划（2017~2025）》。

2020年

【规范标准】2020 年，国家标准化管理委员会立项并审核发布了《国家公园设立规范（GB/T 39737-2020）》《自然保护地勘界立标规范（GB/T 39740-2020）》《国家公园总体规划技术规范（GB/T 39736-2020）》《国家公园考核评价规范（GB/T 39739-2020）》《国家公园监测规范（GB/T 39738-2020）》5 项国家标准，进一步充实完善了国家公园标准化体系，推动实现国家公园标准化建设。

【文件】2020 年 2 月 10 日，自然资源部和国家林草局向各省、自治区和直辖市发《关于做好自然保护区范围及功能分区优化调整前期有关工作的函（自然资函〔2020〕71 号）》，明确了自然保护区范围及功能分区调整前期工作的基本原则和具体要求。

【法律法规】2020 年 4 月 24 日，云南省迪庆藏族自治州人民代表大会常务委员会第二十五次会议通过《云南省迪庆藏族自治州香格里拉普达措国家公园保护管理条例（修订草案）》。该草案是在 2011 年 2 月 26 日迪庆州人大会议制定、2013 年 9 月 25 日云南省人大常务委员会会议批准后的原条例基础上的修订稿。

【法律法规】2020 年 4 月 30 日，湖南省邵阳市人民政府办公室印发《南山国家公园管理办法》，该办法自 2020 年 5 月 1 日起施行，适用于南山国家公园体制试点建设期。

【规划】2020 年 6 月，国家林草局印发《大熊猫国家公园总体规划（试行）》《东北虎豹国家公园总体规划（试行）》《海南热带雨林国家公园总体规划（试行）》。

【法律法规】2020 年 9 月 3 日，海南省第六届人民代表大会常务委员会第二十二次会议审议通过了《海南热带雨林国家公园条例（试行）》，该条例自 2020 年 10 月 1 日起施行。

【试点验收】2020 年 12 月，国家林草局（国家公园管理局）完成国家公园体制试点第三方评估验收。

【法律法规】2020 年 12 月 20 日，生态环境部向各省、自治区、直辖市生态环境厅（局）及新疆生产建设兵团生态环境局印发《自然保护地生态环境监管工作暂行办法》，进一步落实了各级生态环境部门的自然保护地生态环境监管职责，推进规范开展自然保护地生态环境监管工作。

2021年

【宣传】2021 年 2 月 10 日，人民日报客户端上线"选出你心目中的中国国家公园"H5 科普互动产品，传播国家公园理念和知识，助力建设以国家公园为主体的自然保护地体系。

【领导人视察】2021 年 3 月 22 日，习近平总书记到武夷山国家公园考察调研。

【合作】2021 年 6 月 8 日，国家林草局（国家公园管理局）与中国科学院共建的国家公园研究院揭牌。双方将共同把研究院建成国家公园领域最具权威性和公信力的研究和决策咨询机构，为国家公园的科学化、精准化、智慧化建设与管理提供科技支撑。

【正式设立】2021 年 10 月 12 日，我国正式设立首批国家公园。习近平

主席在《生物多样性公约》第十五次缔约方大会领导人峰会上宣布：中国正式设立三江源、大熊猫、东北虎豹、海南热带雨林、武夷山等第一批国家公园，保护面积 23 万平方千米，涵盖近 30% 的陆域国家重点保护野生动植物种类。

【规范标准】2021 年 10 月，国家林草局（国家公园管理局）介绍和发布了《国家公园总体规划技术规范（GB/T 39736-2020）》《国家公园设立规范（GB/T 39737-2021）》《国家公园监测规范（GB/T 39738-2020）》《国家公园考核评价规范（GB/T 39739-2020）》《自然保护地勘界立标规范（GB/T 39740-2020）》5 项国家标准。

【文件】2021 年 11 月，国家林草局规划财务司、国家发展改革委社会发展司印发《国家公园基础设施建设项目指南（试行）》，指南被印发至各有关省级林业和草原主管部门、各国家公园管理局，用以指导各国家公园开展项目前期工作。

【合作】2021 年 12 月 17 日，国家林草局（国家公园管理局）与国家文物局在北京签署《关于加强世界遗产保护传承利用合作协议》。

2022年

【领导人视察】2022 年 4 月 11 日，习近平总书记到海南热带雨林国家公园五指山片区考察调研。

【法律法规】2022 年 4 月 26 日，四川省政府印发《四川省大熊猫国家公园管理办法》，该办法自 2022 年 5 月 1 日起施行，有效期 2 年。

【宣传】2022 年 5 月 15 日起，绿色中国网络电视开始发布《国家公园》系列视频，截至 2022 年 5 月 31 日已发布共 33 期。

【法律法规】2022 年 6 月 1 日，国家林草局（国家公园管理局）印发《国家公园管理暂行办法》，该办法自发布之日起施行。

（谢冶凤　整理）

G.31
后 记

这本国家公园绿皮书终于交稿了，心里的一块石头也算落了地，说是踏实了但也不全是，因为还有很多事情需要继续做，目前只能算是告一段落，算是对前一段国家公园建设发展工作的一个侧面总结。从长远来看，我国的国家公园事业才刚刚起步，涉及国家公园的初始设立、规划设计、生态系统管理、生物多样性维护、自然资源产权、全民共享、特许经营、公众参与、社区协调发展等多方面内容，需要我们以耐心、冷静和平和的态度进行学习、思考、观察和总结。好在背后有那么多的学术同人和实践参与者支持，让我有十二分的信心和十足的力量来承担本书的定题和组稿。

万事开头难。什么事都有其自身发展的规律。中国国家公园事业需要解决几个关键性问题。首先，如何看待自然保护事业、行业管理和产业发展的问题？即能否走出一条中间路径，或者至少提出国家公园建设过渡期传统产业的规模和优先发展序列？这是我们首先需要面对的问题。其次，如何看待旅游？旅游和国家公园结合的出路在哪里？如何在国家公园建设过程中寻找到一种保护性游憩利用的最佳方式，以取得保护与利用的平衡？这些也是今后需要我们继续探讨的问题。此外，适宜的社区参与是国家公园建设的基础保障，因此，国家公园建设如何协调社区发展也是一个需要我们解决的重要问题。

融合是这个时代的最大特征，国家公园的建设与发展也不例外。面对国家公园的产生和发展、生态系统保护与生物多样性演变规律、自然与文化资源运营管理、自然教育与生态体验、公众参与和社区发展等诸多理论和实践主题，我们需要集合生态学、管理学、风景园林学、林学等各个学科门类才能取得好的研究成果。本报告虽然也是试图这么去做的，但做得还远远不

够，希望在今后的研究工作中，大家能够精诚合作，相互学习，力求把事情做得更好！

本报告得以出版，首先要感谢北京林业大学校长安黎哲教授的鼎力支持，同时要感谢北京林业大学科技处和规划处的全力相助，更要感谢北京林业大学园林学院的全方位支持！感谢北京林业大学生态文明研究院院长林震教授多方面的帮助！此外，感谢社会科学文献出版社张建中编辑及出版社各位领导在该报告出版过程中给予的鼎力相助！感谢社会各界对自然保护事业的支持和对国家公园建设的热心期待！有他们的支持才有我们工作的力量！

由于编者水平有限，错误之处在所难免，敬请读者批评指正！

北京林业大学国家公园研究中心主任

2022 年 7 月 22 日　于吉林珲春

Abstract

The establishment of national park system is an important decision to realize the sustainable development of the Chinese nation, as well as an overall, leading and symbolic institutional innovation in the construction of ecological civilization and beautiful China, and it is also an inevitable trend of the development of natural protection in China. The establishment of natural protected areas system with national parks as the mainstay has become the most effective form to maintain the ecological security of land and realize the local protection of biodiversity under China's existing conditions. It is also one of the most effective means to protect ecosystem integrity and authenticity in China. However, in the past period of multi-sectoral decentralized management, there are many problems in various natural protected areas, such as overlapping settings, multi-management, unclear boundaries, unclear responsibilities, and prominent contradictions between protection and development. Therefore, under the background of establishing the national park system, it is of great practical significance to explore the construction and development of national parks with Chinese characteristics.

In order to continuously promote the construction of natural protected areas system with national parks as the mainstay and promote the comprehensive development of natural protection in China, this book focuses on a series of human-land relations and contradictions in the natural protected area system from the perspective of coupled human and natural system. Based on China's basic state and current resource conditions, this book studies the current situation, layout, mechanism and practice of national parks, aiming to integrate and optimize the existing types of natural protected areas, scientifically layout the new systems of natural protected areas, refine and improve the institutional mechanism of national

parks, and promote coordinated and sustainable development of regions.

This book adopts a variety of research methods, such as historical comparison method, content analysis method, questionnaire survey method, expert interview method, field observation method and spatial analysis method. The following four aspects will be discussed emphatically. Firstly, in terms of the development status, this book fully interprets the connotation of the concept of national parks in China, analyzes the development process, advantages and construction problems of national parks in China, and tries to point out the research direction and construction countermeasures for the development of national parks with Chinese characteristics. Secondly, in terms of the spatial layout, according to the current situation of natural protected area layout in China, this book discusses the methods and ways of new natural protected area network construction and national park planning, and interprets the experience of national park planning and management in the world and its enlightenment to China. Thirdly, in view of the institutional mechanism, this book conducts researches from the aspects of which mechanism needs to be constructed, why to construct the mechanism and how to construct the mechanism, so as to coordinate the protection and development issues that China's national park institutional mechanism continues to face. Fourthly, in terms of the construction mode, this book summarizes the development characteristics and innovative experience of each national park in combination with some practical cases from the pilot and the first batch of national parks.

The main conclusions and suggestions of this book are as follows.

Firstly, the development path of national parks with Chinese characteristics should adhere to the concept of ecological civilization, and constantly improve the natural protected area system with national parks as the main mainstay. On the one hand, exploratory theoretical and methodological researches should be carried out for national parks, such as theoretical basis, cultural characteristics, spatial layout, planning and design, laws and regulations and ecological value. On the other hand, we should focus on solving the problems of spatial layout, institutional mechanism and management level in the construction of natural protected areas, aiming to further improve the network of natural protected areas, rationalize the management system and mechanism, and improve the level of protection and management.

Secondly, scientific planning of new natural protected area network should undertake China's spatial planning system, establish control strategies of landscape characteristics suitable for China' natural protected areas. By drawing on planning and layout technologies of national parks around the world, frameworks of adaptive planning or management for national parks are developed to address global climate change, biodiversity loss and habitat fragmentation, as well as a range of uncertain challenges to be encountered in specific practices.

Thirdly, to improve and perfect the system and mechanism of China's national parks should focus on the goal of the public welfare of all the people, and commit to the realization of the pattern of national park construction and sharing. In the current new stage of development, the focus of institutional development mainly includes ecological protection, resource management, natural education, community development, recreation regulation and franchise chain. In terms of methods, first of all, while strengthening the management of natural resources, we should provide the public with high quality services such as natural education and recreation experience. Next, while carrying out ecological protection, we should devote ourselves to promoting the development of communities and encourage indigenous residents to actively participate in eco-tourism and franchise activities.

Fourthly, the pilot and first batch of national parks in China have explored a national park construction way suitable for China's national conditions on the basis of international experience, and have brought at least two insights. On the one hand, each national park has accumulated rich practical experience in conservation, management, scientific research, monitoring and experience. On the other hand, each national park has often found its own characteristic model of development based on its uniqueness with natural resource conditions and social and humanistic endowments.

Great progress has been made in the construction and development of China's national parks with the joint attention of the international and domestic societies. The world has seen China's arduous efforts and outstanding contributions to the protection of global biodiversity. In the future, China will continue to focus on establishing a unified, efficient and standardized national park mechanism,

国家公园绿皮书

integrating and optimizing the natural protected area system, creating a new batch of national parks, and promoting the high-quality and sustainable development of China's national parks.

Keywords: Ecological Civilization; National Parks; Natural Protected Area System; Sustainable Development

Contents

I General Report

Abstract: National parks in China have rich connotations, which are highlighted in the aspects of protection concepts, protection objectives, protection status and protection intensity, among which "ecological protection first" is the most fundamental and priority protection concept of national parks, which directly determines the strictest ecological protection measures for the construction of national parks in China. After several developmental stages of construction thinking, preliminary exploration and active exploration, China's national park system is currently in the initial period of development. Guided by the ideology of ecological civilization and the concept of harmonious coexistence between human and nature, China's national park system has demonstrated unique development advantages in terms of comprehensive protection of ecosystems, standardized, unified and efficient management, and a mechanism of co-construction and sharing by all people. Nowadays, China has built a protected areas system with national parks as the mainstay, and has initially established a framework of national park system, completed the general layout of national parks, and continued to promote the integration and optimization of protected areas, which has

significantly improved the effectiveness of its protection and management. To ensure the successful development of the national park system, the theoretical basis, cultural characteristics, spatial layouts, planning techniques, system of institutional mechanisms and ecological values related to China's national parks should be comprehensively explored, so as to provide support and guarantee for promoting sustainable development of regions and high-quality development of national parks.

Keywords: National Parks; Natural Protected Areas; Ecological Civilization System; High-quality Development

G.2　Current Situation and Prospects of China's Protected Area System Construction

Research Group of "State Survey of Protected Areas of China" / 018

Abstract: After nearly 70 years of development, China established 11, 800 places of protected areas, including 13 categories such as nature reserves, forest parks, wetland parks, geological parks, etc., initially formed a complete network of protected areas. However, due to the problems of overlapping, multiple management, unclear rights and responsibilities, the management level and protection effect are still not high. In this paper, the quantity, area and pattern of China's nature protected areas are expounded, and the existing problems of China's nature protected areas are analyzed from the perspectives of space layout, management system and mechanism, and construction management level. It is suggested that the key to solve the problem is to construct the system of protected area with national park as the main body.

Keywords: Protected Area System; National Park; Nature Reserve; Natural Park; Biodiversity

II Land Space and Overall Layout

G . 3 Practice and Consideration of Special Planning of Nature
Reserve System in Provincial Spatial Planning
—*Jiangxi , Hebei and Tibet as Examples*
Wang Zhongjie , Yang Qianqian , Kang Xiaoxu ,
Yu Han and Wang Xiaoshi / 032

Abstract : Nature reserves are an important ecological space for maintaining ecological security and biodiversity in China's national territory, and the optimization of the spatial structure of nature reserves is one of the key elements of spatial planning. With the gradual establishment and improvement of the territorial spatial planning system, the key tasks and preparation contents of special planning for nature reserves in spatial planning at all levels deserve in-depth study. This paper combines the practice of spatial planning in several provinces, and proposes that the special planning of nature reserves in provincial space should focus on coordinating the professional planning of nature reserves, coordinating the protection and development functions, coordinating other special planning, clearly implementing the scope boundary of the current nature reserves, studying the development layout of nature reserves, and determining the list and area of nature reserves, and determining the list of nature reserves. The key elements are : the implementation of the current nature reserve boundaries, the study of the development layout of nature reserves, the determination of the list and area of nature reserves, and the implementation and coordination of special plans.

Keywords : Spatial Planning; Nature Reserve; Special Planning

G . 4　Planning a Protected Area System Network in
Watershed Territorial Space
—*A Case Study in Yangtze River Economic Belt，China*

Chen Shuaipeng，Zhang Yuxuan and Liu Wenping ∕ 047

Abstract： The establishment of a protected area system network at the
watershed scale is conducive to the overall protection of fragmented habitat patches，
and provides a safe ecological base for the green development of watershed territory
space. This study systematically combed the necessity，existing problems and key
challenges of the protected area system network construction at the watershed scale，
and proposes the principles and main methodology for planning the protected area
system network. Taking the Yangtze River Economic Belt as the study area，a
protected area system network with network core patches，connecting corridors，
and important small patches as the core elements was systematically constructed，
which may provide a reference for the overall protection of important ecosystems at
the watershed scale.

Keywords： Protected Areas；Network；Yangtze River Economic Belt；
Watershed Scale

G . 5　Landscape Evaluation and Control Strategy of the Landscape Style
for Natural Protected Areas Based on Landscape Character
Assessment

Li Fangzheng，Wu Tong，Zhao Congyu，Li Xiong，

Zhang Yujun and Sun Qiaoyun ∕ 058

Abstract： The landscape style and features of natural protected areas are the
reflection of its landscape characters. There is a lack of research on the heterogeneity
and diminishing diversity of landscapes in China's nature reserves，in order to form

a comprehensive evaluation system for the landscape of natural protected areas and guide hierarchical control. The theory and method of Landscape Character Assessment (LCA) are introduced to analyze the connotation, based on the connotation, constituent elements and related theories of the landscape features of natural protected areas, a classification index system of landscape style and features is constructed, and the landscape style and features are divided into three categories: natural basis style and features, cultural enhancement style and features, as well as recreational control style and features. A comprehensive evaluation method for landscape style and features based on classification and rating of landscape style and features as the main steps is proposed. Combining with the results of the quality rating, the corresponding control strategies of the three-level control area of three types of landscape style and features are proposed. Through the differentiated control of various types of landscape areas, the targeted planning and management of natural protected areas is realized, and suggestions are provided for improving the protection management system of natural protected areas.

Keywords: Natural Protected Areas; Landscape Style and Features Evaluation; Landscape Character Assessment (LCA)

G . 6 Climate-smart Planning and Management of National Parks

Tang Jiale, Zhu Huilin and Zhong Le / 073

Abstract: Climate change response has become a global consensus. As one of the areas most vulnerable to climate change, national parks are particularly important to formulate relevant climate change adaptation management plans to mitigate the adverse effects of climate change. The response to climate change in China's national parks is still in its infancy, and the relevant research and experience are insufficient, and it is urgent to learn from foreign experience. This paper systematically outlines the strategies and legal policies for climate change response in US national parks, and focuses on the analysis of climate-smart planning and management of US national parks. On this basis, we propose three paths for China's

national parks to respond to climate change: strengthen multi-party cooperation and promote public participation; strengthen scientific reserves and strategically guide planning; establish adaptation frameworks to improve climate resilience. Provide a reference for the climate change response of China's national parks.

Keywords: Climate Change; National Parks; Climate-smart Planning; Adaptive Planning

G.7 Construction of Scenario Planning Framework for National Parks in China

—Taking Shennongjia National Park System Pilot Area as an Example

Yi Mengting, Zhang Jingya, He Kexin and Zou Wenhao / 086

Abstract: The construction of China's national parks is still in its infancy. With changes in external conditions such as climate, economy and policies, we may face more challenges from uncertain factors in the future. However, traditional planning is usually difficult to resolve such problems. Scenario planning is a process method to describe the state and development framework of the future system by permutation and combination of a series of key variables, focusing on dynamic, complicated, and uncertain issues in development. Basis according to the present situation and the unknown future development of National Parks in China, this study attempts to construct the framework of national park scenario planning from four aspects: scenario thematic focus, key factors identification, scenario description and dynamic time sequence evaluation. We take Shennongjia National Park system pilot area as an example, with the contradiction between tourism development and ecological protection as the breakthrough point to build a different scenario planning of ecological tourism development mode, in order to provide a new auxiliary tool for planning decisions, management practices and public participation in national parks.

Keywords: Scenario Planning; National Parks; Shennongjia National Park System Pilot Area; Ecotourism

Ⅲ Resource Management and Natural Education

G.8 Research on the Current Situation and Development
Countermeasures of Aboriginal People's Participation in
National Park Nature Education

Chen Li / 103

Abstract: The participation of indigenous people in the natural education of national parks, not only helps to improve their ecological behavior, but also helps to discover, summarize and transfer their traditional natural ecological knowledge, and also enriches and increases the natural education experience of tourists. Based on the analysis of secondary literature, it is found that the indigenous people obtain natural ecological knowledge through government propaganda and education, ecological management training and direct interaction with nature; and transmit natural education through the construction of community natural education system, applying for natural education positions and participating in ecological tourism. On the whole, it is faced with such problems as inadequate subjectivity of indigenous people, insufficient systematic organization of natural education, insufficient support for capacity construction of indigenous people, and fault of traditional ecological culture. In the future, it should be promoted and improved from the aspects of strengthening the research of indigenous people, strengthening the top-level design and enhancing the empowerment.

Keywords: Indigenous People; National Park; Natural Education; Subjectivity; Capacity Building

国家公园绿皮书

G . 9   Biodiversity Conservation and Natural Education in

Taihang Mountains National Park

Zhang Yinbo , Han Yixuan , Niu Yangyang , Zhao Jianfeng ,

Su Junxia and Qin Hao / 114

Abstract: The development of national park system is an important part of the construction of ecological civilization in the new era, and also an important measure to realize the harmonious coexistence of human and nature. National parks not only protect the authenticity and integrity of natural ecosystem, but also have multiple functions such as scientific research, education and recreation. Based on the proposed Taihang Mountains National Park as the research object, this study carried out researches on biodiversity conservation and natural education, firstly analyzed the distribution status of biodiversity resources and protected areas in Taihang Mountains (Shanxi), and then established its planning objectives, development forms and expression methods of natural education. This study aims to provide a meaningful reference for planning and protection of Taihang Mountains National Park.

Keywords: National Park; Taihang Mountains; Biodiversity Conservation; Natural Education

G . 10   Analysis on the Current Situation of Natural Education

Development in Guangdong Nanling National Park

Chen Zhe , Deng Xi and Chen Lili / 126

Abstract: As one of the core functions of national parks, nature education is of great significance to explore and construct a natural education model of national parks with Chinese characteristics. Through the data collection and statistical analysis of the current situation of natural education and corresponding resources in the proposed Nanling National Park area, this paper summarized its current characteristics and experiences in the natural education link, and analyzed the problems in natural education in each scene so far. Then, based on the survey results, relevant countermeasures are put forward to build a natural education model representative of Nanling National Park, in order to put forward constructive suggestions for the development and promotion of natural education in Nanling National Park.

Keywords: Nanling National Park; Nature Education; Management System

G . 11   Realization Path and Practices of Natural Education

High-quality Development in China's National Parks

Sheng Pengli, Zhu Qianying and Wang Zhongjun / 139

Abstract: By combing the current problems and excellent practices of nature education in China's national parks, this paper made it clear that the high-quality development ways of nature education in national parks was to reduce investment in fixed assets, make full use of existing facilities, pay attention to the effect of education, strengthen activity organization, cooperate with partners, and strengthen community participation. It is necessary to strengthen the planning and certification systems for the standardized and sustainable development of nature education in national parks.

Keywords: National Park; Nature Education; High-quality Development

Ⅳ   Ecological Protection and Community Development

G . 12   Multi-stakeholder Value Co-creation Model in

Entrance Community of Giant Panda National Park

Li Yanqin, Deng Yuting / 152

Abstract: Community multi-stakeholder value co-creation is an important way to alleviate the contradiction between man and land in national parks and

improve the level of community governance. Based on the service-oriented logic theory and DART model of value co-creation, a comprehensive analysis framework is constructed. On the basis of summarizing the practical experience of value co-creation in the entrance community of Giant Panda National Park, a multi-stakeholder value co-creation model of platform-ecosystem in national park community is constructed. This model is based on multi-stakeholder platform for value co-creation, with multi-level ecosystem as the network characteristic, online and offline resource integration and service exchange as the path of value co-creation, and operational social norms and institutional coordination as the system guarantee. This paper expands the application of value co-creation theory in the field of national parks, reveals the realization process and driving mechanism of co-creation, and provides theoretical tools and practical reference for the innovation of national park interest coordination mechanism and community management mode.

Keywords: Stakeholder; Value co-creation; National Park Entrance Community; DART Model; Service-dominant Logic

G . 13　Livelihood Resilience of Residents and Its Impact on

High-quality Development of National Park Communities

—A Case Study of the Yellow River Source of

Three-river Source National Park

Bu Shijie, Zhuoma Cuo / 168

Abstract: In recent years, livelihood resilience and community development have gained considerable academic attention. However, few studies have examined the impact of livelihood resilience on the high-quality development of national park communities from the perspective of livelihood resilience. Based on the theory of livelihood resilience, this paper analyzes the cases of the source of Yellow River Park. This study adopted interview and observation methods analysis and other research methods, and a theoretical framework for livelihood resilience and community development to explore the current situation of livelihood resilience and its impact on community development in the Yellow River Source of Three-river Source National Park. This paper made the following findings. ① The livelihood resilience of national Park community residents is mainly composed of four parts: buffering ability, learning ability, self-organizing ability, and cultural adaptation, among which cultural adaptation is an essential link between community development and livelihood resilience. ②Livelihood resilience impacts community industry development, community governance, community participation, and traditional culture. In improving livelihood resilience, the adaptation degree of livelihood means is closely related to the stage of community development. Finally, previous research has recognized the absence of the community development dimension in discussions of the livelihood resilience framework of national park communities. By introducing community development, the present case study of a National Park community attempts to bridge that gap using an improved livelihood resilience framework.

Keywords: Livelihood Resilience; Community Development; National Park Community; Cultural Adaptation

G.14 National Park Community: A Case Study of Shennongjia National Park

Li Zhifei, Ao Kunyan / 184

Abstract: National parks are areas with the most important natural ecosystems, the most unique natural landscapes, the most essential natural heritage, and the most abundant biodiversity, and the Chinese national park community is an indispensable and important element of national parks. Using the connotation of "community", taking Shennongjia National Park as an example, through the current status of the Shennongjia National Park community and related policies, it puts forward the trend of forming a national park community, as well as strengthening industrial training,

developing "tourism+", and building a path of multiple identities.

Keywords: National Park; Community; Shennongjia

G. 15 Tourism Development of the Gateway Community of National Parks

—*A Case of Jackson Town in Yellowstone-Grand Teton National Park*

Liu Nan, Wei Yunjie and Shi Jinlian / 197

Abstract: With the establishment of the first batch of national parks in 2021, the construction and development of national parks in China has accelerated. The high-quality development of national parks is closely related to the construction and development of the gateway community. The gateway community is the living and industrial agglomeration space for the national park and its surrounding residents, which can also provide services and recreational activities for national parks visitors. The development of the gateway community of national parks in China is currently at the initial stage, so the high-quality construction of the gateway community is one of the most pressing issues to solve. On the basis of reviewing the development status and characteristics of the gateway community of national parks at home and abroad, this paper summarizes the problems existing in the gateway community of China. Taking Jackson Town, the gateway community of Yellowstone-Grand Teton National Park as a case, this study summarizes its development experience from the aspects of community planning, ecological conservation, economic development, and cooperative management with national parks. It puts forward five enlightenments for China: scientific planning, high attention to ecological conservation, economy driven by tourism, community empowerment, as well as marketing and publicity.

Keywords: Gateway Community; National Park; Jackson Town; Yellowstone-Grand Teton National Park

G . 16   Conflict and Coordination Paths between Protected Areas
and Human Activities in the Yarlung Zangbo Grand
Canyon National Park Region

Yu Hu , Wang Qi / 215

Abstract: Coordinating the conflict between protected areas and human activities in Tibet Plateau is one of the key issues that need to be solved urgently in the construction of China's protected area system. This paper analyzes the relationship between protected areas and human activities, takes the Yarlung Zangbo Grand Canyon National Nature Reserve, the core of the proposed area of The Brahmaputra Grand Canyon National Park, as a research case, and analyzes evolution process, classification and characterization of the conflicts, so as to seek optimal paths for coordinating conflicts in the institutional reform of national park construction. The study found that under different institutional spaces, the relationship between protected areas and human activities is different, which can be manifested as two kinds of relationships: conflict and interest; the relationship between the Yarlung Zangbo Grand Canyon National Nature Reserve and human activities has undergone a process of potential confrontation, cognitive intervention and conflict intention. Using the methods of boundary demarcation and functional zoning, spatial regulation in terms of industry, urbanization and border control are carried out, so as to form a new institutional space and provide a favorable foundation for green development of the protected area.

Keywords: Protected Area; Human Activity; Yarlung Zangbo Grand Canyon National Nature Reserve

国家公园绿皮书

G.17 Research on Ecotourism Planning Strategy of National

Park Entrance Community under Multi-objective Synergy

Chen Jiaqi, Tang Xueqiong / 228

Abstract: The development of community eco-tourism at the entrance of national parks should not only address the goals of community development and tourist recreation, but also meet the overall conservation requirements of national parks, thereby perpetuating the ecosystems of national park and integrating of landscape features. Based on the multiple goals of ecological protection, tourist recreation and community development, this study constructs a multi-objective system for ecotourism planning of entrance community of the national park. Through the multi-objective decision-making method, we analyzed the questionnaire scoring results of five types of stakeholder groups in the entrance community, and then selected the best solution among the five options to arrive at a multi-objective synergistic ecotourism planning strategy for the entrance community of the national park, which provides some suggestions for the development of similar cases in China.

Keywords: National Park; Entrance Community; Ecotourism

V Recreation Regulation and Concession

G.18 Scope and System of National Park Concession

Chen Hanzi, Wu Chengzhao / 242

Abstract: The scope of China's national park concession is not unified. Compared to national park concession in other countries or to the original concession of protected natural areas in China, there is scope expansion. The reason is that the previous connotation of "concession" is not being followed, instead, it has been interpreted as "commercial operation through special permit". The system of national park concession which accommodates to this new connotation includes three types of concession, each for different purpose: ①providing national park public goods and services; ②providing other national park goods and services; ③realizing the value of intangible resources such as national park brand and logo. National Park concession in China involves commercial visitor services, direct utilization of natural resources, infrastructure and public utility projects, use of intangible resources such as national park brand and logo. All kinds of concession projects should be managed by category.

Keywords: Protected Natural Area; National Park; Concession; Commercial Visitor Service; Resource Utilization

G.19 Evaluation of Gains and Losses of Scenic Spots and

Future Development Direction of National Parks in China

Wang Aihua, Zhang Haixia and Liu Yi / 255

Abstract: After forty years' development, China's scenic spots have played an important role in the strategic protection of the natural and cultural landscapes in China. The issues such as the distortion of the public-interest mechanism, the fictitious national ownership, the imperfect operation mechanism, and the defective planning and supervision systems in the process of scenic spot management are mainly attributable to the failure in systematic public regulations, which has serious impact on the upgrading of the operation formats. In the current process of establishing the protected area system with national parks as the backbone, it is necessary to fully draw on the lessons from the above management experiences, adhere to the guiding role of national benefits and the basic value orientation of comprehensive public interest; adhere to the priority of rule of law construction and realize the strategic protection of national representative resources; adhere to the green development and set up scientific and efficient franchise mechanisms; and facilitate the participation of all people, as well as both the ecological supervision and market supervision.

国家公园绿皮书

Keywords: Scenic Spots; National Park; Comprehensive Public Interest; Strategic Protection; Green Development

G . 20 Distribution and Evaluation of Cultural Resources in
Qilian Mountains National Park (Qinghai Area)

Chen Xiaoliang, Hou Guangliang, Zhoujia Cairang, Yu Yao,

Zhao Wenjin and Yang Jie / 276

Abstract: As an important area of cultural exchange and multi-ethnic communities, the Qilian Mountains National Park (Qinghai Area) has a long history and culture, with rich and precious human resources, and it is vital to protect and develop them effectively. To this end, a systematic inventory of cultural resources (intangible culture, material culture, red culture, and public cultural facilities) in the park area was compiled on the basis of preliminary documentation and fieldwork. On this basis, a quantitative evaluation of the human resources in the park area was carried out using the fuzzy integrated evaluation method, and puts forward the suggestions of scientific development and rational use; to establishing a sound protection system; to leveraging resources for economic development and universal participation and full mobilization.

Keywords: Cultural Resources; Fuzzy Comprehensive Evaluation; Qilian Mountains National Park

G . 21 Study on the Supply and Demand of Recreation
Opportunities in Qianjiangyuan National Park

Li Jian, Dou Yu / 292

Abstract: Providing high quality recreation opportunities for the public is

446

one of the main functions of national parks. This study takes Qianjiangyuan National Park as an example, and constructed its recreation opportunity spectrum and study the demand for recreation opportunities in Qianjiangyuan National Park by combining questionnaire and content analysis methods. The research shows that based on the rich natural resources, Qianjiangyuan National Park has a strong ability to supply recreation opportunities; Qianjiangyuan National Park provide people with good recreation opportunities in terms of recreation resources, recreation places and recreation activities; Qianjiangyuan National Park has certain leakage in reception services. The study proposes corresponding development suggestions for the use of recreation opportunities in Qianjiangyuan National Park.

Keywords: National Park; Recreation Opportunities Supply; Qianjiangyuan

Abstract: Ecotourism is the main function of the National Park model. The development of ecotourism in national parks involves complex stakeholder relationships. Based on the symbiosis theory, this study takes Wuyishan National Park as an example to analyze and discuss the demands and relationships of tourism stakeholders in the development of National Park tourism. The research finds that: firstly, The stakeholders of ecotourism in national parks show common interest demands in protecting ecological and human resources and developing high-quality ecotourism; secondly, The right matrix of National Park ecotourism stakeholders is unbalanced, and interest alliances and confrontation are easy to form in competitive games and cooperative games; thirdly, The government, enterprises, residents, National Park Administration and operators tend to choose different ways to realize their interests. Therefore, it should continue to explore the

conditions, model and realization mechanisms of interest symbiosis according to the interest demands and game status of stakeholders in the development of National Park ecotourism.

Keywords: National Park; Wuyi Mountains; Symbiosis Theory; Ecotourism

G.23 Concession: A Means of Protection Based on Limited and Orderly Competition

—A Case Study of Guangdong Nanling National Park

Zhao Xinrui, Feng Yu / 324

Abstract: Concession is the main means for national parks to coordinate "the strictest protection" and "clear waters and green mountains are as valuable as mountains of gold and silver". It can ensure "universal public welfare" and make the market play a highly efficient role in allocation of resources under the premise of "ecological protection first". Concession is firstly the basic institution of the national park system. Secondly, it is the development institution and thirdly protection institution in and around the national park. Taking the Taipingdong Village community co-construction project in Nanling National Park as an example, we introduce the concession institution of "limited and orderly competition", which can not only regulate the development chaos of tourist attractions in the past, but also fill and improve related services of protection, scientific research, education and recreation in National Parks. As a result, a situation of "protect together" has been formed.

Keywords: Concession; Limited and Orderly Competition; Nanling National Park

Abstract: How to implement concessions in Chinese national parks is an urgent problem that needs to be solved. During the pilots of concessions in Three-River Source National Park, a symbiotic model has been explored. This model regards concession as a protection mechanism, which integrates strict protection, inclusive benefits for herdsmen and economic development into a symbiotic overall goal, and penetrates into the multiple main roles of concession. Furthermore, the NGO and the Enterprise-Led concession symbiotic cooperative organization models have been found. Based on the case of concessions in Three-River Source National Park, the symbiotic concession mechanism of national park is further refined. This mechanism may effectively avoid the unbalanced development caused by the independent target coordination mechanism of multiple subjects in the concession process of traditional nature reserves, and may promote the harmonious development of people and nature in national parks at a higher level.

Keywords: Three-river Source National Park; Concession; Symbiotic Model

VI　Construction Mode and Practice of National Parks

Abstract: Since the implementation of the system pilot in 2015, Three-river

Source National Park has always adhered to the idea of ecological civilization, tried first and actively explored, organized and implemented a series of original reforms, and made great achievements in seven aspects: Innovating the management system, improving the governance level, insisting on protection priority, strengthening data collection, strengthening publicity and education, building a beautiful home, and promoting co construction and sharing, the pilot tasks and objectives have been successfully completed. It has formed the "nine one" Three-river Source mode of "one banner leading, one department management, one type integration, one set of system governance, one household and one post management, one system monitoring, one team law enforcement, one force promotion, and one spiritual support". It provides a way of national park system innovation for the construction and development of other national parks to learn from international experience, conform to the national and provincial conditions, and have Chinese characteristics, and highlight the characteristics of Three-river source.

Keywords: Three-river Source National Park; System Innovation; Park Governance

G.26   The Tiger and Leopard Return to the Forest and Live in Harmony

—The Construction Experience of Northeast China Tiger and Leopard National Park

Northeast China Tiger and Leopard National Park Administration / 363

Abstract: In 2016, Northeast China Tiger and Leopard National Park system pilot was established, and a lot of reference experiences were accumulated in the process of exploring the national park system construction. The park has taken into account the interests of all parties in all aspects of major decision-making, policy formulation and work promotion, jointly built and shared. It has continuously worked in many aspects, such as innovating systems and mechanisms, performing management responsibilities, implementing protection and restoration, building support and guarantee, promoting transformation and development, and guiding social participation. It has not only solved the ecological protection problem, but also solved the livelihood development problem of the local people, and completed the evolution from "people entering and tigers retreating" to "tigers entering and people retreating", The goal of "the people get benefits, the local areas develop, and the country gets the ecology" has been realized. The idea of ecological civilization has taken root in Northeast China Tiger and Leopard National Park, which embodies the concept of harmonious coexistence between man and nature, which is worth thinking about and learning.

Keywords: Northeast China Tiger and Leopard National Park; Harmonious Symbiosis; Park Governance

G . 27   Danxia Wonder and Colorful Nanshan

—The Construction Experience of Nanshan National Park

Nanshan National Park Administration / 375

Abstract: The Nanshan National Park system pilot area was established in 2016. In the stage of system construction and exploration, the park focused on the protection of important natural ecosystems and precious cultural heritage, constantly consolidated the work foundation, achieved obvious results in straightening out the management system and mechanism, ecological protection and restoration, and conflict resolution, and completed the system pilot task on schedule. In the future, we will comprehensively strengthen the assessment and rectification, improve the conditions for the establishment of national parks, fully promote the formal establishment of national parks and high-quality construction of national parks, and carry out in-depth research around the national park system, natural ecosystem protection and restoration, community co management and

coordinated development, support and guarantee measures, publicity and education, and exchange and cooperation, with a view to the early approval and formal establishment of Nanshan National Park, and form a replicable a national park system management model that can be promoted.

Keywords: Nanshan National Park; Danxia Wonder; Eco-preservation

G.28　Ecological Beauty and Rich People

—The Experience of Fujian Area of Wuyishan

National Park

Wuyishan National Park Administration / 389

Abstract: One of the tasks of national park construction is to coordinate the relationship between ecological protection and regional development. Since its establishment, Wuyishan National Park has made outstanding achievements in management system innovation, ecological protection concept, practice of the Two Mountains Theory, and coordination between protection and development, relying on superior ecological and human resources. It has reference significance for the construction and practice of national park system in the future. Firstly, Wuyishan National Park has established a cooperative management mechanism, realizing the innovation of "two-level management and three-level linkage" management system. Secondly, it adheres to the ecological concept of protection first and consolidates ecological results through strict zoning control and system construction. Thirdly, it seeks harmonious coexistence between residents and ecology through multi-ways, multi-channels, multi-measures and multi-levels to realize the value of ecological products. And lastly, it combines nature and humanity, protection and development, people and collective, scientific research and recreation, and paints a wonderful picture of China's national parks.

Keywords: Wuyishan National Park; Eco-preservation; Park Governance

G. 29   Tide Rises in Qianjiangyuan

—*The Experience of the System Trial Construction of*

Qianjiangyuan National Park

Qianjiangyuan National Park Administration / 404

Abstract: Unified supervision of mass collective land is a realistic problem in the reform of protected area system. As the only pilot area of the national park system in the Yangtze River Delta, Qianjiangyuan National Park system has a high population density and a high proportion of collective-owned land. Under this background, Qianjiangyuan National Park took the lead in completing the registration of natural resource assets, carried out the reform of collective woodland easement, and actively explored the reform of farmland easement. At the same time, Qianjiangyuan National Park has also made remarkable achievements in innovating its management system, protecting and supervising ecological resources, promoting nature education, and building sharing communities. Qianjiangyuan National Park has realized management with one caliber, resources with one account, monitoring integration, research and study with one network, construction with one map and community with one chess game, and summed up the relevant construction experience.

Keywords: Qianjiangyuan National Park; Nature Education; Community Co-construction and Sharing

Ⅶ   Appendix

皮 书

智库成果出版与传播平台

❖ 皮书定义 ❖

皮书是对中国与世界发展状况和热点问题进行年度监测，以专业的角度、专家的视野和实证研究方法，针对某一领域或区域现状与发展态势展开分析和预测，具备前沿性、原创性、实证性、连续性、时效性等特点的公开出版物，由一系列权威研究报告组成。

❖ 皮书作者 ❖

皮书系列报告作者以国内外一流研究机构、知名高校等重点智库的研究人员为主，多为相关领域一流专家学者，他们的观点代表了当下学界对中国与世界的现实和未来最高水平的解读与分析。截至 2021 年底，皮书研创机构逾千家，报告作者累计超过 10 万人。

❖ 皮书荣誉 ❖

皮书作为中国社会科学院基础理论研究与应用对策研究融合发展的代表性成果，不仅是哲学社会科学工作者服务中国特色社会主义现代化建设的重要成果，更是助力中国特色新型智库建设、构建中国特色哲学社会科学"三大体系"的重要平台。皮书系列先后被列入"十二五""十三五""十四五"时期国家重点出版物出版专项规划项目；2013~2022 年，重点皮书列入中国社会科学院国家哲学社会科学创新工程项目。

权威报告·连续出版·独家资源

皮书数据库
ANNUAL REPORT(YEARBOOK)
DATABASE

分析解读当下中国发展变迁的高端智库平台

所获荣誉

- 2020年，入选全国新闻出版深度融合发展创新案例
- 2019年，入选国家新闻出版署数字出版精品遴选推荐计划
- 2016年，入选"十三五"国家重点电子出版物出版规划骨干工程
- 2013年，荣获"中国出版政府奖·网络出版物奖"提名奖
- 连续多年荣获中国数字出版博览会"数字出版·优秀品牌"奖

皮书数据库

"社科数托邦"
微信公众号

成为会员

登录网址www.pishu.com.cn访问皮书数据库网站或下载皮书数据库APP，通过手机号码验证或邮箱验证即可成为皮书数据库会员。

会员福利

- 已注册用户购书后可免费获赠100元皮书数据库充值卡。刮开充值卡涂层获取充值密码，登录并进入"会员中心"—"在线充值"—"充值卡充值"，充值成功即可购买和查看数据库内容。
- 会员福利最终解释权归社会科学文献出版社所有。

数据库服务热线：400-008-6695
数据库服务QQ：2475522410
数据库服务邮箱：database@ssap.cn
图书销售热线：010-59367070/7028
图书服务QQ：1265056568
图书服务邮箱：duzhe@ssap.cn

社会科学文献出版社 皮书系列
SOCIAL SCIENCES ACADEMIC PRESS (CHINA)

卡号：559277376385
密码：

S 基本子库
SUB DATABASE

中国社会发展数据库（下设 12 个专题子库）

紧扣人口、政治、外交、法律、教育、医疗卫生、资源环境等 12 个社会发展领域的前沿和热点，全面整合专业著作、智库报告、学术资讯、调研数据等类型资源，帮助用户追踪中国社会发展动态、研究社会发展战略与政策、了解社会热点问题、分析社会发展趋势。

中国经济发展数据库（下设 12 专题子库）

内容涵盖宏观经济、产业经济、工业经济、农业经济、财政金融、房地产经济、城市经济、商业贸易等 12 个重点经济领域，为把握经济运行态势、洞察经济发展规律、研判经济发展趋势、进行经济调控决策提供参考和依据。

中国行业发展数据库（下设 17 个专题子库）

以中国国民经济行业分类为依据，覆盖金融业、旅游业、交通运输业、能源矿产业、制造业等 100 多个行业，跟踪分析国民经济相关行业市场运行状况和政策导向，汇集行业发展前沿资讯，为投资、从业及各种经济决策提供理论支撑和实践指导。

中国区域发展数据库（下设 4 个专题子库）

对中国特定区域内的经济、社会、文化等领域现状与发展情况进行深度分析和预测，涉及省级行政区、城市群、城市、农村等不同维度，研究层级至县及县以下行政区，为学者研究地方经济社会宏观态势、经验模式、发展案例提供支撑，为地方政府决策提供参考。

中国文化传媒数据库（下设 18 个专题子库）

内容覆盖文化产业、新闻传播、电影娱乐、文学艺术、群众文化、图书情报等 18 个重点研究领域，聚焦文化传媒领域发展前沿、热点话题、行业实践，服务用户的教学科研、文化投资、企业规划等需要。

世界经济与国际关系数据库（下设 6 个专题子库）

整合世界经济、国际政治、世界文化与科技、全球性问题、国际组织与国际法、区域研究 6 大领域研究成果，对世界经济形势、国际形势进行连续性深度分析，对年度热点问题进行专题解读，为研判全球发展趋势提供事实和数据支持。

法律声明

"皮书系列"（含蓝皮书、绿皮书、黄皮书）之品牌由社会科学文献出版社最早使用并持续至今，现已被中国图书行业所熟知。"皮书系列"的相关商标已在国家商标管理部门商标局注册，包括但不限于LOGO（▧）、皮书、Pishu、经济蓝皮书、社会蓝皮书等。"皮书系列"图书的注册商标专用权及封面设计、版式设计的著作权均为社会科学文献出版社所有。未经社会科学文献出版社书面授权许可，任何使用与"皮书系列"图书注册商标、封面设计、版式设计相同或者近似的文字、图形或其组合的行为均系侵权行为。

经作者授权，本书的专有出版权及信息网络传播权等为社会科学文献出版社享有。未经社会科学文献出版社书面授权许可，任何就本书内容的复制、发行或以数字形式进行网络传播的行为均系侵权行为。

社会科学文献出版社将通过法律途径追究上述侵权行为的法律责任，维护自身合法权益。

欢迎社会各界人士对侵犯社会科学文献出版社上述权利的侵权行为进行举报。电话：010-59367121，电子邮箱：fawubu@ssap.cn。

社会科学文献出版社